普通高等教育"十二五"规划教材

粉末冶金原理与工艺

曲选辉　主编

U0315622

北　京

冶金工业出版社

2021

内 容 提 要

本书较为全面地阐述了粉末的性能、制取方法、成形和烧结等粉末冶金关键工艺过程中的基础知识，简要介绍了粉末冶金的典型材料及粉末冶金零件设计基础，既有对成熟基础理论和实践经验的描述，也有对相关方面最新研究进展的介绍。

本书可以作为大专院校材料、机械和冶金等学科开设粉末冶金课程的教材，也可作为相关专业研究人员和工程技术人员的参考书。

图书在版编目(CIP)数据

粉末冶金原理与工艺／曲选辉主编. —北京：冶金工业出版社，2013.5（2021.3 重印）
普通高等教育"十二五"规划教材
ISBN 978-7-5024-6246-8

Ⅰ.①粉… Ⅱ.①曲… Ⅲ.①粉末冶金—高等学校—教材 Ⅳ.①TF12

中国版本图书馆 CIP 数据核字（2013）第 102005 号

出 版 人 苏长永
地　　址　北京市东城区嵩祝院北巷 39 号　邮编　100009　电话　(010)64027926
网　　址　www.cnmip.com.cn　电子信箱　yjcbs@cnmip.com.cn
责任编辑　李培禄　美术编辑　李　新　版式设计　孙跃红
责任校对　石　静　责任印制　李玉山
ISBN 978-7-5024-6246-8
冶金工业出版社出版发行；各地新华书店经销；三河市双峰印刷装订有限公司印刷
2013 年 5 月第 1 版，2021 年 3 月第 5 次印刷
787mm×1092mm　1/16；20 印张；487 千字；310 页
42.00 元

冶金工业出版社　投稿电话　(010)64027932　投稿信箱　tougao@cnmip.com.cn
冶金工业出版社营销中心　电话　(010)64044283　传真　(010)64027893
冶金工业出版社天猫旗舰店　yjgycbs.tmall.com
（本书如有印装质量问题，本社营销中心负责退换）

前　言

　　粉末冶金是一门既古老又现代的材料制备技术。古代炼块铁技术和陶瓷制备技术是粉末冶金的雏形；18～19世纪欧洲采用粉末冶金法制铂，是古老粉末冶金技术的复兴和近代粉末冶金技术的开端。20世纪前期，粉末冶金进入蓬勃发展时期，各种新材料和新技术层出不穷，粉末冶金逐渐发展成为通过制取粉末，并经过成形和烧结制备材料和制品，其工艺灵活，既能生产具有特殊性能的新材料，也能制造价廉质优的机械零件，是一项兼具新材料研发和机械零件制造的重要技术。20世纪后期，粉末冶金的发展日新月异，其应用领域不断扩展。进入21世纪，粉末冶金已成为新材料科学和技术中最具有发展活力的领域之一。

　　粉末冶金技术具有显著节能、省材、性能优异、稳定性好等一系列优点，适合于大批量生产。此外，部分用传统铸造方法和机械加工方法无法制备的材料和难以加工的零件也可用粉末冶金技术来制备，故而备受工业界的重视。

　　粉末冶金是提高材料性能和发展新材料的重要手段，已经成为当代材料科学发展的前沿领域。粉末冶金新材料、新技术、新工艺的不断出现，必将促进高技术产业和国防工业的快速发展，也必将带给材料工程和制造技术光明的前景。近年来，我国粉末冶金行业得到了快速发展，技术水平和工艺装备均比以前有了很大的提高，但与国外先进技术水平相比仍存在差距。因此，大力开展粉末冶金新材料、新技术、新工艺的研究，对提高我国粉末冶金产品的档次和技术水平，缩短与国外先进水平的差距具有非常重要的意义。

　　为了便于读者学习粉末冶金知识，本书从基础、应用和发展等方面介绍了粉末冶金原理和工艺。其中较为全面地阐述了粉末的性能、粉末的制取方法、成形和烧结等粉末冶金关键工艺过程的基础知识，归纳了粉末冶金的典型材料及应用，阐明了粉末冶金零件设计基础，简单介绍了粉末冶金企业管理和质量管理。

本书由曲选辉任主编（并编写绪论、第3章第6节），参加编写工作的有：邵慧萍（第1章）、罗骥（第2章）、林涛（第3章第1~5节）、秦明礼（第4章第1~4节）、李平（第4章第5~7节）、贾成厂（第5章）、杨霞（第6章）、何新波（第7章）。

由于作者水平有限，书中难免存在疏漏，不妥之处敬请读者批评指正。

作　者
2013 年 2 月

目　　录

绪　论

[本章重点]

本章涉及粉末冶金的定义和基本工艺，讲述了粉末冶金的发展历史和发展趋势，粉末冶金的优势及其应用领域。本章需要掌握粉末冶金的定义和基本工艺，以及粉末冶金的优势。

粉末冶金是制取金属粉末或用金属粉末（或金属粉末与非金属粉末的混合物）作为原料，经过成形和烧结制成制品的工艺技术。由于粉末冶金的生产工艺与陶瓷的生产工艺在形式上类似，因此粉末冶金这种生产工艺也称为金属陶瓷法。

粉末冶金的基本工艺是：（1）原料粉末的制取和准备；（2）将粉末成形为所需形状的生坯；（3）将生坯在一定温度下烧结，使最终材料或制品具有所需的性能。粉末冶金的发展日趋多样化，粉末冶金材料和制品的工艺流程如图 0-1 所示。

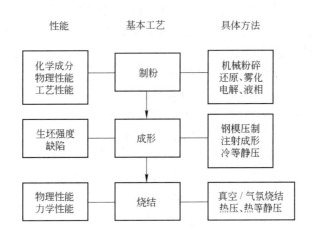

图 0-1　粉末冶金基本工艺

粉末冶金的历史可以追溯到公元前 3000 年，埃及人用碳还原氧化铁得到海绵铁，再经加热锤打制成致密的铁器。公元 3 世纪时，印度人用此方法制造了"德里铁柱"，重达 6.5t。19 世纪初，俄国和英国相继出现海绵铂粉，经冷压、烧结和进一步锻打制成铂制品。1909 年库利奇的电灯钨丝问世后，粉末冶金技术开始迅速发展。

现代粉末冶金技术的发展经历了三个重要阶段：

第一个重要阶段是成功制造出难熔金属和硬质合金。库利奇用粉末冶金工艺制造出电灯钨丝，使 1880 年爱迪生发明的电灯真正得到普及，为现代粉末冶金工业发展迈出了第一步。随后，粉末冶金工艺成为许多难熔金属材料如钨、钼、钽、铌的唯一生产方法。

1923年采用粉末冶金工艺又成功地制造了硬质合金，为机械加工业带来了一场革命。因此，难熔金属和硬质合金的生产，奠定了粉末冶金在材料领域中的地位。

第二个重要阶段是成功制造出多孔含油轴承。20世纪30年代用粉末冶金方法生产出多孔含油轴承，这种轴承在汽车、纺织、航空等领域得到广泛应用。随后发展到生产铁基机械零件，充分发挥了粉末冶金无切削或少切削的特点，实现了高效益。

第三个重要阶段是粉末冶金新材料、新工艺的发展。例如，金属陶瓷、弥散强化材料、粉末高速钢和粉末高温合金等新材料的出现，以及热等静压、粉末热锻、温压等新工艺的出现，展示出粉末冶金发展的广阔前景。

粉末冶金在技术上和经济上具有一系列优点：（1）生产普通熔炼法无法生产的具有特殊性能的材料，如难熔金属、硬质合金、多孔材料、假合金等；（2）粉末冶金方法生产的某些材料比普通熔炼法生产的材料性能优越，如粉末高速钢和粉末高温合金等；（3）材料利用率高、生产效率高，粉末冶金制造机械零件是一种无切削或少切削的工艺，可以大量减少机加工量，节约金属材料，提高劳动生产率。总之，粉末冶金的工艺灵活，既能生产具有特殊性能的新材料，也能制造价廉质优的机械零件。

但粉末冶金工艺也有不足之处。例如，粉末成本高，粉末冶金制品的大小和形状有一定的限制，烧结零件的韧性较差，生产量少时由于模具成本高而导致总的生产成本高等。

粉末冶金材料种类繁多。按材料成分划分，有铁基制品、有色金属制品、稀有金属制品等。从材料性能看，既有多孔材料，又有致密材料；既有硬质材料，又有较软的材料；既有重合金，也有轻的泡沫材料；既有磁性材料，也有电工等其他功能材料。就材料类型而言，有金属材料和复合材料。粉末冶金由于技术和经济上的优越性，其应用将越来越广泛。目前的主要应用范围如下：

（1）机械零件和结构材料，其中包括：

1）减摩材料：多孔含油轴承、固体润滑材料等；

2）摩擦材料：以铁铜为基，用作制动器或离合器元件；

3）机械零件：代替熔铸和机械加工的各种承力零件。

（2）多孔材料，其中包括：

1）过滤器：由青铜、镍、不锈钢、钛及合金等粉末制成；

2）热交换材料：也称发散或发汗材料；

3）泡沫金属：用于吸音、减振、密封和隔音。

（3）电工材料，其中包括：

1）电触头材料：难熔金属与铜、银、石墨等制成的假合金；

2）电热材料：金属和难熔金属化合物电热材料等；

3）集电材料：烧结的金属石墨电刷等。

（4）工具材料，其中包括：

1）硬质合金：以难熔金属碳化物为基加钴、镍等金属烧结制成；

2）超硬材料：立方氮化硼和金刚石工具材料等；

3）陶瓷工具材料：以氧化锆、氧化铝和黏结相构成的工具材料等；

4）粉末高速钢：以预合金化高速钢粉末为原料制成。

（5）粉末磁性材料，其中包括：

1）烧结软磁体：纯铁、铁合金、坡莫合金等；

2）烧结硬磁体：烧结磁钢、稀土烧结磁体等；

3）铁氧体材料：包括铁氧体硬磁、软磁、矩磁及旋磁等材料；

4）高温磁性材料：有沉淀硬化型、弥散纤维强化型。

（6）耐热材料，其中包括：

1）难熔金属及其合金：钨、钼、钽、铌、锆及其合金；

2）粉末高温合金（超合金）：以镍铁钴为基添加 W、Mo、Ti、Cr、V；

3）弥散强化材料：以氧化物、碳化物、硼化物、氮化物弥散强化；

4）难熔化合物基金属陶瓷：以氧化物、碳化物、硼化物、硅化物为基；

5）纤维强化材料：金属或化合物纤维增强复合材料等。

（7）原子能工程材料，其中包括：

1）核燃料元件：铀、钍、钚的复合材料；

2）其他原子能工程材料：反应堆、反射、控制、屏蔽材料等。

我国粉末冶金工业经过近 60 年的高速发展，无论是基础理论的研究还是新材料、新工艺的开发，都取得了令人可喜的成绩，为我国工业现代化的发展做出了积极的贡献。随着我国经济的高速发展，相信粉末冶金工业将会在工农业和国防等领域发挥更加重要的作用。

思 考 题

0-1 什么是粉末冶金？其基本工艺是什么？

0-2 粉末冶金的应用领域有哪些？

0-3 粉末冶金的优势是什么？

1 粉末的性能

[本章重点]

本章介绍了粉末的构成，给出了粉末测试前的取样方法，重点阐述了粉末的物理性能及测试方法，包括粉末的形状、成分、粒度、比表面，以及粉末的工艺性能，包括松装密度、流动性、振实密度和压制性。本章需要重点掌握粉末各项性能的含义及其常规测试方法。

1.1 粉末的概念及粉末性能

粉末是制备粉末冶金材料和制品的原料，粉末的纯度和性能对制品的成形、烧结和产品的性能都有直接的影响。

自然界的物质按物态可以分为固态、液态和气态，而固态物质按分散程度不同分为致密体、粉末体和胶体三类，即大小在 1mm 以上的称为致密体或常说的固体，大小在 0.1μm 以下的称为胶体，而介于两者之间的称为粉末体。

1.1.1 粉末体与粉末颗粒

粉末体简称粉末，是由大量颗粒及颗粒之间的空隙所构成的集合体。致密体内没有宏观的空隙，靠原子间的键力联结；粉末体内颗粒之间有许多小孔隙而且联结面很少，面上的原子间不能形成强的键力。因此粉末体不像致密体那样具有固定形状，而表现出与液体相似的流动性。但由于相对移动时有摩擦，故粉末的流动性是有限的。至于气溶胶体和液溶胶体中的颗粒，彼此间的距离更大，仅存在类似分子布朗运动引起的粒子间的碰撞，因而联结力极微弱。

粉末中能分开并独立存在的最小实体称为单颗粒。单颗粒如果以某种形式聚集就构成所谓的二次颗粒，其中的原始颗粒就成为一次颗粒。图 1-1 描绘了若干一次颗粒聚集成二次颗粒的情况。

一次颗粒之间形成一定的黏结面，在二次颗粒内存在一些微细的孔隙。一次颗粒或单颗粒可能是单晶颗粒，而更普遍情况下是多晶颗粒，但晶粒间不存在空隙。

二次颗粒是由单颗粒以某种方式聚集而成的，通常由化合物的单晶体或多晶体经分解、焙烧、还原、置换或化合等物理化学反应并通过相变或晶型转变而形成；也可以由极细的单颗粒通过高温处理（如煅烧、退火）烧结而形成。

通过上述方式得到的二次颗粒又称为聚合体或凝集颗粒。实际上颗粒还可以团粒和絮凝体的形式聚集。所谓团粒是由单颗粒或二次颗粒靠范德华引力黏结而成的，其结合强度

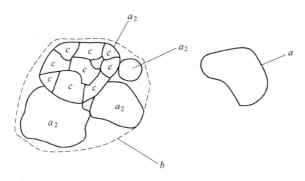

图 1-1　一次颗粒聚集成二次颗粒的情况
a—单颗粒；a_2——一次颗粒；b—二次颗粒；c—晶粒

不大，用研磨、擦碎等方法或在液体介质中就容易被分散成更细的团粒或单颗粒。例如低温干燥得到的氧化物粉末或由金属盐类低温煅烧得到的氧化物粉末均属于这种团粒。絮凝体则是在粉末悬浊液中，由单颗粒或二次颗粒结合成更松散的聚合颗粒。

颗粒的聚集状态和聚集程度不同，粒度的含义和测试方法也就不同。用一般的方法所测定的粒度均是反映单颗粒或二次颗粒大小的，即在分散不良的情况下，只能反映聚集颗粒的粒度。但往往只有二次颗粒中的一次颗粒的大小才对烧结体显微组织内晶粒的结构和大小起决定作用，因而也需要测定一次颗粒的粒度大小。另外，有些粒度测定方法的误差和对不同测定方法结果进行比较或换算时，由于颗粒的聚集状态与聚集程度的不同而给以上工作带来不少的困难。

粉末颗粒的聚集状态和程度对粉末的工艺性能影响很大。从粉末的流动性和松装密度看，聚集颗粒相当于一个大的单颗粒，流动性和松装密度均比细的单颗粒高，压缩性也较好。而在烧结过程中，则一次颗粒的作用比二次颗粒显得更重要。

粉末的颗粒形状对粉末的压制成形和制品的烧结都会带来影响。表面光滑的粉末颗粒，其流动性好，对提高压坯的密度有利。在相同的压力下，用相同成分的粉末进行压制时，球形粉末所获得的压坯密度高，多角形粉末次之，树枝状和针状的粉末较差。

形状比较复杂的粉末，其流动性不如球形粉末好，但对提高制品的压坯强度有利，因为形状复杂的粉末能使压坯中颗粒之间的结合力增加。所以，在相同压力下，用相同成分的粉末进行压制时，树枝状粉末的压坯强度高，不规则粉末次之，片状和球形粉末的较差。

粉末形状不同，对烧结的影响也不同。在烧结时，粉末颗粒形状比较复杂、表面比较粗糙、在压坯中接触比较紧密的粉末，能促进烧结的进行。粉末颗粒形状简单、表面光滑而彼此接触不良的粉末，如球形与片状粉末的烧结性较差。

1.1.2　颗粒结晶结构和表面状态

金属及多数非金属颗粒都是结晶体。除少数粉末生产方法，如气相沉积和从液相中结晶能提供使晶体充分生长的条件以外，通常是在晶体生长不充分的情况下得到粉末的。原始颗粒粉末经过破碎、研磨等加工后，晶体外形也会遭到破坏，造成颗粒外形与晶型不一致。

制粉工艺对粉末颗粒的结晶构造起着主要作用。一般说来，粉末颗粒具有多晶结构，而晶粒大小取决于工艺特点和条件，对于极细粉末可能出现单晶颗粒。粉末颗粒实际构造的复杂性还表现为晶体的严重不完整性，即存在许多结晶缺陷，如空隙、畸变、夹杂等。因此，粉末总是贮存有较高的晶格畸变能，具有较高的活性。

粉末颗粒的表面状态是十分复杂的，一般粉末颗粒越细，外表面越发达。同时粉末颗粒的缺陷多，内表面也就相当大。外表面是可以看到的明显表面。内表面包括裂纹、微缝以及颗粒外表面连通的空腔、孔隙等，但不包括封闭在颗粒内的潜孔。多孔性颗粒的内表面常常比外表面大几个数量级。

粉末发达的表面贮藏着高的表面能，因而超细粉末容易自发地聚集成二次颗粒，并且在空气中极易氧化和自燃。

1.1.3　粉末性能

粉末是颗粒与颗粒间的空隙所组成的集合体。因此研究粉末体时应分别研究单颗粒、粉末体和粉末体中孔隙等的一切性质。

单颗粒的性能与粉末材料类别及其生产方法有关：（1）由粉末材料决定的性质，如点阵结构、理论密度、熔点、塑性、弹性、电磁性质、化学成分等。（2）由粉末生产方法所决定的性质，如粒度、颗粒形状、密度、表面状态、晶粒结构、点阵缺陷、颗粒内气体含量、表面吸附的气体与氧化物、活性等。

粉末的性能除了单颗粒的性质以外，还有平均粒度、粒度组成、比表面、松装密度、振实密度、流动性、颗粒间的摩擦状态。

粉末的孔隙性能有总孔隙体积、颗粒间的孔隙体积、颗粒内的孔隙体积、平均孔隙大小、孔隙大小的分布及孔隙的形状。

在实践中不可能对上述粉末性能逐一进行测定，通常按化学成分、物理性能和工艺性能来进行划分和测定。

化学成分主要是指粉末中金属的含量和杂质含量。金属粉末的化学分析与常规的金属试样分析方法相同。

物理性能包括颗粒形状与结构、粒度和粒度组成、比表面积、颗粒密度、显微硬度，以及光学、电学、磁学和热学等性质。实际上，粉末的熔点、蒸气压、比热容与同成分的致密材料差别很小，一些性质与粉末冶金关系不大。

工艺性能包括松装密度、振实密度、流动性、压缩性和成形性。

1.2　粉末的取样和分样

在粉末冶金生产过程中，粉末的生产是以公斤（kg）或吨（t）为单位的，而粉末性能的测试只可能取出其中的几十克或几毫克作试样，来代表这批粉末的性能，因此要准确地测定粉末的性能，并使所取的样品应尽可能精确地代表这批粉末，取样方法的标准化是十分重要的。

1.2.1　取样数目

由于粉末在装袋、出料、运输过程以及贮存时受到振动等都可能造成物料的分散不均匀，因此取样要按照国家标准（GB/T 5314—2011）的规定进行。如果粉末是装在容器中的，要按表1-1中数目取样。

表1-1　取样数目参考表

装一批粉末的容器数	1～5	6～11	12～20	21～35	36～60	61～99	100～149	150～199
应取样容器的数目	全部	5	6	7	8	9	10	11

注：以后每增加100个或不到100个容器，增加1个取样容器。

如果粉末是通过一个孔连续流动的，则取样应在全部出料时间内，按照一定的时间间隔进行。取样数目取决于要求的精确度。至少应取三份试样，一份在出料开始后不久，一份在出料过程中，一份在出料结束前不久。

1.2.2　取样和分样

金属粉末的生产商和用户在对粉末的常规检测中要对粉末取样。国标 GB/T 5314—2011（ASTM 标准 B215、MPIF 标准 01 和 ISO 标准 3954）规定了取样过程，以保证所取的样品能代表整批粉末。为了使一批粉末的合金成分和工艺性能均匀，一般将粉末置于一个称为粉末混合器的较大容器中进行混合。当粉末生产商混合粉末时，从粉末中取出代表性样品的过程很简单。当粉末从混合器中流出时，在不同的时刻从整个粉末流的横截面上抽取样品。第一份样品是在第一个包装容器半满时抽取的，第二份样品是在整个混合器中的粉末放出一半时抽取的，第三份样品是在最后一个包装容器半满时抽取的。然后将这三份样品混合，用分样器（图1-2）从混合后的粉末中取出适当的检测所需数量的样品。

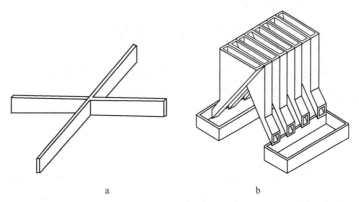

图1-2　分样器

a—四分法分样器；b—滑槽式分样器

如果粉末的用户想从一批粉末中取出具有代表性的样品，则可以使用如图1-3所示的取样器。图中所示的取样器末端是密闭的，侧面具有纵向的开口。其中外管的开口沿圆周方向是倾斜的，而内管的开口是直的。使用前使内外管互相闭合彼此的开口。使用时将取样器垂直插入粉末容器中，外管不动，慢慢转动内管，使内外管的开口从下到上逐渐重合，使粉末充满内管，从而从粉末容器的不同深度中取出样品。将样品从内管顶端的开口倒入另外的容器或混合器中。这样，即使在运输过程中粉末颗粒产生偏析，也会从容器中取出代表性的粉末样品。如果粉末容器的数量有多个，就要从一个以上的容器中取出粉末样品，并将这些样品混合。

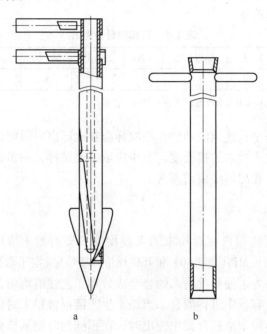

图 1-3　取样器

a—用于松散充填的粉末；b—用于难充填的粉末

1.3　化 学 成 分

　　一般地，金属粉末的化学分析方法与块体金属的相同。但是也发展了几种特别适用于金属粉末的经验检测方法，即"氢损值测试"和"酸不溶物测试"。对于铁合金粉，还发展了一种检测其中未合金化铁粉的方法。

1.3.1　氢损试验

　　铜粉、钨粉和铁粉的氢损试验标准参见国标 GB/T 5158—2011、ASTM E159—2000、MPIF 标准 02 和 ISO 4491—1997。这些标准也可以用于其他粉末。在氢损试验中，粉末样品在干燥、净化的氢气流中在给定温度下加热给定的时间，然后测量处理前后粉末的重量损失。对于不同金属粉末，还原处理的温度和时间列于表 1-2 中。粉末颗粒表面的氧化物与氢气反应生成水被氢气流带走，从而造成重量损失。由重量损失计算粉末中的原始氧含量。但如果金属粉末中含有如下物质，则计算值产生误差：（1）不可还原的氧化物；（2）在测试温度下挥发的物质，如水分或金属（如锌、钙、铅）；（3）与氢形成挥发性化合物的元素，如硫或碳。

表 1-2 氢损试验的标准条件

金属粉末	还原温度/℃	还原时间/min
钴	1065	60
铜	875	30
铜-锡	775	30
铅	550	30
铅-锡	550	30
铁	1150	60
镍	1050	60
锡	550	30
钨	875	30

注：温度允许误差为±15℃；烧舟可以由刚玉或石英制成，应在试验温度下氢气中预先处理。

为了避免氢损试验过程中金属粉末中碳、硫或挥发性金属元素的影响，国际标准化组织（ISO）发展了一种改进的测试方法，即通过滴定检测氢气还原后气体中的水含量。

为了检测金属粉末的总氧含量，包括不可还原氧化物中的氧，可以使用钢及其他合金中氧含量的标准测试方法。此方法是将粉末样品装在一个较小的、一次性使用的石墨坩埚中，并在流动的惰性气体中加热到2000℃或更高温度。氧与来自坩埚的碳结合并以一氧化碳的形式释放出来，测量CO的数量，就能确定原始粉末中的氧含量。

1.3.2 酸不溶物试验

铜粉和铁粉的酸不溶物试验用于检测粉末中的杂质含量。纯铜粉和纯铁粉会完全溶于酸中，但实际的粉末中可能含有不溶解的杂质。测试方法已形成标准：GB/T 223.34—2000、ASTM标准E194和MPIF标准06。在一定条件下，将铜粉样品溶解于硝酸中，将铁粉样品溶解于盐酸中。将不溶解的物质过滤出，在炉中干燥并称重。这些不溶解的物质中含有二氧化硅、不溶解的硅酸盐、氧化铝、黏土和其他难熔物质，是原料中的杂质保留在粉末中或来自炉衬、燃料等。在铁粉中，酸不溶物可能还包括不溶解的碳化物。与氢损试验相似，酸不溶物含量的测试也是用于描述粉末质量的经验测试。特别是在铁粉中，粉末中作为杂质存在的难溶物质不但影响由铁粉制造的零件的性能，也增大了粉末成形模具的磨损。

对于某些金属粉末产品，特别是在铁粉中，酸不溶物试验对于确定硅酸盐的数量是不充分的。因此，可以采用化学分析粉末中的硅代替酸不溶物试验。

1.3.3 铁合金粉的污染

与压制和烧结制造传统结构零件的粉末相比，用于成形预成形坯随后锻造成全致密零件的合金化铁粉对污染量的要求更低。一种污染源是铁合金粉中存在的不含合金成分的普通铁粉颗粒。当铁合金粉和普通铁粉在相同的粉末生产设备中处理时可以引入铁颗粒。

全致密合金钢零件的生产过程是成形和烧结合金化铁粉和石墨粉的混合粉，接着锻造和热处理。未合金化铁粉颗粒在这些零件中的存在导致组织中不希望出现的软化点。确定铁合金粉中普通铁粉含量的测试方法已经形成标准 ASTM B795。用金相方法检测这些锻造成全致密并热处理的钢零件样品。用适当的浸蚀剂浸蚀样品抛光表面，将显露出未合金化铁在组织中存在的点。定量测量组织中这些点的总面积即可得到未合金化铁的含量。

1.4　颗粒形状

颗粒形状是指粉末颗粒的外观几何形状。形状的表征没有简单易行的方法。使用形状因子可以描述粉末颗粒，并且试图对颗粒形状定量表征，但这些方法几乎不能用于粉末冶金实践。相反，定性概念描述和区分颗粒形状是可行的，所用的两个基本概念是颗粒的维数和颗粒的表面轮廓。使用这一方案，可以得出几种基本类型的常见颗粒形状，如图1-4所示。

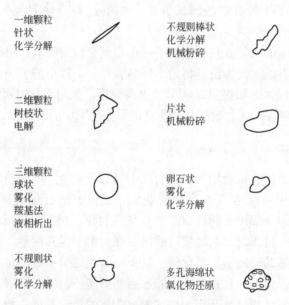

图1-4　粉末颗粒形状及相应的生产方法

一维颗粒实际上是针状或棒状的，这种颗粒的长度比其横向尺寸大很多。有时也用形状比，即圆柱颗粒长度与直径之比，描述这种颗粒。在这种一维颗粒中，根据其表面轮廓可以分成两种不同的类型：光滑的表面和粗糙的不规则表面。

二维颗粒是片状的，其横向尺寸远大于厚度。这种颗粒的表面轮廓通常很不规则。树枝类型是由其树枝样的形状表征的，最典型的是电解粉末。图1-5为电解铜粉的电子显微镜照片。

多数粉末是三维的，粉末的形状包括等轴状和瘤状。此类型中最简单的一种颗粒是球形的。与完美的球形和表面轮廓不同，实际颗粒是圆滑的和不规则类型。多孔颗粒通常是不规则的，并具有大量内孔。

1.4.1 显微观察

观察金属粉末颗粒的最佳方法是利用扫描电子显微镜（SEM）。SEM 的放大倍数大于10000 倍，产生的图像具有三维特征。其原因是 SEM 的景深超过光学显微镜 100 倍，景深范围从 10000 倍的 1 μm 到 10 倍的 2mm。SEM 用于研究颗粒表征的所有方面，包括尺寸、形状、表面形貌、表面结构（晶态、晶粒和枝晶）、涂层或薄膜特性（氧化物）、夹杂、孔隙、团聚和雾化表面的伴生形成物。因此，SEM 在粉末冶金中最有用的应用之一是直观地定性表征颗粒。

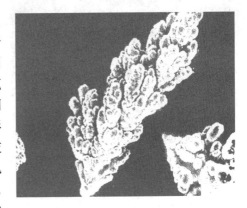

图 1-5　电解铜粉的扫描电子显微镜照片

另一种方法在光学显微镜下观察金属粉末颗粒。一种做法是在玻璃片上将少许粉末分散开并在生物显微镜或金相显微镜下观察。另一种做法是用塑料固定粉末，并用传统的制样技术制样并观察。采用这种方法，可以获得合金偏析和枝晶间距等特征。

1.4.2 粉末的 SEM 照片

对于一些粉末类型，其颗粒形状与粒度之间存在某种关系。这通常是对于雾化粉末来说的，其颗粒形状随着粉末粒度减小更加趋于球形，如图 1-6 所示。图中锡粉的 SEM 照片表示典型的空气雾化特征。但并不是所有的颗粒都是球形的，很多颗粒拉长并且甚至是哑铃形。与空气雾化的粉末相比，一些新型雾化方法可以生产出具有完美球形颗粒的粉末。作为一个例子，图 1-7 是旋转电极方法生产的不锈钢粉末的 SEM 照片。与空气或惰性气体雾化方法生产的粉末相比，水雾化粉末是圆滑的不规则颗粒，如图 1-8 所示。实际上，水雾化铁粉的外形看起来与海绵铁方法生产的铁粉（图 1-9）没有大的差别，海绵铁是用焦炭还原铁矿获得的。

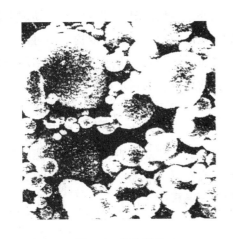

图 1-6　雾化锡粉

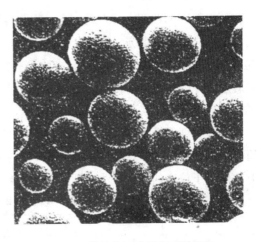

图 1-7　旋转电极法雾化不锈钢粉

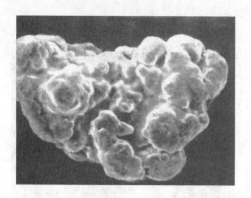

图 1-8   水雾化铁粉

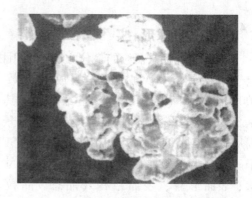

图 1-9   海绵铁粉

1.5   粉末的粒度

粉末粒度是指颗粒的大小。对于粉末而言，粒度是指颗粒的平均大小。粉末颗粒大小与生产工艺条件有关，例如还原法生产的铁粉，其还原温度高时，颗粒粗一些，还原温度低，颗粒就细些；在同样还原温度下生产的海绵铁，细粉碎时间长一些，颗粒就细，细粉碎时间短，颗粒就粗一些。

1.5.1   粒度与粒度分布

粒度是指用适当的方法测得的单个粉末颗粒的线性尺寸。由于组成粉末的无数颗粒大小不一，因此用不同大小的颗粒占全部粉末颗粒的百分含量表征粉末颗粒大小的分布状况，称为粒度分布，或称为粒度组成。

粒度，特别是粒度分布，取决于测量方法，例如显微镜观察、筛分、沉降分析等。因此，在分析金属粉末的粒度和粒度分布数据时要记住这一点。

1.5.1.1   粒度

球形粉末的粒度由其直径定义，但除球形粉末之外，多数情况下粒度是不容易定义和测量的。一种常用的方法是将所有粉末假定为球形。在这一简单的假设前提下，可以将不规则粉末的粒度定义为一维尺寸，即穿过颗粒表面之间平均距离。由于一批粉末中颗粒大小有差别，因此通常所说的粒度包含有粉末平均粒度的意义，也就是用粉末的某种统计性平均粒度表征粉末。

计算粒度的算术平均值是将一批颗粒的直径累加并除以颗粒的总个数。除了算术平均值外，其他粒度的平均方法总结在表 1-3 中，其中指出了各种方法的意义。需要使用哪种方法取决于粒度的测量方法，即是否测量颗粒的体积或表面积。

表 1-3   测定平均粒度的方法及其意义

类　型	定　义	意　义
算术平均	$d_{av} = \Sigma nd / \Sigma n$	代表一系列测量的最常见值

类　型	定　义	意　义
几何平均	$\lg d_g = \Sigma n \lg d / \Sigma n$	很好地代表对数正态分布的中值
体积平均	$d_v = (\Sigma n d^3 / \Sigma n)^{1/3}$	体积等于所有颗粒体积 算术平均值的颗粒直径

注：d 为粒径；n 为颗粒数量。

1.5.1.2　粒度分布

一批粉末的粒度分布常用各个粒度范围的质量分数分布的图形表示。在这种方法中，将各个粒度的质量分数表示为各个粒度的函数。金属基粉末，例如铁粉和铜粉，其粒度分布相当宽，通常在 $10 \sim 180 \mu m$ 的范围内。在这种情况下，常常使用粒度的对数分布。对于较窄的粒度分布，例如 $1 \sim 6 \mu m$ 的难熔金属粉末，使用粒度的线性分布。将图中的各个点连接起来，就得到粒度分布的曲线图形。

这种曲线可以有几种不同的形式。一种是单峰分布，曲线中只有一个峰，称为粒度峰值。粒度峰值是颗粒出现最多或最可能存在的粒度值。图 1-10 表示三种单峰分布曲线。图形中的粒度坐标可以是线性的或是对数的。对于给定的粒度分布，这两种坐标的曲线特征当然是不同的。对于对数坐标曲线，图 1-10a 的对称曲线表示对数正态分布，图 1-10b 和图 1-10c 的曲线是不对称的，表示粒度分布分别向较小和较大粒度方向偏移。

并不是所有粒度分布曲线都是单峰的，曲线中可以有两个或多个极值，表示双峰或多峰分布，见图 1-11a 和图 1-11c。图 1-11a 所示的双峰分布的平均粒度可能是少量粉末存

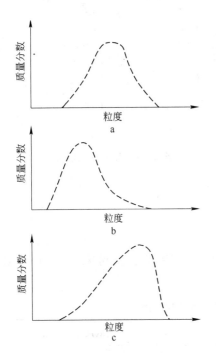

图 1-10　单峰粒度分布曲线

a—对称（对数正态）；b—不对称（峰值偏向较小值）；
c—不对称（峰值偏向较大值）

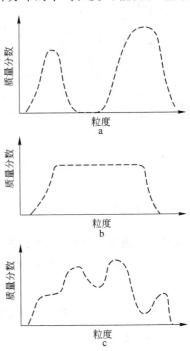

图 1-11　粉末粒度分布曲线

a—双峰分布；b—宽峰分布；c—多峰分布

在的尺寸，如果用于描述粉末的粒度则会产生很大的误导。并且，单峰分布或多峰分布中的峰宽可以较宽，如图 1-11b 所示。粒度分布的曲线也可以是很不规则的，如图1-11c 所示，但这是比较少见的。

粒度分布可以画成柱形图。在这种情况下，柱的宽度对应粒度范围，柱的高度表示此范围的质量分数频度，如图 1-12 所示的曲线。图中还表示出了通过各个柱顶部宽度的中点的曲线。

1.5.1.3 累积分布曲线

累积分布曲线表示的是小于或大于某一粒度的粉末质量分数与粒度的函数。如果累积质量分数代表包括某一粒度在内的小于该粒度的颗粒质量分数，则称之为负累积分布曲线；如果累积质量分数代表包括某一粒度在内的大于该粒度的颗粒质量分数，则称之为正累积分布曲线，如图 1-13 所示。在这个图中，粒度取的是对数坐标，但也可以使用线性坐标。粒度分布曲线上的数据可以用于得到累积分布曲线。正态分布曲线的峰值对应于累积分布曲线上的拐点。从累积分布曲线上可以容易地直接读出粒度分布上的中位径，即中位径是在曲线上 50% 质量分数坐标对应的粒度。负累积分布曲线是常用的表达方式。

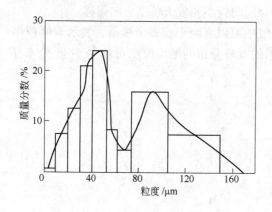

图 1-12   水雾化不锈钢粉的粒度分布

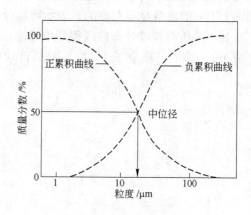

图 1-13   累积分布曲线

1.5.2 粒度测试方法

1.5.2.1 测量粉末粒度的方法

表 1-4 中列出了一些测量粉末粒度的方法，这些方法在粉末冶金中是最常用的。

表 1-4   粒度测定的常用方法及其应用范围

种　类	方　法	有效尺寸范围/μm
筛分析	使用筛子和机械振动筛分析 微孔筛	45～800 5～50

续表 1-4

种　类	方　法	有效尺寸范围/μm
显微镜	可见光	0.5 ~ 100
	扫描电子显微镜	0.1 ~ 1000
	透射电子显微镜	0.001 ~ 1
斯托克斯定律方法	沉降	2 ~ 300
	浊度计	0.5 ~ 500
	淘析	5 ~ 50
电解电阻	Coulter 计数器	0.5 ~ 800
光遮蔽	HIAC	1 ~ 9000
光散射	Microtrac	2 ~ 100
气体透过性	费氏亚筛粒度计	0.2 ~ 50
表面积	气相的 BET 吸附	0.01 ~ 20

1.5.2.2　筛分析

测量粒度最广泛使用的方法是筛分析，这已经形成 GB/T 1480—1995（ASTM 标准 B214 和 MPIF 标准 05）。筛分析所用的设备包括一套筛子。习惯上以目数表示筛网的孔径和粉末的粒度。所谓目数是指每英寸长度上的网孔数量。而实际的筛子网孔大小由筛子的目数和筛网丝的直径确定。

筛分析的大致过程为：将套筛从粗到细自上而下叠在一起，并在最底层加一个筛底，在最顶层加一个盖。将 100g 样品放在最上面的筛子中，然后将套筛固定在振筛机上。振筛机可以使筛子在水平和垂直两个方向振动。标准的振动筛分时间是 15min。最后称出每个筛子中以及筛底中的粉末重量。

对于金属粉末，选用的套筛系列如表 1-5 所示。筛子的规格以目数的形式给出，筛子的网孔决定筛网之上和通过筛网的粉末粒度。通常的说法是−100+150 目的粉末，表示通过 100 目但留在 150 目筛网上的粉末。

在套筛中最细的筛子是 325 目（45μm），通过 325 目筛子的粉末称为亚筛粉末。

对于球形粉末，网孔的大小直接对应于粉末颗粒的直径。长颗粒甚至当其长度大于网孔大小时也可以通过筛网。当用筛分析测试这种粉末的粒度分布时必须考虑这一点。

如果要描述粒度小于 45μm 的粉末粒度分布，可以使用具有细小网孔的微孔筛。这种筛子是用光刻或电刻技术制成的，具有精确的网孔，尺寸在 5 ~ 40μm 之间。但这种筛子非常贵，也不能使用振筛机，而是使用真空型筛分机。

表 1-5　用于金属粉末的套筛

筛网目数	网孔尺寸/μm
60	250
80	180
100	150
140	106
200	75
230	63
325	45

1.5.2.3 显微镜测量

如果测量每个颗粒（代表性样品）的尺寸，则可得到精确的粉末粒度分布。这可以使用光学显微镜或电子显微镜完成。使用光学显微镜时，粉末颗粒分散在显微镜的载玻片上或者其他适合的装载介质上，然后使用带有刻度尺的目镜测量每个颗粒的尺寸。

扫描电子显微镜用于测量尺寸范围在 $1\,mm \sim 0.1\,\mu m$ 之间的颗粒。更细的粉末可以用透射电子显微镜测量。使用这三种显微镜测量粒度时，也可以使用测量粒度和粒度分布的半自动方法或自动方法，如将图像分析装置与显微镜结合。作为测量粒度分布的常规方法，显微镜测量由于繁琐很少使用，但在校准其他方法时仍是非常有用的。

1.5.2.4 基于斯托克斯定律的方法

当固体球形颗粒在流体介质（气体或液体）中下落时，其最终的沉降速度由斯托克斯（Stockes）定律确定：

$$v = \frac{g(\rho - \rho')d^2}{18\eta}$$

式中　v——颗粒的沉降速度；

　　　g——重力加速度；

　　　ρ——颗粒的密度；

　　　ρ'——沉降介质的密度；

　　　d——颗粒直径；

　　　η——沉降介质的黏度。

A　沉降天平法

一种基于斯托克斯定律的方法是重力沉降技术，其中颗粒在静止的介质中沉降，并测量沉降的时间，沉降时间与粒度有关。沉降天平法是这种确定粒度分布方法中的一个例子，参见国标 GB/T 5157—1985。由于不同粒度的颗粒沉降时间是不同的，因此这是一个累积过程。从斯托克斯定律可以看出，较大的颗粒沉降时间较短，较小的颗粒沉降时间较长。测试过程中连续测量粉末沉降数量随时间的变化。

有时也采用另一种沉降天平法测定亚筛级金属粉末的粒度分布，即气体沉降法。用氮气将样品通过团聚分离设备喷射到 2.5m 高的圆柱形沉降室上方，用位于沉降室底部的自动秤称出落在其秤盘上的粉末，随着时间连续记录所沉降粉末的累积数量，由此根据斯托斯定律计算出粒度分布。这种方法需要相当高的技巧，在常规的粒度测量中没有被采用。

B　比浊法

比浊法的原理与沉降天平法相似。图 1-14 为比浊仪的示意图。将粉末在液体中分散，再倒入玻璃室中开始沉降。在玻璃室的液体面以下已知的距离上穿过一束平行光束，通过光电管产生的电流确定光的强度。电流通过电位器而产生的电压降由毫伏计记录。在零时刻，即粉末均匀地分散在液体中，读数约为光通过没有粉末的澄清液体时读数的30%。沉降过程中，大颗粒的沉降快于小颗粒。随着沉降进行，光强度增大。

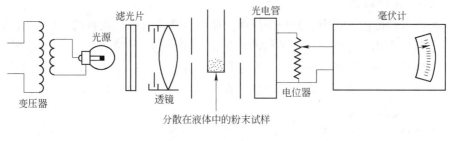

图 1-14　比浊仪示意图

在给定时刻 t_d，所有粒度大于 d 的颗粒都沉降到光束以下。这些颗粒的粒度与时间 t_d 的关系由斯托克斯定律给出，从而由光强度与时间的曲线可以计算出悬浮液体中颗粒的粒度分布。在光通道中被吸收的光是颗粒投影面积的函数，从而也是颗粒体积、颗粒重量的函数。

测量粒度分布的比浊法在难熔金属粉末 W、Mo 和 WC 中广泛采用，已经列入 ASTM 标准 B430。

也可以采用 X 射线而不是可见光束来测量粉末粒度分布，其主要差别是 X 射线的衰减正比于 X 射线通道上颗粒的重量而不是它们的投影面积。

C　淘析法

大多数基于斯托克斯定律测定粉末粒度分布的方法是累积方法。而淘析法是通过将颗粒在流体（气体或液体）中进行分级而确定粉末的粒度分布。一种气体淘析法的仪器是 Roller 空气分析仪，它可以将粉末分级成 $5\sim40\mu m$ 的亚筛级颗粒。在这种 Roller 空气分析仪中，粉末在空气流中淘析。详细过程参见 ASTM 标准 B283 和 MPIF 标准 12，这些标准用于空气分级粉末的亚筛分析。其大致原理是流过适合尺寸喷嘴的高速空气流撞击到 U 形管中的粉末样品上，从而使粉末分散在空气流中。在空气中悬浮的粉末上升通过圆柱形沉降室。空气流通过沉降室的速度 $v(cm/s)$ 与粒度 $d(\mu m)$ 和密度 $\rho(g/cm^3)$ 的关系由斯托克斯定律确定：

$$v = 29.9 \times 10^{-4}\rho d^2$$

在此速度下，粒度小于 d 的颗粒通过沉降室进入由抽出套筒组成的收集系统。较大颗粒落回到 U 形管中。使用直径比为 $1:2:4:8$ 的一系列垂直沉降室和恒体积流量，将粉末分级成不同粒度，各级的最大粒度之比为 $1:2:4:8$（例如，$5\mu m$、$10\mu m$、$20\mu m$ 和 $40\mu m$）。

1.5.2.5　Coulter 计数器法

在粒度测量的 Coulter 计数器法中，粉末悬浮于导电的液体中，悬浮液流过一个小孔，小孔的两侧具有电极。控制悬浮液的浓度及其流过小孔的速度，测量每个颗粒流过小孔时电极之间电阻的变化。电阻的变化与颗粒的体积成正比。记录电阻的变化，并将计数过程的结果转换成粉末粒度分布的数据。

这里仅给出了 Coulter 计数器法的物理原理，而原始数据转换成粒度分布需要借助计算机完成。

1.5.2.6　光遮蔽法

在这种测量粒度的方法中，颗粒悬浮在流体中，其折射率与颗粒的折射率不同。悬浮液通过一个节流小孔，即测量区，平行的白光束从中穿过。光束落在一个光电探测器上，测量从测量区通过的光的强度。并且，控制悬浮液流入测量区的速度，测量每个颗粒通过所造成的光强度变化，将这些光强度的变化转变成颗粒粒度分布的数据。

1.5.2.7　光散射法

当相干的单色激光被小颗粒散射时，衍射图案的角分布取决于粒度。不同粒度颗粒的散射光图案分布在与初始激光束不同的角度上，颗粒越小，角度越大。图 1-15 示意性地表示出使用激光散射的 Microtrac 颗粒分析仪，其操作过程大致为：颗粒在液体中的悬浮液流过氦-氖气激光束照射的样品室，透镜将颗粒散射的光聚集并聚焦在旋转空间滤光片的平面上。滤光片的设计使透过的散射光图案所产生的信号正比于颗粒直径的三次方，即正比于颗粒体积。颗粒不需要一颗一颗地通过测量区。悬浮液从混合室直接抽送到样品室并循环回到混合室。

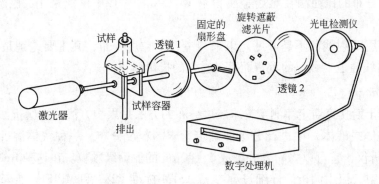

图 1-15　基于光散射原理的 Microtrac 颗粒分析仪的光学部件

1.6　粉末的比表面

比表面属于粉末的一种综合性质，是由单个颗粒性质与粉末性质共同决定的。同时，比表面还是代表粉末粒度的一个单值参数，同平均粒度一样，能给人们以直观、明确的概念。

粉末的比表面一般是指每克粉末所具有的总表面积，其单位通常用 m^2/g 或 cm^2/g 表示。通常采用气体吸附法和透过法测定。

粉末的比表面与粉末的颗粒形状、粉末的颗粒大小、粉末粒度组成及粉末的松装密度等有密切的关系，而且相互制约。因此，粉末的比表面对压制成形和烧结过程以及产品性能均有影响。例如，在其他条件一定时，粉末越细，颗粒形状越复杂，粉末的比表面越大，表面能也就越高，无论对固相烧结还是液相烧结都能加速烧结过程的进行。

1.6.1　比表面的计算

对于直径为 d 的球形颗粒，单位体积的表面积等于：

$$\frac{S}{V} = \frac{\pi d^2}{1/6 \pi d^3} = \frac{6}{d}$$

式中　　S——粉末的总表面积；

　　　　V——粉末的体积。

因此单位质量的比表面等于 $6/(d\rho)$，其中 ρ 是材料的真密度。当颗粒直径 d 的单位为 μm、密度 ρ 的单位为 g/cm^3 时，以 cm^2/g 为单位的比表面则等于 $6 \times 10^4/(\rho d)$。与相同直径的球形颗粒相比，不规则颗粒有较大的比表面。基于此，可将大于 1 的形状因子 θ 插入上述关系，从而不规则粉末的比表面变为：

$$\frac{6\theta}{\rho d} \times 10^4$$

粉末比表面与其粒度之间的关系表明比表面的测量可以用于确定粒度。实际上，这一关系得到了广泛应用。表1-6表示几种金属粉末的典型比表面。

表1-6　几种粉末的典型比表面

粉　末		比表面/cm² · g⁻¹
还原铁	细，325 目79%	5160
	正常合批	1500
	粗，325 目1%	516
海绵铁（正常合批）		800
雾化铁（正常合批）		525
电解铁（正常合批）		400
羰基铁（7μm）		3460
还原钨（0.6μm）		15000
沉淀镍（6μm）		3000

由于与大块金属相比，金属粉末具有较大的表面积，所以金属与气体、液体和固体反应的倾向性很大。同样地，大比表面的细金属粉比粗粉具有更高的反应活性，这将在以后章节中讲述。

更重要的是，细粉的大比表面使细粉具有高的表面能，而表面能是解释烧结机理的基本概念，这将在以后章节中描述。表面原子能量较高是由表面原子与晶体内部原子的化学键差异造成的。如上所述，晶体内部的原子被其他原子包围并且在它们之间形成化学键。而表面原子的近邻原子很少，由于存在自由表面，从而产生不完全的化学键。缺少正常的键是晶体材料产生表面能的基础。不完全键合程度越大，表面能的数值越大。

表面曲率对晶体点阵中键合程度的影响示于图1-16，图中表示具有很不规则的点阵。在这个二维的点阵中，晶体内的原子具有 6 个最近邻原子，在平面上的原子失去了 2 个近邻原子，在角上的原子失去 4 个近邻原子，在不规则表面上的原子失去 1~3 个近邻原子，表面越凸，最近邻原子数越少。表面越粗糙，平均表面能越大。

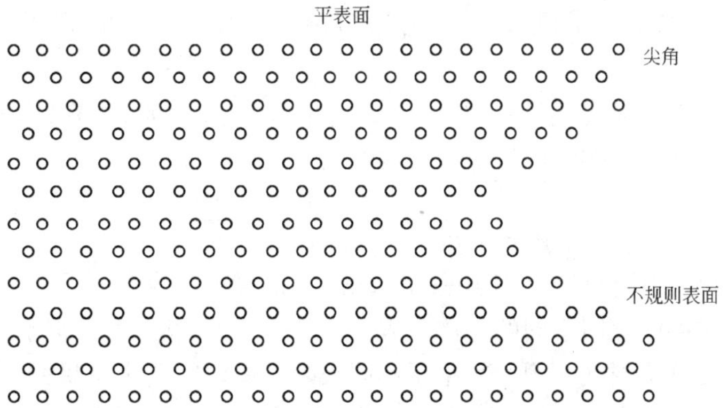

图1-16　与各种类型晶体外部表面有关的不完全键合的二维示意图

1.6.2   气体吸附法（BET 法）

测量比表面积的 BET 法是基于测量单分子层吸附在粉末表面上的气体数量，吸附气体一般用氮气。气体数量可以由等温吸附过程测量，即测量恒温下所吸附气体的数量与压力的关系。这个方法在催化剂领域中广泛使用，但对金属粉末的使用仅限于非常细的粉末，参见国标 GB/T 13390—2008。

1.6.2.1   BET 方法的原理

BET 模型是基于 Langmuir 在 1916 年首次描述的吸附过程动力学模型。Langmuir 将固体表面看作是一系列的吸附点，并且认为运动平衡状态是气体分子从气相吸附到未吸附点的速率等于气体分子从占据的吸附点离开的速率。1938 年，Brunauer、Emmett 和 Teller 将 Langmuir 的动力学单分子层吸附理论发展为多分子层吸附理论。下面的关系式用于计算单分子层的气体量 V_m：

$$\frac{V}{V_m} = \frac{C[1 - (n+1)(P/P_0)^n + n(P/P_0)^{n+1}]}{[(P_0/P) - 1][1 + (C-1)(P/P_0) - C(P/P_0)^{n+1}]}$$

在实际实验中，测定气体吸附量 V 与气体压力 P 之间的关系。P_0 是在吸附温度下吸附气体的饱和蒸气压，P/P_0 常称为相对压力。参数 C 用下式计算：

$$C = \frac{\alpha_1 \nu_1}{\alpha_2 \nu_2} \exp \frac{q_1 - q_c}{RT} - \exp \frac{q_1 - q_c}{RT}$$

参数 α、ν、q、R 和 T 分别是活度系数、振动频率、吸附热、气体常数和温度。参数 C 可以简单地用于衡量第一单分子层吸附热 q_1 比气体凝结热 q_c 的差，这对于第二层以及随后的吸附层也是有效的。参数 n 对应于表面上的最大吸附层数。仅当孔径非常小时才存在对层数的物理限制，并且必须考虑因子 n。通常假设 n 为无限大，从而得出线性关系的"标准" BET 方程：

$$\frac{P}{V(P - P_0)} = \frac{1}{V_m C} + \frac{C-1}{V_m C} \times \frac{P}{P_0}$$

在相对压力 $P/P_0 = 0.06 \sim 0.3$ 时，将 $P/[V(P-P_0)]$ 与 P/P_0 作图，一般得到一条直线。从直线的斜率与截距，可以得到单分子层吸附的气体量 V_m 以及 C 值。由于 1mol 气体的体积为 22.4L，分子个数为阿伏伽德罗常数 N，利用吸附气体分子的横截面积 A_m，就可以算出粉末样品的总表面积为 $S = A_m V_m N/22.4$，除以样品质量 W 即得到比表面 $S_w = A_m V_m N/(22.4W)$。

通常，以氮气作为吸附气时 C 值相当大（大于 100 或 200），在此条件下，BET 直线的截距可以认为是 0，上面的 BET 方程可以改写为：

$$\frac{P}{V(P - P_0)} = \frac{(C-1)P}{V_m C P_0} = \frac{P}{V_m P_0}$$

此时，使用单点 BET 方法，使用一个数据点可以直接计算单分子层吸附的气体量 V_m。

测定表面积时可以使用不同的气体。表 1-7 列出了不同吸附气体测量的结果。可以看出，使用修正后的分子横截面积，减小了不同吸附气体之间测定结果的差异，但尚不能完全消除。当 C 值非常大时，对表面积结果需要仔细评价。C 值为几百时，强烈地表示存在微孔、表面上活性点的吸附或者甚至是化学吸附效应。

表 1-7 不同吸附气体测量的结果

被吸附物	吸附气体（温度/K）	使用液体密度值的比表面/m$^2 \cdot$g^{-1}	使用修正值的比表面/m$^2 \cdot$g^{-1}	C 值
玻璃球（7μm）	N$_2$（78）	0.434	0.434	150
	Kr（78）	0.322	0.441	32
	C$_4$H$_{10}$（195）	0.333	0.489	7
	CHCl$_2$F（195）	0.315	0.479	106
钨粉	N$_2$（78）	2.69	2.69	81
	Kr（78）	1.96	2.68	290
	C$_4$H$_{10}$（273）	1.67	2.43	26
	CHCl$_2$F（273）	1.73	2.62	21
氧化锌	N$_2$（78）	9.40	9.40	155
	Kr（78）	6.82	9.34	150
	C$_4$H$_{10}$（273）	6.93	10.1	52
	CHCl$_2$F（273）	6.63	10.1	215
银箔（几何面积 1.56m^2/g）	Kr（78）	1.56	2.14	19
	C$_4$H$_{10}$（195）	1.22	1.78	6
	CHCl$_2$F（195）	1.13	1.72	11
蒙乃尔合金带（几何面积 0.456m^2/g）	Kr（78）	0.456	0.622	13
	C$_4$H$_{10}$（195）	0.652	0.952	4
	CHCl$_2$F（195）	0.577	0.878	7

1.6.2.2 BET 仪器

现在的商品仪器完全是自动化的，并且不采用滴定管型的机构测量吸附的气体体积，而是采用非常精确的压力变送器，根据校准室的已知体积以及样品与校准室之间的阀打开时产生的压力降，计算吸附的气体量。有的仪器使用质量-流动控制器监测流入样品的气体量。在流过样品室时，吸附气体与载体（氦气，在特定条件下不发生吸附）一起流过样品，分析气体流过样品前后的组成，得到有关吸附气体总量的信息。其他的技术也使用微量天平测量样品上的吸附气体后的质量变化。

等温吸附线通常是一点一点地建立起来的，在每一点上，通过使一定数量的气体流入和流出，并且停留足够的时间建立平衡。在吸附过程中产生少量的热，产生的热必须在平衡建立之前从样品中去除。吸附气体的数量对温度变化非常敏感。在确定等温吸附线之前，必须去除所有物理吸附的物质。需要获得"清洁"表面的准确条件取决于样品的性质。

为了通过氮气吸附测定表面积和孔径分布，需要抽气到 10^{-2}Pa。抽气的条件以及测定样品的抽气量是误差的主要来源（或至少是不同实验者之间出现差异的原因）。无机氧化物通常在 150℃抽气，而微孔碳和沸石需要较高温度 300℃。根据金属粉末的生产或其他的先前处理过程，应选用适当溶剂清洗样品，或在足够高的抽气温度下处理。

通常氮气是在液氮的温度下吸附，由此测定的 BET 表面积用作标准参考值。但是，在其他应用中，可能适合的或具有优势的是其他的吸附气体。例如，氮气吸附限于总表面积大于 $1m^2$ 的样品；而使用氪气作为吸附气体能更精确地测量较小的表面积，如一些商品仪器可以测量小到 $50cm^2$ 的样品总表面积。使用氪气测量时灵敏度的增大是由于在液氮温度下氪气的饱和蒸气压仅为 300Pa。由于氪气饱和蒸气压低，其样品表面实际吸附的气体量与周围气相中残留的气体量之比，明显高于氮气等温吸附的相同数据，因此氪气吸附量的测定具有更高的精确度。

但是，液氮温度下的氪气存在其他问题。在此温度下，氪气可以以固体或过冷液体的形式存在，使氪气的饱和蒸气压不能明确地确定，从而大大限制了氪气分析的应用。液氮温度下的氩气和氙气也存在同样的问题。对于氩气，实验可以在不同温度下进行。例如，液氧的温度为 90K，高于氩气的三相点温度（83.8K）。但液氧有更多的问题需要处理，并且不如液氮常用。

1.6.3　气体透过法

气体流过粉末床的透过率或受到的阻力与粉末的粗细或比表面的大小有关。粉末越细，比表面越大，对气体的阻力也越大，单位时间内透过单位面积粉末床的气体量越少。因此，根据透过率或流量与粉末比表面的定量关系，就可以通过测量透过率或流量而得到粉末的比表面。

费歇尔微粉粒度分析仪，简称费氏粒度仪，是一个简单而又不贵的仪器，可用于测量在给定的压力下，单位时间内流过给定横截面积和高度的粉末床的空气体积。再由粉末床的透过性和孔隙度推算出粉末的比表面。由透过性得出的比表面是粉末颗粒的外表面，但不包括颗粒内孔的表面积。

虽然费氏粒度仪给出的最终结果是粒度，但过程中测量的直接参数是比表面，粒度值是根据下面均匀球形粉末的比表面关系式 $S = 6/(d\rho)$，由测量的比表面计算出的。

对于其他形状的粉末，费氏粒度仪测出的粒度的含义是与实际粉末比表面相同的球形颗粒的粒度。因此费氏粒度仪测出的费氏粒度与上述其他方法测出的粒度可能是不一致的。

图 1-17 示意性地表示出费氏粒度仪的结构原理。粉末装入样品管，样品管装在空气流过的路线上，使干燥的空气在恒定的压力下流过粉末床。流动速率确定仪器压力计的液面位置。当这个液面位置稳定时，用一个与压力计液面对齐的指针从图上读出费氏粒度。

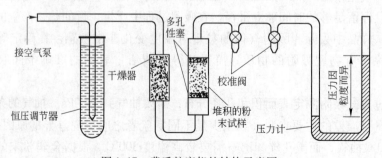

图 1-17　费氏粒度仪的结构示意图

这个仪器所测量的费氏粒度范围从 0.2 ~ 50μm。测量费氏粒度的标准见国标 GB/T 11107—1989（ASTM 标准 B330 和 MPIF 标准 32）。形成这个标准做了大量工作，因此对于给定的结果，在不同的实验室中也可得出重复的结果。费氏粒度能容易地转换成比表面的数值。

1.7　金属粉末工艺性能

1.7.1　松装密度与流动性

制造粉末冶金零件最普通的方法在自动压机中将粉末压制成形。在压制过程中，粉末从装粉靴中流入模具模腔中将模腔充满。因此，在每一个压制循环中，粉末充填模腔的一致性和重复性是非常重要的。为达到这一目的，粉末必须自由地流入模腔中并且充填模腔的粉末必须具有相同的质量。这意味着必须同时控制粉末的松装密度和流动性。

粉末的松装密度是指粉末自然地充满规定容器时单位容积的粉末质量，即在没有受到重力之外的其他任何作用力情况下松散粉末的密度。它等于粉末的质量除以粉末的总体积，粉末的总体积包括任何的内孔以及团聚颗粒之间的孔隙。因此，松装密度小于固体金属的真实密度。流动性是指 50g 粉末从标准流速漏斗流出所需的时间，单位为 s/50g。

金属粉末松装密度的测试方法见 GB/T 1479—2011、ASTM 标准 B212 和 MPIF 标准 04，流动性的检测方法见 GB/T 1482—2010、ASTM 标准 B213 和 MPIF 标准 03。用于测定松装密度和流动性的装置为 Hall 流速计，如图 1-18 所示。在检测流动性时，操作者用一根手指放在漏斗的底部将底部的孔堵住，然后将 50g 粉末倒入漏斗。将手指移开时，粉末从漏斗中流出，与此同时启动秒表开始计时。当所有粉末从漏斗流出时停止秒表。用去的这一段时间即为流动性。

在测量松装密度时，将一个量杯放在 Hall 漏斗正下方，量杯的容积为 25cm³。然后将粉末倒入漏斗中，粉末从漏斗中流出自然地充填量杯。当量杯充满后，用刮刀贴着量杯顶部将多出的粉末刮平。注意在粉末充填量杯的过程中以及刮平粉末的过程中不要对量杯造成振动。将量杯中粉末的质量用天平称出，除以 25 即得到粉末的松装密度，其单位以 g/cm³ 表示。

流动性和松装密度都受颗粒与漏斗壁或量杯壁之间摩擦力的影响，这些摩擦力限制颗粒的运动。摩擦力大小取决

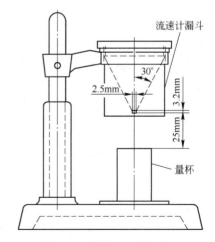

图 1-18　测定粉末流动性和松装密度的 Hall 流速计

于表面粗糙度以及表面积与体积之比。因此，减小粒度以及减小颗粒的球形度一般可减小松装密度并增加流动性。

在理想的紧密堆积结构中，单一粒度球形颗粒的松装密度是固体物质密度的 74%。在

这种堆积结构中，在一个平面上每个球周围有 6 个近邻球。每个平面与其上面和下面的平面错开，使每个球落在上、下平面中三个近邻球形成的凹坑中。将两种不同粒度的球形颗粒混合在一起能增大球形颗粒这种排列方式的松装密度。必须选择尺寸较小的颗粒，使其正好填充在较大颗粒形成的间隙中。

　　粉末冶金中所使用的大多数金属粉末具有不规则的颗粒形状，其松装密度比球形颗粒的低，一般为块状金属密度的 25% ~40%。但是，即使是不规则形状的粉末，大小颗粒混合在一起的松装密度也能超过单一粒度较大颗粒的松装密度。但一般情况下，随着粒度的减小，松装密度减小，流动性增大。亚筛级粉末，即粒度小于 44μm 的粉末不能流动。片状颗粒的粉末也不能流动并且松装密度很低。

　　使用标准的 Hall 流速计测试松装密度存在一定的缺点。它仅适用于容易从 Hall 流速计中流出的粉末，而有些粉末不能从中流出，特别是混有润滑剂的粉末。这些粉末能够很好地充填自动压机的模腔，因为粉末从装粉靴流入模腔是在装粉靴往复运动的帮助下完成的。克服这一困难的方法是使用所谓的 Carney 漏斗，它与 Hall 漏斗相似，但小孔的直径为 5.08mm。这已形成了 ASTM 标准 B417 和 MPIF 标准 28，适用于不能从 Hall 漏斗流出的粉末。根据这些标准，不能自由流出的粉末可以手工借助一根金属丝从漏斗的小孔中捅出，使粉末流出。

　　克服 Hall 流速计测试松装密度缺点的另一种方法是使用 Arnold 测试仪。用这种方法测试松装密度的标准是 ASTM 标准 B703 和 MPIF 标准 48。这种仪器大致表示在图 1-19 中。淬硬的钢块上具有一个体积为 20cm³ 的圆孔，放在一张蜡光纸上。将装满粉末的黄铜套管从孔上滑过，然后将孔中收集的粉末取出并称重。松装密度由粉末的质量除以孔的体积得出。用粉末充满 Arnold 测试仪的方法与粉末冶金压机中装粉靴充填模腔的动作相同。因此，Arnold 测试仪测量的松装密度大于 Hall 流速计测量的松装密度，与自动模具充填装置中所用的混合粉末的密度很接近。

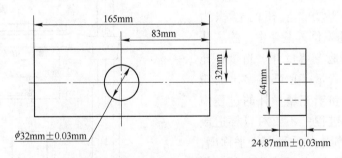

图 1-19　测量粉末松装密度的 Arnold 测试仪示意图

　　难熔金属粉末的松装密度，如钨粉和钼粉，通常用 Scott 容量计测量。使用这一仪器的方法见 GB/T 1479—2011、ASTM 标准 B329。如图 1-20 所示，此仪器包括上漏斗、一系列玻璃挡板形成的挡板箱和下漏斗，容积为 16.39cm³ 的方形量杯或 25cm³ 的圆柱形量杯，以及合适的支架和底座。粉末放在上漏斗中并通过其中的筛网、挡板箱和下漏斗流入量杯。粉末应完全填满量杯直到从量杯的边缘溢出。然后将漏斗和挡板从量杯上方移开，在不振动量杯的条件下用刮刀沿量杯顶部将粉末刮平。将量杯中的粉末倒出称重，在移动量杯之前为防止粉末撒出可将量杯轻轻振动。松装密度等于量杯中粉末的质量除以量杯的容积。

1.7.2　振实密度

粉末的振实密度是指松散粉末经一定方式振动后的密度。经振动后粉末的密度增大（体积减小）。测试振实密度的仪器和操作方法见 GB/T 5162—2006、ASTM 标准 B527、MPIF 标准 46 和 ISO 标准 3953。这种仪器的示意图如图 1-21 所示。

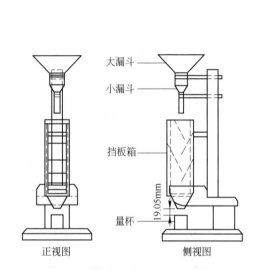

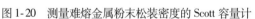

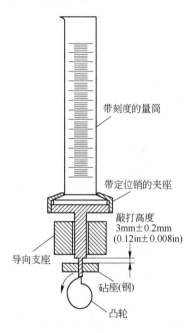

图 1-20　测量难熔金属粉末松装密度的 Scott 容量计　　图 1-21　测量振实密度装置的示意图

在测量振实密度时，将标准质量的粉末倒入清洁、干燥、带刻度的玻璃量筒中，注意保持粉末的上表面水平。通过机械或手工振动使粉末振实。如果使用机械振动，则将装有粉末的量筒安装在振动装置上进行振动，直到粉末的体积不再变小为止。如果采用手工振动，则在一块硬橡胶垫上垂直振动量筒，直到粉末体积不再变小为止。过程中必须小心，防止粉末样品的顶层松散。从带刻度的量筒上读出完全振实的粉末样品的体积，用粉末样品的质量除以所读出的体积计算出振实密度。

表 1-8 中列出了振实后粉末密度的增大幅度。分析这些数据，可以得出松装密度与振实密度之间关系的以下结论：

（1）对于给定粉末，当松装密度减小时，振实密度也减小；

（2）振实后密度增大的百分数随松装密度的减小而增大；

（3）对于松装密度较低的粉末，振实后密度增大的百分数是相当大的，通常为 20% ~ 80%。

振实密度有时作为金属粉末的控制规范，并在其他工业应用中用于衡量容器中粉末的填塞程度。

表 1-8　不同粉末的松装密度和振实密度

粉　　末	松装密度 /g·cm^{-3}	振实密度 /g·cm^{-3}	增大幅度/%
铜（粒度相同）			
球状	4.5	5.30	18
不规则状	2.3	3.14	35
片状	0.4	0.70	75
铝（雾化）	0.98	1.46	49
铁（−100+200 目）			
电解铁	3.31	3.75	13
雾化铁	2.66	3.26	23
海绵铁	2.29	2.73	19
羰基铁（8μm）	3.2	4.0	25
（7μm）	2.7	3.5	30
（5μm）	2.2	3.2	46
（3μm）	1.2	2.2	83
镍（8μm）	2.7	3.5	30
（7μm）	2.0	2.6	30
（5μm）	1.9	2.4	26
（3μm）	1.8	2.3	28
还原钴（5.5μm）	2.0	3.3	65
（5.0μm）	1.8	3.0	67
（1.2μm）	0.6	1.4	133

1.7.3　压制性

压制性是压缩性和成形性的总称。在粉末冶金中，压缩性是指在单轴压缩载荷的作用下松散粉末的致密化能力。压缩性一般表示为在规定条件下用规定的压力在规定尺寸模具中将粉末压制成压坯的密度。成形性是指粉末压制后，压坯保持既定形状的能力。成形性用粉末能够成形的最小单位压制压力表示，或者用压坯的强度来衡量。

在标准测试中（参见国标 GB/T 1481—2012），所用模具要保证粉末可以压制成长30mm、宽 12mm、厚 5.5 ~ 6mm 的矩形试样，或者直径为 25mm 的圆柱试样。图 1-22 和图1-23 分别表示了压制圆柱形和矩形试样的模具。

操作的过程为：将所需数量的粉末装在阴模中填平，降低下模冲，插入上模冲，压制到所需吨位，脱模。压力同时施加在上、下模冲上。这种压制方式可以按如下方法实现：在阴模下垫弹簧，或者在阴模下插入垫片并在部分压缩试样后抽出垫片再进行压制。为了便于脱模，必须使用润滑剂。可以使用模壁润滑或将润滑剂混入粉末中的润滑方式。在模壁润滑中，用润滑剂冲洗阴模，例如 100g 硬脂酸锌溶解在 1L 甲基氯仿溶液中，将溶液倒出后干燥，使润滑剂吸附在模壁上。当试样是用混有 0.5% ~ 1.0%（质量分数）固体润

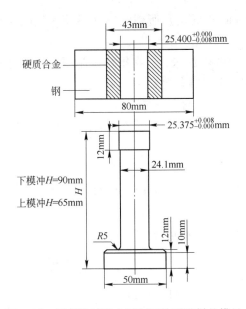

图 1-22　压缩性试验中压制圆柱形试样的模具

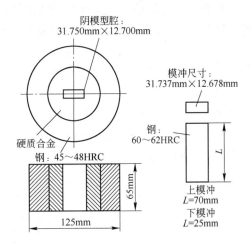

图 1-23　压缩性试验中压制矩形试样的模具

滑剂的金属粉末压制成形时，例如金属硬脂酸盐或硬脂酸，粉末和润滑剂必须在压制前充分混合。由于润滑方法影响试验过程中得到的压坯密度，所以必须在试验报告中说明润滑方式。但是，不同润滑方法得到的压坯密度相差很小。

对于结构零件粉末，测定规定压力下得到的压坯密度所用的压力通常是 400MPa。但是，压坯密度与压力之间的关系不是简单的函数关系，并且对于不同的粉末也是有差别的。因此，通常测定一系列规定压力下的压坯密度。图 1-24 表示铝粉、铜粉和两种铁粉的压坯密度（表示为相对密度）与压制压力之间的关系。

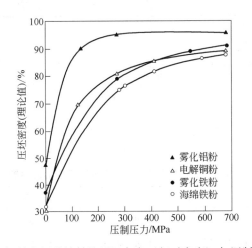

图 1-24　铝粉、铜粉和两种铁粉的压坯密度（相对密度）与压制压力之间的关系

为了正确地设计模具，必须知道粉末或粉末混合物的压缩比。压缩比定义为松散粉末的体积与用此粉末压制成的压坯体积之比，或者是压坯密度与松装密度之比。这一比值的

精确性取决于测定松装密度（Hall 流速计或 Arnold 测试仪）所用的条件以及测定压坯密度所用的方法。压坯密度还与压坯形状有关。

低松装密度的粉末通常具有高的压缩比，但这并不意味着，在给定压制压力下由这种粉末得到的压坯密度将大于由高松装密度的粉末得到的压坯密度。

$$参数 K = （压坯密度 - 松装密度）/（理论密度 - 松装密度）$$

用于比较不同粉末的致密化。利用这个参数，可以比较不同粉末在给定压力下获得给定压坯密度的能力。

铁粉和铜粉的特性如下：

5 种类型铁粉的粒度分布、化学成分、流动性、密度和压缩性列在表 1-9 中，表 1-10 列出两种铜粉的性能。

表 1-9　生产结构零件所用铁粉的典型性能

项　　目			水雾化			海绵铁	
			Ancor Steel 1000[①]	Atomet 28[②]	MP 32[③]	Ancor MH 100[①]	D 63[④]
粒度分布 /%	+100 目	+150μm	11	5	4	8	2
	-100 目+325 目	-150μm+45μm	67	75	78	72	65
	-325 目	-45μm	22	20	18	20	33
松装密度（Hall 流速计）/g·cm^{-3}			2.93	2.85	2.52	2.55	2.4
Hall 流动性/s·(50g)$^{-1}$			25	26	29	30	31
总铁含量/%			99.0	>99	>99	98.2	97.8
碳含量/%			0.01	0.07	0.08	0.02	0.03
氧含量/%			0.13	0.18	0.30	0.22	0.30
压坯密度/g·cm^{-3}			6.70[⑤]	6.70[⑥]	6.80[⑦]	6.42[⑧]	6.42[⑧]

①Hoeganaes 公司。
②Quebec 金属粉末公司（雾化/还原）。
③Domfer 金属粉末公司（雾化/还原）。
④Pyron 公司（氢还原）。
⑤404MPa，1% 硬脂酸。
⑥476MPa，2% Cu 和 0.8% 石墨。
⑦447MPa。
⑧404MPa。

表 1-10　生产自润滑轴承所用铜粉的典型性能

项　　目		还原铜粉	水雾化和还原铜粉
粒度分布/%	+100 目	+150μm	0.1	0.1
	-100 目+140 目	-150μm+106μm	6.9	9.9
	-140 目+200 目	-106μm+75μm	19.4	15.7
	-200 目+325 目	-75μm+45μm	29.5	23.3
	-325 目	-45μm	44.1	51.0

项 目	还原铜粉	水雾化和还原铜粉
松装密度（Hall 流速计）/g·cm⁻³	2.85	2.7
Hall 流动性/s·(50g)⁻¹	22	
压坯密度（165MPa）/g·cm⁻³	6.07	
氢损/%	0.19	0.27
铜含量/%	99.62	99.60
酸不溶物/%	0.04	

表 1-9 中，虽然由于不同铁粉制造商采用不同的压制压力测定压坯密度，从而造成比较上的困难，但仍可以看出不同的铁粉具有不同的压缩性。两种还原粉末由于粉末颗粒是多孔的，因此其压缩性低于粉末颗粒是实体的水雾化铁粉。

Atomet 和 Domfer 铁粉的压缩性介于二者之间。另外，多孔粉末压制成的压坯具有高的压坯强度，即在冷压成形的条件下其力学强度高于实体颗粒结构的粉末压成的压坯。

1.8 自燃性、爆炸性及毒性

1.8.1 自燃性和爆炸性

如果金属粉末在正常环境温度下能与空气反应并点燃，则认为此金属粉末具有自燃性。金属粉末是否具有自燃性取决于金属的化学反应性以及粉末的比表面。金属的化学反应性可以用其点燃温度表征，即金属在块体状态下点燃的温度。但是，与块体金属相比，粉末可以在更低的温度点燃，因为金属粉末暴露出更大的表面积与空气反应。点燃温度与粉末的比表面有关。确定比表面的基本因素是粉末的粒度，但颗粒形状对表面积和自燃性具有更大的影响。例如，当某种金属一定粒度的球形粉末不能自燃时，而同种金属相同粒度的片状粉末可以自燃。比表面如此重要的原因在于，颗粒表面的原子与空气中的氧发生反应。氧化反应的放热增大了粉末颗粒的温度。在细粉中，表面原子的数量很大，当氧化产生的热量超过向环境的散热时，粉末的温度加速升高，并且可以达到块状金属的点燃温度。

如果自燃粉末的燃烧速度充分提高，可以引起金属颗粒在空气中的悬浮，在燃烧面前形成尘云。在适当条件下，尘云能点燃和爆炸。根据煤粉标准样品已经形成了评价金属粉末点燃和爆炸性的半定量系统。根据金属粉末的点燃敏感性和爆炸严重性已经将"爆炸性指数"列成表。相对爆炸性是衡量粉末空气燃烧浓度以及启动燃烧所需点燃能量的指标。表 1-11 中列出了一些数据。试验表明，虽然几乎所有金属粉末都具有爆炸性，但铝、镁、锆和钛具有严重爆炸性的相对等级。

表1-11   粉末的自燃性和爆炸性

粉 末	粒度/μm	点燃温度[1]/℃		最小爆炸浓度 /kg·m^{-3}	爆炸性指数[3]
		云	层		
铝（雾化）	−44	650	760	0.045	>10
Al–Mg 合金	−44	430	480	0.020	>10
镁	−74	620	490	0.040	>10
锆	3	260	20	0.080	>10
钛	3	20	190	0.045	>10
钍	3	20	20	0,060	>10
铀	10	330	510	0.045	>10
氢化钍	7	270	280	0.075	>10
氢化铀	10	20	100[2]	0.060	>10
氢化锆	−44（98%）	350	270	0.085	3.7
羰基铁	−74	320	310	0.105	1.6
硼	−44	470	400	约0.100	0.8
铬	−44（98%）	580	400	0.230	0.1
锰	−44	460	240	0.125	0.1
钽	−44	630	300	约0.200	0.1
锡	−53（96%）	630	430	0.190	0.1
铅	−53	710	270	—	<0.1
钼	−74	720	360	—	<0.1
钴	−44	760	370	—	<0.1
钨	−74（99%）	730	470	—	<0.1
铍	1	910	540	—	<0.1
铜	−44（98%）	700	—		<0.1

①这些数据是由较粗粉末（−200目）得到的，而不是亚微米粉末。

②在此测试中所用粉末少于1g；较多粉末将自燃。

③爆炸性指数=点燃敏感性×爆炸严重性。大于10为严重，1～10为强，0.1～1为中，小于0.1为弱。

1.8.2   毒性

    金属粉末另一个潜在的危险是它们对个人健康的影响，因为皮肤暴露在粉末中或呼吸时会吸入粉末。除了放射性金属之外的金属粉末，吸入是最大的危害。如同爆炸性一样，最细的粉末沉降得非常慢，具有最大的危害性。在工作环境中以及生物暴露的限制中，得出了化学性物质和物理性试剂（包括金属粉末在内）的"阈限值"（TLV）。表1-12列出一些物质的毒性。

    各种金属粉末的自燃性、爆炸性和毒性可以从提供金属粉末的制造商处获得。

表 1-12 职业环境中（8h/天）一些物质的最大允许浓度

物 质	浓度 /μg·m^{-3}	物 质	浓度 /μg·m^{-3}
铍	0.0001	钍	110.0
铍	2.0	铅	150.0
羰基镍	7.0	砷	500.0
铀	80.0	氧化锆	5000.0
镉	100.0	氧化铁	15000.0
氧化铬	100.0	氧化钛	15000.0
汞	100.0	氧化锌	15000.0
碲	100.0		

思 考 题

1-1 什么是粉末？粉末颗粒的存在方式有哪几种？

1-2 粉末的形状大致有哪些？与粉末生产工艺有何关联？

1-3 什么是粉末的氢损值？

1-4 什么是粉末的粒度和粒度分布？常用的测试方法有哪些？

1-5 什么是粉末的比表面？常用的测试方法有哪些？

1-6 什么是粉末的松装密度和流动性？它们受哪些因素影响？

1-7 什么是粉末的压制性？它们受哪些因素影响？

参 考 文 献

[1] 黄培云. 粉末冶金原理（第 2 版）[M]. 北京：冶金工业出版社，1997.

[2] 韩凤麟. 粉末冶金基础教程 [M]. 广东：华南理工大学出版社，2006.

[3] 韩凤麟. 粉末冶金手册 [M]. 北京：冶金工业出版社，2012.

[4] 王盘鑫. 粉末冶金学 [M]. 北京：冶金工业出版社，1997.

[5] 美国金属学会. 金属手册第 9 版第 7 卷粉末冶金 [M]. 韩凤麟主译. 北京：机械工业出版社，1994.

[6] 黄伯云. 粉末冶金标准手册 [M]. 湖南：中南工业大学出版社，2000.

2 粉末的制取

[本章重点]

　　本章讲述粉末的制取方法，其中机械粉碎法、雾化法、还原法和电解法所生产的粉末占有较大份额，气相沉淀法和液相沉淀法可以制取超细粉末。本章还简要介绍了纳米金属粉末的制备。本章重点掌握球磨法、二流雾化法、碳还原法、氢还原法以及电解法制取粉末的原理、基本流程和相应的粉末特征。

2.1 粉末制取方法概述

　　粉末冶金的生产工艺是从制取原材料——粉末开始的。随着粉末冶金材料和制品的不断发展，要求提供的粉末种类也愈来愈多。这些粉末可以是纯金属或合金，也可以是非金属，还可以是化合物。一般来说，需要根据材料本身的性质来选择制取粉末的方法。另外，粉末的形状、粒度、粒度分布、流动性、压制性、烧结活性等诸多性能在很大程度上取决于粉末制备的方法，这些性能对粉末冶金材料的工艺过程和最终性能都有着很大的影响。

　　粉末形成的实质是依靠能量传递到材料而制造新表面的过程。例如：将一个边长为 1m 的金属立方体（体积为 $1m^3$，表面积为 $6m^2$）制造成为粉末，大约可以得到 2×10^{18} 个直径为 $1\mu m$ 的球形颗粒，这些球形颗粒的总表面积大约为 $6 \times 10^6 m^2$。形成这么大的表面，需要很大的能量。在粉末制备过程中，这些能量一部分转化为材料颗粒的表面能，但大部分转化为热能或其他形式的能量散失掉了。

　　粉末的制备方法可以分为机械法和物理化学法两大类。机械法是将原材料粉碎而不改变原材料的成分获得粉末的方法。物理化学法是借助物理、化学作用改变材料的化学成分或聚集状态获得粉末的方法。但在粉末冶金工艺过程中，机械法和物理化学法之间并没有明显的界限，而是相互补充的。表 2-1 为制取粉末的一些方法。

表 2-1　粉末生产方法

生产方法			原材料	粉末产品举例			
				金属粉末	合金粉末	化合物粉末	包覆粉末
机械法	机械粉碎	机械研磨	脆性或人工增加脆性的金属或合金	Sb, Cr, Mn, 高碳铁, Sn, Pb, Ti	Fe-Al, Fe-Si, Fe-Cr, Fe-Mn	—	—
		旋涡研磨	金属或合金	Fe, Al	Fe-Ni 合金	—	—
		气流粉碎	金属或合金	Fe	不锈钢		

续表 2-1

生产方法		原材料	粉末产品举例			
			金属粉末	合金粉末	化合物粉末	包覆粉末
机械法	雾化 气体雾化	液态金属或合金	Sn，Pb，Al，Cu，Fe	黄铜，青铜，合金钢，不锈钢	—	—
	水雾化	液态金属或合金	Cu，Fe	黄铜，青铜，合金钢，铝合金，钛合金	—	—
	离心雾化	液态金属或合金	难熔金属，无氧铜，不锈钢，高温合金		—	—
物理化学法	还原 碳还原	金属氧化物	Fe	—	—	—
	气体还原	金属氧化物及盐类	W，Mo，Fe，Ni，Co，Cu	Fe-Mo，W-Re	—	—
	金属热还原	金属氧化物	Ta，Nb，Ti，Zr，Th，U	Cr-Ni	—	—
	还原-化合 碳化或碳与金属氧化物作用	金属粉末或金属氧化物	—	—	碳化物	—
	硼化或碳化硼法	金属粉末或金属氧化物	—	—	硼化物	—
	硅化或硅与金属氧化物作用	金属粉末或金属氧化物	—	—	硅化物	—
	氮化或氮与金属氧化物作用	金属粉末或金属氧化物	—	—	氮化物	—
	气相还原 气相氢还原	气态金属卤化物	W，Mo	Co-W，W-Mo	—	W/UO$_2$
	气相金属热还原	气态金属卤化物	Ta，Nb，Ti，Zr	—	—	—
	化学气相沉积	气态金属卤化物			碳化物，硼化物，硅化物，氮化物或涂层	
	气相冷凝或离解 金属蒸气冷凝	气态金属	Zn，Cd	—	—	—
	羰基物热离解	气态金属羰基物	Fe，Ni，Co	Fe-Ni	WC$_{1-x}$	—
	液相沉淀 置换	金属盐溶液	Cu，Sn，Ag	—	—	Cu/Fe
	溶液氢还原	金属盐溶液	Cu，Ni，Co	Ni-Co	—	Ni/Al，Ni/Ti，Co/WC
	从熔盐中沉淀	金属熔盐	Zr，Be	—	—	—
	从辅助金属浴中析出	金属和金属熔体	—	—	碳化物，硼化物，硅化物，氮化物	—
	电解 水溶液电解	金属盐溶液	Fe，Cu，Ni，Ag	Fe-Ni	—	—
	熔盐电解	金属熔盐	Ta，Nb，Ti，Zr，Th，Be	Ta-Nb	碳化物，硼化物，硅化物	—
	电化学腐蚀 晶间腐蚀	不锈钢	—	不锈钢	—	—
	电腐蚀	任何金属和合金	任何金属	任何合金	—	—

注：雾化过程包含机械-物理-化学过程，但主要以机械粉碎金属液流为主，因此将其归为机械法。

制备同一种粉末可以有很多方法，例如制备铁粉，可以选择碳还原法、氢还原法、雾化法、电解法、羰基法等。那么我们如何在众多粉末制备方法中选择出最合适的方法呢？一般来说，我们在选择制备方法的时候应遵循成本最低和性能最优两个原则，即选择满足应用前提下较低成本的方法。这两条原则不难理解，没有最低的成本，商品就不能盈利，也就无法使生产顺利进行，因而要有最低的成本来保证；评论产品质量好坏，就是指生产出的粉末性能如何，因为粉末的性能决定了粉末冶金制品能否具有一定的物理、化学及力学性能，甚至于其他的特殊性能等。

2.2　机械粉碎法

机械粉碎是靠压碎、击碎、磨削等作用，将块状金属、合金或化合物机械地粉碎成粉末的一种简单的操作工艺。机械粉碎既是一种独立的制粉方法，更是某些制粉方法中不可缺少的补充工序，例如：研磨电解法得到的硬而脆的阴极沉积物，研磨碳还原法制得的海绵状金属铁等。机械粉碎的作用可以概括为改善粒度、混料、合金化、改善性能（如松装密度、流动性）等。金属粉末机械粉碎往往同时伴随着粉末颗粒的加工硬化，必要时可以通过退火改善压制性。

实践证明，直接用机械粉碎制备粉末多适用于脆性材料。机械粉碎按给料和排料粒度的大小分为粗碎、中碎和细碎。常用粗碎和中碎设备有颚式破碎机、反击式破碎机、冲击式破碎机、复合式破碎机、单段锤式破碎机、立式破碎机、旋回破碎机、圆锥式破碎机、辊式破碎机、双辊式破碎机、轮齿式破碎机等。细碎一般采用棒磨、球磨、涡旋研磨、气流粉碎等设备。球磨是粉末冶金工业最常用的手段，以下将着重介绍球磨规律和常用设备。

2.2.1　普通球磨

普通球磨也称为滚动球磨，它是将球和物料按一定比例放置于封闭筒体内，绕筒体轴向旋转的一种简单球磨方式。滚动球磨是粉末冶金工业应用最广泛的一种球磨方式，以球（根据需要可以选择钢球、硬质合金球、陶瓷球等）作为研磨体。滚动球磨粉碎物料的作用方式有压碎、击碎、磨削三种，主要取决于球和物料的运动状态，而球和物料的运动状态又取决于球磨筒的转速。球和物料的运动有三种基本情况，如图2-1所示。

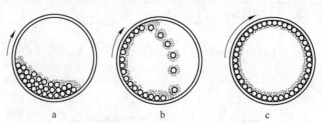

图2-1　球和物料随球磨筒转速不同的三种状态

a—低转速；b—适宜转速；c—临界转速

（1）球磨机转速慢时，球和物料沿筒体上升至自然坡度角，然后滚下，称为泻落。这时物料的粉碎主要靠球的摩擦作用。

（2）球磨机转速较高时，球在离心力的作用下，随着筒体上升至比第一种情况更高的高度，然后在重力作用下掉下来，称为抛落。这时物料不仅靠球与球之间的摩擦作用，而主要靠球落下时的冲击作用而被粉碎，此时粉碎效果最好。

（3）继续增加球磨机的转速，当离心力超过球体的重力时，球不脱离筒壁而与筒体一起回转，此时物料的粉碎作用将停止。此时球磨机的转速称为临界转速。

那么球磨机的临界转速是如何求得的呢？首先做如下假设：（1）筒体内只有一个球，即忽略了球与球之间的摩擦力；（2）球的直径远小于筒体直径；（3）球与筒体内壁不存在相对滑动，也不考虑摩擦力的影响。在这些假定条件下，作用在球体上的力只有离心力 P 和重力 G，如图 2-2 所示。

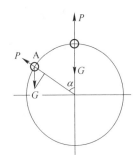

图 2-2　球沿筒壁受力状态

在一定的转速条件下，球随筒体一起转动到一定高度到达 A 点时，球会离开筒壁落下，我们将 A 点称为脱离点。球在 A 点平衡，此时：

$$P = \frac{G v^2}{gR} = G\cos\alpha \qquad (2\text{-}1)$$

$$v = \frac{2\pi Rn}{60} = \frac{\pi Rn}{30} \qquad (2\text{-}2)$$

将式 2-2 代入式 2-1 得：

$$\cos\alpha = \frac{\pi^2 R n^2}{900g} \qquad (2\text{-}3)$$

从式 2-3 可以看出，球上升的高度取决于筒体的转速和筒内壁的直径（即球的回转半径），而与球的质量无关。如果增大转速，使 P 大于 G 时，则球和筒体一起回转而不离开筒壁。球在临界转速（r/min）时 α 角等于 0，以 $g = 9.8\text{m/s}^2$ 代入式 2-3，得：

$$n_{临界} = \frac{30}{\sqrt{R}} \approx \frac{42.4}{\sqrt{D}} \qquad (2\text{-}4)$$

上述推导中作了三个假设，实际上球磨筒内球与物料的运动状态受很多因素影响，实际临界转速随着球磨系统差异而不同。不论怎样，要粉碎物料，球磨筒的转速必须小于临界转速，一般球在筒体内呈抛落状态时球磨效果最好。当然，球磨效果还受到诸多因素的影响，这些影响因素包括：

（1）球磨筒的转速。如前所述，球和物料的运动状态是随筒体转速而变的。实践证明，如果物料较粗、较脆，需要冲击时，可选用，这时球体发生抛落；如果物料较细，一般选用，这时球体主要产生滚动；如果球体以滑动为主，这时研磨效率低，适用于混料。

推导临界转速时作了三个假设，但这三个假设条件在现实中都是不存在的，实际上很多矿用球磨机都是在超临界转速下工作的，球磨效率比低转速情况高很多。因此，实际选择球磨转速时应考虑其他因素，结合实际具体分析才能确定。

（2）装球量。在球磨机转速一定的情况下，装球量少，则球以滑动为主，使研磨效率下降；装球量在一定范围内增加，可提高研磨效率；装球量过多，球层之间干扰大，破坏球的正常循环，研磨效率也降低。装球体积与球磨筒体积之比称为装填系数，装球量合适的装填系数以 0.4～0.5 为宜，随转速增加，装填系数可以略微增大。

（3）球料比。一般球体装填系数为 0.4～0.5 时，装料量应该以填满球与球之间的孔隙并稍掩盖住球体表面为原则。如果料太少，则球与球之间碰撞几率增大；而料太多时，磨削面积不够，不能更好地磨细粉末，需要延长研磨时间，这样会降低效率，增大能量消耗。

（4）球的大小。球的大小对物料的粉碎有很大的影响。如果球的直径小，球的质量轻，对物料的冲击作用减弱；如果球的直径太大，则装入球的总数太少，因而撞击次数减少，磨削面积减小，也使球磨效率降低。

将大小不同的球配合使用效果较好。球的直径 d 一般按一定范围选取：

$$d \leqslant \left(\frac{1}{18} \sim \frac{1}{24} \right) D$$

式中　D——球磨筒直径。

另外，物料的原始粒度越大，材料越硬，选用的球也应越大。

（5）研磨介质。球磨可以在空气中进行，为了防止金属粉末氧化，也可以在惰性气体保护气氛下进行，这两种情况都称为干磨。球磨还可以在液体介质中进行湿磨，湿磨介质可以是水、酒精、汽油、丙酮、正己烷等各种液体。水能使金属氧化，一般在湿磨氧化物或陶瓷粉末时采用，金属粉末多采用有机介质进行湿磨。湿磨的优点包括：减少金属氧化；防止金属颗粒的再聚集和长大；在进行两种密度不同粉末混合球磨时可以减少物料的成分偏析；可在液体介质中加入可溶性成形剂（橡胶、石蜡、聚乙二醇等），利于成形剂均匀分布；可加入表面活性剂促进粉碎作用或提高粉末分散性；可减少粉尘改善劳动环境。湿磨的缺点是增加了辅助工序，如过滤、干燥等。

（6）被研磨物料的性质。被研磨物料是脆性材料还是塑性材料对球磨过程有很大的影响。实践证明，脆性物料虽然硬度大，但容易粉碎；塑性材料虽然硬度小，却较难粉碎。显然这是由于脆性材料和塑性材料的粉碎机理不同。一些塑性材料可以通过人工脆化处理来提高球磨效率，例如 Ti、Zr，可以通过吸氢处理，得到脆性大的氢化物，然后进行球磨，最后通过真空脱氢获得粒度细小的粉末。

（7）球磨时间。通过实践可知，球磨时间越长，则最终粒度越细，但这并不表明无限制地延长研磨时间，粉末就可无限地被粉碎，而是存在着一个极限研磨的颗粒大小，这个极限粒度可称为球磨极限。普通球磨的时间一般是几小时到几十小时。

2.2.2　机械粉碎能耗与粉碎极限

2.2.2.1　粉碎能耗

粉碎不同于单颗粒材料的破坏，它是指对于颗粒集团的作用，即被粉碎的材料是粒度和形状不同的颗粒体的集团。该颗粒集团的粉碎总量与加于它的能量有关，但由于粉碎时各个颗粒所处的状态是不同的，要求一一追求其状态是不可能的，只能确定其近似状态。

一般从功和能量的角度去研究粉碎机理，对于粉碎机理的解析起源于 Griffith 理论，即从裂纹扩展理论出发。经实验证明，物料的粉碎速率与裂纹扩展速度基本上呈正比关系。超细粉碎能耗规律有雷廷格（面积学说）、基克（体积学说）、榜德（裂缝学说）几种。粉碎理论的研究迄今已有一百多年的历史，其间，许多学者曾提出一些推论精辟、极有价值的理论，但这些理论几乎还不能直接应用于实际的粉碎机械设计和确定粉碎作业的参数。最近，已有学者从与现有理论完全不同的观点出发，提出了粉碎机理的解析方法，如功耗定律、粉碎能量平衡论、粉碎速度论等，虽然这些理论仍然不能在实际中得到有效的应用，但可以认为，粉碎理论的研究开始注目于全新的观点。由于超细粉碎作业可使产物的表面积大大增加，根据雷廷格面积学说和实际能耗测量结果，有如下能耗公式：

$$A = K\left(\frac{1}{d^m} - \frac{1}{d_0^m}\right) = \frac{K}{d_0^m}(i^m - 1)$$

式中　A——粉碎功耗；

　　　d_0——给料平均粒度；

　　　d——产物平均粒度；

　　　K——与粉碎设备有关的常数；

　　　i——粉碎比，即 d_0/d。

当 $m = 1$ 时有：

$$A = K\left(\frac{1}{d} - \frac{1}{d_0}\right)$$

即为雷廷格公式。

实验证明，m 值不仅与物料本身的性质有关，也与球磨机的种类、球磨方式（干磨、湿磨）有关，m 值越小，表示球磨能耗越低，效率越高。

由于超细粉碎产物的粒度常用比表面积表示，一些学者提出用比表面积表示能耗。日本人田中夫提出比表面积表示能耗的微分方程：

$$\frac{\mathrm{d}S}{\mathrm{d}A} = K(S_\infty - S)$$

式中　S——比表面积；

　　　S_∞——临界比表面积（或粉碎极限比表面积）；

　　　K——系数。

英国学者假设固体间的摩擦系数为 K_f，提出能耗方程为：

$$A = \frac{\sigma}{1 - K_f}(S_2 - S_1)$$

式中　σ——固体表面能；

　　S_1，S_2——物料粉碎前后表面积。

2.2.2.2　粉碎极限

粉碎能耗与粉碎前后粉末粒度及粉碎方法有关，但粉碎能否无限进行，这就涉及到一个粉碎极限的问题。随着粉碎的进行，颗粒的粒度减小，结晶均匀性增加，颗粒强度增大，断裂能量提高，粉碎所需的机械应力大大增加，因此，颗粒越细，粉碎难度就越大。到一定程度尽管继续增加粉碎时间，粉体物料的粒度也不再减小，这就是该种物料的粉碎极限。粉碎极限可以参考图 2-3 加以理解，随着粉碎时间的增加，物料粒度趋近一稳定值。

　　物料的粉碎极限是相对的，因为它与粉碎时机械应力的施加方式（粉碎机的种类）、粉碎方法、粉碎工艺条件、粉碎环境等因素有关。既然制造粉末是制造新表面的过程，需要提供巨大的能量，如果能够提高球磨的能量，一定可以提高球磨效率，获得更加细小的粉末。从球磨临界转速原理可知，普通球磨的转速受到限制，因此普通球磨能量也受到限制。那么如何提高球磨效率和降低球磨极限呢？这就是下一节要讨论的高能球磨。

2.2.3 高能球磨

　　高能球磨包括行星球磨、振动球磨、搅拌球磨等几种。

2.2.3.1 行星球磨

　　顾名思义，行星球磨工作原理是球磨筒在自转的同时还围绕一个轴心进行公转，这样可以使球磨筒自转转速突破普通球磨机临界转速的限制。行星球磨工作原理如图 2-4 所示。

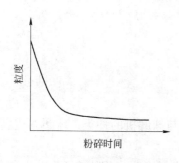

图 2-3　球磨时间与粉末粒度的关系

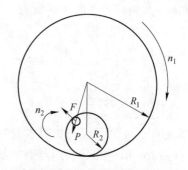

图 2-4　行星球磨工作原理示意图

　　那么行星球磨临界转速是如何求出的呢？除了推导普通球磨临界转速过程中所作的三个假设，还假定：（1）转速足够快，球受到的离心力远大于重力，忽略重力影响；（2）公转半径 R_1 远大于自转半径 R_2。那么，行星球磨机运转时球只受到公转产生的离心力 P 和自转受到的离心力 F 两个力的作用，并且有：

$$P = m\frac{v_1^2}{R_1}, \quad F = m\frac{v_2^2}{R_2}$$

达到临界转速时，两个力相等，即

$$m\frac{v_1^2}{R_1} = m\frac{v_2^2}{R_2} \tag{2-5}$$

将 $v = \dfrac{2\pi Rn}{60}$ 代入式 2-5，得

$$\frac{R_1^2 n_1^2}{R_1} = \frac{R_2^2 n_2^2}{R_2}$$

$$R_1 n_1^2 = R_2 n_2^2$$

所以临界转速为：

$$n_2 = n_1\sqrt{\frac{R_1}{R_2}} \tag{2-6}$$

因此，行星球磨的临界转速只与公转半径与自转半径（球磨筒半径）之比以及公转速度有关。在球磨机一定的情况下，即公转半径与自转半径比值一定时，可以通过提高公转速度提高临界转速。理论上行星球磨临界转速可以达到无限大，但实际情况并非如此完美。限于机械制造水平，行星球磨的公转半径不可能非常大，公转转速也不可能无限提高。无论如何，行星球磨较普通球磨能量可以提高 10 倍以上，这使得球磨效率大幅度提高，球磨时间也可以从几十个小时缩短至几个或十几个小时。行星球磨机一般都是小型设备，也不能做到连续生产，因此多用于小批量粉末制备或实验室研究。

2.2.3.2 振动球磨

振动球磨机是利用偏心轴旋转的惯性使筒体发生振动的一种球磨机，图 2-5 是振动球磨示意图。筒体振动带动筒内的球振动，使填充在球空隙中的物料受到冲击、磨削作用而被粉碎。振动球磨机中，球的运动很复杂。球和颗粒的运动状态取决于振动频率、振幅、球磨筒壁侧面的曲率、球的水平运动以及物料与球磨筒上表面的接触等。提高振动频率可以获得高的研磨能力，提高球的密度可以提高冲击能量。振动球磨机由于冲击力大，可以采用较小的球，增加冲击频率，提高研磨效率。一般来说，研磨较细的粉末用高频率低振幅，研磨稍粗的粉末或大型设备多采用大振幅低频率。振动球磨的装填系数较高，可以达到 0.8。

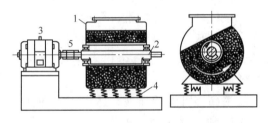

图 2-5 振动球磨示意图
1—筒体；2—偏心轴；3—马达；4—弹簧；5—弹性联轴节

还有一种立式 Sweco 振动球磨机（见图 2-6），它由一个立式圆筒形研磨筒和一个实心中心轴组成，固定在研磨筒底部的有偏心配重的双头电动机产生高频三维振动。振动由研磨筒侧壁和底部传递给研磨球体，研磨球中的物料由于受到高频冲击而被破碎。将研磨介质充填到接近最大充填密度，充填的物料缓慢地水平旋转，在研磨筒外壁上升，当接近研磨筒内壁时跌落。这种运动可以提高干磨时物料的均匀性，并可以使固体物料在湿磨时处于悬浮状态。Sweco 振动球磨机不适用于研磨高密度金属，因为密度高会使颗粒沉降到底部并结块。

2.2.3.3 搅拌球磨

搅拌球磨与普通球磨的区别在于使球产生运动的驱动力不同。搅拌球磨机是依靠一个带搅拌臂的轴式搅拌器的旋转将筒内的球和物料搅动起来，这种搅动使球产生相当大的加速度传递给物料，物料处于相当大的冲击力和剪切力的作用下，因此搅拌球磨对物料有强烈的研磨作用。同时，球的旋转运动在搅拌器中心轴的周围产生旋涡作用，对物料产生强烈的环流，使粉末研磨得很均匀。

根据筒体的放置方式不同，搅拌球磨机分立式、卧式两类。根据给料方式和出料方式

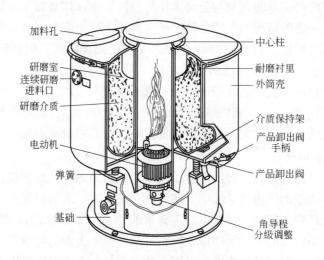

图 2-6　Sweco 振动球磨机示意图

不同，可分为间歇式、循环式和连续式搅拌球磨机。图 2-7 为一个立式、间歇式搅拌球磨机示意图。由于搅拌能量高，为避免摩擦和冲击产生的热量聚集，筒体有冷却水套。为了防止磨损，搅拌器由耐磨合金或硬质合金制造，筒壁可镶嵌硬质合金内衬。可根据被研磨物料的成分合理选择球的材料，例如研磨硬质合金应采用硬质合金球，研磨镍基合金粉末应采用镍球，以避免因球磨损而造成物料污染。

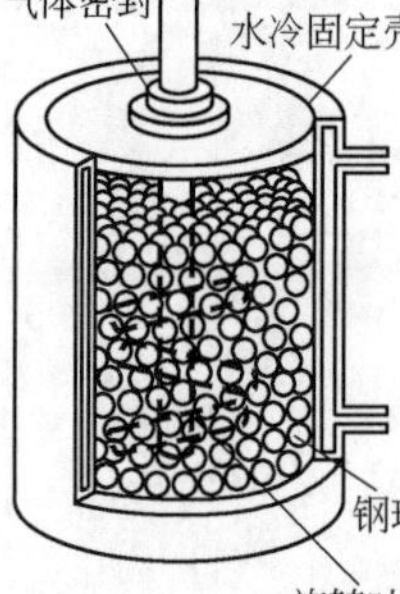

搅拌球磨机能量高、效率高、可连续作业，适用于工业化大生产，现已在科研和生产中得到广泛应用。实践证明：在硬质合金生产中，使用搅拌球磨能够减少合金中 B 类孔隙（大于 25 μm 的孔隙），提高合金的强度和韧性。

搅拌球磨还被广泛应用于机械合金化中。机械合金化（MA）是依靠高能球磨实现固态合金化的过程，粉末经受反复的变形、冷焊、破碎，从而达到元素间原子水平合金化的复杂物理化学过程。例如在 20 世纪 70 年代初，国际镍公司用搅拌球磨将镍粉、镍铬铝钛母合金粉和氧化钍粉混合料机械合金化，制备了高温性能优异的氧化钍弥散强化镍基高温合金。

图 2-7　搅拌球磨示意图

2.2.4　气流粉碎

2.2.4.1　旋涡研磨

一般机械研磨只适用于粉碎脆性金属和合金，旋涡研磨就是为了有效地研磨软的塑性金属而发展起来的，最先用来生产磁性材料的纯铁粉。旋涡研磨机又称为汉米塔克研磨机，其结构示意图如图 2-8 所示。

旋涡研磨机工作室不放任何研磨体，利用被研磨物料颗粒间互相撞击和物料颗粒与磨壁、螺旋桨间的撞击来进行研磨。螺旋桨高速旋转形成两股相对的气流，气流带动粉末颗粒，使其相互碰撞而被磨碎。为防止粉末氧化，可以通入惰性气体、还原性气体作为保护气氛。

旋涡研磨所得粉末在多数情况下颗粒表面形成凹形，通常称为蝶状粉末。旋涡研磨进料可以是细金属丝、切屑及其他废屑，能广泛利用边角余料来生产金属粉或合金粉。

2.2.4.2 气流磨

气流磨是利用高速气流（气体可以是空气或惰性气体，速度高达 300~500m/s）或过热蒸气（300~400℃）的能量使颗粒相互产生冲击、碰撞和摩擦，从而导致固体物料粉碎。高速气流是通过安装在磨机周边的喷嘴将高压空气或高压热气流喷出后迅速膨胀来产生的。由于喷嘴附近速度梯度很大，因此，绝大多数的粉碎作用发生在喷嘴附近。在粉碎室中，颗粒与颗粒间碰撞的频率远远高于颗粒与器壁的碰撞。气流磨主要有以下几种类型：扁平式（圆盘式）气流磨、循环式气流磨、靶式气流磨、超音速气流磨、对撞式气流磨、流化床气流磨等。

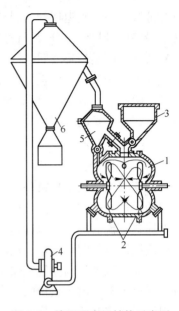

图 2-8 旋涡研磨机结构示意图
1—研磨室；2—螺旋桨；3—料斗；4—泵；
5—集粉箱；6—空气分离器

气流磨是最常用的超细粉碎设备之一，原理上与球磨、振动球磨、搅拌球磨等粉碎设备不同，具有如下优点：

（1）粉碎后的物料平均粒度细，一般小于 $5\mu m$，分散性好。

（2）产品粒度均匀，对于扁平式、循环式、对喷式气流磨，在粉碎过程中由于气流旋转离心力的作用，粗细颗粒可自动分级；对于其他类型的气流磨也可以与分级机配合使用，因此能获得粒度均匀的产品。

（3）产品受污染少，纯度高，因为气流破碎机是依靠物料的自磨而对物料进行粉碎的，粉碎腔体对产品的污染少。

（4）粉末含氧量低，因为气流粉碎机以压缩空气为动力，压缩气体在喷嘴处的绝热膨胀会使系统温度降低，避免粉末发热氧化。必要时可以采用惰性气体（N_2、Ar 等）作为气流介质，例如在气流粉碎钕铁硼稀土永磁粉末时采用 N_2 作为气流介质，并添加微量的抗氧化剂，可以防止氧化。

（5）生产过程连续，生产能力大，自控、自动化程度高。

气流磨的缺点是能量利用率低，因此成本较高。

下面简单介绍两种气流磨的结构和工作原理。

A 靶式气流磨

图 2-9 为靶式气流磨结构示意图。被粉碎物料经高压高速气流加速，然后高速

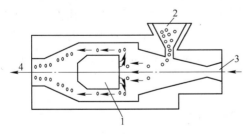

图 2-9 靶式气流磨结构示意图
1—靶板；2—加料斗；3—气体入口；4—物料出口

冲击到设置在前方的靶上使物料粉碎。粉碎后的物料随气流出口排除，并进入后续分级器中进行分级，粗物料返回到加料斗再进行粉碎，合格的细粒度产品则排除到系统之外进行收集。最终颗粒尺寸由分级器设定参数来确定。

靶式气流磨是最早发明的气流磨之一，其结构简单，操作方便。主要缺点是固体颗粒的高速冲击对靶板会造成强烈冲蚀，靶板寿命低，对物料也有一定的污染，工业化应用受到一定的限制。一方面要求采用超硬材料制造靶板；另一方面，可将靶板制成圆柱形，并缓慢旋转，这样靶的磨损均匀，这种气流磨称为活动靶式气流磨。

B　对撞式气流磨

扁平式（圆盘式）、环式、靶式、超音速这四种结构的气流磨均有一个共同的特点，即要借助管壁或靶板实现第一次撞击，然后才是颗粒互相进行二次碰撞，以达到物料被粉碎的目的，均会造成被冲击环或板的磨损，造成对产品的污染。

对撞式气流磨的工作原理是以两股高速气流相互对撞来使其中的固体颗粒自身撞击粉碎。两股压缩空气同等流量，从两侧呈一直线进入粉碎区域，物料通过螺旋输送机进入粉碎区，在粉碎区域与两股气流作用，做不规则的碰撞运动并向低压区移动，粉碎后的细粉随气流通过上部排出，粗粉向下滑落重新进入粉碎区。

对撞式气流磨的缺点是体积庞大，结构复杂，能耗高，能量利用率低，而且气固混合流对粉碎腔及管道的磨损仍然比较严重。目前在对撞式气流磨的基础上，又发展了流化床气流磨。流化床气流磨由料仓、螺杆或重力加料装置、粉碎室、高压进气喷嘴、分级机、出料口等部件组成，粉碎时物料通过螺杆或重力加料装置进入粉碎室，气流通过喷嘴进入流化床，有些结构喷嘴从下部进气，与水平环管气流相交。物料颗粒在高速喷射气流交点碰撞，该点位于流化床中心，与腔壁影响不大，因此磨损大幅度减小。产品随气流由上部通过分级机排出，尾气进入除尘器排出，粗颗粒返回到料仓再进行粉碎。流化床气流磨能耗低、磨损小、结构紧凑、可实现自动化生产，应用非常广泛。

2.2.5　液流粉碎

液流粉碎的原理是使高压液体（通常大于 200MPa）通过喷射器加速，形成高速射流，带动其中的固体颗粒做高速运动，然后与靶板（通常为超硬材料，如金刚石或宝石）或相反方向的另一股射流形成高速碰撞，使得其中的固体物料得到粉碎。和气流粉碎一样，也分为靶式和对撞式两种形式。

液流粉碎法主要是对混悬于液体中的固体颗粒进行超细化处理，该方法的优点是液流能量高，粉碎某些材料可以达到亚微米级甚至接近纳米级，并可制得悬浮性、分散性及均匀性好的乳液，在医药、化工、磁性材料（磁流体）等行业具有广阔的应用前景。液流粉碎机的缺点是设备一般都比较小，不适宜大规模生产。此外，含固体颗粒的液流对设备的冲蚀较气流更剧烈，因此液流粉碎机靶板、管道材料需要很高的耐磨性，这也限制了其应用。

2.3　雾　化　法

雾化是利用高压流体（通常为水或气体）或其他特殊方法将熔融金属粉碎成粉末的过

程。高压流体（水或气体）称为雾化介质，雾化介质为水则称为水雾化，雾化介质为气体则称为气体雾化，当然还可以采用其他方法将熔融金属雾化。不论采用哪种雾化方式，通常不希望雾化介质与金属液发生化学反应，而只有金属凝聚状态的改变（从液体凝固为固体），因此将雾化法归为物理制粉的一类方法。实际上化学反应是很难避免的，例如水雾化会发生金属氧化、脱碳等反应，雾化过程相当复杂。雾化法适用范围广，不仅可以制取纯金属粉末，如铅、锡、铝、锌、铁、镍、铜等单质粉末，还可以制取各种合金粉末，如黄铜、青铜、铝合金、合金钢、高速钢、不锈钢、高温合金等粉末。

雾化方法多种多样，可以分为：（1）二流雾化，分气体雾化和水雾化；（2）离心雾化，分旋转圆盘雾化、旋转电极雾化、旋转坩埚雾化等；（3）其他雾化，如转辊雾化、真空雾化、油雾化等。其中以水雾化法和气体雾化法应用最为广泛。

雾化法是一种非常重要的粉末制备方法，其优点主要包括：

（1）能够方便地制备多种预合金粉，在这些合金粉末雾化过程中，合金成分偏析被局限于几十微米的粉末颗粒范围内，这也使得粉末冶金材料无宏观偏析，例如粉末高速钢、粉末高温合金的原料粉末都是用雾化法生产的。

（2）粉末纯度高，雾化过程几乎不引入其他杂质，粉末纯度取决于熔炼金属液的纯度。

（3）粉末含氧量低，特别是采用惰性气体雾化制备的粉末。

（4）颗粒形貌、粒度可调，气体雾化、旋转电极雾化可以制取近球形粉末，水雾化制备的粉末为不规则形状，旋转圆盘雾化法可制备片状粉末。

（5）工艺设备简单，成本较低。

2.3.1 气雾化与水雾化

气雾化与水雾化统称为二流雾化，二流雾化是借助于高压水流或气流冲击金属液流破碎成雾状冷凝得到的粉末方法。机械粉碎法是借助机械作用破坏固体金属原子的结合，而雾化法只要克服液体金属原子间的结合就可以使之分散成为粉末，因此雾化过程所需要的能量比机械粉碎法小得多。从能量消耗这一点来说，雾化法是一种经济的粉末生产方法，当然雾化法制取粉末消耗的能量还包含将固态金属或合金加热使之熔化为液体所消耗的能量。图 2-10 为雾化装置示意图。

2.3.1.1 雾化过程原理

根据雾化介质（气体、水）对金属液流作用的方式不同，雾化具有多种形式：

（1）平行喷射：气流或水流与金属液流平行，如图 2-11 所示。

（2）垂直喷射：气流或水流与金属液流垂直，如图 2-12 所示。

（3）互成角度的喷射：气流或水流与金属液流呈一定的角度，这种呈角度的喷射又有以下几种形式：

1）V 形喷射：V 形喷射是在垂直喷射的基础上改进而成的，如图 2-13a 所示。

2）锥形喷射：采用如图 2-13b 所示的环孔喷嘴，气体或水以极高的速度从若干均匀分布在圆周上的小孔喷出构成一个未封闭的气锥，交汇于锥顶点，将流经该处的金属液流击碎。

3）旋涡环形喷射：采用如图 2-13c 所示的环缝形喷嘴，压缩气体从切向进入喷嘴内腔，然后以高速喷出造成一旋涡封闭的气锥，金属液流在锥底被击碎。

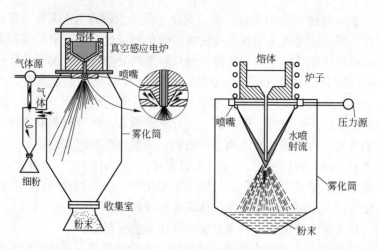

图 2-10 雾化装置示意图

图 2-11 平行喷射示意图   图 2-12 垂直喷射示意图

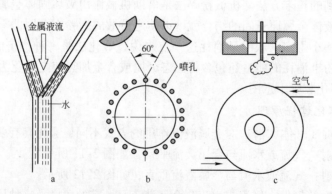

图 2-13 互成角度喷射示意图

a—V 形喷射；b—锥形喷射；c—旋涡环形喷射

这三类喷射形式中最有意义的是互成角度的喷射，也是实际生产中应用得最多的喷射形式。

雾化过程是一个复杂的过程，按雾化介质与金属液流相互作用的实质，高速气流或水流既是击碎金属液流的动力源，又是一种冷却剂。也就是说，雾化介质同金属液流之间既有能量交换（雾化介质的动能变为金属液滴的表面能），又有热量交换（金属液滴将一部分热量转给雾化介质），这表明雾化过程有物理-机械作用。液体金属的黏度和表面张力在雾化过程和冷却过程中不断发生变化，这种变化反过来又影响雾化过程。此外，在很多情况下，雾化过程中液体金属与雾化介质会发生化学作用使金属液体改变成分（氧化、脱碳），这表明雾化过程还有物理-化学作用。

在液体金属不断被击碎成小液滴时，高速流体的动能转变为金属液滴增大的表面能，这种能量交换效率极低，据估计不超过1%，因此可以说雾化过程的能量效率是很低的。

下面以气体雾化为例说明雾化的一般规律。金属液流自漏包底小孔顺着环形喷嘴中心孔轴线自由落下，压缩气体由环形喷嘴高速喷出形成一定的喷射顶角，气流构成一封闭的倒置圆锥，于顶点（雾化交点）交汇，然后又散开。金属液流在气流的作用下分为以下四个区域（如图2-14所示）：

（1）负压紊流区，由于高速气流的抽气作用，在喷嘴中心孔下方形成负压紊流层，金属液流受到气流波的振动，以不稳定的波浪状向下流动，分散成许多细纤维束，并在表面张力作用下有自动收缩成液滴的趋势。形成纤维束的地方离出口的距离取决于金属液流的速度，金属液流速度越大，形成纤维束的距离就越短。

（2）原始液滴形成区，在气流的冲刷下，从金属液流柱或纤维束的表面不断分裂出许多液滴。

（3）有效雾化区，由于气流能量集中于焦点，对原始液滴产生强烈击碎作用，使其分散成细的液滴颗粒。

（4）冷却凝固区，形成的液滴颗粒分散开，并

图2-14　金属液流雾化过程示意图
Ⅰ—负压紊流区；Ⅱ—原始液滴形成区；
Ⅲ—有效雾化区；Ⅳ—冷却凝固区

最终凝结成粉末颗粒。金属液流的破碎程度取决于很多因素，最主要的是取决于气流的动能，其次还取决于金属液流本身的性质，如表面张力和黏度。

喷嘴是雾化装置中使雾化介质获得高能量、高速度的关键部件，对雾化效率和雾化过程的稳定性具有重要作用，必须满足下列要求：

（1）能使雾化介质获得尽可能大的出口速度和能量；

（2）保证雾化介质与金属液流之间形成最合理的喷射角度；

（3）使金属液流产生最大的紊流；

（4）工作稳定性好，喷嘴不被堵塞；

（5）加工制造简单。

喷嘴结构基本上可以分为两类：

（1）自由降落式喷嘴，金属液流可以从容器（漏包）出口到与雾化介质相遇点之间无约束的自由降落，水雾化和多数气体雾化的喷嘴都采用该种形式（如图2-15所示）。

（2）限制式喷嘴，金属液流在喷嘴出口处即被破碎。这种形式的喷嘴传递气体到金属的能量最大，主要用于Al、Zn等低熔点金属的气雾化（如图2-16所示）。

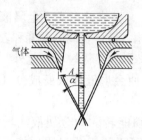

图 2-15　自由降落式喷嘴

α—气体与金属液流间的交角；A—喷口与金属液流间的距离

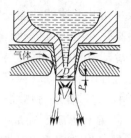

图 2-16　限制式喷嘴

P—漏嘴突出喷嘴部分；D—喷射宽度

为了防止喷嘴堵塞现象，设计喷嘴时一般考虑采取以下措施：

（1）减小喷射顶角或气流与金属液流间的交角，使雾化焦点下移，降低液滴溅到喷口的可能性。但喷射顶角不宜太小，否则会降低雾化效率。

（2）增加喷口与金属液流轴间的距离，可提高雾化过程的稳定性。

（3）环缝宽度不能太小。

（4）金属液漏嘴伸长超出喷口水平面之外。

（5）增加辅助风孔和二次风。

2.3.1.2　影响雾化粉末性能的因素

A　雾化介质类别

雾化介质分为气体和液体两类：气体可用空气和惰性气体——N_2、Ar 等，液体主要用水，也有用非极性溶媒、矿物油或动、植物油，称为油雾化。不同的雾化介质对雾化粉末的化学成分、颗粒形状、结构有很大的影响。

与气体介质相比，用水作雾化介质有以下特点：

（1）因为水的热容比气体大得多，对金属液滴的冷却能力强，所以，用水作雾化介质时粉末多为不规则形状。同时，随着雾化压力的提高，不规则形状的颗粒越多，颗粒的晶体结构越细。相反，气体雾化易得球形粉末。

（2）与空气雾化相比，由于金属液滴冷却速度快，粉末表面氧化大大减少，所以，铁、低碳钢、合金钢多用水雾化。但金属液与水会发生如下反应：

$$x\mathrm{Me} + y\mathrm{H_2O} \Longequal \mathrm{Me}_x\mathrm{O}_y + y\mathrm{H_2}$$

造成粉末氧化，虽然在水中可添加某些防腐剂来减少粉末的氧化，但水雾化法不适用于活性很大的金属和合金。

在气雾化过程中氧化不严重或雾化后经还原处理可脱氧的金属（如铜、铁、碳钢等）一般可选择空气作雾化介质。采用惰性气体雾化可以减少金属液的氧化，例如气雾化制取含 Cr、Mn、Si、V、Ti、Zr 等元素的合金需要采用惰性气体作为雾化介质，含有极易与 N_2 发生反应的 Ti、Zr 等活性元素的合金则必须用氩气喷制。惰性气体雾化会增加成本。

总的来说，需要综合考虑粉末成分、粒度、颗粒形状、成本等综合因素来选择雾化介质。

B　气体和水的压力

就粉末粒度来说，实践证明，气体和水的压力越高，所得的粉末越细，这是因为压力越大，雾化介质流体的动能就越大，对金属液流的破碎作用就越好。就其原理来讲，水雾化与气雾化略有不同。对于气雾化，根据气体动力学原理，当气流压力增加时，喷嘴出口处的气流速度随之增加，但达到一定限度后不再增加。除了气体压力，气流出口速度还与诸多因素相关，包括温度以及喷嘴的结构。实践中依靠提高气体温度而提高喷射速度的方式难以实现，一般采用常温气体，影响最大的是喷嘴的结构。采用收缩型喷嘴时，在气流压力为临界压力时，气体出口速度可以接近音速，而采用拉瓦尔喷嘴时，则可以使气流出口速度超过音速。水雾化喷嘴结构较气雾化喷嘴简单，较高的水压力直接影响水流出口速度，因此压力越大，所得粉末越细。

就粉末氧含量来说，空气雾化过程压力越大，粉末的氧含量越高，例如纳赛尔（G. Naeser）用高碳生铁制取雾化铁粉时，随着空气压力增加，雾化铁粉半成品中氧含量提高，碳含量也由于燃烧而下降，但碳含量下降不多。但采用水雾化时，随着水压力增加，粉末的氧含量是下降的，这是由于水雾化比气雾化冷却速度快得多，增加水压力相当于增加了金属液滴的冷却速度，降低了粉末颗粒的氧化程度。

C　金属液流

（1）金属液表面张力和黏度的影响：在其他条件不变时，金属液的表面张力越大，金属液滴在冷却过程中成球的趋势越大，粉末成球形的越多，同时金属液流不易被击碎，粉末粒度也较粗。相反，金属液的表面张力小时，液滴易变形，所得粉末多呈不规则形状，粒度也减小。金属液的黏度越低，金属液越容易被击碎，所得的粉末越细，同时黏度低可以促进球化，获得球形粉末。

金属液流的表面张力和黏度主要受化学成分和温度影响，几乎所有的金属（除铜、镉外）表面张力随温度升高都是降低的。N、O、C、S、P 等元素能够大大降低金属液的表面张力。金属液的黏度随温度升高而减小，O、Si、Al 等元素能使黏度增加。

（2）金属液过热温度的影响：在雾化压力和喷嘴相同时，金属液过热温度越高，细粉末产出率越高，越容易得到球形粉末。其原因主要是温度高黏度低的液滴冷凝过程长，液滴表面张力收缩时所需时间也长，液滴飞行路程长，故容易得到球形粉末。生产中应合理选择过热温度，低熔点金属（Sn、Pb、Zn 等）一般在 50~100℃，铜合金一般为 100~150℃，铁及铁合金一般在 150~250℃。

D　金属液流直径

当雾化压力与其他工艺参数不变时，金属液流直径越细，所得细粉末也越多。这是因为当其他条件相同时，金属液流直径越小，单位时间进入雾化区域的熔体量越少，粉碎程度就越高。对于某些合金，如铁铝合金采用空气雾化时，液滴表面形成了高熔点的氧化铝，金属液流直径减小会导致氧化程度增加，液流黏度提高，因此液流直径过小时细粉产出率反而降低。金属液流直径太小还会降低雾化生产效率，容易堵塞漏嘴，并会降低金属液流的过热度，反而不易得到细粉或球形粉末。

E　雾化装置

对于气体雾化，除了喷嘴结构，金属液流的长度（从漏嘴到雾化焦点的距离）短、喷射长度（气体从喷口到雾化焦点的距离）短、喷射顶角适当都能充分利用气流动能，从而有利于得到细颗粒粉末。然而这些参数需要以雾化过程连续进行而且不堵塞喷嘴为前提，适当的喷射参数一般都由实验决定。对于气体雾化集粉装置来说，液滴飞行路程越长，越有利于液滴在表面张力的作用下充分聚成球形，同时在缓慢的冷却过程中液滴相互碰撞聚集，导致粉末粒度变粗。对于水雾化来说，减小喷射顶角需要增加水压，才能获得最佳的粉碎效率。工业上一般采用的喷射顶角为 40°~60°。

2.3.1.3　水雾化工艺举例

水雾化是当前金属粉末，特别是铁基粉末的最佳雾化方法。水雾化在工业上的最大用途是生产压制-烧结用的铁粉，其产量约占世界铁粉产量的 60%～70%。现在，每年用水雾化法生产的铁基粉末总量约为 60 万～70 万吨。在工业上，水雾化也用于生产压制-烧结用的铜粉、铜合金粉、镍粉、镍合金粉、不锈钢粉、工具钢粉及软磁粉末。

作为一般准则，与水不发生激烈反应的任何金属或合金，只要可进行熔化与浇注，均可用水雾化法制成粉末。实际上，熔点低于 500℃的金属，由于凝固速率极快，水雾化粉末颗粒极不规则，不利于粉末的使用。因此，在工业上锌是可采用水雾化法制取的熔点最低的金属。

一般而言，鉴于介质（水）价格低廉，用于增压的能量比气体或空气低，可达到很高的生产率（高达 30 t/h），因而水雾化比其他雾化法费用低。水雾化法的主要欠缺在于粉末纯度与颗粒形状，特别是对于活性较高的金属与合金，这些金属与合金一般皆形成含氧量较高的不规则粉末颗粒。

水雾化法的生产流程见图 2-17，典型装置的主要组成部分包括熔炼设备、雾化室、水泵/再循环系统，以及粉末的脱水与干燥设备。金属熔炼可依照标准工艺进行。中频感应熔炼、电弧炉熔炼及燃料加热炉熔炼都是适用的方法。通常，直接或借助于钢水包或流槽，将熔炼的金属熔体注入漏包。漏包实际上是一个金属熔液储存容器，供给漏包漏嘴以均匀、可控的金属熔体液头。漏嘴用于控制金属熔体流的形状与大小，使之对准流过雾化喷嘴系统，被喷射的高速水流粉碎成小液滴。将粉末与水的粉浆送到第 1 级脱水装置（如旋流器、磁性分离装置等），再送到第 2 级脱水装置（如真空过滤机），以减小干燥用的能量。

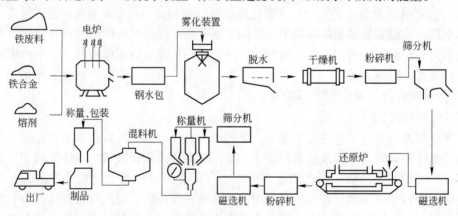

图 2-17　一种水雾化铁粉生产工艺流程图

典型的水雾化工艺作业条件范围如下：

（1）金属流量（1 个漏嘴）：1～500kg/min；

（2）水的流量：20～200L/min；

（3）水流速度（出口处）：10～500m/s；

（4）水流压力（出口处）：5～150MPa；

（5）金属熔体过热：高于熔点 75～150℃。

工业用水雾化装置一般运转时水流量与金属流量之比为 2∶1～10∶1。表 2-2 列举了一些水雾化粉末作业条件与性能。

表 2-2 一些水雾化粉末作业条件与性能

合 金	粉 末 性 能			作 业 参 数			
	中值粒径 /μm	松装密度 /g·cm⁻³	氧含量 /%	金属流量 M /kg·min⁻¹	水流量 W /L·min⁻¹	W/M 比值	水压力 /MPa
Fe-0.1C	55	3.2	10000×10^{-4}	150	950	6.3	11
Ag	21	3.4	—	18	100	5.5	50
Fe-0.1Si	175	3.5	3400×10^{-4}	155	850	5.5	5.8
Fe-15Si	35	3.6	900×10^{-4}	110	250	2.27	25
Cu-5Cr	24	3.18		27	180	6.7	20
316L	50	2.69	1200×10^{-4}	19	120	6.3	8.5
Co	29	3.28		27	180	6.7	20
Au-2Cu	88	—		7	40	5.7	13.7
Ag-22Cu-3Zn	72	3.95	110×10^{-4}	9	42	4.7	17.2
M2 工具钢	53	2.56	2100×10^{-4}	72	410	5.7	13.8
304L	67	2.63	1600×10^{-4}	65	370	5.7	10.2
Ni-B-Si	51	4.26	—	24	160	6.7	17.2

现举例说明水雾化铁粉的生产工艺。目前工业上用水雾化法生产铁粉有两种生产工艺:一种为低碳钢水雾化法,另一种为高碳铁水雾化——脱碳还原法。用低碳钢水雾化生产铁粉是 A. O. Smith 公司在 20 世纪 60 年代首创的,也是现在生产铁粉最多的方法。这种粉末的压缩性高、纯度高。

工艺条件:在 18t 或 27t 的电弧炉中熔化低碳钢(通常碳含量为 0.1%)。通过造渣,可除去或减少磷、硅和其他杂质元素,以制成高纯铁水。水雾化是通过一个多金属液流-水喷射系统在空气中进行的。水压约为 8.3MPa。为了获得最高效率和控制颗粒形状,与金属液流相交的水帘形成的角度可以调节。通常夹角为 40°。各金属液流的流速通常为 70kg/min,流速可由漏包中漏嘴孔的大小来调整。为防止雾化时过分氧化,用挡板将每一排金属液流围了起来,并将惰性气体或还原性气体引入隔离的空间,使雾化粉末急冷并收集在充满水的容器中。容器中水的水平面要贴近雾化区,以防止粉末被空气氧化。集粉容器内有两个倾斜坡道,其作用是:(1)使粉末横向斜着移动;(2)防止热粉末颗粒在喷嘴下面聚积;(3)防止形成焊接或烧结的块。粉末大部分是-60 目的,化合氧和碳的含量都低于 1% 。在磁选、脱水和干燥后,将粉末在氢或分解氨气氛的带式炉内,约 800~1000℃下进行还原退火处理。还原退火处理后,可将氧含量降低到小于 0.2%,并可将碳含量降低到约 0.01% 。同时,粉末由于退火而软化。随后将烧结粉块进行粉碎,使之恢复到原来雾化状态的粒度分布,这时制成的粉末仅有轻微的加工硬化,最后按标准进行筛分和合批。

2.3.1.4 气雾化工艺举例

空气雾化制备铜或铜合金粉末,设备示意图如图 2-18 所示,其基本工艺如下:按铜合金粉末的成分要求,将配好的金属在移动式可倾燃油坩埚熔化炉内熔化,也有采用中频

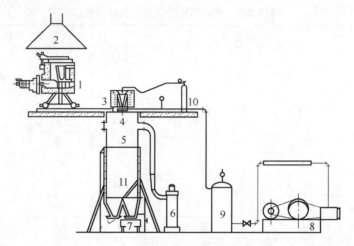

图 2-18　空气雾化制备铜粉设备示意图

1—移动式可倾燃油坩埚熔化炉；2—排气罩；3—保温漏包；4—喷嘴；5—集粉器；6—集细粉器；
7—取粉车；8—空气压缩机；9—压缩空气容器；10—氮气瓶；11—分配阀

熔化炉熔化。金属液一般过热 100～150℃，若需喷制不规则形状的粉末，过热温度适当降低。将金属液注入预先烘烤到 600℃ 左右的漏包中。金属液直径 4～6mm，空气压力 0.5～0.7MPa。喷嘴多采用环孔（锥形喷射）或环缝（旋涡环形喷射）。环缝喷嘴用于喷制青铜时，在相同工艺条件下，过 100 目的粉末产出率一般比环孔喷嘴高 30%。雾化粉末喷入干式集粉器，下部有水冷套，粗粉末直接从集粉器下方出口落到振动筛上过筛，中、细粉末从集粉器内抽出，经集细粉器沉降。更细的粉末进风选器，抽风机的出口处装有布袋收尘器。

空气雾化铜或铜合金粉末，表面均有少量氧化，通常在 300～600℃ 范围内进行还原。

为了制得球形铜合金粉，通常在熔化时加入磷含量为 0.05%～0.1% 的磷铜，可降低黏度而增加流动性，这样成球率大大增加。

2.3.2　离心雾化

离心雾化是利用离心力将金属熔体破碎，并以雾化状液滴甩出，之后凝固成粉末颗粒的方法。离心雾化方法包括最早的旋转圆盘雾化，后来有旋转坩埚雾化、旋转电极雾化等。一般说来，离心雾化比气体和水雾化的能量效率要高得多。在气体与水雾化中，喷射流的能量只有约 1% 用于粉碎金属熔体流，在离心雾化中，全部旋转功都直接用于加速，所以使用的能量小。一般而言，和气体雾化相比，离心雾化生产的粉末粒度分布的范围要窄得多。

2.3.2.1　旋转圆盘雾化

这种工艺是 20 世纪 70 年代 Pratt 与 Whitney 为生产高温合金粉末而首先开发的，是离心雾化的另外一种形式。它是使金属熔体流冲撞在快速旋转的圆盘表面（转速高达 20000～30000 r/min），将金属熔体机械雾化，并从旋转圆盘边缘甩出，金属液滴在飞行过程中凝固成粉末，并可用氦气流吹射飞行中的熔滴来加速凝固。圆盘采用高速水冷，金属液滴的冷却速率可达到 10^4～10^6℃/s 的数量级，因此，也将这种旋转圆盘雾化工艺叫做快速凝固（RSR）雾化工艺。由于冷却速度快，合金成分偏析大幅度减小。

金属熔体通过预热漏嘴装置注入雾化器中心，通过预热漏嘴装置还可调节金属熔体流量。作用于金属熔体的离心力将之粉碎成熔滴，当熔滴穿过流动的氩气流时，快速冷却凝固成粉末颗粒，随即落入设备下部的集粉器中，或由气体输送到旋风分离器，旋风分离器将粉末分离出来后，将气体排放掉。

用旋转圆盘雾化法制取的粉末颗粒为球形，其平均粒度可控。借助旋转离心力形成的颗粒大小取决于旋转速度、旋转圆盘的直径以及金属熔体的表面张力与密度。其关系式如下：

$$d^2 \propto \frac{\gamma}{\omega^2 \rho D}$$

式中　d——颗粒直径；

ω——旋转角速度；

D——旋转圆盘的直径；

ρ——金属熔体的密度；

γ——金属熔体的表面张力。

这种方法得到的球形粉末平均粒度小于 $100\mu m$，小颗粒的冷却速度快，从而使得成分均匀，晶粒细小，合金元素固溶度增大，并可能形成非晶相。值得注意的是，这种雾化工艺生产的粉末粒度分布很窄。用这种工艺生产的粉末大部分用于生产航空航天发动机零件。

甩带法也是快速凝固工艺的一种，它是将金属液流连续地自由降落在快速旋转的水冷铜辊上，熔体快速冷却同时形成薄带。稀土永磁材料钕铁硼粉末多采用这种方法生产，急速冷却获得的钕铁硼带材经过破碎、气流磨粉碎可以得到 $2 \sim 5\mu m$ 的粉末。此外，这种方法还用于生产非晶软磁带材，目前带材宽度可以达到 $100 \sim 200mm$。

2.3.2.2　旋转坩埚雾化

旋转坩埚雾化装置如图 2-19 所示。旋转坩埚雾化是用一根固定电极和一个旋转的水冷坩埚，电极和坩埚内的金属产生电弧使金属熔化，坩埚旋转速度为 $3000 \sim 4000r/min$，在离心力的作用下，金属熔体在坩埚出口处被雾化成液滴并甩出，冷凝后得到粉末。整个过程可以在惰性气体保护下完成，粉末氧化程度极低。生产的粉末粒度在 $150 \sim 1000\mu m$，多用于生产颗粒较粗的锌、铝、镁及合金粉，也可以用于生产钛合金、高温合金粉末。

2.3.2.3　旋转电极雾化

旋转电极雾化是将制取粉末的金属或合金铸造成棒料，作为自耗电极，与固定的钨电极产生电弧使金属或合金熔化，同时自耗电极快速旋转，熔融的金属液即借离心力被抛出，形成液滴，液滴随即凝固成粉末颗粒。旋转电极雾化法的装置如图 2-20 所示。电极旋转速度可以达到 $10000 \sim 25000r/min$，电流强度为 $400 \sim 800A$。生产的粉末颗粒粒径大约为 $150 \sim 250\mu m$，形状一般为球形。由于旋转电极雾化不受熔化坩埚及其他污染，生产的粉末纯度很高。这种方法已用于雾化无氧铜、难熔金属、铝合金、钛合金、不锈钢及高温合金粉末。俄罗斯采用旋转电极雾化方法生产的 Ni 基高温合金粉末大量用于飞机发动机涡轮盘的制造，这种高温合金粉末称为 PREP 粉，比惰性气体雾化法生产的高温合金粉末韧性较高。

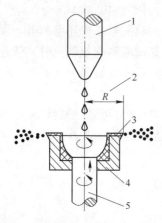

图 2-19   旋转坩埚雾化装置示意图
1，5—电极；2—雾化半径；3—雾化缘；
4—旋转坩埚

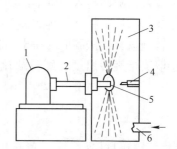

图 2-20   旋转电极雾化法的装置示意图
1—电动机；2—送料器；3—粉末收集室；4—固定钨电极；
5—旋转自耗电极；6—惰性气体入口

2.3.3   其他雾化方法

（1）超声（振动）雾化法。其原理是当振动足够强烈时，液态薄膜会形成液态波片，之后破碎，形成液滴，随后冷却成为粉末。这种技术在 20 世纪 60 年代就报道过，乌克兰研究人员在锌之类的低熔点金属液低频振动中观察到这种现象。这种雾化方法最大的优点是得到的粉末具有非常窄的粒度分布，并且具有较完美的球形。近年来，这种方法已经用于生产制造膏状产品用的电子钎料粉末。这种方法的缺点是产量较低，难以生产高熔点材料粉末。

（2）振动电极法。这种方法以缓慢旋转的水冷铜盘为固定电极，以需要制备成为粉末的材料作为自耗电极，两个电极之间产生电弧使自耗电极熔化，同时自耗电极振动使得液滴雾化，冷凝得到粉末，可以看作是旋转电极雾化的变型。

（3）熔体滴落法。这种方法是对装在封闭的加压坩埚中的熔融金属施加颤振以使其产生振动，在气压作用下强制金属熔体通过坩埚底部的漏嘴流出，进入真空或惰性气体室，形成喷射流并经受瑞利波粉碎成很均匀的液滴。这项工艺已试用于铝、铍、铜、铅、低碳钢及某些高温合金的雾化制粉，近年来推荐用于生产钎料粉末。

（4）激光旋转雾化法。这是离心雾化的变型工艺，不同之处是加热源采用大功率激光器。

（5）电爆炸法。在惰性气体保护条件下，将大功率电脉冲施加到金属上，形成柱形等离子体，金属丝被加热到 15000K 以上高温，电阻剧增，金属蒸气的高压引起爆炸，形成金属气溶胶，经快速冷却，制得金属粉末。这种方法可生产铝、镍、银、铜、锌、铂、钼、钛、锆、铟、钨及其合金粉，所得的粉末非常细，可以达到纳米级。

2.4   还 原 法

还原是指用还原剂将金属化合物转变为金属粉末的方法，金属化合物多为氧化物，也可以为金属盐类。还原法是一种应用非常广泛的生产金属粉末的方法。以铁精矿粉或冶金工业废料轧钢铁鳞为原料，用碳作为还原剂可以制取铁粉，该方法最为经济；用氢气或分解氨还原金属氧化物，可以制取钨、钼、铁、铜、钴、镍等粉末；用转化天然气还原铁矿粉，可以制取铁粉；用钠、钙、镁等金属还原金属氧化物或金属盐，可以制取钽、铌、钛、锆、钍、铀等金属粉末；用甲醛、水合肼等作为还原剂可以还原水溶液中的铜、镍等金属离子，制取铜粉、镍粉或包覆粉末。

那么为什么可以用氢气作为还原剂制取钼、铁、铜、钴、镍等金属粉末，而制取钽、铌、钛、锆等金属粉末必须用钠、钙、镁等活泼金属作为还原剂进行金属热还原呢？我们不能不考虑，对于不同的氧化物应该选择什么样的物质作还原剂，在什么样的条件下才能使还原过程顺利进行。下面从金属氧化物还原热力学的角度来讨论此问题。

2.4.1 还原法的热力学原理

还原的原理是夺取氧化物或盐类中的氧（或酸根由高价变低价）而使其转变为元素或低价氧化物（低价盐）的过程。还原反应可用下面一般化学式表示：

$$MeO + X \rightleftharpoons Me + XO$$

式中　Me——金属；

　　MeO——金属氧化物；

　　　X——还原剂；

　　　XO——还原剂氧化物。

还原反应可以分解为金属氧化物和还原剂氧化物的生成——离解反应：

$$2Me + O_2 \rightleftharpoons 2MeO \tag{2-7}$$

$$2X + O_2 \rightleftharpoons 2XO \tag{2-8}$$

将(式2-8 - 式2-7)/2 即得：

$$MeO + X \rightleftharpoons Me + XO$$

由于不同的金属元素对氧的作用情况不同，因此，生成氧化物的稳定性也大不一样。可用氧化物标准生成自由能来衡量。上述反应的标准吉布斯自由能与平衡常数的关系为：

$$\Delta G^{\ominus} = - RT\ln K_p \tag{2-9}$$

式中　K_p——反应平衡常数；

　　　R——气体常数；

　　　T——温度。

假设金属和还原剂及其氧化物都是固体状态，金属氧化物与还原剂氧化物生成+离解反应的吉布斯自由能分别为：

$$\Delta G_{MeO}^{\ominus} = - RT\ln K_{p(MeO)} = - RT\ln(1/p_{O_2(MeO)}) = RT\ln p_{O_2(MeO)} \tag{2-10}$$

$$\Delta G_{XO}^{\ominus} = - RT\ln K_{p(XO)} = - RT\ln(1/p_{O_2(XO)}) = RT\ln p_{O_2(XO)} \tag{2-11}$$

还原反应进行的条件是 $\Delta G^{\ominus} < 0$，即：

$$[\Delta G_{XO}^{\ominus} - \Delta G_{MeO}^{\ominus}]/2 < 0$$

$$\Delta G_{XO}^{\ominus} < \Delta G_{MeO}^{\ominus}$$

$$p_{O_2(XO)} < p_{O_2(MeO)}$$

因此，还原反应的必要条件为：金属氧化物的离解压 $p_{O_2(MeO)}$ 要大于还原剂氧化物的离解压 $p_{O_2(XO)}$，即还原剂对氧的化学亲和力要大于金属对氧的化学亲和力。更简单地可表述为：还原剂化学性质比被还原的金属活泼。这种关系可以用图 2-21 所示的氧化物的 $\Delta G^{\ominus}$-T 图来表示。氧化物的 $\Delta G^{\ominus}$-T 图是以 1mol 的金属氧化物生成反应的 $\Delta G^{\ominus}$ 作纵坐标，以温度 T 作横坐标绘成的，将各种金属氧化物生成的 $\Delta G^{\ominus}=a+bT$ 关系反映在图上。由于各种金属对氧的亲和力大小不同，所以各氧化物生成反应的直线在图中的位置高低不一样。图 2-21 有以下一些基本规律：

（1）随着温度升高，$\Delta G^{\ominus}$ 增大，各种金属的氧化反应越难进行。因为温度升高，金属氧化物的离解压增大，金属对氧的亲和力将减小，因此还原金属氧化物通常要在高温下进行。

（2）关系线在相变温度处，特别是在沸点处发生明显的转折。这是由于系统的熵在相变时发生了变化。

（3）CO 生成的 $\Delta G^{\ominus}$-T 曲线的走向是向下的，即 CO 的 $\Delta G^{\ominus}_{XO}$ 随温度升高而减小。

（4）在同一温度下，图中位置越低的氧化物，其稳定度也越好，即该元素对氧的亲和力越大。

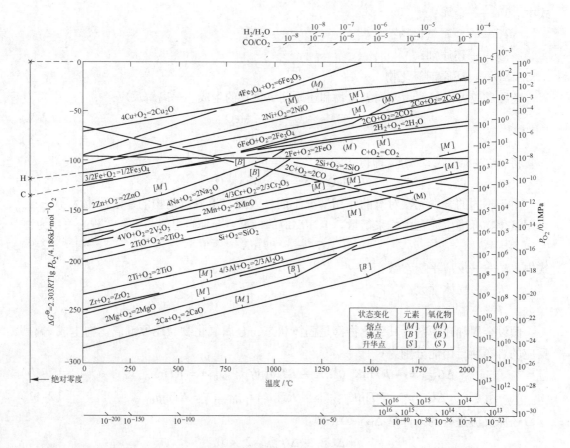

图 2-21　氧化物的 $\Delta G^{\ominus}$-T 图

根据上述热力学原理，由氧化物的 $\Delta G^{\ominus}$-T 图，可得以下结论：

（1） $2C+O_2 \Longrightarrow 2CO$ 的 $\Delta G^{\ominus}$-T 关系线差不多与很多金属氧化物的关系线相交。这说明在一定条件下碳能还原很多金属氧化物，如铁、钨等的氧化物。理论上可以还原任何金属氧化物，例如铝、镁等。

（2） $2H_2+O_2 \Longrightarrow 2H_2O$ 的 $\Delta G^{\ominus}$-T 关系线在铜、铁、镍、钴、钨等氧化物的关系线以下。这说明在一定条件下氢可以还原铜、铁、镍、钴、钨等氧化物。

（3）位于图中最下面的几条关系线所代表的金属如钙、镁等与氧的亲和力最大。所以，钛、锆、钍、铀等氧化物要用钙、镁等作还原剂，即所谓金属热还原。

需要注意的是，$\Delta G^{\ominus}$-T 图上的曲线都是标准状态线，实际还原反应大多都是在非标准状态下进行的。例如用 H_2 还原 FeO，反应式为：

$$FeO_{(s)} + H_{2(g)} \Longrightarrow Fe_{(s)} + H_2O_{(g)}$$

这个反应如何实现，不仅取决于温度，而且取决于气氛中 H_2 和 H_2O 浓度比值（分压）。因此需要根据热力学原理另行计算。

2.4.2 还原法的动力学原理

$\Delta G^{\ominus}$-T 图只表明了反应在热力学上是否能进行，但并未涉及还原过程的速度问题。一个化学反应能否进行，进行的趋势大小和进行的限度如何，是由热力学来决定的，而反应进行的速度以及各种因素对反应速度的影响等，是动力学所研究的问题。为了改进生产、提高生产率而必须研究化学反应的动力学问题。例如：氢和氧在常温时，反应速度实际上等于零，而当温度升高到 700℃ 以上时，则成为爆炸反应，可见反应速度除了取决于反应物的本性外，也受反应所处条件的影响。

化学反应动力学一般为均相反应动力学和多相反应动力学。下面我们分开讨论。

均相反应是指在同一个相中进行的反应，即反应物和生成物或者是气相或是液相，粉末冶金中，气相氢还原法属于均相反应，例如：用氢气还原氯化钨制备钨粉的反应为：

$$WCl_{6(g)} + 3H_{2(g)} \Longrightarrow W_{(g)} + 6HCl_{(g)}$$

以气相反应为例，两个分子能相互作用的必要条件是相互碰撞，然而不是每一次碰撞都能引起反应，只有那些在碰撞的一瞬间具有高于必要能量的分子才能发生相应的反应。当外界情况不变时，任一化学反应的速度不是常数，而是随时间变化的，随着反应物的逐渐消耗，反应速度就逐渐减小。均相反应的速度符合质量作用定律，即温度一定时，化学反应速度与反应物浓度的乘积成正比：

$$v = kC_A C_B \tag{2-12}$$

式中　k——速度常数；

C_A，C_B——反应物的浓度。

速度常数 k 与反应物的浓度无关，只与反应温度和活化能有关。温度越高，可使分子间有效碰撞比例增加，反应速度越快；活化能越低，反应速度越快。

多相反应一般是两个相以上的反应。两个相之间必有界面，按界面的特点，多相反应一般包括五种类型：固-气反应、固-液反应、固-固反应、液-气反应、液-液反应。在粉末制备过程中大多数情况是多相反应，其中又以固-气反应最多。例如用氢气还原氧化铜制备铜粉，发生的反应为：

$$CuO_{(s)} + H_{2(g)} \Longrightarrow Cu_{(g)} + H_2O_{(g)}$$

在这个反应中，除了反应物的浓度（氢气的分压）、反应温度外，反应进行的速度和反应程度还与界面的特性（如晶格缺陷）、界面的面积、流体（氢气流）的速度、反应相的比例、核心的形成及扩散层等因素有关。多相反应有下述几个过程：

（1）气体还原剂分子由气流中心扩散到固体化合物外表面而被吸附。

（2）被吸附的还原剂分子与固体氧化物中的氧相互作用并产生新相。

（3）反应产物气体从固体表面上解吸。

这个过程称为多相反应"吸附-自动催化"理论。那么对于氢气还原氧化铜制取铜粉的反应过程，还包括以下几种可能的过程：

（1）气体分子通过金属扩散到氧化物-金属界面上发生还原反应，或者气体通过金属内的孔隙转移到氧化物-金属界面上发生还原反应。

（2）氧化物的非金属元素通过金属扩散到金属-气体界面发生还原反应，或者氧化物本身通过金属内的孔隙转移到金属-气体界面发生还原反应。

（3）反应产物气体通过金属内的孔隙转移至金属外表面，或者气体反应产物可能通过金属扩散至金属外表面。

（4）气体反应产物从金属外表面扩散到气流中心。

2.4.3 碳还原

用固体碳可以还原很多金属氧化物，例如还原氧化铁制取铁粉，还原氧化锰制取锰粉，也可以还原氧化铜、氧化镍来制取铜粉、镍粉。不过用碳还原的铜粉、镍粉、钨粉的碳含量高。工业上主要采用的还是用碳还原法来生产铁粉。

2.4.3.1 碳还原铁氧化物的基本原理

A 热力学分析

固体碳与金属氧化物直接进行的固-固反应通常称为直接还原。在讨论碳还原铁氧化物基本原理之前，首先应明确碳还原金属氧化物制取金属粉末的反应，实际上是按气-固反应的方式进行的，这时只要体系内还有固体碳存余，还原过程将存在下列各反应的平衡：

$$MeO + C \rightleftharpoons Me + CO$$
$$2MeO + C \rightleftharpoons 2Me + CO_2$$
$$MeO + CO \rightleftharpoons Me + CO_2$$
$$C + CO_2 \rightleftharpoons 2CO$$

可以看到：（1）作为反应产物，体系中存在 CO、CO_2；（2）固体碳与 CO_2 会反应生成 CO，CO 与 CO_2 的浓度比取决于温度，随温度升高，CO 的分压增大，根据热力学计算，当温度超过950℃时，体系中 CO 的浓度将接近100%；（3）固体与固体的接触面积是有限的，气-固反应速度比固-固反应速度快得多。因此，用碳还原氧化铁制取铁粉，主要发生的还原反应为氧化铁与 CO 的反应，可以称为间接还原。下一节还会介绍，用固体碳还原氧化铁制取铁粉的实际生产中，氧化铁与碳并不是直接接触，而是采用"环装"、"柱装"等形式装罐的。下面讨论 CO 还原氧化铁的间接还原规律。

铁有三种氧化物，铁氧化物的还原过程是分阶段进行的，即从高价氧化铁到低价氧化铁，最后转变成金属：$Fe_2O_3 \rightarrow Fe_3O_4 \rightarrow FeO \rightarrow Fe$。当温度高于570℃时，发生下列反应：

$$3Fe_2O_3 + CO \Longrightarrow 2Fe_3O_4 + CO_2 \quad \Delta H_{298} = -62.9 kJ/mol \tag{2-13a}$$

$$Fe_3O_4 + CO \Longrightarrow 3FeO + CO_2 \quad \Delta H_{298} = 22.4 kJ/mol \tag{2-13b}$$

$$FeO + CO \Longrightarrow Fe + CO_2 \quad \Delta H_{298} = -13.6 kJ/mol \tag{2-13c}$$

而当温度低于570℃时，氧化亚铁（FeO）不能稳定存在，因此 Fe_3O_4 直接被还原成为金属铁，反应式为：

$$Fe_3O_4 + 4CO \Longrightarrow 3Fe + 4CO_2 \quad \Delta H_{298} = -17.1 kJ/mol \tag{2-13d}$$

上述反应的平衡气相组成，可以通过平衡常数（K_p）求得：

$$K_p = p_{CO_2}/p_{CO}$$

还原在常压下进行，即：

$$p_{CO_2} + p_{CO} = 0.1 MPa \quad (1 atm)$$

$$K_p = (1 - p_{CO})/p_{CO}$$

$$CO 含量(\%) = p_{CO} \times 100\% = 1/(1 + K_p) \times 100\%$$

计算结果如下：

（1）Fe_2O_3 的还原：$lgK_p = 4316/T + 4.37lgT - 0.478 \times 10^{-3}T - 12.8$

温度/℃	500	750	1000	1250	1500
K_p	2.32×10^6	2.57×10^4	7.52×10^3	3.11×10^3	1.68×10^3
CO 含量/%	0.00043	0.0039	0.013	0.032	0.059

Fe_2O_3 被 CO 还原为 Fe_3O_4，平衡气相中 CO 含量很低，这说明 Fe_2O_3 易被还原，即 CO_2 不容易氧化 Fe_3O_4，该反应是放热反应，温度升高，K_p 减小，平衡气相中 CO 含量增高。

（2）Fe_3O_4 的还原：$lgK_p = -1373/T - 0.47lgT - 0.41 \times 10^{-3}T + 2.69$

温度/℃	500	700	900	1100	1300
K_p	0.748	1.91	3.623	5.996	10.96
CO 含量/%	57.2	34.4	21.6	14.3	8.4

Fe_3O_4 被 CO 还原为 FeO 的反应为吸热反应，其 K_p 值随温度升高而增大，平衡气相中的 CO 含量随温度升高而减小，这说明升高温度对 Fe_3O_4 还原成 FeO 有利，也即是温度越高，Fe_3O_4 还原成 FeO 所需的 CO 含量越低。

（3）FeO 的还原：$lgK_p = 324/T - 3.62lgT + 1.18 \times 10^{-3}T - 0.0667 \times 10^{-6}T^2 + 9.18$

温度/℃	500	700	900	1100	1300
K_p	1.052	0.615	0.416	0.365	0.338
CO 含量/%	48.7	61.9	70.7	73.3	74.7

FeO 被 CO 还原为 Fe 的反应为放热反应，K_p 值随温度升高而减小，平衡气相中的 CO 含量随温度升高而增大，即温度越高还原所需的 CO 含量越大，对 FeO 还原越不利。但温度升高，CO 含量增加并不多（从700℃增加到1300℃，温度升高600℃，CO 含量只增加 12.8%），所以总体来说提高温度的不利影响并不大，而对 Fe_3O_4 还原成 FeO 的过程却有利，并且温度升高能够提高反应速度，因此碳还原制备铁粉一般在较高温度下进行。

以温度为横坐标，CO 含量为纵坐标，可将计算结果绘制成 Fe-O-C 系平衡相组成与温度的关系图（见图 2-22，按反应式 2-13a 绘制的曲线未画出），可以得到任意状态下能够稳定存在的是哪个相。根据关系图，我们可以得知，在特定的温度下还原氧化铁制备金属铁粉所需要的 CO 含量。

工业上用固体碳还原铁一般是将碳与氧化铁封装在一个反应罐中进行，那么反应体系中的 CO 含量是由什么因素决定的呢？此时，只要有固体碳存在，CO 还原氧化铁生成的 CO_2 一定会与 C 发生反应（布多尔反应）：

$$C + CO_2 \rightleftharpoons 2CO$$

生成的 CO 作为还原剂还原氧化铁又生成 CO_2，这样体系将维持在一个动态平衡中，而 CO 含量取决于 $C\text{-}CO\text{-}CO_2$ 的平衡体系。将热力学计算的 $C\text{-}CO\text{-}CO_2$ 平衡体系气相组成与温度的关系（碳的气化反应线）加合到 Fe-O-C 系平衡相组成与温度的关系图中，得到图 2-23。

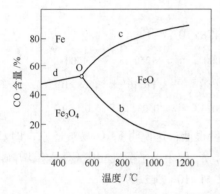

图 2-22　Fe-O-C 系平衡相组成与温度的关系图
b~d—按式 2-13b~d 绘制的曲线

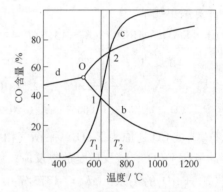

图 2-23　有固体碳存在时铁氧化物的还原
b~d—按式 2-13b~d 绘制的曲线

从图 2-23 可以看出，曲线 b 与碳的气化反应线相交于 1 点（T_1，对应温度为 650℃），所以 650℃ 即为固体碳直接还原 Fe_3O_4 成 FeO 的开始还原温度，只有当温度高于 650℃ 时，Fe_3O_4 才能被固体碳还原生成 FeO。曲线 c 与碳的气化反应线相交于 2 点（T_2，对应温度为 685℃），所以 685℃ 也是固体碳直接还原 FeO 生成 Fe 的开始还原温度，从理论上说，只有当温度高于 685℃ 时，FeO 才能被固体碳还原生成 Fe。也就是说，当体系温度高于 T_2 温度时，碳的气化反应的平衡气相组成中 CO 含量总是高于 FeO 还原反应平衡气相中的 CO 含量，FeO 被 CO 还原生成 Fe 的反应就可以进行。这个反应消耗 CO，生成 CO_2，导致碳的气化反应平衡受到破坏，这样，碳气化反应又向生成 CO 的方向进行。只要气相中 CO 含量高于 FeO 被还原所需的含量，其结果总是 FeO+C→Fe+CO，只要体系中存在多余的固体碳，这个过程将一直进行，直到 FeO 被完全还原为止。这个规律可以叫做 CO 间接还原规律，固体碳还原氧化铁实际上是 CO 还原氧化铁和碳气化反应共同作用控制的，实际反应为气-固反应，并非初始印象中的固-固反应。

B　动力学分析

固体碳用于还原氧化铁时，若在 950~1050℃ 之间进行，其过程有自动催化作用。图

2-24 为木炭还原铁鳞各还原阶段的反应速率，由图中三条曲线可看出，自 B 点后还原速率急剧增大，到最高点 C 后又降低。这表明了过程的吸附自动催化特性。

当还原到达 B 点时，Fe_2O_3 和 Fe_3O_4 已全部还原成 FeO。由于浮氏体与金属铁的比热容相差甚大，要在浮氏体表面生成金属铁相，将产生很大的晶格变形，需要很大的能量，致使新相成核困难。但是，当金属铁晶核一经形成后，由于自动催化作用，金属铁迅速成长，而在粉末颗粒外表全部包上一层金属铁时，还原反应速率逐渐下降。实验证明，到达 C 点所需的时间仅为数分钟，而由 C 点后到达反应终了所需时间为数十分钟。可见浮氏体还原成金属铁这一阶段比较缓慢，因而整个还原反应的速率便受此阶段速率所限制。

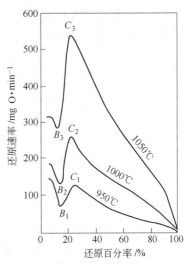

图 2-24 木炭还原铁鳞各还原阶段的反应速率

根据实践经验，在浮氏体还原成金属铁与海绵铁开始渗碳之间存在着一个还原终点。在还原终点，浮氏体消失，$FeO+CO\rightarrow Fe+CO_2$ 平衡破坏，而碳的氧化还在进行，气相中 CO 含量急剧上升，开始了海绵铁的渗碳。为控制生产过程和铁粉质量，还原终点需要掌握好，既不希望还原不透，也不要使海绵铁大量渗碳。生产中检验还原终点的最简单方法就是观察海绵铁块的断面。海绵铁块断面有三种典型情况：（1）还原不透：在海绵铁块中间有一条明显的暗灰带，这就是尚未还原的浮氏体，即所谓夹心。当浮氏体相尚未消失时，不可能渗碳，化验时，其铁和碳的含量均较低，碳含量有时在 0.03% 以下。这种夹心在一般退火时，很难再还原。（2）还原过头：断面全是银灰色，并有熔化亮点，海绵铁块非常坚硬。这说明还原过头已开始渗碳。化验时，铁和碳的含量均较高，碳含量有时大于 0.4%，这种铁粉质硬，压缩性差。当然这种也不行。（3）还原正常：断面全是银灰色，其中可以看到一点夹生的痕迹，化验时铁含量高，而碳含量低。碳含量在 0.2%～0.3%，退火后，总铁含量可达 98%，氧含量小于 1.0%，但碳含量在 0.1% 以上。

如何在工艺条件上掌握好还原终点，是决定铁粉质量的关键。实践证明，若要使铁中碳含量降低，则需做到：(1)当温度一定、压力一定时，增大气相中 CO_2：CO 比值；（2）当 CO_2：CO 比值一定时，减小气相压力；（3）当气相压力不变时，提高温度，铁中渗碳的趋势是下降的。

2.4.3.2 影响还原过程和铁粉质量的因素

A 原料的影响

碳还原制取铁粉使用的铁氧化物原料可以是铁精矿粉、轧钢铁鳞或其他铁氧化物，原料中杂质会影响铁粉的还原过程。若杂质含量高，尤其是 SiO_2 含量高，还原时间加长，且还原不完全，使铁粉中铁含量降低。这是因为有一部分氧化铁还原到浮氏体阶段即与 SiO_2 结合而生成极难还原的硅酸铁。

原料粒度的影响可概述为：原料粒度越细，界面的面积越大，因而促进反应的进行。

但是若太细，则透气性不好，使还原反应不彻底。

B 固体碳还原剂的影响

生产中常用的固体碳还原剂有以下三种：

（1）木炭：还原能力最强，因气孔率大，活性大，但较贵。

（2）焦炭：气孔率低于木炭，活性稍差，但含硫高会使海绵铁中硫含量增高。

（3）无烟煤：气孔率最低2%~4%，还原能力最差，硫含量较高达0.5%~1.5%。

若使用焦炭和无烟煤作还原剂时，要加入适量的脱硫剂，如石灰石、石灰等。实践经验表明，当加入木炭量低于86%时，木炭不够还原全部氧化铁。当加入木炭量多于90%时，则有木炭剩余，铁粉中碳含量升高。最适宜的木炭加入量为86%~90%，可得含铁98%以上、含碳0.5%以下的海绵铁粉。当还原温度低时，气相中CO_2较高，木炭的消耗量下降。

C 还原工艺条件的影响

还原温度和还原时间是碳还原铁粉的两个关键工艺参数。还原过程中，如其他条件不变，还原温度和还原时间互相影响，还原温度提高，时间就缩短。但还原温度过高，还原好的海绵铁高温烧结趋向增大，将使CO难以通过还原产物，导致还原速率下降。料层厚度亦影响还原过程，当还原温度一定时，料层厚度不同，还原时间也不同。料层厚度增加，还原时间增加。

D 添加剂的影响

少量固体碳还原剂加入到原料铁鳞中或铁矿石中，不仅可以起疏松剂的作用，还可以起辅助还原剂的作用，这是因为被还原的粉层装填一般比较紧密，还原后引起烧结，影响还原气体通过料层的循环，而加入固体碳可以起到疏松剂的作用。另外，加入的碳与CO_2或水蒸气作用，可促进还原气相组成中CO浓度的增加。所以，加入原料中的碳起到了辅助还原剂的作用。

往原料中预先加入一定量的废铁粉，有时对还原过程有好的影响，这是因为浮氏体还原成金属铁的阶段比较缓慢，加入一定量的废铁粉可以在一定程度上缩短还原过程诱导期，从而加速还原过程。

气相组成中有H_2可以加速还原过程。从动力学上看，H_2在各方面都比CO有利于还原，H_2比CO吸附能力大，扩散能力也大很多。因此，引入气体还原剂（例如氢气、焦炉煤气、高炉煤气、天然气等）有利于还原过程。

碱金属盐与氧化铁相互作用，可以改变氧化铁内部结构，氧化铁点阵中空位浓度增加，有利于CO的吸附，从而加速还原。最有效的添加剂为钾盐。

E 退火的影响

碳还原铁氧化物得到的海绵铁块必须经过破碎才能获得铁粉，破碎过程中会产生加工硬化。有时由于还原不够海绵铁氧含量较高，或还原过度造成海绵铁严重渗碳，都会影响铁粉的质量。所以海绵铁研磨后需要进行退火处理，传统退火采用"闷罐法"，现在一般采用气体二次精还原方法处理，其作用为：

（1）软化：消除破碎、球磨等工艺造成的加工硬化，提高铁粉的塑性，改善铁粉的压缩性。

（2）补充还原，降低氧含量。

（3）脱碳：把碳含量从 0.4% ~ 0.2% 降低到 0.25% ~ 0.05% 之间。

2.4.3.3　碳还原法制取铁粉的工艺

用碳还原铁氧化物是生产铁粉最早的一种方法，在20世纪初，瑞典的 Höganas 公司研制出用作炼钢原料的碳还原海绵铁工艺，后经改进，逐渐演变成了生产铁粉的工艺，这种方法在瑞典、美国、俄罗斯、日本、中国都得到了广泛的应用。这种工艺采用的还原设备为隧道窑，用碳还原制备海绵铁的设备还可以为回转窑、转底炉等。

图 2-25 为碳还原铁鳞制取铁粉的生产工艺流程图。

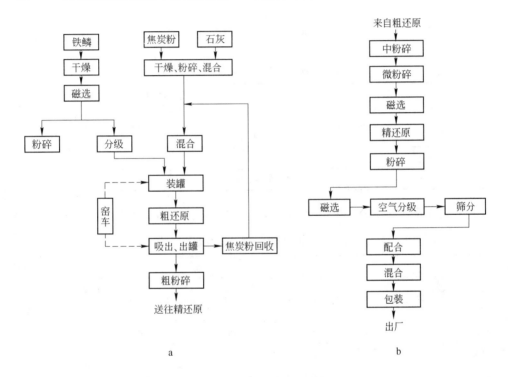

图 2-25　碳还原法制取铁粉的生产工艺流程图
a—粗还原过程；b—精还原过程

其工艺过程为：

（1）原材料准备。铁鳞或铁矿石经过干燥、磁选、粉碎、筛分处理。还原剂（木炭、焦炭屑、无烟煤）和脱硫剂亦需经过干燥、粉碎，然后混合在一起。

（2）装罐。将处理后的原料（铁氧化物和还原剂）按一定比例装入耐火材料制成的耐火罐内，耐火罐一般有黏土耐火罐和 SiC 耐火罐两种。SiC 耐火罐强度高，寿命长，但价格高，一般在大型隧道窑自动装卸料的情况下使用。装罐方式有四种，如图 2-26a ~ d 所示。

（3）还原。还原在隧道窑中进行，隧道窑通常采用的燃料有煤、天然气、煤气和油等。还原温度及还原时间是影响海绵铁质量的重要因素，必须根据使用的还原剂种类、隧道窑本身的结构和铁粉的产量来确定。大致的还原温度和时间如表 2-3 所示。

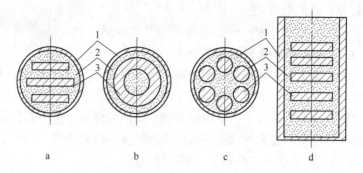

图 2-26　装罐方式

1—耐火罐；2—还原剂；3—氧化铁

表 2-3　不同还原剂的还原温度及时间

还 原 剂	还原温度与时间	
	温度/℃	时间/h
木　炭	950	50
焦炭屑	1150	47
无烟煤	1050～1100	55

世界上几家著名的铁粉生产企业及我国某厂两条隧道窑有关工艺参数如表 2-4 所示。

表 2-4　隧道窑有关工艺参数

工艺参数	厂　　家				
	瑞典 Höganas	美国 Höganas	日本川崎	中国某厂	
				3 号窑	2 号窑
全长/m	275	170	160	105	154
预热带长度/m	—	50	40	25	32
还原带长度/m	—	60	80	54	85
冷却带长度/m	—	60	40	28	37
还原温度/℃	1200	1200	1130	1150～1200	
还原剂种类	焦炭屑	焦炭屑	焦炭屑	焦炭屑	焦炭屑
还原时间/h	—	84	133	98	90
年产量/万吨	6	1.5～2	1.1	0.5	1.0

（4）海绵铁出罐和清刷。现代化生产线采用机械化出罐，用清芯机将海绵铁锭内孔的残余还原剂吸出，然后用卸锭机将海绵铁提出还原罐，最后用清罐机将罐内残余还原剂和灰分吸出。

（5）海绵铁破碎。海绵铁破碎一般分为粗破、中破、细粉碎三个阶段，破碎方法直接影响成品铁粉的物理性能（松装密度、颗粒形状、粒度组成和流动性等）和综合工艺性能（压缩性和成形性等）。破碎后还需要进行磁选，对生产的铁粉进行进一步提纯。铁粉一般经过多次研磨破碎和磁选，然后进行精还原或直接筛分、包装。

（6）铁粉二次精还原。铁粉精还原一般采用气体还原法（H_2 或分解氨）进行，目的是使还原铁粉充分脱碳、脱氧、脱硫、退火，提高铁粉纯度、全铁含量，消除海绵铁在粉碎过程中的加工硬化，以改善其压缩性能。铁粉在精还原过程中，第一阶段发生脱氧反应，即氢、氧反应生成水，第二阶段水与碳反应达到脱碳的目的，即"干氢脱氧，湿氢脱碳"，其原理可参考氢气还原部分。

2.4.4　氢气还原

除固体还原法外，气体还原法用得也比较普遍。除可以制取铁粉、镍粉、钴粉、铜粉外还可以制取钨粉、钼粉，而且用共还原法还可以制取一些合金粉，如铁-钼合金粉、钨-铼合金粉等。气体还原法制取的铁粉比固体碳还原法制取的铁粉纯度更高，生产成本也较低，并得到很大的发展，但在我国还未普及。该方法主要用于还原氧化钨制取钨粉。下面着重介绍氢还原法制取钨粉。

2.4.4.1　氢还原钨氧化物的基本原理

A　热力学分析

钨有多种氧化物，其中比较稳定的有四种：黄色氧化钨（WO_3）、蓝色氧化钨（$WO_{2.9}$）、紫色氧化钨（$WO_{2.72}$）、褐色氧化钨（WO_2）。而钨又有两种同素异晶体：α-W 为体心立方晶格，在高于 630℃ 还原时获得；β-W 为立方晶格，在低于 630℃ 时用氢还原三氧化钨而生成，它的化学活性大，易自燃。β-W→α-W 转变点为 630℃，但不发生 α-W 向 β-W 的转变。有的学者认为，β-W 是因为杂质（主要为 O 原子）存在而导致 W 晶格发生畸变形成的。

钨粉颗粒由一次颗粒和二次颗粒所组成，一次颗粒即单一颗粒，是最初生成的可互相分离而独立存在的颗粒；二次颗粒是两个或两个以上的一次颗粒结合而不易分离的聚集颗粒。超细钨粉呈黑色，细颗粒的钨粉呈深灰色，粗颗粒钨粉呈浅灰色。

三氧化钨被氢还原的总反应为：

$$WO_3 + 3H_2 \stackrel{}{=\!=\!=} W + 3H_2O \tag{2-14}$$

由于钨具有四种比较稳定的氧化物，实际上还原反应按以下四个反应顺序进行：

$$WO_3 + 0.1H_2 \stackrel{}{=\!=\!=} WO_{2.90} + 0.1H_2O \tag{2-15a}$$

$$WO_{2.90} + 0.18H_2 \stackrel{}{=\!=\!=} WO_{2.72} + 0.18H_2O \tag{2-15b}$$

$$WO_{2.72} + 0.72H_2 \stackrel{}{=\!=\!=} WO_2 + 0.72H_2O \tag{2-15c}$$

$$WO_2 + 2H_2 \stackrel{}{=\!=\!=} W + 2H_2O \tag{2-15d}$$

上述反应的平衡常数用水蒸气分压与氢气分压的比值表示：$K_p = \dfrac{p_{H_2O}}{p_{H_2}}$，平衡常数与温度的等压关系式如下：

$$\lg K_{p(a)} = -\frac{3266.9}{T} + 4.0667 \tag{2-16a}$$

$$\lg K_{p(b)} = -\frac{4508.5}{T} + 1.10866 \tag{2-16b}$$

$$\lg K_{p(c)} = -\frac{904.83}{T} + 0.90642 \qquad (2\text{-}16c)$$

$$\lg K_{p(d)} = -\frac{3225}{T} + 1.650 \qquad (2\text{-}16d)$$

用氢还原钨的四个反应都是吸热反应。对于吸热反应，温度升高，平衡常数增加，平衡气相中 H_2 含量随温度升高而减小，这说明升高温度，有利于上述反应的进行。

图 2-27 是用 H_2 还原 WO_2 制取 W 粉的反应过程中水蒸气浓度与温度的关系。图中曲线代表 WO_2 和 W 共存，即反应达到平衡时水蒸气浓度随温度的变化。曲线右面是钨粉稳定存在的区域，左面是二氧化钨存在的区域。可以看出，温度升高，气相中水蒸气的平衡浓度增加，表明反应进行得更彻底。在 800℃ 还原时，如果水蒸气平衡浓度低于 C 点（如 B 点），则反应能够向生成 W 粉方向进行；如果水蒸气平衡浓度超过 C 点（到达 A 点），则一部分还原好的 W 粉将被重新氧化成 WO_2。

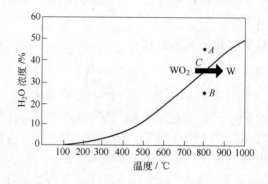

图 2-27 $WO_2 \rightarrow W$ 在 $H_2O\text{--}H_2$ 系中的平衡随温度的变化

实际上还原二氧化钨时，使用的 H_2 流量很大，不仅超过理论计算的浓度好几倍，而且要求氢气的含水量极低，反应空间生成的水蒸气不断被废气大量带走，因而总是不断破坏反应的平衡，促使反应自动进行。

B　动力学分析

用氢气还原钨氧化物的过程从表面上看纯粹是固-气型多相反应，实际上不可忽视钨氧化物的挥发特性。实践证明：WO_3 在 400℃ 开始挥发，在 850℃ 于 H_2 中显著挥发；而 WO_2 则在 700℃ 开始挥发，在 1050℃ 时于 H_2 中显著挥发。当钨氧化物转为气相，与 H_2O 可以生成易挥发的中间水合物 WO_xH_y，还原过程更具有均相反应的特征。在低温区时由于是多相反应，固相表面起到了一定的催化作用，随着温度的升高，反应速度差减小；当温度高于 800℃ 时，还原过程进入均相反应，引起整个还原过程加速。

还原过程中，粉末粒度通常会长大。钨粉的长大曾被认为是钨粉颗粒在高温下发生聚集再结晶的结果。然而试验证明，在干燥的氢气或真空中，即使钨粉煅烧到 1200℃，也未发现颗粒长大，这说明 900℃ 左右还原制取钨粉，聚集再结晶不是钨粉长大的主要原因。正是由于钨的氧化物具有挥发性，随着温度升高和水蒸气浓度增大，钨氧化物挥发并与 H_2O 结合生成气相的中间水合物 WO_xH_y（例如 $WO_2(OH)_2$），并与 H_2 发生均相还原反应，还原产物沉积到已形核的金属钨或低价钨氧化物晶粒上。这种长大机理称为"挥发–沉积"机理或"蒸发–凝聚"机理。

如前所述，钨氧化物的挥发性与温度和水蒸气浓度有关。在还原过程中，尽可能降低还原温度和减小水蒸气浓度，均有利于得到细颗粒钨粉。由于 WO_2 的挥发性比 WO_3 的小，实际生产中可以采用"两阶段"还原法，第一阶段还原 WO_3 时，颗粒长大严重，应在较低温度下进行；而第二阶段还原 WO_2 时，颗粒长大趋势较第一阶段小，故可在更高的温度下进行。这样可以得到细颗粒、中颗粒钨粉。另外由于舟皿中会出现物料质量不均，采用两段还原，即重新装舟后，破坏了原来物料与 H_2 的接触顺序，故而提高了均匀程度，也可以提高钨粉质量的均匀程度。因三氧化钨还原成二氧化钨后，舟皿中的物料体积大大减小，装舟再去还原，便可充分利用舟皿的容积，从而提高生产效率。

2.4.4.2 影响钨粉粒度的因素

虽然钨粉颗粒长大的本质是还原过程中的挥发沉积，但与原料和气体还原剂及工艺条件等均有密切关系。

A 原料的影响

（1）三氧化钨粒度的影响：制取三氧化钨通常有两种方式，一种是煅烧钨酸得到的，另一种是煅烧仲钨酸铵（$5(NH_4)_2O \cdot 12WO_3 \cdot 11H_2O$）得到的。由于原料的杂质含量和煅烧温度不同，所得的 WO_3 粒度也不同。WO_3 粒度对钨粉粒度的影响较为复杂，总的来说，粗颗粒的 WO_3 制造不出细颗粒的钨粉，而细颗粒 WO_3 不一定能够得到细钨粉，必须根据原料的特性采用合理的还原工艺，才能得到细钨粉。这正是由于钨粉还原过程的"挥发–沉积"长大机理造成的。蓝色氧化钨（$WO_{2.9}$）是在隔绝空气条件下煅烧仲钨酸铵得到的，蓝色氧化钨的点阵常数大，化学活性好，粒度比三氧化钨容易控制，现逐渐替代三氧化钨用于制取钨粉的原料。

（2）氧化钨中含水量的影响：含水量过大，还原过程中炉内水蒸气浓度增高，将使钨粉粒度增大和粒度分布不均匀。因此要求三氧化钨中含水量小于 0.5%。

（3）氧化钨中杂质的影响：可以将杂质分为三类：

第一类：不论含量多少均造成钨粉长大，如 Li、Na、K、Mg、Ca、Si、Al_2O_3 等，这一类杂质以碱金属 Li、Na、K 为代表。造成钨粉长大的机理是，碱金属与氧化钨反应生成极易挥发的 Na(Li、K)$_x$W$_y$O 化合物，促进钨粉"挥发–沉积"长大。工业上根据这一原理，在氧化钨中添加碱金属盐，用于制造超粗钨粉。

第二类：含量低时，对还原钨粉粒度影响不大，但含量高时会使钨粉、碳化钨粉颗粒长大，如 Fe_2O_3、As、S 等。

第三类：可以抑制钨粉颗粒长大，如 Mo、Cr、V、Re 等。

B 氢气的影响

氢气的影响主要表现在湿度、流量和通氢方向三个方面。氢气湿度不允许过大，否则会使还原速度减慢，造成还原不充分，结果使钨粉颗粒变粗，氢气在使用前必须充分干燥脱水。氢气流量要适中，氢气流量增大有利于反应向还原方向进行，并可得到细颗粒钨粉；但流量过大，将会带走物料，降低金属实收率。通氢的方向一般与物料行进的方向相反，即所谓逆流通氢，干燥的氢气先通过高温还原区，使还原效果更好。实践证明如果采用顺向通氢，加大氢气流量，可以得到细钨粉。

C　还原工艺的影响

（1）还原温度的影响：还原温度低，容易得到细钨粉，但容易造成还原不充分，钨粉氧含量较高。还原温度过高，容易引起钨粉长大。

（2）推舟速度的影响：在其他条件不变的情况下，推舟速度过快，WO_3在低温区来不及还原成低价氧化钨就进入高温区，容易造成钨粉长大。

（3）料层厚度的影响：在其他条件不变的情况下，料层太厚，反应产物水蒸气不易从料中排出，氢气也不易顺利进入深度料层中，容易造成钨粉长大或还原不透。因此要求钨粉粒度较细时，要适量降低料层厚度。

2.4.4.3　氢还原法制取钨粉的工艺

用氢还原钨氧化物是生产钨粉最主要的方法，一般以管式炉为主要设备。图 2-28 为氢还原制取钨粉的生产工艺流程图，采用的具体工艺参数如表 2-5 所示。

图 2-28　氢还原制取钨粉的生产工艺流程图

表 2-5　氢还原制取钨粉工艺参数

细颗粒钨粉		中颗粒钨粉		粗颗粒钨粉	
还原阶段	还原温度/℃	还原阶段	还原温度/℃	还原阶段	还原温度/℃
一次还原	620~660	一次还原	720~800	一段还原	950~1200
二次还原	760~800	二次还原	860~900		

2.4.5　金属热还原

以上简述了碳还原和氢还原的基本原理。从热力学分析可知，并非所有的金属氧化物都可以用氢还原制取相应的金属粉末，例如 Ta、Nb、Zr、Ti、V、Cr、Th、U 等。还有一些是强碳化物形成元素，例如 Ti、V、Cr 等，这些元素的氧化物与碳发生反应，生成碳化物的吉布斯自由能较生成纯金属的自由能低，更倾向于生成碳化物，如：

$$TiO_2 + C \longrightarrow TiC + CO$$
$$Cr_2O_3 + C \longrightarrow Cr_3C_2 + CO$$
$$V_2O_5 + C \longrightarrow VC + CO$$

因此用还原法制取这些金属的粉末，不能采用碳还原或氢还原的方法，可以采用金属热还原方法。

金属热还原的反应可以用一般化学式表示：

$$MeX + Me' \longrightarrow Me'X + Me + Q$$

式中　MeX——被还原的化合物（氧化物或盐类）；

　　　Me'——金属热还原剂；

Q——反应的热效应。

根据热力学原理，只有能够形成更稳定的化合物（氧化物、盐类）的金属才能作为金属热还原剂。值得注意的是，还应考虑到某些化合物的不同价态的中间化合物阶段，例如MgO 比 TiO_2 稳定，似乎可以用 Mg 还原 TiO_2 而得到金属 Ti，但 Ti 的低价氧化物 TiO 比 MgO 更稳定。

要使金属热还原顺利进行，还原剂还应满足下列要求：

（1）还原过程产生的热效应大，希望还原反应能够依靠反应放热自发进行。

（2）形成的残渣及残余还原剂容易用溶剂洗涤、蒸馏或其他方法分离开来。

（3）还原剂与被还原金属不能形成合金或其他化合物。

最适宜的金属热还原剂有：Ca、Mg、Na 等，有时也采用金属氢化物。Ta、Nb 氧化物最好用 Ca 还原，也可以用 Mg；Ti、Zr、Th、U 氧化物最适宜的还原剂也是 Ca；Ca、Na、Mg 均可作为 Ta、Nb 氯化物还原剂，考虑到价格和工艺性，常用 Mg；Ti、Zr 氯化物常用 Mg、Na 作为还原剂；Ta、Nb 氟化物应用 Na 作为还原剂，因为 NaF 溶于水，用水就可以清洗残渣。

金属热还原还可以用于制取合金粉，例如用氢化钙（CaH_2）共还原氧化铬和氧化镍制取 Ni-Cr 合金粉。

2.4.6　难熔金属化合物粉末的制取

难熔金属化合物是指元素周期表中第Ⅳ、Ⅴ、Ⅵ族过渡族金属和原子半径小的非金属元素所形成的化合物（碳化物、硼化物、硅化物、氮化物等），它们具有高熔点、高硬度、高化学稳定性等优良性能，也具有一定的金属特性（导电性、导热性），广泛用作工具材料、电工材料、耐热和耐腐蚀材料等，例如硬质合金（WC-Co、WC-TiC-Co）、金属陶瓷（TiC-Ni-Mo）、各种难熔金属化合物涂层等。

生产难熔金属化合物粉末的方法很多，常用的有两种方法：（1）用 C（含 C 气体）、B、Si、N_2 与难熔金属粉末直接化合；（2）用 C（含 C 气体）、B_4C、Si、N_2 与难熔金属氧化物作用而制取碳化物、硼化物、硅化物、氮化物，这种方法称为还原化合法。这两种方法的基本反应如表 2-6 所示。

表 2-6　生产难熔金属化合物粉末两种方法的基本反应

化合物种类	化合反应	还原-化合反应
碳化物	$Me+C \longrightarrow MeC$ $Me+CO \longrightarrow MeC+CO_2$ $Me+C_nH_m \longrightarrow MeC+H_2$	$MeO+C \longrightarrow MeC+CO$ $MeO+CO \longrightarrow MeC+CO_2$ $MeO+C_nH_m \longrightarrow MeC+H_2O$
硼化物	$Me+B \longrightarrow MeB$	$Me+B_4C+C \longrightarrow MeB+CO$
硅化物	$Me+Si \longrightarrow MeSi$	$MeO+Si \longrightarrow MeSi+SiO_2$
氮化物	$Me+N_2 \longrightarrow MeN$ $Me+NH_3 \longrightarrow MeN+H_2$	$MeO+N_2+C \longrightarrow MeN+CO$ $MeO+NH_3+C \longrightarrow MeN+CO+H_2$

2.4.6.1 碳化钨粉末的制取

工业上 WC 是制造 YG 系硬质合金的重要原料。W 与 C 形成三种碳化钨：W_2C，α-WC 和 β-WC。β-WC 只在 2525～2785℃温度范围内存在，一般很少涉及。当 C 不充足或碳化不完全时会存在 W_2C，W_2C 在硬质合金中容易形成 η 相（缺碳相），导致硬质合金脆性，需要避免。此外，为了保证硬质合金的性能，WC 中的碳含量必须控制在理论碳含量（6.12%）左右非常窄的范围内。

工业上制备 WC 粉末是以 W 粉为原料，配适量炭黑混合，然后在 1400℃以上的高温下进行直接碳化，碳化的气氛可以是氢气或真空，W 粉碳化的总反应式为：

$$W_{(s)} + C_{(s)} = WC_{(s)}$$

仅由反应式看，碳化过程是由 C 向 W 颗粒内扩散的固相反应，实际上钨粉碳化机理却并不仅仅由固相扩散控制，因为 C 向 W 颗粒内扩散的必要条件是 C 颗粒与 W 之间需完美接触，这样的条件在 W-C 混合料中是不具备的，所以必然存在某种形式的 C 迁移，才能保证 W 颗粒由外向内的 C 浓度梯度并促进 C 扩散进行。

从碳化气氛及热力学分析可以得知，W-C 混合料在氢气气氛中发生如下反应：

$$C_{(s)} + 2H_{2(g)} = CH_{4(g)}$$

$$W_{(s)} + CH_{4(g)} = WC_{(s)} + 2H_{2(g)}$$

在真空中由于少量的氧存在，发生如下反应：

$$C_{(s)} + O_{2(g)} = CO_{2(g)}$$

$$C_{(s)} + CO_{2(g)} = 2CO_{(g)}$$

$$W_{(s)} + 2CO_{(g)} = WC_{(s)} + CO_{2(g)}$$

这说明实际碳化过程中 C 以 CH_4 和 CO 的形式发生气相迁移，并通过与 W 颗粒发生气固反应的方式从 C 颗粒迁移至 W 颗粒表面，从而维持了扩散所需的 C 浓度梯度。H_2 和 CO_2 的存在为碳的气相迁移提供了载体，CH_4 和 CO 可以在高温下通过 C 与 H_2 和 CO_2 反应而生成。影响钨粉碳化速率的因素不仅包括 C 在 W 中的扩散速率，而且包括碳气相迁移。

A 配碳量

配碳量应力求准确，WC 的理论碳含量为 6.12%，但实际上需配炭黑量可能有出入，这是考虑到：（1）炭黑中可能吸附水分，特别是在空气湿度大的季节和地区，需要适当增加配碳量；（2）碳可能存在烧损，并不是所有的炭黑都变为 WC 粉的化合碳，需要适当增加配碳量；（3）碳化设备一般采用石墨作为炉管或舟皿，高温下会渗入少量的 C，则需要适当减少配碳量。总之，应根据实际生产条件和试验结果确定配碳量。

B 碳化温度、时间

WC 粉中的化合碳总是随着温度升高和时间增加直到饱和为止，在配碳量准确的条件下，如果化验结果表明 WC 中的游离碳过高，则说明碳化温度过低或碳化时间不足。中颗粒 WC 粉采用的碳化温度一般为 1400～1500℃。碳化时间不宜过长，一般在 30min 左右，过长的时间会导致 WC 粉长大，甚至部分脱碳。

C 碳化设备和气氛

钨粉碳化可以在碳管炉或高频炉中进行，实践证明，在高频炉中碳化，由于物料加热快，也比较均匀，碳化所需实际温度较低。在有氢和无氢气氛中的碳化机理是不一样的，在有氢参与的碳化中，氢可以使钨粉少量的氧化被还原，碳氢化合物裂解出来的碳也具有很好的活性，有利于钨粉碳化。

D　钨粉粒度的影响

在碳化工艺相同的条件下，钨粉颗粒越细，得到的 WC 颗粒也越细，当碳化完成后，细颗粒钨粉得到的 WC 粉粒度较原始钨粉的粒度增长率要大一些，也就是说，细颗粒钨粉容易长大，因此需要在较低的温度下进行碳化。另外，研究表明 WC 粉的粒度是受钨粉一次颗粒大小支配的。

钨粉碳化工艺流程如图 2-29 所示。

图 2-29　钨粉碳化
工艺流程图

2.4.6.2　硼化物、硅化物、氮化物粉末的制备

A　硼化物粉末的制备

以制取 TiB_2 粉末为例，还原-化合法制取硼化物粉末的方案有以下几种：

（1）碳化硼法：利用碳化硼（B_4C）与金属钛粉或二氧化钛粉反应得到 TiB_2 粉末。

金属钛与碳化硼相互作用的基本反应为：

$$Ti + B_4C + (B_2O_3) \longrightarrow TiB_2 + CO$$

反应在碳管炉中进行，温度为 1800~1900℃。其中可以加入三氧化二硼，目的是为了降低产品中碳化钛的含量。

使用 TiO_2 时，需要在有碳的情况下使氧化钛与碳化硼作用，加碳是为了还原氧化物除氧，反应式为：

$$TiO_2 + B_4C + C \longrightarrow TiB_2 + CO$$

这两种方案后者应用较多，就原材料来说 Ti 粉是 TiO_2 或 $TiCl_4$ 经金属热还原制备的，价格较 TiO_2 高很多。

（2）碳还原法：金属氧化物与三氧化二硼的混合物用碳还原，其基本反应式为：

$$TiO_2 + B_2O_3 + C \longrightarrow TiB_2 + CO$$

（3）金属热还原法：金属氧化物与三氧化二硼的混合物用金属还原剂如 Al、Mg、Ca 等还原，其基本反应式为：

$$TiO_2 + B_2O_3 + Al(Mg,Ca) \longrightarrow TiB_2 + Al_2O_3(MgO,CaO)$$

总体来说，制备硼化物的还原-化合法中以碳化硼法用得较多。制取硼化钛的碳化硼法一般分为三个阶段：

$$TiO_2 + B_4C + C \longrightarrow Ti_2O_3 + B_4C + CO$$
$$Ti_2O_3 + B_4C + C \longrightarrow TiO + B_4C + CO$$
$$TiO + B_4C + C \longrightarrow TiB_2 + CO$$

碳化硼并没有参与 $TiO_2 \rightarrow Ti_2O_3 \rightarrow TiO$ 的还原过程，只是在 $TiO \rightarrow TiB_2$ 的过程中起了作用。试验证明，在真空状态下（约 200Pa），反应第三阶段从 1200℃ 开始，在 1400℃ 反应 1h，可以得到合格的 TiB_2。碳化硼法制取几种难熔金属硼化物的工艺条件如表2-7所示。

表2-7　碳化硼法制取几种难熔金属硼化物的工艺条件

硼 化 物	原料组分	炉内气氛	温度/℃
TiB_2	TiO_2，B_4C，炭黑	H_2	1800 ~ 1900
		真空	1650 ~ 1750
ZrB_2	ZrO_2，B_4C，炭黑	H_2	1800
		真空	1700 ~ 1800
CrB_2	Cr_2O_3，B_4C，炭黑	H_2	1700 ~ 1750
		真空	1600 ~ 1700

B　硅化物粉末的制备

常用的硅化物有 $TiSi_2$、$ZrSi_2$、VSi_2、$NbSi_2$、$MoSi_2$、WSi_2等。

制取硅化物可以采用直接化合方法，即金属与硅直接硅化，反应通式为：

$$MeO + Si \longrightarrow MeSi + SiO_2$$

该反应通常在惰性气体或氢气中进行，也可以在熔融状态下进行。如果硅还原金属氧化物在真空中进行，则生成可挥发的一氧化硅（SiO），反应为：

$$MeO + Si \longrightarrow MeSi + SiO$$

还可以采用还原-化合法制取硅化物，方案有以下三种：

（1）碳化硅法：

$$MeO + SiC \longrightarrow MeSi + CO$$

（2）碳还原法：

$$MeO + SiO_2 + C \longrightarrow MeSi + CO$$

（3）金属热还原法：

$$MeO + SiO_2 + Al(Mg) + S \longrightarrow MeSi + Al(Mg)S$$

C　氮化物粉末的制备

难熔金属氮化物可以采用金属与氮或氨直接氮化的方法制取，基本反应通式为：

$$Me + N_2 \longrightarrow MeN$$

$$Me + NH_3 \longrightarrow MeN + H_2$$

还原-化合法制取氮化物是金属氧化物在有碳存在时用氮或氨进行氮化，基本反应通式为：

$$MeO + N_2 + C \longrightarrow MeN + CO$$

$$MeO + NH_3 + C \longrightarrow MeN + CO + H_2$$

常用的氮化物有 TiN、ZrN、HfN、VN、TaN、CrN 等。

D　其他化合物粉末的制备

还原化合法还可以用于制取其他化合物粉末，例如碳化硼、碳化硅、氮化硼、氮化硅、硼化硅等，基本反应如下：

$$B_2O_3 + C \longrightarrow B_4C + CO$$

$$SiO_2 + C \longrightarrow SiC + CO$$

$$B_2O_3 + NH_3 \longrightarrow BN + H_2O$$
$$B_2O_3 + NH_4Cl \longrightarrow BN + HCl + H_2O$$
$$Si + N_2 \longrightarrow Si_3N_4$$

2.5 气相沉积法

气相沉积法用在粉末冶金中有以下几种：

（1）金属蒸气冷凝，这种方法主要用于制取具有较大蒸气压的金属（如锌、镉）粉末。这些金属的特点是具有较低的熔点和较高的挥发性，将这些金属的蒸气冷凝下来，可以形成很细的球形粉末。

（2）羰基物热离解，这种方法是在一定条件下（温度、压力）使气相羰基化合物离解得到很细的球形粉末。

（3）气相还原，金属卤化物一般具有较强的挥发或升华特性，用气体还原剂还原气态金属卤化物，可以获得超细金属粉末。

（4）化学气相沉积（CVD）和物理气相沉积（PVD），这两种方法主要用于制取涂层。

2.5.1 羰基法

某些金属，特别是过渡族金属能与 CO 生成羰基化合物 $[Me(CO)_n]$。羰基化合物一般为易挥发液体或易升华固体，例如：$Ni(CO)_4$ 为无色液体，熔点 -25℃，沸点43℃；$Fe(CO)_5$ 为琥珀黄色液体，熔点 -21℃，沸点 102.8℃；此外还有 $Co(CO)_8$、$Cr(CO)_6$、$W(CO)_6$、$Mo(CO)_6$ 等，它们均为易升华的晶体。这些羰基化合物很容易分解生成金属粉末和一氧化碳。离解羰基化合物制取金属粉末的方法称为羰基物热离解法，简称羰基法。

在粉末冶金中使用得较多的是羰基镍粉和羰基铁粉。如果同时离解几种羰基化合物，则可以制取合金粉末，例如羰基 Fe-Ni、Fe-Co、Ni-Co 合金粉。羰基法还可以制取包覆粉末，例如在羰基镍离解后镍在 Al、SiC 等颗粒上沉积，则可以制得 Ni 包 Al、Ni 包 SiC 粉末。

羰基法制取金属粉末的特点是粉末粒度细小，例如羰基镍粉粒度一般为 2～3μm；羰基粉末多为球形粉末；羰基粉末的纯度非常高。羰基法的缺点是成本较高；另外羰基化合物挥发时都具有不同程度的毒性，特别是羰基镍有剧毒，因此在生产过程中要采取严密的防毒措施。

2.5.1.1 基本原理

羰基化合物生成反应的通式为：

$$Me + nCO \Longrightarrow Me(CO)_n$$

例如：

$$Ni + 4CO \Longrightarrow Ni(CO)_4 \quad \Delta H = -163670J$$

该反应为放热反应，体积减小，因此提高压力有利于反应发生，温度提高有利于提高反应速度，但又促进反应向羰基镍分解方向进行。羰基镍的生成在低温下进行的较为彻底，如果升高温度，则工艺中必须采用高压。工业上合成四羰基镍采取的温度为200℃左右，CO压力为18～30MPa。工业上合成五羰基铁采取的温度为170～200℃，压力为15～30MPa。

羰基化合物离解的通式为：

$$Me(CO)_n \Longequal Me + nCO$$

例如：

$$Ni(CO)_4 \Longequal Ni + 4CO$$

离解反应是吸热反应，体积增大，升高温度和降低压力均有利于离解反应。四羰基镍离解在230℃左右开始，生成的气态金属经形核、长大得到镍粉。工业上裂解四羰基镍生产镍粉一般在280～300℃、常压状态下进行；裂解五羰基铁的温度为300℃左右。图2-30为羰基物热离解法生产羰基镍粉的示意图。

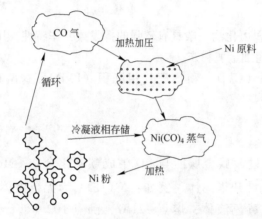

图2-30　羰基物热离解法生产羰基镍粉的示意图

2.5.1.2　粉末粒度、形貌的影响因素

羰基化合物离解时首先形成金属晶核，随着离解的进行进一步形成葱头层状球形结构的金属粉末，球形羰基铁粉形貌如图2-31所示。羰基粉的粒度和结构取决于热解设备结构和工艺条件的匹配。制取葱头状球形粉是在长细比较大的热解器中进行的，当热解器结构（长细比）确定后，平均粒度主要取决于气流的大小和各区段的温度。在较高的热解温度和较大的气体流量的条件下，形核的比率大，热区停留时间短，金属蒸气与晶核碰撞几率小，获得的粉末平均粒度较小。反之，在较低的热解温度

图2-31　球形羰基铁粉SEM照片

和较小的气体流量下，热解所获得的羰基粉的平均粒度比较大。

粉末的形状主要取决于离解温度，温度低时，粉末呈尖角状；提高温度后，粉末呈近球形；温度更高时颗粒呈絮状组织。在羰基粉中除了球形颗粒外，还或多或少存在多颗粒聚集而成的"双胞胎"或"多胞胎"团粒。一般采用激光或交变磁感应气相沉积法制取

针状羰基粉。

2.5.1.3 羰基粉末的纯度

以离解五羰基铁制取铁粉为例，在离解过程中，由于 Fe 对 CO 分解反应（$2CO \rightarrow CO_2 + C$）起催化作用，制取的铁粉中碳含量较高，在 $0.8\% \sim 1.4\%$ 范围。可以在热解过程中加入 $0.5\% \sim 2\%$ 的干 NH_3，这样可以起到抑制 CO 分解和铁粉表面钝化的作用，得到的粉末对水分、氧敏感性小，同样在接触空气的情况下出粉过筛，氢损值明显减小。试验证明，加入 NH_3 气体生产的平均粒度在 $3\mu m$ 以上的羰基铁粉氢损值不大于 0.4%，碳含量不大于 0.8%，而氮含量明显增高。碳、氧、氮等杂质使铁粉硬度比较大，这种羰基铁粉通常被称之为硬粉。将硬粉在氢气中还原退火，碳、氧、氮含量明显降低，铁含量将可高到 99.5% 以上，这种还原过的羰基铁粉，硬度降低，冷压性能提高，通常被称之为软粉。羰基法可以生产纯度极高的金属粉末，这是其他方法难以达到的。

2.5.2 气相还原法

气相还原法包括气相氢还原和气相金属热还原。例如用 Mg 还原气态 $TiCl_4$ 或 $ZrCl_4$，属于气相金属热还原。本节主要讨论气相氢还原法。气相氢还原是指用氢气还原气态金属卤化物（主要是氯化物），可以制备 W、Mo、Ta、Nb、V、Cr、Co、Ni、Sn 等粉末。值得注意的是 V、Cr、Ti、Zr 等粉末是不可以用氢还原氧化物的方法获得的，但可以用气相氢还原氯化物的方法制取。如果同时还原几种金属卤化物可以制取合金粉末，如 W-Mo 合金粉、Ta-Nb 合金粉。也可以制取包覆粉。气相氢还原制备的粉末一般都是很细的或超细的。

下面以气相氢还原六氯化钨（WCl_6）制取超细钨粉为例介绍气相氢还原法的基本过程。

WCl_6 的沸点为 $346.7\,^{\circ}\mathrm{C}$，可以通过钨矿石、三氧化钨、钨-铁合金、金属钨或硬质合金废料与氯气反应获得。不同的原料氯化产物是不完全相同的，如果有多种氯化物时，需按产物中各种氯化物的不同沸点分级蒸馏而得到纯净的 WCl_6。

WCl_6 的氢还原反应式为：

$$WCl_6 + 3H_2 =\!=\!= W + 6HCl$$

反应在 $400\,^{\circ}\mathrm{C}$ 开始，此时生成的钨多以镀膜状态沉积于反应器壁上；随着反应温度升高，粉末状钨逐渐增多；到 $900\,^{\circ}\mathrm{C}$，得到的全是钨粉。粉末的粒度取决于反应的温度和氢气比例，反应温度越高，得到的钨粉粒度越细；增加氢气浓度，钨粉粒度也变细。表 2-8 列举了一些金属氯化物氢还原的条件。

表 2-8 一些金属氯化物氢还原的条件

沉积物		原料	工艺条件	
			温度/℃	气氛
单质	Al	$AlCl_3$	$800 \sim 1000$	H_2
	Ti	$TiCl_4$	$800 \sim 1200$	$H_2 + Ar$
	Zr	$ZrCl_4$	$800 \sim 1000$	$H_2 + Ar$
	V	VCl_4	$800 \sim 1000$	$H_2 + Ar$

沉 积 物		原 料	工 艺 条 件	
			温度/℃	气 氛
单 质	Nb	$NbCl_5$	约 1800	H_2
	Ta	$TaCl_5$	600 ~ 1400	$H_2 + Ar$
	Mo	$MoCl_5$	500 ~ 1100	H_2
	W	WCl_6	约 1000	H_2
	B	BCl_3	1200 ~ 1500	H_2
合 金	Ta-Nb	$TaCl_5 + NbCl_5$	1300 ~ 1700	H_2
	W-Mo	$WCl_6 + MoCl_5$	1100 ~ 1500	H_2

2.5.3 化学气相沉积

化学气相沉积（CVD）是从气态金属卤化物（主要是氯化物）还原化合沉积制取难熔化合物粉末和各种涂层（包括碳化物、硼化物、硅化物、氮化物等）的方法。自 1923 年德国人 K. Schroter 发明了 WC-Co 硬质合金后，人们发现 WC-Co 硬质合金制成的刀具在切削钢的时候容易出现月牙凹，这是由于合金中的碳向钢中扩散造成的。受到瑞士制表工业在滑动件上用涂层延长寿命的启发，人们 1930 年就开始了采用化学气相沉积法在硬质合金刀具表面制备涂层的研究。该方法作为工业化应用的标志是 1969 年山德维克公司公开了 TiC 涂层刀具专利，到现在，几乎所有的 WC-Co 硬质合金均采用各种涂层工艺以提高寿命。

从上一节所讲气相氢还原六氯化钨制取超细钨粉的原理可知，在一定的条件下，产物可能是镀膜状，也可能是粉末状，取决于反应的温度和氢气浓度。化学气相沉积法也遵循这一规律，在产物（难熔化合物）的浓度低，不足以形核长大为粉末的条件下，必将沉积于需要镀膜的工件表面形成涂层。反之，也可以控制反应条件获得所需的粉末。因此，化学气相沉积法虽然多用于涂层工艺，但也是制取难熔化合物超细粉末的一种很好的方法。

从气态金属卤化物还原化合沉积各种难熔化合物的反应通式为：

碳化物：金属氯化物 + C_mH_n + $H_2 \longrightarrow$ MeC + HCl + H_2，C_mH_n 一般为 CH_4、C_3H_8、C_2H_2 等；

硼化物：金属氯化物 + BCl_3 + $H_2 \longrightarrow$ MeB + HCl；

硅化物：金属氯化物 + $SiCl_4$ + $H_2 \longrightarrow$ MeSi + HCl；

氮化物：金属氯化物 + N_2 + $H_2 \longrightarrow$ MeN + HCl。

例如：化学气相沉积法制取碳化钛的反应为：

$$TiCl_4 + CH_4 + H_2 == TiC + 4HCl + H_2$$
$$3TiCl_4 + C_3H_8 + 2H_2 == 3TiC + 12HCl$$

制取氮化钛的反应为：

$$2TiCl_4 + N_2 + 4H_2 == 2TiN + 8HCl$$

制取 B_4C 和 SiC 的反应为：

$$4BCl_3 + CH_4 + 4H_2 == B_4C + 12HCl$$
$$SiCl_4 + CH_4 + H_2 == SiC + 4HCl + H_2$$

化学气相沉积还可以制取氧化物涂层，例如：

$$2AlCl_3 + 3CO_2 + 3H_2 \stackrel{}{=\!=\!=} Al_2O_3 + 3CO + 6HCl$$

不难发现有些反应式中 H_2 既是反应物，又是产物，这是因为 H_2 既是还原剂，又是载体气体，还起到稀释剂的作用。

化学气相沉积的反应机理比较复杂。例如制取碳化物，一般来说，当氢气能还原金属卤化物时，在金属卤化物被还原成金属的同时，立即与 C-H 化合物析出的 C 形成碳化物；若金属卤化物在沉积温度下不能单独被氢还原（例如用 $TiCl_4$ 制取 TiC），则反应的机理为在热解碳的参与下金属被氢气还原，然后还原出的金属再与碳反应形成碳化物，TiC 沉积的这种过程称为交替反应机理。

制取质量好的难熔金属化合物及涂层，需要控制好各种气体（金属卤化物、碳氢化合物、氢气）的浓度或流速、气体压力、反应温度等关键工艺参数。表 2-9 为一些碳化物、硼化物、硅化物、氮化物的沉积条件。

表 2-9　一些碳化物、硼化物、硅化物、氮化物的沉积条件

沉积物		原料	工艺条件	
			温度/℃	气氛
碳化物	TiC	$TiCl_4 + CH_4$ 或 $C_6H_5CH_3$	1100 ~ 1200	H_2
	B_4C	$BCl_3 + CH_4$	1100 ~ 1700	H_2
	SiC	$SiCl_4 + CH_4$	1300 ~ 1500	H_2
	NbC	$NbCl_5 + CH_4$	约 1000	H_2
	WC	$WCl_6 + CH_4$ 或 $C_6H_5CH_3$	1000 ~ 1500	H_2
硼化物	TiB_2	$TiCl_4 + BBr_3$ 或 BCl_3	1100 ~ 1300	H_2
	ZrB_2	$ZrCl_4 + BBr_3$ 或 BCl_3	1700 ~ 2500	H_2
	VB_2	$VCl_4 + BBr_3$ 或 BCl_3	900 ~ 1300	H_2
	TaB	$TaCl_5 + BBr_3$ 或 BCl_3	1300 ~ 1700	H_2
	WB	$WCl_6 + BBr_3$ 或 BCl_3	800 ~ 1200	H_2
硅化物	$MoSi_2$	$MoCl_6 + SiCl_4$	1100 ~ 1800	H_2
氮化物	TiN	$TiCl_4$	1100 ~ 1200	$N_2 + H_2$
	BN	BCl_3	1200 ~ 1500	$N_2 + H_2$
	TaN	$TaCl_5$	约 1200	$N_2 + H_2$

2.6　液相沉淀法

顾名思义，液相沉淀法是指在液相中通过物理、化学作用沉淀出粉末的方法。液相可以是熔盐、熔融金属、水溶液等。

从熔盐中沉淀即是熔盐金属热还原，例如将 $ZrCl_4$ 与 KCl 混合，加入 Mg，加热到 750℃ 可还原出金属 Zr，产物冷却后经破碎，再用 HCl 处理去除杂质，即可得到 Zr 粉，有关内容可参考 2.4.5 节。

从熔融金属中沉淀称为辅助金属浴法，可以用于制取难熔化合物粉末。用作熔体金属

的可以是 Fe、Cu、Ag、Co、Ni、Al、Pb、Sn 等，析出的粉末一般为碳化物、硼化物、硅化物、氮化物、碳氮化物等，还可以制取几种难熔化合物的固溶体，如 TiC-WC 固溶体。辅助金属浴法的过程可概述为：将金属熔化，加入过渡族金属（或氧化物）和还原化合剂（C、Si、B、N_2 等），反应完成冷却后除去用于辅助金属浴的金属和其他杂质，得到难熔化合物粉末。制取碳化物时熔体金属为 Fe、Co、Ni 及其合金，例如将 TiO_2 和炭黑混合加入熔融铁中，在氢气、氩气保护或真空条件下，以接近 3000℃ 的温度进行反应；随后除去 Fe 可以得到优质的 TiC，比一般的固相碳化法制得的 TiC 质量更高；制取硼化物时熔体金属主要用 Cu，也有 Pb、Sn、Al 等；制取硅化物时熔体金属可以用 Cu、Ag、Sn 等；制取氮化物时熔体金属选用 Cu、Cu-Ni 合金，一般在高压（N_2 压力）下进行。

从水溶液中沉淀应用最为广泛，特别是在陶瓷粉末制备领域。其原理是选择一种或多种可溶性金属盐类配制成溶液，使各元素呈离子或分子态，再选择一种合适的沉淀剂或用蒸发、升华、水解等操作，使金属离子均匀沉淀或结晶出来，最后对沉淀物或结晶物进行脱水或者加热分解而得到所需粉末。根据制备过程的不同，水溶液沉淀法又分为以下几种：

（1）沉淀法，包括直接沉淀法、共沉淀法和均相沉淀法。

（2）水热法，这是一种通过在高温高压水中的化学反应形成超细粉沉淀的方法，可以获得通常得不到或难以得到的、粒径从几纳米到几百纳米的金属氧化物、金属复合氧化物粉末。

（3）溶胶-凝胶法，原材料的水溶液进行水解、缩合化学反应，在溶液中形成稳定的透明溶胶体系，溶胶经陈化，胶粒间缓慢聚合，形成三维空间网络结构的凝胶，凝胶网络间充满了失去流动性的溶剂，凝胶经过干燥制备出超细甚至纳米级金属氧化物粉末。

（4）水解法，这是通过将水加入到金属烃化物中来得到所需粉末的方法。水解反应的产物通常是氢氧化物、水合物等沉淀，通过水解脱水可以得到纯度极高的陶瓷超细粉末。

在制备金属粉末领域，水溶液沉淀法包括金属置换法和溶液氢还原法，下面主要讨论这两种方法。

2.6.1　金属置换法

金属置换法可以用来制取 Cu、Pb、Sn、Ag、Au 等粉末。金属置换即是用一种金属从水溶液中置换出另一种金属，从热力学上讲，只能用负电位较大的金属去置换溶液中正电位较大的金属。通常用于置换的金属在水溶液中的离子价态都为 +2 价，因此可以将反应通式概括为：

$$Me_1^{2+} + Me_2 \longrightarrow Me_1 + Me_2^{2+}$$

例如：

$$Cu^{2+} + Zn =\!=\!= Cu + Zn^{2+}$$

置换能否进行，可以参考各种金属在水溶液中的标准电极电位（见表 2-10）。标准电极电位是以标准氢原子作为参比电极，即氢的标准电极电位值定为 0，与氢标准电极比较，电位较高的为正，电位较低者为负。置换趋势的大小取决于它们之间的电位差。

表 2-10　25℃时在水中的标准电极电位

电　极	电　极　反　应	$E^{\ominus}/V$
$Li^+ \mid Li$	$Li^+ + e \rightleftharpoons Li$	−3.045
$K^+ \mid K$	$K^+ + e \rightleftharpoons K$	−2.925
$Na^+ \mid Na$	$Na^+ + e \rightleftharpoons Na$	−2.713
$Mg^{2+} \mid Mg$	$Mg^{2+} + 2e \rightleftharpoons Mg$	−2.37
$Al^{3+} \mid Al$	$Al^{3+} + 3e \rightleftharpoons Al$	−1.66
$Mn^{2+} \mid Mn$	$Mn^{2+} + 2e \rightleftharpoons Mn$	−1.19
$Zn^{2+} \mid Zn$	$Zn^{2+} + 2e \rightleftharpoons Zn$	−0.763
$Fe^{2+} \mid Fe$	$Fe^{2+} + 2e \rightleftharpoons Fe$	−0.44
$Cd^{2+} \mid Cd$	$Cd^{2+} + 2e \rightleftharpoons Cd$	−0.402
$Co^{2+} \mid Co$	$Co^{2+} + 2e \rightleftharpoons Co$	−0.277
$Ni^{2+} \mid Ni$	$Ni^{2+} + 2e \rightleftharpoons Ni$	−0.25
$Sn^{2+} \mid Sn$	$Sn^{2+} + 2e \rightleftharpoons Sn$	−0.14
$Pb^{2+} \mid Pb$	$Pb^{2+} + 2e \rightleftharpoons Pb$	−0.126
$H^+ \mid H$	$H^+ + e \rightleftharpoons \frac{1}{2}H_2$	0.000
$Cu^{2+} \mid Cu$	$Cu^{2+} + 2e \rightleftharpoons Cu$	+0.337
$Ag^+ \mid Ag$	$Ag^+ + e \rightleftharpoons Ag$	+0.799
$Au^{3+} \mid Au$	$Au^{3+} + 3e \rightleftharpoons Au$	+1.50

值得注意的是，电极电位与溶液中离子浓度有关，其关系式可表示为：

$$E = E^{\ominus} + \frac{RT}{nF}\ln c$$

以 Zn 置换 Cu 为例，定量计算时，电位差为：

$$\Delta\varepsilon = \varepsilon Cu^{2+}/Cu - \varepsilon Zn^{2+}/Zn$$

下面从动力学角度讨论置换过程，图 2-32 为置换过程示意图。置换过程可能是由化学反应控制的，也可能是由扩散过程控制的。

被置换金属离子（即正电性金属离子）的浓度变化速率取决于：

$$-\frac{dc}{dt} = k\frac{A}{V}c$$

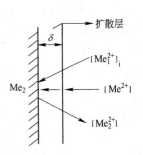

图 2-32　置换过程示意图

式中　k——速度常数；

　　　A——Zn 与溶液的接触面积；

　　　V——反应溶液的体积；

　　　c——被置换金属离子的浓度。

将上式积分可得：

$$k = -\frac{V}{A} \times \frac{1}{t}\ln\frac{c_2}{c_1}$$

式中　c_1——被置换金属离子反应之前的浓度；

　　　c_2——经反应 t 时间后被置换金属离子的浓度。

对于 $Me_1^{2+} + Me_2 \rightarrow Me_1 + Me_2^{2+}$ 反应来说，置换速度为：

$$v = kA[Me_1^{2+}]_i$$

式中　　$[Me_1^{2+}]_i$——溶液与金属界面上的 Me_1^{2+} 的浓度（见图 2-32）。

当反应状态稳定时，扩散速度等于分界面上的化学反应速度，那么可得：

$$\frac{D}{\delta}A\{[Me_1^{2+}] - [Me_1^{2+}]_i\} = kA[Me_1^{2+}]_i$$

式中　　D——扩散系数；

　　　　δ——扩散层厚度。

可得：

$$[Me_1^{2+}]_i = \frac{D/\delta}{k + D/\delta}[Me_1^{2+}]$$

也就是：

$$置换反应速度 = \frac{k\dfrac{D}{\delta}}{k+\dfrac{D}{\delta}}A[Me_1^{2+}]$$

当 $k \ll \dfrac{D}{\delta}$ 时，速度 $= kA[Me_1^{2+}]$，即过程由化学反应控制；当 $k \gg \dfrac{D}{\delta}$ 时，速度 $= \dfrac{D}{\delta}A$ $[Me_1^{2+}]$，即过程由扩散控制。

影响置换过程和粉末质量的因素有：

（1）金属沉淀剂的影响。除了温度外，金属沉淀剂的特性和状态会影响置换速度，例如，从氯化铅溶液中用锌置换铅比用铁置换铅快，因为锌与铅的电位差比铁与铅的电位差大。金属沉淀剂粉末的粒度和表面积越大，置换速度越快。用铁置换铜时，含铜离子的溶液从装置底部供入，铁粉从上部供入，可以使铁粉悬浮于液体中，加快反应速度。

（2）被沉淀金属的影响。被沉淀金属的性质是控制置换动力学的重要因素。置换速度很大时往往形成黏着膜，这时金属离子通过膜扩散到沉淀剂金属的表面，过程由扩散所控制。当过程由化学反应控制时，搅拌不影响置换速度；随着温度升高，置换速度增加，过程由扩散所控制，搅拌对置换速度便起到很大的影响，因为搅拌可缩小扩散层的厚度。

另外，被沉淀金属离子浓度影响粉末的粒度，用铁从硫酸铜中置换铜，铜离子浓度高时，形核率高于晶核长大率，可得到较细的粉末。

置换时溶液的 pH 值要控制适当，pH 值过低，酸度过高会导致氢析出，pH 值过高，酸度过低会导致氢氧化物或碱式盐共同沉淀影响粉末品位。例如用铁置换铜时，溶液的 pH 值一般控制在 2 比较适宜。

2.6.2　溶液氢还原法

溶液氢还原法是用气体还原剂从溶液中还原金属。可以使用的气体有 CO、SO_2、H_2S、H_2，其中用氢较为广泛。溶液氢还原法可以制取银粉、镍粉、钴粉，也可以制取合金粉（如镍-钴合金粉）和各种包覆粉（如 Ni/Al、Ni/石墨、Ni/金刚石、Ni/Al_2O_3、Ni/ThO_2、Co/WC、Ni-Co/B_4C 等）。镍包铝、镍包氧化铝用于高温涂层；钴包碳化钨、镍包金刚石用于喷涂硬质材料表面；钴包碳化钨用于制备硬质合金；镍包氧化铝、镍包氧化钍等用于生产弥散强化材料。

用氢从溶液中还原沉淀出金属的总反应通式可表示为：

$$Me^{n+} + \frac{1}{2}nH_2 \Longrightarrow Me + nH^+$$

上述反应由下面两个反应所组成：

$$Me^{n+} + ne \Longrightarrow Me$$

$$H^+ + e \Longrightarrow \frac{1}{2}H_2$$

上面两个反应中的金属电极电位和金属离子浓度的关系以及氢电极电位和氢离子浓度、气氛中氢压力的关系表示在图 2-33 中。由于溶液氢还原总反应进行的必要条件是金属的还原电位比氢的还原电位更正，因此在图 2-33 中，只有当金属线高于氢线时，还原过程在热力学上才是可能的。

增大溶液氢还原总反应的还原程度有两个途径：第一个是增加氢的分压和提高溶液的 pH 值来降低氢电位，因此一般的溶液氢还原过程是在高压氢的条件下进行的。但 pH 值是改变氢电位的最有效途径，pH 值变化一个单位相当于增大氢分压 100 倍的效果。第二个途径是增加溶液中的金属离子浓度提高金属电位。

随着还原反应的进行，金属离子浓度降低，金属电位下降；而氢离子浓度则增高，氢电位升高，反应逐渐达到平衡。图 2-34 表示氢还原金属的可能程度，可以看出，某些正电性的金属，如铜、银，无论溶液的酸度如何都可以还原；而某些负电性的金属，如钴、镍，则必须提高溶液 pH 值。在实际氢还原过程中，如果取金属离子浓度为 10^{-2}，氢分压取 1 大气压（约 0.1MPa），则得到表 2-11 所示的平衡 pH 值。

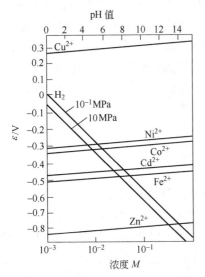

图 2-33 金属电极电位与金属离子浓度
以及氢电极电位与 pH 值的关系

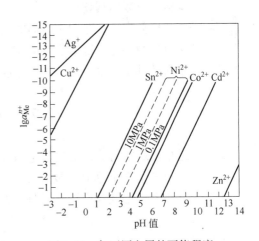

图 2-34 氢还原金属的可能程度

表 2-11 金属离子浓度为 10^{-2} 时氢还原的平衡 pH 值

金属离子	Zn^{2+}	Fe^{2+}	Cd^{2+}	Co^{2+}	Ni^{2+}	Cu^{2+}	Ag^+
pH 值	13.9	8.5	7.8	5.7	5.2	−5.4	−12.5

由表 2-11 可以看出，将离子由 1M 还原到 10^{-2}M 时，由于产生了 H^+ 而使 pH 值降低到

平衡值以下。这对于正电性金属影响不大，而对负电性金属，就需要加入中和剂使溶液 pH 值高于上述平衡值。例如，Zn^{2+} 的还原要求 pH 值调到 13.9，Fe^{2+} 的还原要求 pH 值调到 8.5，而实际上当 Zn^{2+} 和 Fe^{2+} 的 pH 值超过 6 时已经水解了。所以用氢还原 Zn^{2+} 和 Fe^{2+} 是不可能的。并且，从酸性溶液中还原镍、钴也不可行，一般通过氨来调整 pH 值。增加氨浓度有两个相反的效应：一方面由于中和了析出的酸而有利于沉淀，另一方面由于形成络合物降低了金属离子浓度会使还原过程减慢。因此必须保持一个恰当的 $[NH_3]:[Me^{2+}]$ 摩尔比值。计算和实践经验表明，此摩尔比值为 2.0 ~ 2.5。

高压氢从溶液中还原出来金属有两个途径：(1) 均相沉淀，即不存在固体表面。均相沉淀时，沉淀速度取决于开始的金属离子浓度；(2) 多相沉淀，即在固体表面上沉淀。固体表面可以是容器内壁，也可以是在加入溶液中的固体粉末颗粒的表面上析出。此时颗粒表面起催化作用，诱导还原反应开始，并且颗粒的表面积大小对沉淀速度有较大影响。

无论是均相沉淀还是多相沉淀，提高还原温度和氢的压力，都使反应速度加快。为了调节溶液 pH 值加入的氨，也影响沉淀速度。氨浓度低于所需的浓度，还原反应会中途停止，超过所需浓度时造成还原不完全。另外，在高压氢还原中可以使用起到不同作用的添加剂。例如，硫酸铵可以减慢镍的沉淀速度，但可以加快铜的沉淀速度。聚丙烯酸铵、胶（树胶或动物胶）、脂肪酸、葡萄糖等，可以防止粉末结团，调整粉末粒度。蒽醌可以使沉淀均匀，形成表面光滑均匀的球形镍颗粒。

如果在高压氢还原的溶液中加入其他的粉末颗粒作为核心，在一定条件下可以得到颗粒表面被完全包覆一层镍、钴等金属的包覆粉。具有这种镍催化氢还原性能的粉末是不多的，许多粉末不能被完整包覆，只能不均匀地包上一些斑点。为了达到完全包覆的效果，需要对粉末颗粒进行表面活化处理。例如，包覆镍时，氯化钯是一种有效的催化剂。惰性粉末颗粒经氯化钯处理后，吸附在表面的微量钯离子能很快地被还原成金属钯。由于钯具有强烈的催化氢还原性能，镍离子就能在粉末颗粒表面快速被氢还原形成镍包覆层。但氯化钯昂贵，蒽醌及其衍生物也是一种普遍应用的催化剂。

2.7 电 解 法

电解法是指金属阳离子在阴极放电析出金属粉末，分为水溶液电解和熔盐电解两种。电解法在金属粉末生产中具有重要作用，其特点是生产的粉末纯度高，形状一般为树枝状，压制性（包括压缩性和成形性）好。此外，电解法可以控制粉末的粒度，因而可以生产超细粉末。电解法的缺点是耗电量大，因此电解粉末的总产量较还原、雾化等方法低。

水溶液电解可生产铜、镍、铁、银、锡等金属粉及合金粉，熔盐电解主要用于制取一些难熔稀有金属粉末。

2.7.1 水溶液电解法

2.7.1.1 电化学原理

A 电极反应

当电解质溶液通入直流电后，产生正负离子的迁移，正离子移向阴极，负离子移向阳极，在阳极上发生氧化反应，在阴极上发生还原反应，从而在电极上析出氧化产物和还原产物。所以，我们说电解是一种借电流作用而实现化学反应的过程。

将粗铜做成厚板，挂在 $CuSO_4$ 溶液中作为阳极，用许多涂有蜡的薄铜板作为阴极（涂蜡的作用是使沉积的铜容易和纯铜片分开），挂在阳极之间，在一定的条件下，即可以在阴极析出铜粉。电解铜粉时电解槽内的电化学体系为：

$$(-)Cu(粉)/CuSO_4, H_2SO_4, H_2O/ Cu(纯)(+)$$

电解质在溶液中电离或部分电离成离子状态：

$$CuSO_4 =\!=\!= Cu^{2+} + SO_4^{2-}$$

$$H_2SO_4 =\!=\!= 2H^+ + SO_4^{2-}$$

$$H_2O =\!=\!= H^+ + OH^-$$

当施加外直流电压后，溶液中的离子担负起传导电流的作用，使电子从阴极进入电解池，从阳极离开而回到电源，并在电极上发生电化学反应，把电能转变为化学能。加入酸是为了降低溶液的电阻。

阳极：主要是铜失去电子变成离子而进入溶液，反应式为：

$$Cu \longrightarrow Cu^{2+} + 2e$$

$$2OH^- \longrightarrow H_2O + \frac{1}{2}O_2 \uparrow$$

阴极：主要是铜离子放电而析出金属，反应式为：

$$Cu^{2+} + 2e \longrightarrow Cu$$

$$2H^+ + 2e \longrightarrow H_2 \uparrow$$

B　分解电压和极化

电解时，如逐渐增加电解池阴阳两极上的外加电压，最初电压增加，但电流增加不大。直到电压增加到一定数值，电流才剧烈地增加，电解得以顺利进行。使电解能顺利进行所必需的最小电压叫做分解电压。

因为电解过程是原电池的可逆过程，为使电解质在两极能够继续不断地进行分解，必须在两个电极上加上一个电位差，这个电位差必须大于电解反应的逆反应所生成的原电池的电动势。这样的外加最低电位就是理论分解电压。理论分解电压也就是阳极平衡电位与阴极平衡电位之差，即：

$$E_{理论} = \varepsilon_{阳} - \varepsilon_{阴}$$

不同物质的理论电位不同，因此理论分解电压也不同。

实际电解过程中，分解电压比理论分解电压大得多，分解电压比理论分解电压超出的那一部分称为超电压：

$$E_{分解} = E_{理论} + E_{超}$$

电流密度越高，电压超出的数值就越大，对每一个电极来说其偏离平衡电位值也越多，这种偏离平衡电位的现象称为极化。根据极化产生的原因，可以分为浓差极化、电阻极化和电化学极化。电解制粉一般是在高电流密度条件下进行，三种极化产生的超电压都不可忽视。

C　电解的定量定律

在电解过程中所通过的电量与所析出的物质量之间的关系可定量地得出。电解时，在任一电极反应中，发生变化的物质量与通过的电量成正比，即与电流强度和通过电流的时间成正比——法拉第第一定律。在各种不同的电解质溶液中通过等量的电流时，发生变化的每种物质量与它们的电化当量成正比，并且需要通过 $F = 96500C$ 或 $96500A \cdot s$ 的电量，才能析出 1 克当量（克原子量/原子价）的任何物质，此即法拉第第二定律。在这里，$96500C（A \cdot s）$ 称为法拉第常数。如果以 $A \cdot h$ 为单位来表示，则等于 $26.8A \cdot h$。

所以电化当量 q 为：

$$q = \frac{W}{96500n} = \frac{W}{26.8n}$$

式中 W——物质的相对原子量；

n——原子价。

电解产量 m 等于电化当量与电量的乘积，用公式表示为：

$$m = qIt$$

式中 I——电流强度，A；

t——电解时间，h。

由该式可以看出，电流强度越大，电量越大，则电解的产量越高。

D   成粉条件

用水溶液电解法制取粉末时，希望在阴极的沉积物是粉末状态，而不是致密金属层。通过实验我们发现：

（1）阴极附近的阳离子浓度必须降到 c_0 时才能析出松散的粉末。要使阴极附近阳离子浓度急剧下降，只有采用高电流密度，才能在阳极附近造成阳离子浓度在短时间就下降到 c_0 值，否则将析出致密金属层。

（2）当通电时，只有在距阴极表面距离 h 内的阳离子能在阴极析出。在金属以粉末状在阴极析出之前，从靠近阴极（面积为 A）的体积 Ah 内析出的阳离子数为 $\frac{c - c_0}{2}Ah$（c 的单位为 mol/L）。

根据法拉第定律应有下面的等式：

$$\frac{c - c_0}{2}Ah = \frac{Q}{nF} \tag{2-17a}$$

式中 Q——通过面积 A 的电量，C；

n——离子价数；

F——法拉第常数，即 96500C。

同时，浓度梯度与电流密度 i 的关系为：

$$\frac{dc}{dh} = ki$$

式中 k——比例常数。

将此式积分：

$$\int_{c_0}^{c} dc = ki \int_{0}^{h} dh$$

得：

$$h = \frac{c - c_0}{ki}$$

将 h 代入式 2-17a，得：

$$(c - c_0)^2 = \frac{2ki^2}{nF}t$$

如果 $c_0 \ll c$ 可得一简单关系式：

$$c = ait^{0.5} \tag{2-17b}$$

其中

$$a = \sqrt{\frac{2k}{nF}}$$

在电流密度可以保证析出的条件下，假定 1s 后开始析出粉末，则由式 2-17b 有：

$$i = \frac{1}{a}c = Kc$$

经多次试验表明：无论多大的电流密度，开始析出粉末的最长时间是有一定限度的。如果在 20~25s 内还未析出粉末，则在此种电流密度下便不能再析出粉末。以 $t = 25s$ 代入式 2-17b，得：

$$c = ai \times 25^{0.5}$$

则：

$$i = \frac{1}{5a}c = 0.2Kc$$

常用盐类的 a 和 K 值如表 2-12 所示，K 值一般在 0.5~0.9 之间，硫酸盐的 K 值一样。

表 2-12   常用盐类 a 值和 K 值

盐 类	a	K	盐 类	a	K
Ag_2SO_4	1.87	0.53	$CuCl_2$	1.11	0.90
$AgNO_3$	1.73	0.58	$Cu(NO_3)_2$	1.24	0.80
$CuSO_4$	1.87	0.53	$ZnSO_4$	1.87	0.53

电解时要获得松散粉末，则选择 $i \geqslant Kc$；要获得致密沉积物，则选择 $i \leqslant Kc$。以浓度 c 为横坐标，电流密度 i 为纵坐标，可以得出一个 i-c 关系图（图 2-35）。

例如，用 0.2mol/L 的 $CuSO_4$ 电解液制取铜粉时，应该选择多大的电流密度呢？从图 2-35 中可查出：要得到粉末，则电流密度至少在 0.1A/cm² 以上。如果电流密度低于 0.1A/cm²，则得到粉末和致密沉积物的混合物或致密沉积物。

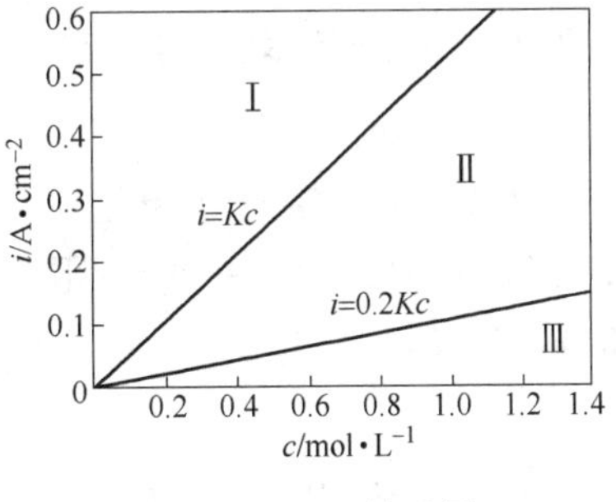

图 2-35 i-c 关系图
Ⅰ—粉末区；Ⅱ—过渡区；Ⅲ—致密沉积区

2.7.1.2   电解过程动力学

电极板上发生的反应是多相反应，有固相有气相，因而与其他多相反应有相似之处，但也有不同之处。不同处就是有电流流过固液界面，金属沉积的速度与电流成正比；而相似之处是在电极界面上也有附面层（扩散层），扩散过程便叠加于电解过程中，因而电解过程也和其他多相反应一样，可能是受扩散过程、化学过程等因素控制的。

根据法拉第定律，电解产量等于电化当量与电量乘积，即：

$$m = qIt = \frac{W}{96500n}It$$

将此式改写后，并以 mol/s 表示金属沉积速度，则有：

$$沉积速度 = \frac{m/W}{t} = \frac{I}{96500n} = \frac{I}{Fn}$$

所以根据法拉第定律，金属沉积的速度仅与通过的电流有关，而与温度、浓度无关。

由于阴极放电的结果，界面上金属离子浓度降低，这种消耗被从溶液中扩散来的金属离子所补充，则得出：

$$扩散速度 = \frac{DA}{\delta}(c - c_0)$$

式中　　D——扩散系数；

　　　　A——阴极放入溶液中的面积；

　　　　δ——扩散层厚度。

在平衡时，两种速度相等（沉积速度与扩散速度相等），即：

$$\frac{I}{Fn} = \frac{DA}{\delta}(c - c_0)$$

$$\frac{I}{A} = \frac{nFD}{\delta}(c - c_0)$$

这说明，随着电流密度（I/A）增大，$c-c_0$ 值将增大，即界面上金属离子迅速贫化。若电流密度 I/A 恒定时，搅拌电解液使扩散层厚度 δ 减小，$c-c_0$ 值也减小，即 c_0 增大。

电解中金属沉积也是结晶过程，因而也有形核和晶核长大两个过程。如果形核速度远远大于晶核长大速度，则形成的晶核数越多，产物粉末越细。

从动力学角度看，当界面上金属离子浓度 c_0 趋于零时，形核速度远远大于晶核长大速度，有利于沉积出粉末状产物。这种情况也就是扩散过程起主要作用。反之，如果晶核长大速度远远大于形核速度，则产物将为粗晶粒。

2.7.1.3　电流效率与电能效率

A　槽电压

在电解过程中，除了极化现象引起超电压外，还有电解质溶液中的电阻引起的电压降，电解槽各接点和导体的电阻所引起的电压损失，因此，电解槽中的槽电压应为这些电压的总和，即：

$$E_{槽} = E_{分解} + E_{液} + E_{接}$$

电解时，使用高的槽电压，电能消耗增加，因此必须设法降低槽电压。可以通过搅拌和提高电解液温度（增加扩散速度）来降低浓差极化的影响；经常刷去金属粉末或及时除去气体以减少电阻极化的影响；向电解液中加入酸来降低电阻；提高温度增加溶液电导率；改善各接点的接触状况。值得注意的是，温度升高可能对粉末的粒度造成负面影响，促进粗颗粒沉积物的形成。

B　电流效率

电流效率（η_i）就是一定电量电解出来的产物实际质量与理论计算质量之比的百分

数，用公式表示为：

$$\eta_i = \frac{M}{qIt} \times 100\%$$

式中　　M——电解出产物的实际质量。

电流效率反映电解时电量的利用情况。虽然，法拉第定律计算电解析出量时不受温度、压力、电极和电解槽的材料与形状等因素的影响，但实际电解过程中，电解时析出的物质量往往与计算结果不一致。这是由于在电解过程中存在着副反应和电解槽漏电等的缘故，因而引出电流效率问题，即电流有效利用的问题。为了提高电流效率要减少副反应的发生，防止设备漏电。在工作好的情况下，电流效率可以达到 95% ~97%。

C　电能效率

电能效率（η_e）反映电能的利用情况，即在电解过程中生产一定质量的物质在理论上所需要的电能量与实际消耗的电能量之比，相当于电流效率（η_i）和电压效率（η_v）的乘积，即：

$$\eta_e = \eta_i \eta_v$$

所以，为了提高电能效率，除提高电流效率外，还要提高电压效率。降低槽电压是降低电能消耗、提高电能效率的主要措施。实际上，每吨铜粉的电能消耗为 2700 ~ 3500 kW·h。

2.7.1.4　影响粉末粒度和电流效率的因素

A　电解液

电解液中金属离子浓度越低，粉末颗粒越细。原因是：浓度越低，扩散速度越慢，在能析出粉末的金属离子浓度范围内，向阴极扩散的金属离子量越少，形核速度远远大于晶核长大速度，故粉末越细。

酸度（H^+浓度）的影响也较大。H^+浓度增加，粉末松装密度降低，粉末越细。提高酸度有利于氢的析出，阴极上是氢与金属同时析出，则有利于得到松散粉末。

在电解过程中，往往使用外加添加剂，提高电解质的导电性或控制 pH 值在一定范围内。例如电解制取镍粉时若溶液中导电性不良，可以加入 10~20g/L NH_4Cl。

在电解铜过程中，有时阳极铜品位低，铅含量高时会发生钝化现象，这时槽电压突然升高。遇到这种现象，需要立即刷去阳极泥，将表面氧化膜去掉。另外，加入 NaCl 等可以防止钝化现象发生。

B　电解条件

电流密度越高，粉末越细（在能够析出粉末的电流密度范围内）。因为在其他条件不变时，电流密度越高，在阴极上单位时间内放电的离子数目越多，金属离子的沉积速度远远大于晶粒长大的速度，从而形成的晶核数也越多，故粉末越细。

降低电解液温度后，扩散速度减小，晶粒长大速度也减小，所以粉末变细。在电解镍粉时，可以采用水冷阴极，既保证溶液的电导率，又保证粉末有较细的粒度。

电解时加以搅拌，若搅拌速度过高，粒度组成中粗颗粒的含量增加，扩散速度增大，因而只能适当搅拌。

刷粉周期越短，越有利于生成细粉。长时间不刷粉，阴极表面增大，相对降低了电流密度。

2.7.2　电解法制取铜粉

电解法制取铜粉的工艺方案分高电流密度和低电流密度两种。高电流密度时,电能消耗大,但生产率较高。两种方案的工艺条件和电解精炼致密铜的工艺条件如表 2-13 所示,电解法制取铜粉的工艺流程如图 2-36 所示。

表 2-13　电解铜的工艺条件

工艺条件 方案	铜离子浓度 /g·L^{-1}	H$_2$SO$_4$ 浓度 /g·L^{-1}	电流密度 /A·dm^{-2}	电解液温度 /℃	槽电压 /V
电解铜粉方案一	12~14	120~150	25	50	1.5~1.8
电解铜粉方案二	10	140~175	8~10	30	1.3~1.5
电解精炼致密铜	40~45	180~210	1.8~2.2	55~65	0.2~0.4

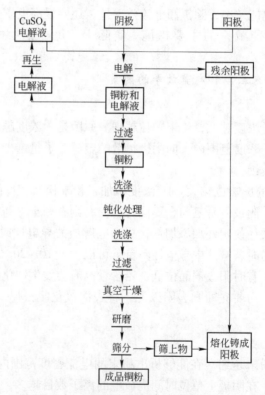

图 2-36　电解法制取铜粉的工艺流程

2.8　纳米金属粉末的制取

纳米材料和纳米技术是 20 世纪后期出现的新型材料和高新技术。纳米材料的小尺寸效应、表面效应、量子尺寸效应和宏观量子隧道效应,使它与常规材料相比具有独特的优异性能。当物质小到 1～100nm 时，由于其量子效应、物质的局域性和巨大的表面及界面效应，物质的很多性能会发生质变，呈现出许多既不同于宏观物体也不同于单个原子的奇异现象。如纳米晶铜在常温下具有非凡的超塑性，这在以前是难以想象的。应用纳米材料能使一些工艺条件得到大大改善，如在钨颗粒中加 0.1%～0.5%（质量分数）的超细镍颗粒后，可使烧结温度从 3000℃ 降到 1200～1300℃，能在较低的温度下烧制成大功率半导体管的基片。因此，纳米材料和纳米技术的研究得到世界各国、尤其是发达国家的重视。

在过去的二三十年里，纳米材料和纳米技术的研究发展迅猛，科学家预言 21 世纪是纳米材料的世纪，它将在科学技术上带来又一次新的革命。一些西方国家如美、日、德等，纷纷把纳米材料的研究及其应用作为 21 世纪本国科学研究中的重要战略发展方向，试图抢占这一 21 世纪科技战略制高点。

随着纳米技术的迅速发展，各种类型纳米材料不断涌现，如纳米陶瓷粉末、纳米金属材料、纳米金属、纳米化合物、纳米生物材料等。在这些材料中纳米金属材料是重要的部分，伴随纳米金属粉末的制备技术不断革新和发展，纳米金属粉末开始在一些工业领域中得以实用，并发挥着不可估量的作用。这里介绍纳米金属粉末的制取和应用。

2.8.1　纳米金属粉末的制备方法

纳米粉末的制备技术是纳米材料研究、开发和应用的关键，其主要要求是：颗粒表面清洁；颗粒形状、粒径以及粒度分布可以控制，颗粒团聚倾向小；容易收集，有较好的热稳定性，易保存；生产效率高，产率、产量大等。纳米颗粒制备的关键是如何控制颗粒的大小并获得较窄且均匀的粒度分布。对纳米金属粉末制备的研究侧重于粒度及结构控制，如果有相变发生则还需要控制晶核产生与晶粒生长的最佳温度。自从纳米技术出现以来，制备纳米粉末的方法不断涌现，其中制备纳米金属粉末的主要方法可以分为气相法、液相法和固相法。

2.8.1.1　气相法制备纳米金属粉末

A　惰性气体蒸发冷凝法

惰性气体蒸发冷凝法（简称 IGC 法）是在低压 Ar、He 等惰性气体中加热金属，使其蒸发后快速冷凝形成纳米粉末。惰性气体蒸发冷凝法是制备纳米金属粉末最直接、最有效的方法。加热法有电阻加热法、等离子喷射法、高频感应法、电子束法、激光法等。冷却时蒸发的物质与惰性气体碰撞迅速损失能量，最后在冷却棒表面聚积。1984 年 Gleiter 等首次用惰性气体沉积和原位成形方法，研制成功了 Pd、Cu、Fe 等纳米级金属材料。目前，日、美、法、俄等少数工业发达国家已实现了产业化生产。采用气体蒸发法制备的纳米金属粉末已达几十种，如 Al、Mg、Zn、Sn、Fe、Co、Ni、Ca、Ag、Cu、Mo、Pd、Ta、Ti 和 V 等。此种制备方法的优点是：粒径可控，纯度较高；可制得粒径为 5～10 nm 的纳米金属粉末并具有清洁的表面，颗粒很少团聚成粗团聚体；块体纯度高，相对密度也较高。这种方法可直接制备纳米金属材料，但仅适用于制备低熔点、成分单一的物质，且装置庞大，设备昂贵，成本高，产量极低，粒径分布范围较宽，目前还不宜工业化大规模生产，因而在很大的程度上限制了它的应用。

B　激光加热蒸发法

激光加热蒸发法是以激光为快速加热源，使气相反应物分子内部很快地吸收和传递能量，在瞬间完成气相反应和成核长大。其特点是：可制得粒径小（小于 50 nm）且粒度均匀的纳米颗粒，但激光器的效率低，电能消耗较大，投资大，难以实现规模化生产。对此进行改进，利用激光-感应加热法制备了纳米铝粉。该铝粉粒度相对较细且分布更集中，粉末产率也得到了极大的提高。激光-感应复合加热蒸发法的原理是：用高频感应将金属加热熔化并达到较高的温度，从而使金属对激光的吸收率极大提高，有利于充分发挥激光的作用；引入激光则可以使金属迅速蒸发，并产生很大的温度与压力梯度，不仅粉末产率较高，而且易于控制粉末粒度。

C　高频感应加热法

高频感应加热法是以高频线圈为加热源，使坩埚内的物质在低压（1 ~ 10 kPa）的 He、N_2 等惰性气体中蒸发，蒸发后的金属原子与惰性气体原子相碰撞，冷却凝聚成颗粒。其特点是：纯度高，粒度分布较窄；但成本较高，难以获得高沸点金属。

D　等离子体法

等离子体法是使用等离子体将金属熔融、蒸发和冷凝以获得纳米颗粒。等离子体温度高，在惰性气氛下几乎可以制取任何金属的纳米颗粒，其纯度高，粒度均匀，污染少，尺寸小，尺寸分布范围窄，颗粒成球形，球形颗粒具有优良的流动性和填充性，可以制备近理论密度的块体材料，是制备金属系列和金属合金系列纳米微粒的最有效的方法。这同时为高沸点纳米金属粉末的制备开辟了前景。但此法制备的纳米粉末的最主要缺点是颗粒沉积层受污染程度高，残余气孔率高，在储存和输送过程中易氧化；同时离子枪寿命短，功率小，热效率低。目前新开发出的电弧气化法和混合等离子体法有望克服以上缺点。

等离子体法又可分为：（1）熔融蒸发法；（2）粉末蒸发法；（3）活性等离子体弧蒸发法。熔融蒸发法于 1964 年由 Hol Mgren 等首先提出，是将金属放在高强度直流辉光放电的阳极部位被加热蒸发的方法。采用此种方法生成了各种合金纳米颗粒。粉末蒸发法是向等离子体中供给适当粒度的粉末，使其完全蒸发，并在等离子体外急剧冷却、凝聚而产生合金粉末的方法。活性等离子弧蒸发法是在用等离子体活化的氢气氛下，熔融金属，产生大量的纳米金属颗粒的方法。如果将不同种类的金属同时熔化，则可得到两者的混合粉末。

E　电子束照射法

日本的岩间等人用此方法制成了 Bi、Sn、Ag、Mn、Cu、Mg、Fe、Co、Ni、Al、Zn 等纳米金属粉末。1995 年许并社等人利用高能电子束照射母材，成功地获得了表面非常洁净的纳米颗粒，母材一般选用该金属的氧化物，如用电子束照射 Al_2O_3 后，表层的 Al—O 键被高能电子"切断"，蒸发的 Al 原子通过瞬间冷凝、形核、长大，形成 Al 的纳米颗粒。目前该方法获得的纳米粉末仅限于金属纳米粉末。

F　气相化学反应法

气相化学反应法制备纳米金属粉末是利用挥发性的金属化合物的蒸气，通过化学反应生成所需的化合物，然后在保护气体环境下快速冷凝从而制备出各类金属纳米颗粒。例如，利用金属 Fe、Co、Ni 等能与一氧化碳反应形成易挥发的羰基化合物，温度升高后又分解成金属和一氧化碳的性质，制备这些金属的纳米颗粒。气相化学反应法制备纳米金属颗粒的优点是：颗粒均匀、纯度高、粒度小、分散性好、化学反应性与活性高等。

2.8.1.2 液相法制备纳米金属粉末

液相法制备纳米粉末常伴随着化学反应，也叫湿化学法。目前有溶胶-凝胶法、反相微乳液法、液相化学还原法、辐射合成法、电解法等。

A 溶胶-凝胶法（Sol-Gel）

溶胶-凝胶法的基本原理是：将易于水解的金属化合物（无机盐或金属醇盐）在温和条件下进行水解产生透明溶液，再经缩合、聚合反应以及溶剂的蒸发逐渐凝胶化形成三维网状结构固体凝胶，然后在低温下干燥煅烧，得到纳米金属粉末。它可在低温下制备纯度高、粒度分布均匀、化学活性高的单、多组分混合物（分子级混合），并可制备传统方法不能或难以制备的产物，特别适用于制备非晶态材料。

B 反相微乳液法

近年来，反相微乳液法广泛应用于纳米金属粉末的制备中。微乳液通常是由表面活性剂、助表面活性剂（醇类）、油（碳氢化合物）和水（电解质水溶液）等组成的透明、各向同性的热力学稳定体系。当表面活性剂溶解在有机溶液中，其浓度超过临界胶束浓度时，形成亲水基朝内、疏水基朝外的液体颗粒结构，水相以纳米液滴的形式分散在单层表面活性剂和助表面活性剂组成的界面内，形成彼此独立的球形微乳颗粒。这种颗粒大小在几至几十纳米之间，在一定条件下，具有保持特定稳定小尺寸的特性，因此微乳液提供了制备均匀小尺寸颗粒的理想微环境。使用该法必须严格控制溶胶以及颗粒干燥过程中的团聚。自从 Boutonnet 等人首次用微乳液制备出单分散的纳米金属粉末以来，该法已受到人们极大的重视。目前人们已用该法制出了 Fe、Co、Au、Ag 等纳米金属颗粒。

C 液相化学还原法

液相化学还原法是制备纳米金属粉末的常用方法。它是通过液相氧化还原反应来制备纳米金属粉末。根据反应中还原剂所处的状态，又可分为气相还原法（以氢气为还原剂）和液相还原法。其中液相还原法的过程为，常压、常温（或温度稍高，但低于100℃）状态下金属盐溶液在介质的保护下直接被还原剂还原，从而制得纳米金属材料。金属盐通常为氯化物、硫酸盐或硝酸盐等可溶性盐，或者这些盐类的配合物（例如氨的配合物）。常用的还原剂有甲醛、维生素 B2、葡萄糖、维生素 C、乙二醇、硼氢化物、甲酸钠、过氯化氢、次亚磷酸钠等20余种。该方法的优点是：制备成本很低，设备简单且要求不高；反应容易控制，可以通过对反应过程中的温度、反应时间、还原剂余量等工艺参数的控制来控制晶形及颗粒尺寸。

D 辐射合成法

早在 1985 年，法国科学家 Belloni 等人就开始用辐射合成法制备纳米金属颗粒，当时他用磁铁从辐射过的胶体溶液中，分离得到了 Co、Ni 的纳米颗粒。辐射合成法的基本原理是电离辐射使水发生电离和激发，生成还原颗粒 H 自由基、水合电子（e-aq）以及氧化性颗粒 OH 自由基等。e-aq 标准氧化还原电位为 $-2.77V$，具有很强的还原能力，理论上可以还原除碱金属、碱土金属以外的所有金属离子。在加入甲醇、异丙醇等自由基清除剂后，发生夺 H 反应而清除氧化性自由基 OH，生成的有机自由基也具有还原性，这些还原性颗粒逐渐将金属离子还原为金属原子或低价金属离子，生成的金属原子聚集成核，最终长成纳米粉末。用此方法可制备出 Ag（10nm）、Pd（10nm）、Pt（5nm）、Au（10nm）等多种纳米金属颗粒。电子衍射及相应 TEM 形貌分析表明，所得颗粒呈多晶颗粒状。用此方法制备纳米颗粒一般采用 γ 射线辐射较大浓度的金属盐溶液，它具有以下特点：制备工艺简单，制备周期短；产物粒度可控，可得到 10nm 的微粒，产率较高；不仅可制备纯纳米金属颗粒，还可制备氧化物、硅化物以及纳米金属复合材料；颗粒生成后包敷可以同步进行，从而可有效防止颗粒的团聚。但辐射合成法的产物处于离散胶体状态，因此纳米颗粒的收集相当困难，为此人们又将其与反相微乳液法等结合起来制备各类纳米金属颗粒。

E　电解法

电解法是指水溶液电解法，可制得很多通常方法不能制备和难以制备的高纯纳米金属颗粒，尤其是电负性大的纳米金属颗粒。有一种新型的电解法，能制备出纯度高、粒度整齐且表面包覆的纳米金属颗粒。由于颗粒的制备和表面包覆同步完成，因此所得颗粒是高弥散和抗氧化的。

2.8.1.3　固相法制备纳米金属颗粒

A　固相配位化学反应法

固相配位化学反应法是在室温下或低温下，通过研磨反应混合物，首先制备出在低温下易分解的金属配合物，然后分解此固相配合物，得到纳米金属颗粒。

B　机械合金化法（MA）

机械合金化法是利用高能球磨方法控制球磨条件以获得纳米级晶粒的纯元素、合金或复合材料颗粒。这是 1970 年美国 INCO 公司的 Benjiamin 为制作 Ni 基氧化物颗粒弥散强化合金而研制成功的一种新方法。1988 年 Shingu 首先报道了用机械合金化法制备晶粒小于 10 nm 的 Al-Fe 合金。该方法工艺简单，制备效率高，并能制备出常规方法难以获得的高熔点金属和合金纳米颗粒，成本较低，不仅适用于制备纯金属纳米材料，还可以制得互不相溶体系的固溶体、纳米金属间化合物以及通过颗粒的固相反应直接合成碳化物、氮化物、氟化物等纳米金属陶瓷复合材料等。该方法的缺点是制备中易引入杂质，纯度不高，颗粒分布也不均匀。此法结合压制和热处理可以制备纳米块体材料。

2.8.2　纳米金属粉末的表面改性

纳米金属粉末属亚稳态材料，它对周围环境（温度、振动、光照、磁场和气氛等）特别敏感，有可能在常温下自行长大，并使其固有性能不能得到充分或完全发挥。因此，在应用纳米金属粉末之前，一般都须对其进行改性处理（表面修饰和包敷）。对纳米金属粉末进行表面修饰和包敷主要是为了减小纳米金属粉末合成中的颗粒长大及团聚，提高纳米分散体系的稳定性，并赋予体系新的功能。纳米粉末的表面改性是通过共价键、物理吸附等手段，将其他物质引入颗粒表面，改变原表面固有特性的过程。包敷的小颗粒不但消除了颗粒表面的带电效应，防止团聚，同时形成了一个势垒，使它们在合成、烧结过程中（指无机包敷）颗粒不易长大。有机包敷使无机粉末能与有机物和有机试剂达到浸润状态。这为无机粉末掺入高分子塑料中奠定了良好的基础，推动了纳米复合材料的发展。例如：

使用带有—CN 和—SH 等活性基团的线性聚合物能够有效地控制纳米金颗粒的大小和粒度分布，而且能够吸附金颗粒表面形成空间位阻效应，阻止颗粒的团聚。

2.8.3 纳米金属粉末的应用

A 在导弹固体火箭发动机中的应用

纳米金属粉末较之普通金属粉末的比表面积增大，使之具有很强的化学反应特性和冶金反应能力，金属颗粒的功能特性大大增强。与普通铝粉相比，纳米铝粉具有燃烧更快、放热量更大的特点，已成为一种低成本的燃料。在固体推进剂中使用纳米材料，将有效地提高固体推进剂的燃烧性能。当火箭固体燃料中掺和纳米铝粉后，铝在燃烧的推进剂表面熔化，形成液滴，并且在氧化物颗粒间的缝隙中聚集，较小的缝隙产生较小的铝液滴，并能快速地进入气流中，增加了推进剂的流动性，提高反应速度及效率。若在固体燃料推进剂中添加 1%质量比的超微铝或镍颗粒，每克燃料的燃烧热可增加 1 倍。

B 在吸波隐身材料中的应用

金属超微颗粒对光的反射率很低，通常可低于 1%，大约几微米的厚度就能完全消光。纳米 $\gamma(Fe, Ni)$ 合金颗粒具有优异的微波吸收特性，不但在厘米波段如此，而且在毫米波段也如此，最高吸收率可达 99.95%。美国曾研制出的"超黑粉"纳米吸波材料对雷达波的吸收率达 99%。由此，在导弹发动机、军用飞机等上采用纳米涂料，可有效地减少由电磁波或红外辐射产生的一系列问题。在民用领域可解决计算机、微波炉等的防辐射问题。

C 在润滑油中的应用

将超细金属粉末（如 Cu、Pb 及其合金等）以适当方式加入润滑油中，可得到一种性能优异的新型润滑油。摩擦学实验表明，当铜粉的粒径大于 100nm 时，它是一种磨料，但当其粒径小于 50nm 时，可较大幅度地提高润滑油的最大无卡咬负荷。纳米铜粉的这种性能使之在润滑油中具有重要的用途。国内科研机构通过对纳米铜粉的表面进行改性，克服了纳米铜粉在润滑油中的自憎现象，能均匀、稳定地分散在润滑油中并可防止纳米铜粉的二次积聚和沉淀，成功开发了纳米铜润滑油添加剂。将这种添加剂添加到汽车发动机润滑油中，可明显减小发动机的启动电流并明显增大汽缸压力。发动机使用这种添加剂一段时间后，缸套和活塞环上便形成一层保护膜，一旦润滑油系统发生故障，汽车还能安全行使一段时间。

D 在电子领域中的应用

随着金属粉末粒径的急剧减小，其物理性能会发生很大的变化。如金的常规熔点为 1064℃，当颗粒减小到 2nm 时，金的熔点仅约 327℃；银的常规熔点为 670℃，而超微银颗粒的熔点可低于 100℃。因此用纳米粉末制成的导电浆料，可以显著降低陶瓷的烧结温度，能大大提高芯片的可靠性和成品率，降低生产成本。如超细银粉制成的导电浆料可以进行低温烧结，这种情况下元件的基片可不必采用耐高温的陶瓷材料，甚至可用塑料。纳米导电浆料可广泛应用于微电子工业中的布线、封装、连接等，对微电子器件的小型化起着重要的作用。

E 在磁性材料领域中的应用

纳米金属粉末广泛应用于制造纳米磁记录材料、磁性液体、纳米磁性颗粒膜材料等，如用纳米 Co、Fe、Ni 等磁性金属粉末制备的磁性液体，可应用于旋转密封、阻尼器件、磁性液体印刷、选矿分离、精密研磨和抛光、磁性液体刹车等。在磁性药物方面，10 nm 以下的颗粒比血液中的红血球还要小，可以在血管中自由流动，将纳米颗粒注入到血液中输送到人体的各个部位，可以作为监测和诊断疾病的手段。

　　F　在抗菌材料中的应用

　　近年来的研究与发展表明，纳米银粒具有优异的抗菌活性。据报道，美国某公司生产的纳米银织物，其抗菌性能高于可溶性银离子（如硝酸银水溶液），也优于已问世 60 余年、在临床上使用效果良好、无抗药性的磺胺嘧啶银。用其制作控制烧伤、烫伤感染的药物效果十分良好，该产品 2001 年的销售额为 3000 多万美元，预计今后几年销售额将大增。

　　G　在粉末冶金领域中的应用

　　纳米金属粉末具有高的比表面积，化学活性大，使得粉末的烧结温度低，因此在粉末冶金工艺中可用作烧结助剂，缩短烧结过程的加热周期，甚至可降低烧结温度。另外，可用纳米金属粉末制备粉末冶金涂层，如利用激光将粉末连接到玻璃上，或将粉末凝胶熔化到基体上等。利用纳米技术制备出纳米级 WC 粉，通过添加晶粒长大抑制剂，能够制备出 WC 晶粒达到 0.2 μm 的硬质合金，其硬度、抗弯强度明显提高，是集成电路板微钻等先进工具的优选材料。

　　H　其他领域中的应用

　　除以上应用外，纳米金属粉末还可用作高效催化剂，在石油裂化、汽车尾气处理、光催化、水处理等领域中得到应用；另外还可应用于医学、环境污染评价、纳米传感器、金属与金属或金属与陶瓷的粘结等。

2.8.4　纳米金属粉末研究展望

　　尽管目前纳米金属颗粒生产已初步实现了产业化，能够生产吨级以上的纳米金属和合金（包括银、钯、铁、钴、镍、钛、铝、钽、银-铜合金、银-锡合金、铜-镍合金、镍-铝合金、镍-铁合金和镍-钴合金等），但纳米金属颗粒规模化生产仍存在很多技术问题，主要有大规模生产中颗粒的分散技术、表面修饰和改性技术、降低成本、提高颗粒结构和性能的稳定性以及产品的可重复性等。在同一个生产线上通过适当的工艺控制，控制颗粒尺度和表面状态，生产出具有不同性能的系列产品是当前纳米金属颗粒产业需重点解决的问题。

<hr>

思　考　题

2-1　什么是球磨临界转速？普通滚动球磨的规律有哪些？

2-2　高能球磨的方式有哪些？其原理是什么？

2-3　气流粉碎的优点是什么？

2-4　什么是二流雾化？有哪些因素影响粉末的形状和粒度？

2-5　还原铁粉的原理和工艺是什么？

2-6　氢还原钨粉的原理和工艺是什么？

2-7　电解法制取铜粉的原理是什么?

2-8　气相沉积和液相沉淀法制取粉末的特点是什么?

2-9　纳米金属粉末的特点是什么? 有哪些制备方法?

参 考 文 献

[1] 黄培云. 粉末冶金原理 [M]. 北京: 冶金工业出版社, 1982.

[2] 唐新民, 周德先. 球磨机实际临界转速与最佳转速 [J]. 矿山机械, 2005, 33 (4): 23~28.

[3] 郑水林, 孙成林. 超细粉碎 (二) [J]. 粉体技术, 1994, 1 (1): 37~41.

[4] 韩凤麟. 粉末冶金手册 [M]. 北京: 冶金工业出版社, 2012.

[5] 卢寿慈. 粉体加工技术 [M]. 北京: 中国轻工业出版社, 1999.

[6] 李凤生. 超细粉体技术 [M]. 北京: 国防工业出版社, 2000.

[7] 韩凤麟. 粉末冶金基础教程 [M]. 广州: 华南理工大学出版社, 2005.

[8] 张华诚. 粉末冶金实用工艺学 [M]. 北京: 冶金工业出版社, 2004.

[9] 曹国琛. 电解铜生产 [M]. 北京: 冶金工业出版社, 1959.

[10] 李宇农, 何建军, 龙小兵. 纳米金属粉末的制备方法 [J]. 粉末冶金工业, 2004, 14 (1): 34~38.

[11] 刘海飞, 王梦雨, 贾贤赏, 王平. 纳米金属粉末的应用 [J]. 矿冶, 2004, 13 (3): 65~67.

3 成 形

[本章重点]

本章讲述粉末的模压成形以及其他成形方法。粉末成形前通常进行一些预先处理。通常对粉末压制过程和受力进行分析，理解粉末压制过程中的行为，以及压坯的密度分布和压坯缺陷。对常见的粉末零件进行分类，以便对不同种类零件采用相应的模压成形方式。模具、模架以及压机是粉末成形的设备保障。除模压成形外，粉末成形方法还发展了诸如等静压、温压、注射成形等先进工艺。本章重点掌握粉末压制过程和受力分析、压坯的密度分布及成因、粉末冶金零件的分类及成形方法，熟悉两种以上提高压坯密度或零件形状复杂性的成形方法。

3.1 成形前的粉末预处理

基于产品最终性能的需要，或者成形工艺对粉末的性能要求，成形前需要对粉末预处理。就是通过配料、混合等过程使原料粉末达到最终材料的成分以及后续工艺过程所需要的粉末工艺性能，其中包括粉末退火、混合、筛分、制粒，以及加润滑剂等。

3.1.1 退火

粉末的预先退火可使氧化物还原，降低碳和其他杂质的含量，提高粉末的纯度。同时，还能消除粉末的加工硬化，稳定粉末的晶体结构。用还原法、机械研磨法、电解法、雾化法以及羰基离解法所制得的粉末都要经退火处理。此外，为防止某些超细金属粉末的自燃，需要将其表面钝化，也要作退火处理。经过退火后的粉末压制性得到改善，压坯的弹性后效相应减少。退火对粉末性能影响列于表 3-1。

表 3-1 还原铁粉在不同条件下退火 1h 的成分变化

退火条件		元素含量（质量分数）/%			
温度/℃	气 氛	Fe	C	Mn	Si
未退火		97.7	0.06	0.3	0.4
800	H_2	98.9	0.03	0.3	0.4
800	$H_2+10\%$ HCl	99.2	0.03	0.23	0.3
1100	H_2	99.5	0.03	0.3	0.3
1100	$H_2+10\%$ HCl	99.6	0.02	0.1	0.25

退火温度根据金属粉末的种类而不同，一般退火温度是粉末熔点的 0.5~0.6 倍。有

时，为了进一步提高粉末的化学纯度，退火温度也可超过此值。随着退火温度提高，粉末压制性能变好。

退火一般用还原性气氛，有时也可用惰性气氛或者真空。当要求清除杂质和氧化物，即进一步提高粉末化学纯度时，要采用还原性气氛（氢、分解氨、转化天然气或煤气）或者真空退火。当为了消除粉末的加工硬化或者使细粉末粗化防止自燃时，可以采用惰性气体作为退火气氛。

3.1.2　混合

混合是指将两种或两种以上不同成分的粉末混合均匀的过程。有时，需要将成分相同而粒度不同的粉末进行混合，这称为合批。混合质量的优劣，不仅影响成形过程和压坯质量，而且会严重影响烧结过程的进行和最终制品的质量。

混合基本上有两种方法：机械法和化学法，其中广泛应用的是机械法。常用的混料机有球磨机、V型混合器、锥形混合器、酒桶式混合器、螺旋混合器等。机械法混料又可分为干混和湿混。铁基等制品生产中广泛采用干混；制备硬质合金混合料则经常使用湿混。湿混时常用的液体介质为酒精、汽油、丙酮等。为了保证湿混过程能顺利进行，对湿磨介质的要求是：不与物料发生化学反应；沸点低易挥发；无毒性；来源广泛，成本低等。湿磨介质的加入量必须适当，过多过少都不利于研磨和混合的效率。化学法混料是将金属或化合物粉末与添加金属的盐溶液均匀混合；或者是各组元全部以某种盐的溶液形式混合，然后经沉淀、干燥和还原等处理而得到均匀分布的混合物。如用来制取钨-铜-镍高密度合金、铁-镍磁性材料、银-钨触头合金等混合物原料。

物料的混合结果可以根据混合料的性能来评定。如检验其粒度组成、松装密度、流动性、压制性、烧结性以及测定其化学成分等。但通常只是检验混合料的部分性能，并作化学成分及其偏差分析。生产过滤材料时，在提高制品强度的同时，为了保证制品有连通的孔隙，可加入充填剂。能起充填剂作用的物质有碳酸钠等，它们既可防止形成闭孔隙，还会加剧扩散过程从而提高制品的强度。充填剂常常以盐的水溶液方式加入。

3.1.3　制粒

制粒是将小颗粒的粉末制成大颗粒或团粒的工序，常用来改善粉末的流动性。在硬质合金生产中，为了便于自动成形，使粉末能顺利充填模腔，就必须先进行制粒。能承担制粒任务的设备有滚筒制粒机、圆盘制粒机和擦筛机等。有时也用振动筛来制粒。

3.1.4　加润滑剂

粉末在刚性模中压制成零件时，必须进行润滑以减小压坯与模具之间的摩擦力。没有润滑时，将压坯从模具中脱出所需的脱模压力将急剧增大。在压制完几个压坯后，压坯将卡在模具中。具有低剪切强度的润滑剂起到隔离金属表面的作用，但即使润滑非常好的表面也不可能实现完全的分离，因为粗糙金属表面接触产生的摩擦力将刺穿润滑膜。

金属基粉末最常用的润滑剂是硬脂酸、硬脂酸盐（如硬脂酸锌和硬脂酸锂）以及合成蜡。自动压制过程中润滑的实现是通过将粉末状的润滑剂与金属粉末混合在一起，或者用润滑剂在溶剂中形成的溶液或悬浮液润滑模壁。自动压制中的模壁润滑在技术上是可行的。但是，基于以下两个问题，模壁润滑在生产实践中是不常见的：（1）以溶液或悬浮液的形式精确使用恰当数量的润滑剂；（2）在使用润滑剂与用粉末填充模具二者之间快速并完全地去除溶剂。因此，更传统的将润滑剂与粉末混合的方法几乎全世界都仍在使用。尽管如此，将金属粉末与润滑剂粉末混合进行润滑的方法存在严重的不足之处，例如降低强度以及影响尺寸控制。所加入的润滑剂必须在烧结之前或在烧结过程中分解，并且分解产物必须全部从烧结炉的预热区排出。

3.2 压制成形基本规律

3.2.1 压制成形过程

压模压制是指松散的粉末在压模内经受一定的压制压力后，成为具有一定尺寸、形状和一定密度、强度的压坯。当对压模中粉末施加压力后，粉末颗粒间将发生相对移动，粉末颗粒将填充孔隙，使粉末体的体积减小，粉末颗粒迅速达到最紧密的堆积。

粉末压制时出现的过程有：

（1）颗粒的整体运动和重排；

（2）颗粒的变形和断裂；

（3）相邻颗粒表面间的冷焊。

颗粒主要沿压力的作用方向运动。颗粒之间以及颗粒与模壁之间的摩擦力阻止颗粒的整体运动，并且有些颗粒也阻止其他颗粒的运动。最终颗粒变形，首先是弹性变形，接着是塑性变形。塑性变形导致加工硬化，削弱了在适当压力下颗粒进一步变形的能力。与被压制粉末对应的金属或合金的力学性能决定塑性变形和加工硬化的开始。例如，压制软的铝粉时的颗粒变形明显早于压制硬的钨粉时的颗粒变形，最后颗粒断裂形成较小的碎片。而压制陶瓷粉时通常发生断裂而不是塑性变形。

随着压力的增大，压坯密度提高。不同粉末压制压力与压坯密度之间存在一定的关系。然而，至今没有得到令人满意的压坯密度与压制压力之间的关系。建立在实际物理模型基础上的一些关系，仍然是经验性的，因为其中使用了与粉末性能无关的调节参数。更准确地应当使用给定粉末的压制压力与压坯密度之间关系的图形或表格数据。

3.2.1.1 粉末的位移

粉末体的变形不仅依靠颗粒本身形状的变化，而且主要依赖于粉末颗粒的位移和孔隙体积的变化。粉末体在自由堆积的情况下，其排列是杂乱无章的。当粉末体受到外力作用时，外力只能通过颗粒间的接触部分来传递。根据力的分解可知，不同连接处受到外力作用的大小和方向都不一样。所以颗粒的变形和位移也是多种多样的。当施加压力时，粉末体内的拱桥效应遭到破坏，粉末颗粒便彼此填充孔隙，重新排列位置，增加接触。可用图3-1所示的两颗粉末来近似地说明粉末的位移情况。

3.2.1.2 粉末的变形

粉末体在受压后体积明显减小，这是由于粉末体在压制时不但发生了位移，而且还发生了变形。变形有三种情况，即弹性变形、塑性变形和脆性断裂。外力卸除后粉末形状可以恢复原状是为弹性变形；压力超过弹性极限，形状不能恢复者为塑性变形。压缩铜粉的

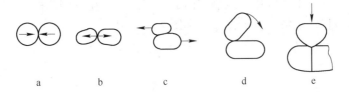

图 3-1　粉末位移的形式

a—粉末颗粒的接近；b—粉末颗粒的分离；c—粉末颗粒的滑动；
d—粉末颗粒的转动；e—粉末颗粒因粉碎而产生的移动

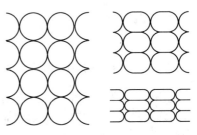

图 3-2　压制时粉末的变形

实验指出，发生塑性变形所需的压力大约是该材质弹性极限的 2.8～3 倍。金属的塑性越大，塑性变形也就越大。当压力超过强度极限后，粉末颗粒就发生粉碎性的破坏是为脆性断裂。当压制难熔金属如钨、钼或其化合物如碳化钨、碳化钼等脆性粉末时，除有少量塑性变形外，主要是脆性断裂。粉末的变形如图 3-2 所示。由图可知，压力增大时，颗粒发生变形，由最初的点接触逐渐变成面接触。接触面积随之增大，粉末颗粒由球形变成扁平状。当压力继续增大时，粉末就可能碎裂。

3.2.1.3　压力作用于液体和粉末的差别

当处于封闭刚性模内的液体受到压力时，无论液体是否在角上流动，液体传递到模具内表面上的应力是均匀的。但粉末在受压时并非如此，因为粉末保持剪切力，而液体则没有。粉末仅在受压方向而不在角上运动。这种现象示于图 3-3，表示在具有侧臂的模具中压制粉末。如果压力仅作用于上模冲（图 3-3a），则粉末仅在模具的垂直方向受压，但在水平部分上仍保持松散（图 3-3b）。为了压紧侧臂，必须同时对上模冲和侧模冲施加压力（图 3-3c）。

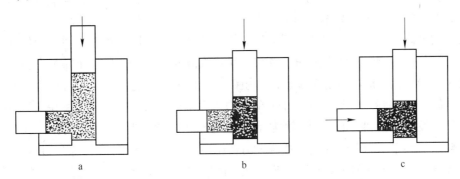

图 3-3　具有侧臂的压坯密度分布

a—初始状态；b—仅对上模冲加压；c—同时对上模冲和侧模冲加压

3.2.1.4　传统压制中的压力应用

当同时在水平及垂直方向上移动模冲压制的压坯脱模时，必须在每次压制后分解模具。这对于低成本、大规模、高速率的零件生产是不切实际的。在用金属粉末生产零件的传统压制过程中，仅在垂直方向移动模冲对粉末施加压力。这限制了可以压制的零件的形状。例如，不能压制成形零件中与压制方向成一定角度的孔或侧凹槽，而需要机加工在最终零件中形成这些特殊的特征，如图3-4和图3-5所示。

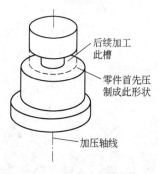

图3-4 具有侧凹槽的零件

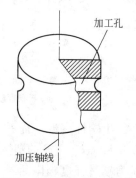

图3-5 具有水平孔的零件

在压制过程中，粉末仅在施加压力的方向流动还产生另一个结果。当零件在压制方向具有多个台阶时，不同台阶将得到不同的压坯密度。为了获得更均匀的密度，每个台阶需要使用单独的模冲成形。这些模冲的运动要使各台阶的松装粉末高度与压坯高度之比（即压缩比）相同。图3-6示意地对比了一个下模冲与两个独立下模冲的压制。

3.2.1.5 金属粉末的压坯强度

在粉末体成形过程中，随着成形压力的增加，孔隙减少，压坯逐渐致密化。由于粉末颗粒之间联结力作用的结果，压坯的强度也逐渐增大。实验指出，粉末颗粒之间的联结力大致可以分成两种：（1）粉末颗粒之间的机械啮合

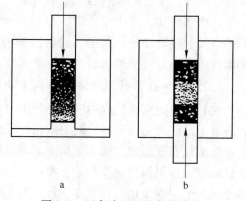

图3-6 两台阶压坯的密度分布
a— 一个下模冲；b—两个下模冲

力。粉末的外表面呈不规则的凹凸不平的形状，通过压制，粉末颗粒之间由于位移和变形可以互相楔住和勾连，从而形成粉末颗粒之间的机械啮合。这也是使压坯具有强度的主要原因之一。粉末颗粒形状越复杂，表面越粗糙，则粉末颗粒之间彼此啮合得越紧密，压坯的强度越高。（2）粉末颗粒表面原子间的引力。在金属粉末的压制后期，粉末颗粒受强大外力作用而发生位移和变形，粉末颗粒表面上的原子彼此接近，当进入引力范围之内时，粉末颗粒因引力作用而发生联结。这两种力在压坯中所起的作用并不相同，并且与粉末的压制过程有关。对于任何金属粉末来说，压制时粉末颗粒之间的啮合力是使压坯具有强度的主要联结力。此外，金属粉末在成形之前往往必须加成形剂，才能使压坯具有足够的强度。

压坯强度是指压坯反抗外力作用，保持其既定的几何形状尺寸不变的能力。压坯强度的测定方法主要有：压坯抗弯强度试验法、测定压坯边角稳定性的转鼓试验法以及测试破坏强度（压溃强度）的方法。

电解铜粉和还原铁粉压坯的抗弯强度与成形压力的关系如图3-7和图3-8所示。

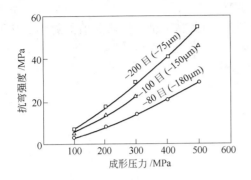

图 3-7 电解铜粉压坯的抗弯强度与
成形压力的关系

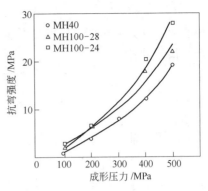

图 3-8 还原铁粉压坯的抗弯强度与
成形压力的关系

3.2.2 压制过程受力分析

压制是一个十分复杂的过程。粉末体在压制中之所以能够成形，其关键在于粉末体本身的特征。而影响压制过程的各种因素中，压制压力又起着决定性的作用。上述压制压力都是指的平均压力。实际上作用在压坯断面上的力不都是相等的，同一断面内中间部位和靠近模壁的部位，压坯的上、中、下部位所受的力都不是一致的。除了正应力之外，还有侧压力、摩擦力、弹性内应力、脱模压力等，这些力对压坯都将起到不同的作用。压制压力作用在粉末体上之后分为两部分。一部分用来使粉末产生位移、变形和克服粉末的内摩擦，这部分力称为净压力，以 p_1 表示；另一部分用来克服粉末颗粒与模壁之间的外摩擦，这部分力称为压力损失，以 p_2 表示。因此，压制时所用的总压力 p 为净压力与压力损失之和，即：

$$p = p_1 + p_2$$

3.2.2.1 侧压力

粉末体在压模内受压时，压坯会向周围膨胀，模壁就会给压坯一个大小相等、方向相反的反作用力，这个力就叫侧压力。由于侧压力的存在，当粉末体在压制过程中相对于模壁运动时，便必然产生摩擦力。因此，侧压力对压制过程和压坯质量具有重要意义。此外，正确地计算压模零件的强度必须有侧压力的数据。

A 侧压力与压制压力的关系

为了研究侧压力与压制压力的关系，可取一个简化的立方体压坯在压模中受力的情况来分析，如图 3-9 所示。

当压坯受到正压力 p 作用时，它力图使压坯在 x 轴方向产生膨胀，此膨胀值 ΔL_x 与材料的泊松比 ν 和正压力 p 成正比，与弹性模量 E 成反比：

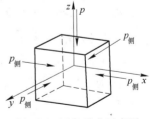

图 3-9 压坯受力示意图

$$\Delta L_{x_1} = \nu p / E$$

同样，沿 y 轴方向的侧压力也力图使压坯沿 x 轴方向膨胀，其膨胀值为：

$$\Delta L_{x_2} = \nu p_侧 / E$$

但是沿 x 轴方向的侧压力却使压坯沿 x 轴方向压缩，其压缩值为：

$$\Delta L_{x_3} = \nu p_{侧}/E$$

事实上，立方体压坯在压模内不能向侧向膨胀，因此在 x 轴方向膨胀值的总和应该等于其压缩值，即：

$$\Delta L_{x_1} + \Delta L_{x_2} = \Delta L_{x_3}$$

将前述各式代入上式可得到侧压系数：

$$\xi = p_{侧}/p = \nu/(1-\nu)$$

同样，沿 y 轴也可推导出类似公式。

B 侧压系数与压坯密度的关系

侧压力的大小受粉末体各种性能及压制工艺的影响。在上述公式的推导中，只是假定在弹性变形范围内有横向变形，既没有考虑粉末体的塑性变形，也没有考虑粉末特性及模壁变形的影响。这样把仅适用于固体的虎克定律应用到粉末压坯中来，从而按照公式计算出来的侧压力只能是一个估计的数值。还应特别指出，上述侧压力是一种平均值。由于压力损失的影响，侧压力在压坯的不同高度上是不一致的，即随着高度的降低而逐渐下降。例如，在压坯上层附近测得的侧压力，平均为压制压力的38%，而在压坯下层附近测得的侧压力值比顶层小40%～50%。

目前还需要继续进行关于侧压力理论的实验研究，其重要性如前所述。侧压系数的研究也吸引了众多学者的注意。曾建议把侧压系数当泊松比一样看待，其值取决于压坯孔隙度的大小。试验表明，泊松比 ν 随铁粉压坯孔隙度的增加而减小。研究得出，粉末体的侧压系数 ξ 和压坯相对密度 ρ 有如下关系：

$$\xi = \xi_{最大}\rho$$

用铁粉作实验表明，当压力在 160MPa～400MPa 范围时，侧压力与压制压力之间具有如下线性关系：

$$p_{侧} = (0.38 \sim 0.41)p$$

图3-10表示压制压力与侧压系数的关系。由图可知，侧压系数随侧压力的增加而增加。当侧压力沿着压坯高度逐渐减小时，侧压系数也随之减小。侧压力在压制过程中的变化是很复杂的，它对压坯的质量有直接的影响，但又不易直接测定，因而在设计压模时，一般采用侧压系数 $\xi = 0.25$。

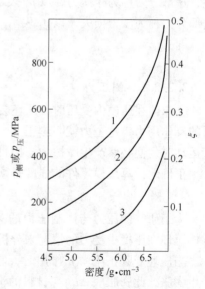

图3-10 压制压力与侧压系数的关系
1—侧压系数；2—压制压力；3—侧压力

3.2.2.2 外摩擦力

实践中可以发现，长期使用的压模，其模控尺寸会渐渐地变大。特别是在压坯最终成形的部位，压模会磨损得更加厉害。这表明在粉末体的压制过程中，运动的粉末体与模壁之间存在着摩擦现象。

A 外摩擦力与压制压力的关系

当粉末体受到压力作用时，粉末体将相对于模壁产生一种运动。由于侧压力的作用，粉末体与模壁之间将产生摩擦压力 $p_{摩擦}$，其方向与压制方向相反（单向压制时），其大小等于侧压力与粉末同模壁之间的摩擦系数 μ 的乘积：

$$p_{摩擦} = \mu p_{侧}$$

外摩擦力有时又叫做摩擦压力损失，可用下式表示：

$$p' = p\exp(-4H\mu\xi/D)$$

式中　p——压制压力；

　　　H——压坯高度；

　　　D——压坯直径。

研究表明，当其他条件一定时，粉末体与模壁间的摩擦系数 μ 和压制压力之间有如下关系：在小于98MPa的低压区，μ 值随压制压力增加而增大；在高压区，对塑性金属粉末，压力在98～196MPa时，μ 值便不随压制压力而变化；对于较硬的金属粉末，当压力达196～294MPa以上时，μ 值也不随压制压力而变化。

实验证明，在一个很宽的压力范围内，ξ 值和 μ 值的关系为：

$$\xi\mu = 常数$$

B　摩擦压力损失与压坯尺寸的关系

当压坯断面尺寸一定时，若采用恒压单向压制，则压坯的高度越大，压坯的上下密度差越大。而且，当 H/D 值由1增加到3时，为了达到同样的压坯密度，所需的单位压制压力几乎要增加一倍。这是由于存在摩擦压力损失的缘故。

对于不同尺寸的压坯，虽然材质完全相同，而所用的压制压力或单位压制压力也不应该是同一数值。否则，压坯会出现分层裂纹等缺陷。

由表3-2可知，为了获得密度大致相同的压坯，2号试样所用的单位压力比1号试样几乎小了三分之一。由此可得出，随着压坯尺寸的增加，所需的单位压制压力也相应地减小。假设压坯是一个理想的正方体，而粉末颗粒也是一些小立方体，如图3-11所示。图3-11表示压坯的边长为2个单位，若每一个粉末颗粒的边长恰好是一个单位长度，那么图3-11a中的全部8个粉末颗粒都与模壁接触，受到外摩擦力的影响。在图3-11b中，压坯边长增加一个单位。这时便有一个粉末颗粒不与模壁接触，即有1/9的粉末颗粒不受外摩擦力的影响。图3-11c中，当压坯边长增加到4个单位时，便有1/4的粉末颗粒不受外摩擦力的影响。图3-11d、e的情况便分别有9/25和16/35的颗粒不与模壁接触。由此可见，当压坯截面积与高度之比为一定值时，尺寸越大，则与模壁不发生接触的粉末颗粒数越多，即不受外摩擦力影响的粉末颗粒百分数便越大。所以压坯尺寸越大，消耗于克服外摩

表3-2　压坯尺寸与单位压制压力的关系

试样编号	压坯尺寸/mm×mm	计算压力		实用压力/kN	实用单位压力/MPa	烧结块尺寸/mm×mm	收缩率/%	
		单位压力/MPa	总压力/kN				外径	内径
1	$\phi_{外}47\times\phi_{内}28$	196	219.2	88～98	80～88	$\phi_{外}36\times\phi_{内}22$	23.4	21.4
2	$\phi_{外}81\times\phi_{内}48$	196	434.2	176～196	53～59	$\phi_{外}62\times\phi_{内}35$	23.5	20.5

注：1. 压坯高度均为外径的一半左右，成形剂为硬脂酸酒精溶液。1、2号产品烧结后各项物理力学性能基本一致；

　　2. 计算压力指用 $\phi10$ 的试样在研究时采用的单位压力和总压力。

擦的压力损失便相应减小。由于总的压制压力是消耗于粉末颗粒的位移、变形以及粉末颗粒的内摩擦和摩擦压力损失，所以对于大的压坯来说，由于压力损失相对减小，因而所需的总的压制压力和单位压制压力也会相应地减小。

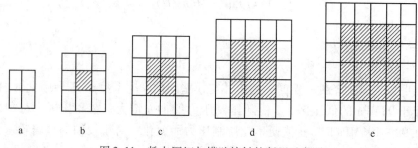

图 3-11　粉末压坯与模壁接触的断面示意图

表 3-3 是从压坯比表面积的角度说明上述规律。由表可知，随着压坯尺寸的增加，压坯的比表面积相对减小，即压坯与模壁的相对接触面积减小，因而消耗于外摩擦的压力损失便相应减小。所以对于尺寸大的压坯所需的单位压制压力比小压坯的要相应减小。

表 3-3　压坯尺寸与压坯比表面积的关系

压坯边长/cm	总表面积/cm²	体积/cm³	比表面积/cm² · cm⁻³
1	6	1	6
2	24	8	3
3	54	27	2
4	96	64	1.5
5	150	125	1.2

C　摩擦力对压制过程及压坯质量的影响

图 3-12 为压制不锈钢粉时，下模冲的压力 p' 与总压制压力 p 的关系。由图 3-12 可知，在无润滑剂情况下进行压制时，外摩擦的压力损失为 88%。当使用硬脂酸四氯化碳溶液润滑模壁时，由于摩擦力的减小，外摩擦的压力损失会降低至 42%。在用 300~600MPa 的压力压制铁粉和铜粉时，也得出了 $p'=Kp$ 的类似关系。因此可以得出结论，外摩擦的压力损失是很大的。在没有

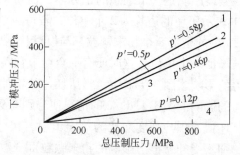

图 3-12　下模冲的压力 p' 与总压制压力 p 的关系
1—用硬脂酸润滑模壁；2，3—用二硫化钼润滑模壁；
4—无润滑剂

润滑剂的情况下，损失可达 60%~90%，这就造成了压坯密度沿高度分布的不均匀。

由此可以看出，在压制过程中，外摩擦力对压制过程会有一系列的影响。由于外摩擦力的方向与压制压力的方向相反，所以它的存在实际上是无益地损耗了一部分压力。为此，为了要达到一定的压坯密度，相应地必须增加一定的压制压力。外摩擦力的存在，将引起压制压力的不均匀分布。特别是当 H/D 值较大、阴模壁表面质量不高（如硬度较低或较粗糙）以及不采用润滑方式等时，沿压坯高度的压力降将会十分显著。摩擦力的存在，将阻碍粉末体在压制过程中的运动，特别是对于复杂形状制品，摩擦力的存在将严重

影响粉末体顺利填充那些棱角部位，而使压制过程不能顺利完成。

为了减少因摩擦而发生的压力损失，可以采用添加润滑剂、提高模具光洁度和硬度、改进成形方式（例如双向压制）等措施。

摩擦力对于压制虽然有不利的方面，但也可以利用它来改善压坯密度的均匀性。例如带摩擦芯杆或浮动压模的压制。

3.2.2.3　脱模压力

为了把压坯从阴模内卸出，所需要的压力称为脱模压力。脱模压力同样受到一系列因素的影响，其中包括压制压力、压坯密度、粉末材料的性质、压坯尺寸、模壁的状况，以及润滑条件等等。

脱模压力与压制压力的关系，主要取决于摩擦系数和泊松比。如压制铁粉时，$p_{脱} = 0.13p$；当压制硬质合金一类制品时，$p_{脱} = 0.3p$。由此可以说明，脱模压力与压制压力成线性关系，即：

$$p_{脱} \leqslant \xi \mu p_{压}$$

但是，对氧化镁进行压制过程的研究，得出脱模压力与压制压力的关系并不是一种简单的线性关系。它与压制压力虽然有关，但是粉末的特性、压坯的尺寸、模壁的特征均对其发生影响。成形剂的加入对脱模压力也有影响。实验证明，润滑性能良好的成形剂，往往可使脱模压力成倍地甚至几十倍地降低。

在小压力和中等压力下压制时，一般说来，压制压力小于或等于 $300 \sim 400\,MPa$ 时，脱模压力一般不超过 $0.3p$。

3.2.2.4　弹性后效

在压制过程中，当卸掉压制压力并把压坯从压模中压出后，由于弹性内应力的作用，压坯将发生弹性膨胀，这种现象称为弹性后效。弹性后效通常以压坯胀大的百分数来表示。弹性膨胀现象的原因是：粉末体在压制过程中受到压力作用后，粉末颗粒发生弹塑性变形，从而在压坯内部聚集很大的内应力——弹性内应力，其方向与颗粒所受的外力方向相反，力图阻止粉末颗粒变形。当压制压力消除后，弹性内应力便要松弛，改变颗粒的外形和颗粒间的接触状态，这就使粉末压坯发生膨胀。如前所述，压坯的各个方向，其受力大小不同，弹性内应力也就不同。所以，压坯的弹性后效就有各向异性的特点。由于轴向压力比侧压力大，因而沿压坯高度的弹性后效比横向的要大一些。压坯在压制方向的尺寸变化可达 $5\% \sim 6\%$；而垂直于压制方向上的变化为 $1\% \sim 3\%$。不同粉末在轴向上的弹性后效或径向上的弹性后效与压制压力的关系如图 3-13 和图 3-14 所示。

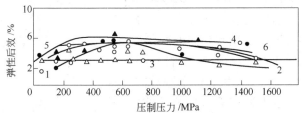

图 3-13　各种粉末的轴向弹性后效与压制压力的关系

1—雾化铅粉；2—研磨铬粉；3—涡旋铁粉；4—电解铁粉（1.4%氧化铁）；

5—电解铜粉；6—电解铁粉（25.8%氧化铁）

影响弹性后效大小的因素很多，如粉末的种类及其粉末特性（粒度和粒度组成、粉末颗粒形状、粉末硬度等）、压制压力大小、加压速度、压坯孔隙度、压模材质和结构以及成形剂等。图 3-15 为不同方法制取的铁粉和铜粉的弹性后效。

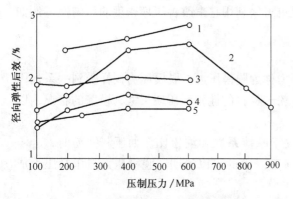

图 3-14　径向弹性后效与压制压力的关系
1—钨粉；2—碳化钨粉；3—铁粉；4—铜粉；5—铅粉

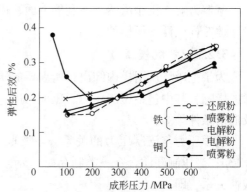

图 3-15　各种粉末的弹性后效

由图 3-15 可知，各种铁粉因其颗粒的表面形状、内部结构和纯度不同对其塑性的影响不同，因而应力的消除或弹性应变的回复就不同，弹性后效也就不同。电解铁粉、还原铁粉和雾化铁粉由于压制性能依次降低，所需压制压力依次加大，因而弹性后效依次加大。雾化铜粉的弹性后效随着成形压力的升高而增大。在电解铜粉的弹性后效曲线上出现拐点是由于电解铜粉是树枝状结构，加压时容易崩坏，粉末间产生松弛现象。因此，在弹性后效曲线转折点的前段（左侧）出现压坯膨胀，如果压力增加，随着粉末颗粒的崩坏和松弛，弹性后效达到极小点；在曲线转折点的后面阶段，由于弹性应变的回复而出现膨胀。此转折点可以看成是粉末集合体与压坯的转变点。

弹性后效还受粉末粒度的影响，如果还原铁粉粒度小，则弹性后效大。电解铜粉在成形压力为 100~300MPa 时，则与此相反。另外，压坯形状不同也有影响，轴套状和片状压坯的弹性后效不同。压模的材质和结构对弹性后效也有影响。

压坯和压模的弹性应变是产生压坯裂纹的主要原因之一。由于压坯内部弹性后效不均匀，所以脱模时会在薄弱部分或应力集中部分出现裂纹。

3.2.3　压制压力与压坯密度的关系

3.2.3.1　金属粉末压制时压坯密度的变化规律

粉末体在压模中受压后发生位移和变形，随着压力的增加，压坯的相对密度出现有规律的变化，通常将这种变化假设为如图 3-16 所示的三个阶段。

第Ⅰ阶段：在此阶段内，由于粉末颗粒发生位移，填充孔隙，因此当压力稍有增加时，压坯的密度增加很快，所以此阶段又称为滑动阶段（曲线 a 部分）。

第Ⅱ阶段：压坯经第Ⅰ阶段压缩后，密度已达一

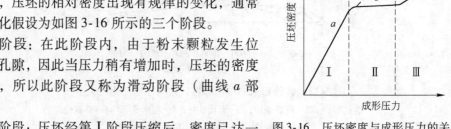

图 3-16　压坯密度与成形压力的关系

定值。这时粉体出现了一定的压缩阻力。在此阶段内压力虽然继续增加，但是压坯密度增加很少（曲线 b 部分）。这是因为此时粉末颗粒间的位移已大大减小，而其大量的变形尚未开始。

第Ⅲ阶段：当压力超过一定值后，压坯密度又随压力增加而继续增大（曲线 c 部分），随后又逐渐平缓下来。这是因为压力超过粉末颗粒的临界应力时，粉末颗粒开始变形，而使压坯密度继续增大。但是当压力增加到一定程度时，粉末颗粒剧烈变形造成的加工硬化，使粉末进一步变形发生困难。因此，在此之后随压力的增加，压坯密度的变化不大，逐渐平缓下来。

应该指出，实际过程的情况往往是很复杂的。在第Ⅰ阶段，粉末体的致密化虽然以粉末颗粒的位移为主，但同时也必然会有少量的变形；同样在第Ⅲ阶段，致密化是以粉末颗粒的变形为主，而同时伴随着少量的位移。

另外，第Ⅱ阶段的情况也是根据粉末各类而有所差异。对于铜、铅、锡等塑性材料，压制时，第Ⅱ阶段很不明显，往往是第Ⅰ、Ⅲ阶段互相连接；对于硬度很大的材料，则要使第Ⅱ阶段表现出来就要相当高的压力。图 3-17 是实际条件下的压坯密度与压制压力的关系。

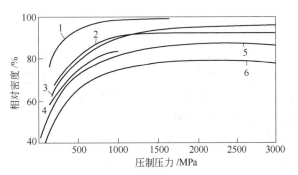

图 3-17　压坯相对密度与压制压力关系
1—银粉；2—涡旋铁粉；3—铜粉；
4—还原铁粉；5—镍粉；6—钼粉

3.2.3.2　压制压力与压坯密度的定量关系

从理论上寻求一个方程来描述粉末体在压制压力作用下压坯密度增高的现象，是一个受人关注的问题。因此，人们在这方面曾进行了大量的研究工作。目前已经提出的压制压力与压坯密度的定量关系式（包括理论公式和经验公式）有几十种之多。

虽然提出的公式很多，但无十分理想的公式。这是由于多数理论都把粉末体作为弹性体来处理，有的未考虑到粉末在压制过程中的加工硬化，有的未考虑到粉末之间的摩擦，并且粉末颗粒之间各不相同，这些都将影响到压制理论的正确性和使用范围。进一步探索和研究出符合实践，并能起指导作用的压制理论是今后有待解决的重要课题。

下面简单介绍几个有代表性的压制理论。

A　巴尔申压制方程

巴尔申认为在压制金属粉末的情况下，压力与变形之间的关系符合虎克定律。如果忽略加工硬化因素，经数学处理后可以得到：

$$\lg p = \lg p_{max} - L(\beta - 1)$$

式中　p_{max}——相对于压至最紧密状态（$\beta = 1$）时的单位压力；

　　　L——压制因素；

　　　β——压坯的相对体积。

巴尔申压制方程经许多学者的验证，表明此方程仅在一定的场合中才是正确的。压制

因素 L 取决于粉末粒度和粒度组成。由上式可知，压坯相对体积 β 与压制压力的对数值 $\lg p$ 成直线关系。但实际的压制曲线不是直线。并且随着压制压力的增加，压制因素是变化的，它随压力的增加而增大，临界应力值也发生变化。图3-18为巴尔申方程压制图。

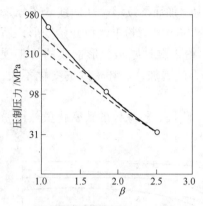

图3-18　巴尔申方程压制图

巴尔申方程与实际情况不大一致。首先是由于该方程将粉末体当作理想弹性体看待，将虎克定律运用于压制过程。但实际上，虎克定律并不适用于粉末体的压制过程。在压制初期，较小的压力就可以使粉末体发生很大的塑性变形，压制终了时，这种塑性变形可达到70%以上。因此，一些学者提出应把粉末体看作为弹塑性体。其次，该方程未考虑摩擦力的影响。在压制过程中，粉末颗粒之间或粉末与模壁之间存在着摩擦，从而必然出现压力损失。第三，巴尔申假定粉末变形时无加工硬化现象，事实上，加工硬化在此过程中必然会出现。并且粉末越软，压制压力越高，则加工硬化现象越严重。第四，巴尔申未考虑压制时间的影响。最后，他也没有考虑或忽略了粉末的流动性质等。

综上所述，巴尔申在推导其压制方程的过程中，作了一些与实际情况有较大出入的假设，因此该压制理论只有在某些情况下才能应用。

B　川北公夫压制理论

日本的川北公夫研究了多种粉末（大部分是金属氧化物）在压制过程中的行为。采用受压面积为 $2 \mathrm{cm}^2$ 的钢压模，粉末粒度200目左右，粉末装入压模后在压机上逐步加压，最高压力达0.1MN。然后测定粉末体的体积变化，作出各种粉末的压力-体积曲线，并得出有关经验公式：

$$C = \frac{V_0 - V}{V_0} \times 100\% = \frac{abP}{1 + bP} \times 100\%$$

式中　C——粉末体积减少率；

　　　a，b——系数；

　　　V_0——无压时的粉末体积；

　　　V——压力为 P 时的粉末体积。

粉末体积减少率和压力之间的关系如图3-19所示。

川北在研究压制过程时作了一些假设：(1) 粉末层内各点的压力相等。(2) 粉末层内各点的压力是外力 P 和粉末体内固有的内压力 P_0 之和，这种内压力可以根据粉末的聚集或吸附力来考虑，并与粉末的屈服值有密切关系。(3) 粉末层各断面上的外压力与各断面上粉末的实际断面积受的压力总和保

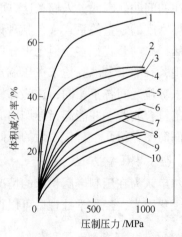

图3-19　粉末体积减少率和压力之间的关系
1—氧化镁；2—滑石粉；3—硅酸铝；
4—氧化锌；5—皂土；6—氯化钾；
7—硅酸镁；8—糖；9—碳酸钙；
10—糊精

持平衡状态。外压如增加，粉末体便收缩。因此，在各断面上粉末颗粒的实际接触断面积增加，于是重新又处于平衡状态。（4）每个粉末颗粒仅能承受它所固有的屈服极限。（5）粉末压缩时各个颗粒位移的几率和它邻接的孔隙大小成正比，粉末层所承受的负荷和颗粒位移几率成反比。

C 黄培云压制理论方程

黄培云对粉末压制成形提出一种新的压制理论公式：

$$\lg\ln\frac{(\rho_m - \rho_0)\rho}{(\rho_m - \rho)\rho_0} = n\lg p - \lg M$$

式中 ρ_m——致密金属密度；

ρ_0——压坯原始密度；

ρ——压坯密度；

p——压制压强；

M——压制模数；

n——硬化指数的倒数，$n = 1$ 时无硬化出现。

用等静压法对各种软、硬粉末如锡、锌、铜、黄铜、铁、镍、钴、钼、铬、钨、碳化钨和碳化钛等在 $0 \sim 600MPa$ 范围内进行压形试验，以及用普通模压法对钼、铜、铁、钨等粉末进行压制实验都证实了上述规律的正确性。表明双对数压制方程不仅适用于等静压制，也适用于一般单向压制。

比较上述各压制方程可以看出，在多数情况下，黄培云的双对数方程不论硬、软粉末适用效果都比较好。巴尔申方程用于硬粉末比软粉末效果好。川北公夫方程则在压制压力不太大时较为优越。

应该指出，在粉末冶金界一直比较流行的是巴尔申压制方程。这一方面是由于其提出的年代较早，另一方面也是由于后来所提出的一些方程无论在理论上还是在实践上都没有明显的优于巴尔申方程。上述各方程虽各有其明显的弱点，但却指明了压制理论的研究方向，所以至今仍在流行着。

3.2.4 压坯密度及其分布

压制过程的主要目的之一是要求得到一定的压坯密度，并力求密度均匀分布。但是实践表明，压坯密度分布不均匀却是压制过程的主要特征之一。因此改进压制过程，使压坯密度均匀分布是很重要的。

3.2.4.1 压坯密度分布规律

由于模壁与粉末之间摩擦力的存在，即使是压制方向上厚度相等的零件，压坯密度也是不均匀的。在粉末中加入润滑剂，将减小粉末之间以及粉末与模壁之间的摩擦力，使压坯密度趋于均匀。而且，上、下模冲同时施加压力将改善压坯密度分布，如图 3-20 所示。在给定压力下压制的圆柱压坯，其压坯密度和密度分布取决于模冲横截面积与模壁面积之比，这一比例越大，密度越高，密度分布越均匀。换句话说，短粗压坯比细长压坯更容易致密。

在测定压坯密度分布的方法中，一种比较麻烦的方法是将压坯沿径向和轴向切成小片，再测定每一片的密度。一种较简单的测定密度分布的方法是在压坯的抛光截面上测量宏观硬度，例如洛氏硬度。这种硬度的测量对孔隙度敏感。为了得到必需的硬度与密度之间的关系，以递增的压力压制一系列较薄的、密度均匀的压坯，压坯的密度是递增的。测

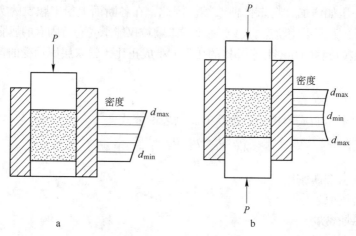

图 3-20　高压坯的密度分布

a—仅通过上模冲加压；b—上、下模冲同时加压

量这些薄压坯密度与硬度，得到的读数作为密度与硬度关系的标准，用于测定较大压坯的密度分布。

图 3-21 表示用硬度方法测定的镍粉压坯（直径 20mm，高 17.5mm，压制压力 710MPa）的密度分布。这是单向压制压坯的典型密度分布。最高的密度出现在外圆周的顶部，在此处模壁摩擦导致粉末颗粒间最大的相对运动。圆周上的密度从顶部到底部很快下降，在底部的角上达到最低密度。在压坯中心线，模壁与粉末间的摩擦最小，密度分布比较均匀。中心线上密度的最大值出现在压坯高度的一半左右。

参看图 3-21，在压坯的高度方向以及在横截面上都存在密度差。这些差异是由于模冲作用在粉末上的应力不均匀传递造成的。应力中不但包括压应力，也包括剪

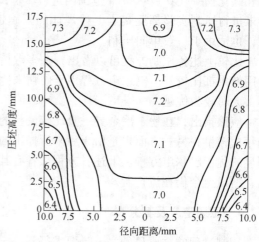

图 3-21　仅通过上模冲加压压制的镍圆柱压坯中的密度分布

切应力和拉伸应力。通过在模冲及模套上使用应变测量计对这些应力的方向和大小进行了测定。图 3-22 中表示出了 690MPa 压制的不同高径比圆柱铜压坯的等应力线。可以看出，在这些仅从顶部压制的压坯中，随着高径比的增大，压坯底部的压力越来越小。而且从压坯的圆周到中心线传递的压力大小也有差异。

3.2.4.2　影响压坯密度分布的因素

由上所述，压制时所用的总压力为净压力与压力损失之和。压力损失是模压中造成压坯密度分布不均匀的主要原因。实验证明，增加压坯的高度（H）会使压坯各部分的密度差增大；而加大直径（D）则会使密度的分布更加均匀。H/D 之比越大，压坯密度差就越大。为了减小密度差别，应降低压坯的高径比 H/D。采用模壁表面粗糙度低的压模，并在

模壁上涂润滑油,能够降低摩擦系数,改善压坯的密度分布。另外,压坯中密度分布的不均匀性,在很大程度上可以用双向压制来改善。在双向压制时,与上、下模冲接触的两端密度较高,而中间部分的密度较低(图3-20)。

图3-23表示电解铜粉压坯密度沿高度的分布。由图3-23可知,单向压制时,压坯各截面平均密度沿高度直线下降(直线1);在双向压制时,尽管压坯的中间部分有一密度较低的区域,但密度的分布状况已有了明显的改善(折线3)。此外,由图中的直线2可以看出,添加的石墨起到了润滑剂的作用,大大减小了摩擦力的损失,使压坯密度分布明显改善。

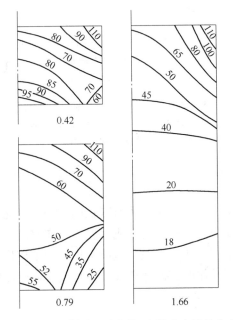

图 3-22　不同高径比铜压坯中等应力线的分布
(高径比为0.42、0.79和1.66,压制压力为690MPa)

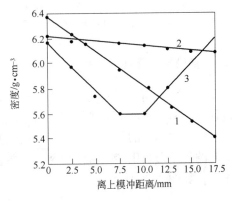

图 3-23　电解铜粉压坯密度沿高度的变化
1—单向压制,无润滑剂;2—单向压制,添加4%石墨粉;
3—双向压制,无润滑剂

实践中,为了使压坯密度分布得更加均匀,除了采用润滑剂和双向压制外,还可采取利用摩擦力的压制方法。虽然外摩擦是密度分布不均匀的主要原因,但在许多情况下却可以利用粉末与压模零件之间的摩擦来减小密度分布的不均匀性。例如,套筒类零件(如汽车钢板销衬套、含油轴套、汽门导管等)就应在带有浮动阴模或摩擦芯杆的压模中进行压制。因为阴模或芯杆与压坯表面的相对位移可以引起与模壁或芯杆相接触的粉末层的移动,从而使得压坯密度沿高度分布得均匀一些,如图3-24所示。

用带摩擦芯杆的压模进行压制时,如只润滑可动芯杆,则出现密度沿高度方向急剧降低的现象(图3-25中的曲线1)。这时,粉末与阴模壁的摩擦,会引起压坯密度沿高度的降低,而经过润滑后的芯杆因摩擦力极小,就不会引起粉末层的移动。只润滑模壁时情况相反(图3-25中的曲线2),没有润滑的芯杆运动时,会带动粉末颗粒向下移动。这使得压坯密度随着距上模冲端面距离的增加而增大。不采用润滑剂(图3-25中的曲线3)时,密度分布得比较均匀;而对芯杆和阴模都进行润滑时,密度沿高度的变化最小(图3-25中曲线4),这是由于内外层粉末颗粒自由移动所致。

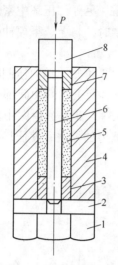

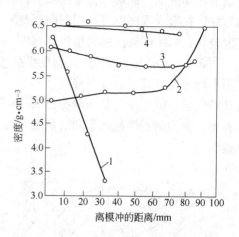

图 3-24　带摩擦芯杆的压模
1—底座；2—垫板；3—下压环；4—阴模；
5—压坯；6—芯杆；7—上压环；8—限制器

图 3-25　套管压坯密度沿高度的变化
1—只润滑芯杆；2—只润滑阴模；3—不润滑；
4—同时润滑芯杆和阴模

3.2.5　复杂形状压坯的压制

在压制横截面不同的复杂形状压坯时，必须保证整个压坯内的密度相同。否则，在脱模过程中，密度不同的衔接处就会由于应力的重新分布而产生断裂或分层。压坯密度的不均匀也将使烧结后的制品因收缩不同造成变形也不同，从而出现开裂或歪扭。为了使横截面不同的复杂形状压坯的密度均匀，需要设计不同动作的多模冲压模，并且使它们的压缩比相等，如图 3-26 所示。

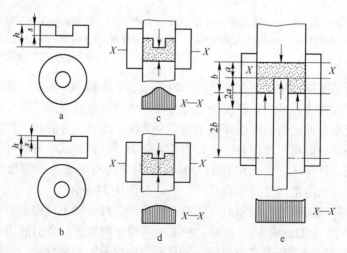

图 3-26　复杂形状压坯的压制
a，b—压坯形状；c，d—简单模冲压制示意图及压坯密度分布；e—多模冲压制示意图及压坯密度分布

对于具有曲面形状的压坯，压模结构也必须作相应的调整，以便使压坯密度尽可能均匀。由图 3-27 可知，当压坯截面上各部分的压缩比相同时，其密度也就可以均匀。即 $P=$

P_0 面为理想充填面，压缩比为 4：1；P_1 和 P_2 面的压缩比为 3：1 和 2：1，是中间的理想压缩面，$h_0 = 4h$，$h_1 = 3h$，$h_2 = 2h$。然而，这种理想的加压方法在实际上是不大可能的。

为了使压坯密度分布尽可能均匀，生产上可以采取一些行之有效的措施：（1）压制前对粉末进行还原退火等预处理，消除粉末的加工硬化，减少杂质含量，提高粉末的压制性能。（2）加入适当的润滑剂或成形剂，如铁基零件的粉末混合料中加硬脂酸锌、机油等；硬质合金混合料中加橡胶（石蜡）汽油油溶液或聚乙烯醇等塑料溶液。（3）改进加压方式，根据压坯高度 H 和直径 D 或厚度 t 的比值而设计不同类型的压模。当 $H/D \leqslant 1$ 而 $H/t \leqslant 3$ 时，可采用单向压制；当 $H/D > 1$ 而 $H/t > 3$ 时，则需采用双向压制；当 $H/D > 4$ 时，需要采用带摩擦芯杆的压模，或双向浮动压模、引下式压模等。当对压坯

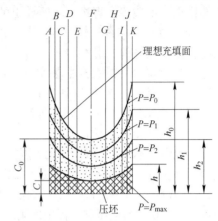

图 3-27   曲面压坯的压制方法

密度的均匀性要求很高时，则需采用等静压制。对于细而长的制品，可以采用挤压或等静挤压成形。（4）改进模具构造或者适当变更压坯形状，使不同横截面的连接部位不出现急剧的转折。模具的硬度一般需要达到 HRC58 ~ 63。粉末运动部位的表面粗糙度应达到 $0.2\mu m$ 以下，以便降低粉末与模壁的摩擦系数，减少压力损失，提高压坯密度的均匀性。

3.2.6 成形剂

粉末体在压制过程中，外摩擦力的存在会引起压制压力沿压坯高度降低。减少摩擦的方法有两种：一种是使用低粗糙度和高硬度的模具；另一种就是在粉末混合料中加入成形剂（或润滑剂）。使用成形剂除可以促进粉末颗粒变形、改善压制过程、降低单位压制压力外，还可以提高压坯强度，减少粉尘飞扬，改善劳动条件。同时，由于摩擦压力损失大幅度减少，故在一定的压力下，便可显著提高压坯的密度及其分布的均匀性，并且可以减少由此而产生的各种压制废品。摩擦力的减小，也将改善压坯表面质量。在粉末混合料中加入成形剂后，由于可以减小摩擦压力损失和粉末颗粒变形所需的净压力，因而还可以明显提高压模寿命。例如，压制镍粉时，当采用 0.5% 的苯甲酸作成形剂时，对不同材质压模的寿命均有大的提高，模具钢阴模寿命提高 16 倍，硬质合金阴模寿命提高 35%。另外，加入成形剂后可以大大减少粉末与模壁之间的冷焊作用，也可使压模寿命提高。因为冷焊造成的黏模结果，将损坏压模表面的精度和粗糙度，这将使摩擦现象更为严重，压模寿命明显缩短。

成形剂对压模寿命的影响见表 3-4。

表 3-4   成形剂对压模寿命的影响

阴模材料	压 坯 数 量	
	不加成形剂	加 0.5% 苯甲酸
碳素钢	100	1800
硬质合金	700000	950000

选择成形剂的原则有以下几方面:

(1) 成形剂的加入不会改变混合料的化学成分。成形剂在随后的预烧或烧结过程中能全部排除,不残留有害物质。所放出的气体对人体无害。

(2) 成形剂应具有较好的分散性能,即少量的润滑剂就可达到较满意的效果,具有适当的黏性和良好的润滑性,并且易于和粉末料混合均匀。

(3) 对混合后的粉末松装密度和流动性影响不大。除特殊情况外(如挤压),其软化点应当高,以防止混合过程中的温升而熔化。

(4) 烧结后对产品性能和外观等没有不良影响。

(5) 成本低,来源广。

实践中,不同的金属粉末必须选用不同的物质作成形剂。铁基粉末冶金制品经常使用的成形剂有硬脂酸、硬脂酸锌、硬脂酸钡、硬脂酸锂、硬脂酸钙、硬脂酸铝、硫黄、二硫化钼、石墨粉和机油等。硬质合金经常使用的成形剂有合成橡胶、石蜡、聚乙烯醇、乙二脂和松香等。在粉末冶金压制过程中使用的成形剂还有淀粉、甘油、凡士林、樟脑以及油酸等。

这些成形剂有的直接以粉末状态与金属一起混合;有的则先要溶于水、酒精、汽油、丙酮、苯以及四氯化碳等液体中,再将溶液加入到粉末中去。液体介质在混合料干燥时能挥发掉。

成形剂的加入量与粉末种类、粒度大小、压制压力以及摩擦表面有关,并与成形剂本身的性质有关。一般说来,细颗粒粉末所需的成形剂加入量比粗粒度粉末所需的加入量要多一些。例如,粒度为 $20 \sim 50 \mu m$ 的粉末,每 $1 kg$ 混合料中加入 $3 \sim 5 g$ 表面活性成形剂,方能使每个颗粒表面形成一层单分子层薄膜;而粒度为 $0.1 \sim 0.2 mm$ 的粗粉末,则只需加入 $1 g$ 就足够了。实践表明,压制铁粉零件时,硬脂酸锌的最佳含量为 $0.5\% \sim 1.5\%$;压制硬质合金时,橡胶或石蜡的加入量一般为 $1\% \sim 2\%$。如使用聚乙烯作成形剂,其用量仅为 0.1% 左右。

成形剂的加入量随压坯形状因素的不同而不同(图3-28)。所谓形状因素是指摩擦表面积与横截面积之比。由图可知,成形剂的加入量与形状因素成正比。当横截面一定时,压坯的高度越高,所需成形剂的量越多。如压制较长的汽车用铁基钢板销轴套或汽门导管时,需加入 1% 硬脂酸锌;而压制较短的含油轴套时,加入 $0.3\% \sim 0.5\%$ 就足够了。

成形剂的加入量还会影响到压坯密度和脱模压力,如图3-29所示。

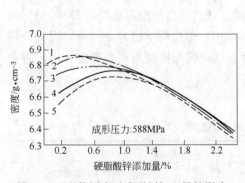

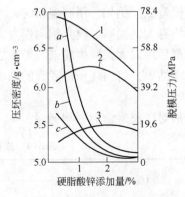

图 3-28　形状因素对成形剂加入量的影响
形状因素:1—0.5;2—1.0;3—2.0;
4—2.4;5—8.0

图 3-29　成形剂加入量对铁粉压坯密度和脱模压力的影响
1—压制压力823MPa;2—压制压力412MPa;3—压制压力206MPa
a, b, c—与上述压制压力对应的脱模压力

　　成形剂的加入量对粉末流动性、松装密度的影响如图 3-30 所示。图中还给出了成形剂粒度的影响。因此在选择成形剂时需要综合考虑成形剂的数量及其粒度大小。

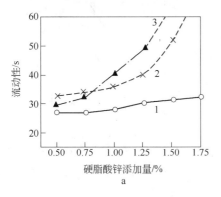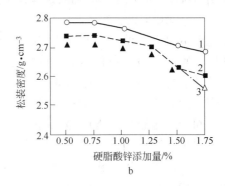

　　　　　　a　　　　　　　　　　　　　　　　　　b

图 3-30　成形剂粒度对粉末流动性和松装密度的影响

a—成形剂对流动性的影响；b—成形剂对松装密度的影响

1—4.5μm；2—1.9μm；3—1μm

　　图 3-31 是成形剂对烧结体抗弯强度的影响。

　　由上面叙述可知，加入成形剂对压坯质量和烧结性能都有影响，所以应从多方面综合考虑正确地选择和使用成形剂。

　　上述成形剂都是直接加入粉末混合料的，而且大都起着润滑剂的作用。这种润滑粉末的成形剂虽然广泛地使用，但也有一些不足：

　　（1）降低了粉末本身的流动性，如图 3-30 所示。

　　（2）成形剂本身需占一定的体积，实际上使得压坯密度减小，不利于制取高密度的制品。

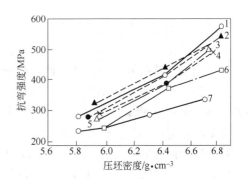

图 3-31　成形剂对铁粉烧结体抗弯强度的影响

1—无润滑剂；2—硬脂酸铜（1.25%）；

3—硬脂酸钡（0.75%）；4—硬脂酸锌（1.25%）；

5—硬脂酸（1%）；6—硬脂酸锂（1%）；

7—硬脂酸钙（1.25%）

　　（3）压制过程中因成形剂的阻隔，金属粉末之间的相互接触程度降低，从而降低了某些压坯的强度。

　　（4）成形剂在烧结前或烧结中排除，因而可能损伤烧结体的外观，排除的气体可能影响炉子的寿命，有时甚至污染空气。

　　（5）某些成形剂容易和金属粉末起作用，降低产品的力学性能。

　　由上分析，也可不把成形剂加入混合料中而直接润滑压模。常用润滑压模的润滑剂有：硬脂酸、硬脂酸盐类、丙酮、苯、甘油、油酸、三氯乙烷等。

　　图 3-32 为不同润滑方式对压坯密度的影响。由图可知，当成形压力比较低时，润滑粉末比润滑压模得到的压坯密度要高。然而，在高压时情况则相反。润滑压模时的脱模压力比润滑粉末时要小一些。实际生产中，成形剂有时常常兼作造孔剂。

3.2.7 压制工艺参数

在压制过程中，有两个参数需要选择，一是加压速度，一是保压时间。

加压速度指粉末在模腔中沿压头移动方向的运动速度，它影响粉末颗粒间的摩擦状态和加工硬化程度，影响空气从粉末间隙中逐出，影响压坯密度的分布。压制原则是先快后慢。

保压时间指在压制压力下的停留时间。在最大压力下保持适当时间，可明显提高压坯密度。原因之一是使压力传递充分，有利于压坯各部分的密度均匀化；其二是使粉末间空隙中的空气有足够的时间排除；第三是给粉末颗粒的相互啮合与变形以充分的时间。

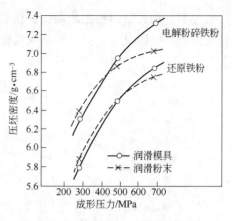

图 3-32　润滑方式对压坯密度的影响

3.3　压制模具和自动压制

当用粉末冶金技术制造结构零件时，为了实现低成本的生产，必须使用自动压机和成形模具。本节将讨论成形模具的构件以及这些构件的运动顺序。

粉末冶金零件按复杂程度递增性可以分成四类：

第 1 类：等高零件，厚度薄，可以仅仅通过单向压制即可压制成形。这些零件具有复杂的轮廓，但厚度很薄，可以通过一个方向施加压力而成形。

第 2 类：等高零件，但高径比较大，压制过程中需要同时从顶部和底部施加压力。

第 3 类：两台阶零件，从顶部和底部加压成形。

第 4 类：多台阶零件，从顶部和底部加压成形。

图 3-33 ~ 图 3-36 分别表示第 1~4 类的典型零件。

图 3-33　第 1 类零件：单向压制的薄等高零件

图 3-34　第 2 类零件：双向压制的等高零件

下面解释模具的设计，包括两种主要的脱模方法：下模冲脱模以及拉下阴模。其中详细地给出了第 1 类和第 2 类零件的压制，从而使自动压制的原理更清楚，而不讨论更复杂零件的模具设计。

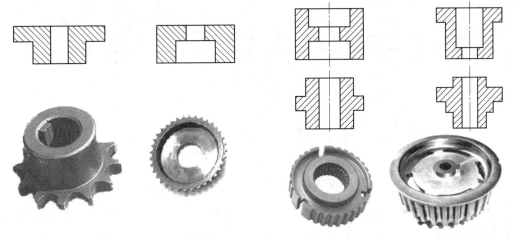

图 3-35 第 3 类零件：两台阶零件　　　　　图 3-36 第 4 类零件：多台阶零件

3.3.1 一个台面零件的压制

图 3-37 表示成形中心有孔的第 1 类零件的模具，包括阴模、上模冲、下模冲和芯棒。送粉器或装粉靴中的粉末来自于加料斗（图中未示出），可以一次移动到模腔上方并退回，或者摆动或往复运动几次。粉末由装粉靴落下并充满模腔，接着装粉靴退回，如图 3-37 中的"装粉位置"所示。上模冲下降并进入模腔，而此时芯棒和下模冲保持静止不动。当上模冲到达"压制位置"时，将粉末压制成压坯。接着上模冲向上移动并移出模腔，下模冲上升直到与模具顶面平齐，将压坯顶出。这是"脱模位置"。当装粉靴再次移动到模腔上方充填模腔时，将刚刚压制的压坯推开。

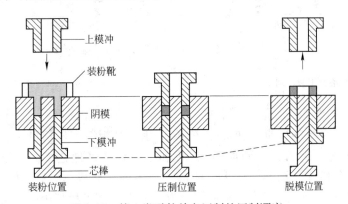

上模冲
装粉靴
阴模
下模冲
芯棒
装粉位置　　　　　压制位置　　　　　脱模位置

图 3-37 第 1 类零件单向压制的压制顺序

单向压制第 1 类零件的另一种方法是，在模腔装满粉末后，使用滑动铁砧而不是上模冲封闭模具的顶部。接着通过下模冲的上移施加压力。

图 3-37 中压制的零件是一个短衬套。图 3-38 表示一个长衬套的压制，即第 2 类零件的压制。模腔充满粉末后，上、下模冲同时运动，上模冲进入模腔并向下运动，下模冲向上运动，直到二者到达"压制位置"。由于上、下模冲在压制过程中以相同速率同时移动，所以压坯中的最小密度面或称中性面位于中间。

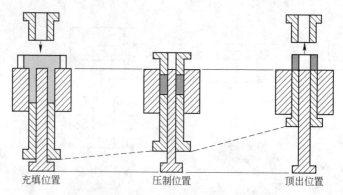

图 3-38　第 2 类零件双向压制的压制顺序

　　双向压制也可以采用另外的方法实现。在压制过程中保持下模冲静止不动，但阴模模板装在弹簧上处于浮动状态，如图 3-39 所示。当上模冲进入模腔时，粉末与模具之间的摩擦使阴模模板克服弹簧的阻力向下移动。也可以将阴模模板装在液压缸上代替弹簧。压制过程中，阴模模板的移动与下模冲的移动具有相同的作用，使压力同时从上、下模冲施加在压坯上。

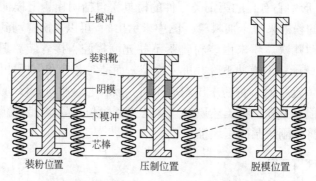

图 3-39　第 2 类零件浮动阴模压制的压制顺序

3.3.2　使用拉下系统的压制

　　在图 3-37 和图 3-38 所示的压制顺序中，压坯由下模冲顶出。另一种脱模的方法是使用拉下系统。此系统的模具动作如图 3-40 所示。基板装在压机的床身上，穿过基板轴瓦的圆柱将两块可移动的模板即阴模模板和下模板刚性地连接在一起。在拉下系统中，上模冲以及阴模模板和下模板组件的运动将零件压制成形。装在基板上的下模冲，在压制过程中并不运动。阴模装在阴模模板上，芯棒装在下模板上。当装粉靴或送粉器将模腔充满粉末后，上模冲和阴模模板同时向下运动，从而实现双向压制。压制完后，上模冲向上运动，但阴模模板和下模板继续向下运动，直到阴模模板的顶面与下模冲平齐。此时完成脱模，压坯由装粉靴推开。阴模模板和下模板接着回到装粉位置，开始下一个压制循环。

　　此系统的特征在于使用可移动的或嵌入式模架。在模架中，模具、阴模模板、基板、下模板、下模冲和芯棒组合在一起作为一个单元嵌入压机中。模架也可用于下模冲脱模的压制，但对于具有拉下系统的压制则必须使用模架。

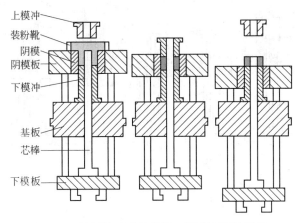

上模冲
装粉靴
阴模
阴模板
下模冲
基板
芯棒
下模板

图 3-40 使用拉下系统的第 2 类零件压制顺序

3.3.3 多模冲动作压制

多动作压机是用于生产具有两个或两个以上台阶的零件的复杂系统。零件的各个台阶是由单独的上、下模冲成形的。上、下模冲都运动，对粉末施加压力。每个模冲的位移量必须是可调的，以便在压坯的不同部分获得所需的压缩比（压坯密度）。也可以使用可移动的芯棒。图 3-41 表示这一系统的基本特征。在模腔中充满粉末，其中下模冲的位置决定装粉的深度。当上模冲超过一个时，通过"粉末移送"调节上模冲端面附近的粉末。当上模冲下降并接触粉末时通过使下模冲适当下降，粉末运动并填充在上模冲形成的凹陷处。在这一步骤中不发生粉末的致密化，因为没有对粉末施加压力。

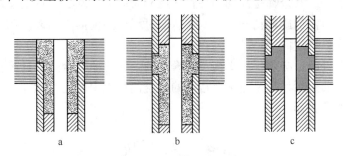

图 3-41 多动作压制系统
a—装粉；b—粉末移送；c—最终压制

下一个步骤是通过两套模冲施加的正压力产生粉末的实际压缩。如果要达到整个压坯上压坯密度的均匀，不同模冲在压制过程中必须移动不同距离。模冲的运动必须保证施加压力前松装粉末的高度与压制后的压坯高度之比对于内、外模冲是相同的。这个比例是所用粉末的压缩比。脱模可以利用下模冲的向上运动或者通过拉下阴模。多动作（浮动阴模）拉下式压机可以生产很复杂的多台阶零件。图 3-42 中所示的系统可以生产具有 5 个台阶和一个中心孔的零件。压制此零件的顺序包括 7 个步骤（图 3-42a ~ g）：

（1）当阴模、下模冲和芯棒位于其最高位置时粉末充填模腔。

（2）上模冲下降并接触粉末。

（3）粉末处于压制的初始阶段：上模冲和阴模都下降，芯棒下降，外下模冲和中下模

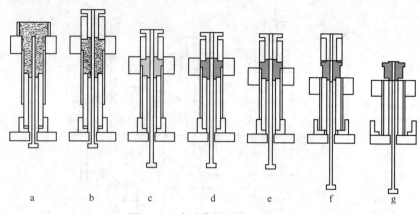

图 3-42　多动作拉下式压制系统

冲下降并由机械限位块限位。

（4）内上模冲进一步下降，压缩粉末。

（5）开始脱模：阴模略微下移。

（6）外上模冲移动并由内上模冲的凸缘挡住，从而两个模冲的端面平齐，底部的机械限位块侧向移开，外下模冲下降，阴模下降，阴模与外、中下模冲的顶面平齐，芯棒进一步下降。

（7）上模冲退回，底部限位块继续移动，外下模冲到达其最低位置，芯棒和阴模下降到其最低位置，阴模、下模冲和芯棒的顶面平齐，零件脱模完成。

在此系统中，多数模冲、芯棒和阴模的运动是下降的。所有的下模冲，除了一个用于成形零件的下表面外，其余都是浮动的并且在压制时向下运动。它们的运动都由机械限位块控制，从而得到所需的压坯精确尺寸。在压制过程中阴模向下运动。用于在压坯中形成孔的芯棒也在压制过程中向下运动。

在压制复杂零件时，必须仔细平衡不同模冲的弹性挠曲。合适的计算机程序对于模具设计以及对这些挠曲进行计算是非常有帮助的。压制过程中所有的运动需要高度同步，微处理器可以用于顺序控制。

3.4　压　　机

压制模具各构件的运动由压机的压头带动。压机的结构请参阅设备制造商提供的说明书。这里列举自动压制所用的压机类型。成形所用的压机包括机械压机、液压机，或者以上两种的组合。对于机械压机，以示意图的形式表示了压机的动作。

3.4.1　机械压机

机械压机的动作方式，即电机、齿轮和飞轮的旋转运动转换成压制金属粉末所需的垂直线性运动的方式，可以分为三种：偏心轮式或曲轴式；肘杆式或曲柄连杆式；凸轮式，也包括旋转压机。

曲轴式、肘杆式和凸轮式压机分别示于图 3-43 ~ 图 3-45 中。凸轮式压机一般的压力极限为 890kN。肘杆式压机用于成形较短的但截面较大的、需要较高压力的零件。标准的曲轴式压机的压力范围为 6.7 ~ 7340kN。在很多机械压机中,压头是由不同机构组合驱动的。机械压机的生产率与其最大压制压力有关。对于小型单一动作压机,生产率可达每分钟 30 个以上;对于最大的机械压机,生产率小于每分钟 10 个。

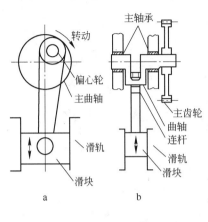

图 3-43 偏心机构

a—偏心轴 b—曲轴

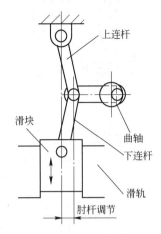

图 3-44 曲柄连杆机构

3.4.2 液压机

液压机甚至是压力非常高的液压机也比较节省空间。当液压系统能在低压下提供大量液压介质并且在高压下提供小量液压介质时,可以实现压制过程中压头的快速移动,因此液压机的生产率并不比机械压机的低。液压机的压力一般从 445kN 到 11000kN,而且生产过程中甚至还使用更高压力的液压机。与机械压机相比,液压机可以在压制方向上生产更长的零件。液压机所用模具的装粉高度实际可达 360mm,而机械压机所用

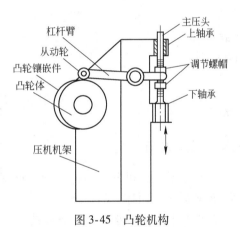

图 3-45 凸轮机构

模具的一般装粉高度在 180mm 以下。液压机的生产率通常不超过每分钟 11 个。液压机的设备成本一般为相同型号机械压机的一半或四分之三。液压机与机械压机一样,都可以使用可移动式和不可移动式模架。

3.4.3 旋转压机

旋转压机是特殊类型的凸轮式压机,用于高速压制较小的压坯。压机具有一个旋转的模板,模板上具有一系列的孔,每个孔装配有上、下模冲。

上、下模冲都装在轨道上。旋转压机的动作示意地表示在图 3-46 中。当模板旋转时,上模冲上升,以便清除送料漏斗,进一步旋转引起上模冲下降。下模冲在部分轨道上运动,下模冲可以调节以便控制装粉量。在实际压制的位置处,上、下模冲由压力辊驱动配合,将粉末压制成压坯的形状。上、下压力辊都是由凸轮调节的。加压后,轨道使上模冲退回,而下模冲升高,将压坯脱模。

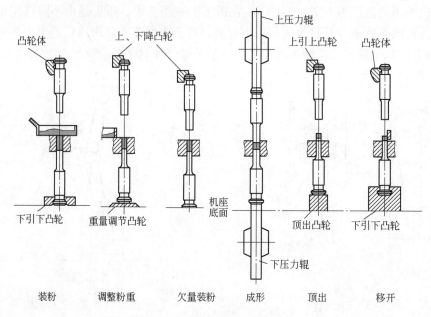

图 3-46　旋转压机的动作顺序

旋转压机一般用于压制等高的第 2 类零件，但一些第 3 类零件，例如凸缘衬套也可在旋转压机上生产。其压力为 36 ~ 590kN，装粉高度达 75mm。生产率可以达到每分钟 1000 个。

3.5　压制成形缺陷分析

3.5.1　压坯缺陷

压制废品大致可分为四种类型：物理性能方面存在的缺陷、几何精度方面存在的缺陷、外观质量方面存在的缺陷及开裂。

3.5.1.1　物理性能方面的缺陷

压坯的物理性能主要是指压坯的密度。压坯的密度直接影响到产品的密度，进而影响到产品的力学性能。产品的硬度和强度随着密度的增加而增加，若压坯的密度低了，则可能造成产品的强度和硬度不合格。生产上一般是通过控制压坯的高度和单重来保证压坯的密度。压坯的密度随着压坯的单重增加而增加，随着压坯高度的增加而减小。在生产工艺卡中，对压坯的单重和高度一般都规定了允许变化的范围。由于设备等精度较差，压坯的单重和高度变化范围变化较大，这样在极端情况下。合格的单重和高度却得不到合格的压坯密度。因此在实际生产中，应尽量使压坯单重和高度的变化趋势一致，要偏高都偏高，要偏低都偏低。

压坯单重的摆差随着压坯重量、精料和送料方式的变化而变化：

（1）压坯单重摆差的绝对值随着压坯单重的增加而增加，其相对百分率比较稳定。

（2）自动送料比手工刮料的摆差小。这是因为机械的动作比人工操作稳定性好。称料的稳定性对于生产效率具有决定性作用。

此外，对于压力控制，压力的稳定性直接影响到密度的稳定性。对于高度控制，料的流动性的好坏，将影响到密度的稳定性。

3.5.1.2 几何精度方面的缺陷

A 压坯尺寸精度缺陷

压坯的尺寸参数较多。大部分参数如压坯的外径尺寸等都是由模具尺寸确定的。对于这类尺寸，只要首件检查合格，一般是不易出废品的。一般易出现的废品多半表现为压制方向（如高度方向）上的尺寸废品。

由生产实践可知，压坯高度的尺寸变化范围随着压坯的高度及其控制方式的改变而改变。压坯高度的变化范围，随着压坯高度的增加而增加。对于压制压力，则随着压坯高度的增加而呈线性迅速增加，而且在任何高度下压力的变化幅度都要比高度的变化幅度大得多。对于压力控制的压坯，凡是影响压坯密度变化的因素都将影响高度变化。

B 压坯形位精度的缺陷

当前生产所见考核中压坯形位精度有压坯的同轴度和直度两种。

同轴度也可用壁厚差来反映。影响压坯同轴度的因素主要可分为两大类：一类是模具的精度，另一类是装料的均匀程度。模具的精度包括：阴模与芯模装配同轴度，阴模、模冲、芯模之间的配合间隙，芯模的直度和刚度。一般来说，模具上述同轴度好，配合间隙小，芯模直度好，刚度好，则压坯同轴度就好，否则就差。装料的均匀程度影响压坯密度的均匀性。密度差大的，一方面回弹不一，增加壁厚差；另一方面密度大，各面受力不均，也易于破坏模具同轴度，进而增加压坯壁厚差。影响装料均匀性的因素较多。对于手动模，装料不满模腔时，倒转压形，易于造成料的偏移，敲料振动不均易于造成料的偏移；对于机动模，人工刮料角度大，用力不匀易于造成料的偏移；对于自动模，自动送料，则模腔口各处因受送料器覆盖时间不一样，而造成料的偏移，一般是先接触送料器的模腔口一边装料多。零件直径越大，这种偏移现象也就越严重。

压坯直度检查一般是对细长零件如气门导管而言的。影响压坯内孔直度的因素主要是芯模的直度、刚度和装料均匀性。因此，只要芯模直度好、刚度好、装料均匀性好，则压坯的内孔直度就好。压坯内孔直度的好坏，直接影响整坯直度的好坏，而且由于压坯内孔直度与外圆母线直度无关，故很难通过整形矫正过来。所以对于压坯内孔的直度，必须严加控制。

未压好主要是由于压坯内孔尺寸太大，在烧结过程中不能完全消失，使合金内残留较多的特殊孔洞。产生原因有料粒过硬、料粒过粗、料粒分布不均、压制压力低等。

3.5.1.3 外观质量方面的缺陷

压坯的外观质量缺陷主要表现为划痕、拉毛、掉角、掉边等。掉边、掉角属于人为或机械碰伤缺陷，下面主要讨论划痕和拉毛缺陷。

A 划痕

压坯表面划痕将严重影响表面粗糙度，稍深的划痕通过整形工序也难以消除。产生划痕可能的原因是：

（1）料中有较硬的杂质，压制时将模壁划伤；

（2）阴模（或芯模）硬度不够，易于被划伤；

（3）模具间隙配合不当，易于夹粉而划伤模壁；

（4）由于脱模时在阴模出口处受到阻碍，局部产生高温，致使铁粉焊在模上，这种现象称为黏模，黏模使压坯表面产生严重划伤。

由于上面四种原因造成模壁表面状态被破坏，进而把压坯表面划伤。此外，有时模壁表面状态完好，而压坯表面被划伤，这是由于硬脂酸锌受热熔化后而粘于模壁上造成的，解决办法是进一步改善压形的润滑条件，或者采用熔点较高的硬脂酸盐，也可适当在料中加硫黄来解决。

B　拉毛

拉毛主要表现在压坯密度较高的地方。其原因是压坯密度高，压制时摩擦生热大，硬脂酸锌局部溶解，润滑条件变差，从而使摩擦力增加，故造成压坯表面拉毛。实际上若进一步恶化，拉毛会造成划痕。

3.5.1.4　开裂

压坯开裂是压制中出现的一种比较复杂的现象，不同的压坯易于出现裂纹的位置不一样，同一种压坯出现裂纹的位置也在变化。

压坯开裂的本质是破坏力大于压坯某处的结合强度。破坏力包括压坯内应力和机械破坏力。

压坯内应力：粉末在压制过程中，外加应力一方面消耗在使粉末致密化所做的功上，另一方面消耗于摩擦力上转变成热能。前一部分功又分为压坯的内能和弹性能。因此，外加压力所做的有用功是增加压坯的内能，而弹性能就是压坯内应力的一种表现，一有机会就会松弛，这就是通常所说的弹性膨胀，即弹性后效。

应力的大小与金属的种类、粉末的特性、压坯的密度等有关，一般来说，硬金属粉末弹性大，内应力大；软金属粉末塑性好，内应力小；压坯密度增加，则弹性内应力在一定范围增加。此外，压坯尖角棱边也易造成应力集中，同时由于粉末的形状不一样，弹性内应力在各个方面所表现的大小也不一样。

机械破坏力：为了保证压制过程的进行，必须用一系列的机械相配合，如压力机、压形模等。它们从不同的角度，以不同的形式给压坯造成一种破坏力。

压坯结合强度：压坯之所以具有一定的强度，是由于两种力的作用，一种是分子间的引力，另一种是粉末颗粒间的机械啮合力。由此可知，影响压坯结合强度的因素很多，压坯密度高的强度高；塑性金属压坯的强度比脆性金属的压坯强度高；粉末颗粒表面粗糙、形状复杂的压坯比表面光滑、形状简单的压坯强度高；细粉末压坯比粗粉末压坯强度高；此外，对密度不均匀的压坯其密度变化越大的地方结合强度越低。

压坯裂纹可分为两大类：一是横向裂纹；二是纵向裂纹。

A　横向裂纹

横向裂纹是指与压制方向垂直的裂纹，对于衬套压坯，则表现在径向方向上。

影响横向裂纹的因素很多，凡是有利于增加压坯弹性内应力和机械破坏力以及降低压坯结合强度的因素都有可能造成压坯开裂。

（1）压坯密度。压坯的强度随着密度的增加而增加。因此，当受到较大机械破坏力时，压坯密度低的地方易于开裂。但是随着密度的增加，压坯弹性内应力也增加，而且在相对密度达到90%以上时，随着密度的增加，压坯弹性内应力的增加速度比其强度要快得多，因此，即使没有外加机械破坏力，压坯也易于开裂。

（2）粉末的硬度。塑性好的粉末压坯比硬粉末压坯颗粒间接触面积大，因而强度高，同时内应力小，不易开裂。凡是有利于提高粉末硬度的因素，都会加剧压坯的开裂。因此，氧含量高的铁粉和压坯破碎料的成形性都不好，易于造成压坯开裂。

（3）粉末的形状。表面越粗糙、形状越复杂的粉末压制时颗粒间互相啮合的部分多，接触面积大，压坯的强度高，不易开裂。

（4）粉末的粗细。细粉末比粗粉末比表面积大，压制时颗粒间接触面多，压坯的强度高，不易开裂。从压制压力来看，细粉末的比表面积大，所需压制压力大，但这种压力主要消耗在粉末与模壁的摩擦力上，对压坯的弹性内应力影响较小，因此，细粉末压坯比粗粉末压坯不易开裂。

（5）压坯密度梯度。它是指压坯单位距离间密度差的大小。由于压坯弹性内应力随着密度变化而变化，如果在某一面的两边，密度差相差很大，则应力也就相差很大，这种应力差值就成了这一界面的剪切力，当剪切力大于这一界面的强度时，则就导致压坯从这一界面开裂。当压坯各处压缩比相差较大时，易于出现这种情况。

（6）模具倒稍。它是指压坯在模腔内出口方向上出现腔口变小的情况。当阴模与芯模不平行时，腔壁薄的一方也出现倒稍。由于倒稍的存在，压坯在脱模时受到剪切力，易于造成压坯开裂。

（7）脱模速度。压坯在离开阴模内壁时有回弹现象，也就是说压坯在脱模时由于阴模反力消除而受到一种单向力，又由于各断面单向力大致相等，所以剪切力很小。如果脱模在压坯某一断面停止，此时一种单向力全部变成剪切力，如果压坯强度低于剪切力，则出现开裂。因为物体的断裂要经过弹性变形和塑性变形阶段，所以需要有一定的时间。如果脱模速度快，则压坯某断面处在弹性变形阶段时，其剪切力就已消失，则不会造成开裂。如果脱模速度慢，使某断面剪切力存在的时间等于或大于该断面上弹塑性变形直至开裂所需的时间，则压坯便从该断面开裂。对于稍度很小或者没有稍度的模具，脱模速度太慢容易造成压坯开裂。

（8）先脱芯模。先脱芯模易于在压坯内孔出现横裂纹。压坯脱模时使压坯弹性应力降低或消除。随着弹性应力的降低，压坯颗粒间的接触面积减小，颗粒间的距离变大，进入稳定状态，因此压坯回弹时，只有向外回弹，才能使整个断面颗粒间的距离变大，应力得到降低。如果先脱芯模，则压坯在外模内，应力不能向外松弛，而力图向内得到松弛，若干粉末颗粒均匀向内回弹，虽然在直径方向粉末颗粒间的距离增大，应力降低，但在回弹方向粉末颗粒间的距离更加缩短，使弹性应力增加，这样总的弹性应力并未降低。因此只有个别粉末颗粒向轴向回弹，并且互相错位，才能使应力消除，进入稳定状态。粉末颗粒改变了压制时的排列位置而互相错开拉大距离，从而造成了压坯内孔表面裂纹。当然，如果颗粒间的接触强度大于弹性内应力，则内孔裂纹也不会产生。对于内外同时脱模的模具，若芯模比外模短，则也属于先脱芯模，容易使压坯内孔出现横向裂纹。当然，如果芯模比外模短得很少，或脱模速度很快，也可以不造成内孔裂纹。

B 纵向裂纹

压坯纵向裂纹通常不易出现，这是由于一方面压坯在径向的应力比轴向小，而在圆周方向颗粒间的应力比径向小；另一方面，压坯在轴向的密度变化比径向大，在径向的密度变化比圆周方向的大，此外外加机械破坏力，正常情况下多数是径向剪切力。生产实践中，偶尔出现压坯纵向裂纹大的有如下几种情况：

（1）四周装粉不匀。有时模腔设计过高或料的松装密度很大，装粉后，料装不满模腔，在压制前翻转模具时，料偏移到一边，这样压制时料少的一边密度低，受脱模振动便产生纵向裂纹。

（2）粉末成形性很差。有时成形性差的料，由于别的条件很好，压制脱模后并不出现纵向裂纹，但稍一振动或轻轻碰撞都易出现纵向裂纹。这是由于尖角邻边应力集中，对于衬套压坯，开裂首先从端部开始。

（3）出口端毛刺。在正常情况下出口端不产生纵向裂纹，只有模腔出口端部有金属毛刺时，才可能出现纵向裂纹。

此外，在压制内孔有尖角的毛坯时，由于尖角处应力集中，也常常出现纵向裂纹。

C　分层

分层是在垂直压制方向平面上的裂纹，可以是非常细的头发丝状的裂纹，或者更严重的常常引起压坯部分或完全分离。分层的主要原因是压坯的弹性回复以及在压制结束后模具的弹性回复。图 3-47 表示分层是怎样发展的：（1）压制过程中形成扁平孔隙（图 3-47a）；（2）当作用在压坯上的力去除后，孔隙由于弹性回复而膨胀（图 3-47b）；（3）脱模过程中压坯的径向膨胀使几个扁平孔组合在一起（图 3-47c）。

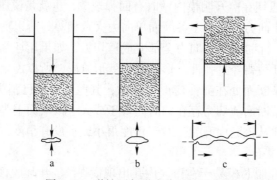

图 3-47　弹性回复形成分层的示意图

a—压制过程中形成扁平孔隙；b—压坯在模具中的轴向弹性回复形成分层核心；c—脱模过程径向回复形成分层

防止分层形成的措施包括：

（1）有效润滑，减小脱模过程中的摩擦力；

（2）脱模过程中在压坯上保持正压力；

（3）模具的靠上部分具有轻微的锥度，使压坯在脱模过程中逐渐膨胀；

（4）减小压制速率，避免空气的陷入；

（5）选择适当的粒度分布。

对于几何形状复杂的压坯，压坯强度过低、不恰当的润滑以及过大的脱模压力，可以造成脱模过程中压坯的破碎。

对于压制方向上的不等高零件，当形成不同台阶模冲的运动速率不能较好地同步时，台阶交界处可能出现剪切裂纹。

3.5.2 影响压制过程的因素

影响压制过程的因素主要有粉体的性质、添加剂特性及使用效果和压制过程中压力、加压方式和加压速度等。其中粉体的性质主要包括粉体的粒度、粒度的分布、颗粒的形状与粉体的含水率等。

3.5.2.1 粉末性能的影响

(1) 金属粉末本身的硬度和可塑性的影响。金属粉末的硬度和可塑性对压制过程的影响很大，软金属粉末比硬金属粉末易于压制，也就是说，为了得到某一密度的压坯，软金属粉末比硬金属粉末所需的压制压力要小得多。软金属粉末在压缩时变形大，粉末之间的接触面积增加，压坯密度易于提高。塑性差的硬金属粉末在压制时则必须使用成形剂，否则很容易产生裂纹等压制缺陷。

(2) 金属粉末摩擦性能的影响。金属粉末对压模的磨损影响很大，压制硬金属粉末时压模的寿命短。

(3) 粉末纯度的影响。粉末纯度（化学成分）对压制过程有一定的影响，粉末纯度越高越容易压制。制造高密度零件时，粉末的化学成分对其成形性能影响非常大，因为杂质多以氧化物的形态存在，而金属氧化物粉末多是硬而脆的，且存在于金属粉末的表面，压制时使得粉末的压制阻力增加，压制性能变坏，并且使压坯的弹性后效增加。如果不使用润滑剂或成形剂来改善其压制性能，结果必然降低压坯的密度和强度。

金属粉末中的氧含量是以化合状态或表面吸附状态存在的，有时也以不能还原的杂质形态存在。当粉末还原不完全或还原后放置时间太长时，氧含量都会增加，粉末压制性能变坏。

(4) 粉末粒度及粒度组成的影响。粉末的粒度及粒度组成不同时，在压制过程中的行为是不一致的。一般来说，粉末越细，流动性越差，在充填狭窄而深长的模腔时越困难，越容易形成搭桥。由于粉末细，其松装密度就低，在压模中充填容积大，此时必须有较大的模腔尺寸。这样在压制过程中模冲的运动距离和粉末之间的内摩擦力都会增加，压力损失随之加大，影响压坯密度的均匀分布。与形状相同的粗粉末相比较，细粉末的压缩性较差，而成形性较好，这是由于细粉末颗粒间的接触点较多，接触面积增加之故。对于球形粉末，在中等或大的压力范围内，粉末颗粒大小对密度几乎没有影响。

(5) 粉末形状的影响。粉末形状对装填模腔影响最大，表面平滑规则的接近球形的粉末流动性好，易于充填模腔，使压坯的密度分布均匀；而形状复杂的粉末充填困难，容易产生搭桥现象，使得压坯由于装粉不均匀而出现密度不均匀。这对于自动压制尤其重要。生产中所使用的粉末多是不规则形状的，为了改善混合料的流动性，往往需要进行制粒处理。

(6) 粉末松装密度的影响。松装密度小时，模具的高度及模冲的长度必须大，在压制高密度压坯时，如果压坯尺寸长，密度分布容易不均匀。但是，当松装密度小时，压制过程中粉末接触面积增大，压坯的强度高却是其优点。

3.5.2.2 成形剂的影响

如上所述，成形剂能够改善金属粉末的压制性，但成形剂的种类、加入量与粉末种类、粒度及粒度分布、压制压力等因素有关。压坯的形状越复杂，压制的摩擦面积越大，成形剂加入量增大。

3.5.2.3 压制方式的影响

（1）加压方式的影响。在压制过程中由于有压力损失，压坯密度出现不均匀现象，为了减少这种现象，可以采用双向压制及多向压制或者改变压模结构等方法。对于形状比较复杂的零件，成形时可采用组合模冲。

（2）加压保持时间的影响。粉末在压制过程中，如果在某一特定的压力下保持一定时间，往往可以得到非常好的效果。

3.6　其他成形方法

3.6.1　冷等静压

如前所述，刚性模单向压制的缺点在于应力分布不均匀以及密度分布不均匀。当这种粉末压坯烧结时应特别注意应力和密度分布的不均匀性，因为密度不均匀造成收缩不均匀，使烧结过程尺寸难以控制。

在等静压中，粉末装在封闭的柔性模具中，然后浸入流体中并施加压力，压力通过柔性模的外表面均匀地作用在粉末上。这种方法消除了粉末与模壁间的摩擦，这是传统压制中形成压坯应力分布不均匀的主要原因。当压力作用于流体时，压力通过柔性模传递到粉末上，从而完成粉末压制。在冷等静压中，橡胶用于制作粉末的柔性包套，压力通过流体介质传递。等静压也可以在高温下进行，即将压制与烧结结合在一起，这称为热等静压（HIP）。热等静压使用金属或陶瓷的柔性包套，压力介质是气体，将在烧结一章中介绍。

3.6.1.1 湿袋等静压

冷等静压的一种实现方式是湿袋压制，其中粉末密封于柔性包套中并完全由压力流体所包围。一次性包套的材料是聚乙烯或聚苯乙烯，可重复使用的包套材料是聚氨酯、硅橡胶、氯丁橡胶或天然橡胶。通过浸渍或喷射、机械压制、成形铸造或注射成形等方法制作模具。模具装满粉末并密封后，完全浸入压力介质中。压力介质通常是含有润滑剂和防腐剂的水，通过提高模具周围水的压力来施加压力。冷等静压的设备表示在图 3-48 中。

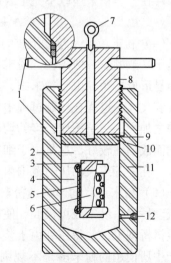

图 3-48　湿袋冷等静压设备示意图
1—交错式密封；2—加压液体；3—橡胶塞；
4—包套；5—支承套；6—粉末体；
7—提升环；8—尾栓；9—密封支座；
10—O 形圈；11—压力容器；12—高压进口

除了能够生产密度更加均匀的压坯外，冷等静压与传统刚性模压制相比还具有其他优点。在湿袋工艺中，零件可以具有大的高径比、凹角和侧凹以及薄壁截面。等静压也不必在压制之前将润滑剂混入金属粉末中，从而去除了烧结之前烧除润滑剂的需要。

另外，湿袋工艺比较慢，其步骤包括将粉末装填在模具中，在压力腔外部将其密封，浸入液体中，施加和释放压力，从压力腔中取出模具和压坯，从模具中取出压坯。因此湿袋等静压的生产速率不如传统压制方法。另外，橡胶模对压坯尺寸的控制没有刚性模压制的零件高，零件的表面也不很规则。此工艺通常用于大型的、形状复杂的以及小批量的零件生产。

在装入粉末时，柔性的薄壁模具能够变形，因此必须提供支撑以控制压坯形状。图3-49 所示的一种简单支撑是具有孔的容器。如果成形的零件中具有内部形状或空腔，则所用模具中包括钢心轴或称为模型，如图3-50 所示。等静压生产的零件尺寸仅仅由压力腔的尺寸所限定。不同尺寸和形状的零件可以一次生产出来。

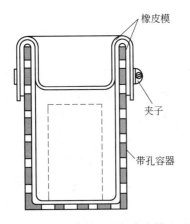

图3-49　等静压的包套支撑

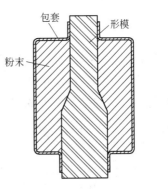 

图3-50　等静压成形零件的示意图

等静压的压力腔由锻造和热处理的合金钢制成，其壁厚必须足够大，以承受内部压力。用闩体或连接螺纹闭合压力腔，并用 O 形圈密封。压力腔和液压泵可以组合成一个单独的单元。对于小型系统可以使用气动泵和增压器。压力由手动阀控制，或者由与压敏装置连接的自动控制器控制。

3.6.1.2　干袋等静压

干袋等静压的开发是为了加速生产过程。如图3-51 所示，包套永久性地装在压力腔中。在模具空腔中装满粉末并用盖板密封。施加压力后卸压，揭开盖板，取出压坯，完成一个生产过程。对于干袋等静压，需要使用高质量的材料或较厚的包套，因为同一个包套要使用很多次。与湿袋等静压相比，干袋等静压选择的形状很有

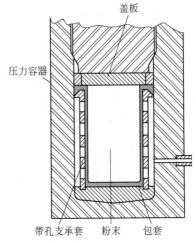

图3-51　干袋等静压设备示意图

限，因为干袋等静压不能生产具有较深侧凹的压坯。另外，干袋等静压的生产速率明显高于湿袋等静压。并且已经开发出了专用设备用于大批量的等静压生产。

3.6.1.3　等静压的特殊应用

粉末冶金中很多冷等静压的应用是特殊的。这一技术常用作高成本材料零件生产的起

始步骤，例如钨、钼、钛、硬质合金或高速钢粉末。金属钨、钼的生产都是由粉末开始的，因为它们非常难以熔化和铸造。在将这些金属制成产品的过程中，第一个步骤就是将粉末冷等静压，制成方坯或条形。这可以生产相当大的粉末冶金制品，接着烧结并热轧成薄板，或拉拔成丝，或锻造成其他制品。另外，由钨粉制成的零件可以等静压成近终形然后烧结。

由于钛及其合金价格高并难以加工，因此可以将钛粉等静压成预成形坯，再挤压成精确形状。其他钛零件可冷等静压成近净形。

碳化钨和较高含量的钴粉混合后经冷等静压和烧结能制成较大的轧辊，直径 100mm，长 350mm。不锈钢粉和钛粉经等静压成形成为细长中空的管，由于具有较大的表面积/体积比而常用作多孔过滤器。也可以制成其他高速钢零件。

3.6.2　温压

近些年，由于原料粉末以及零件制造技术的发展，可以制造形状复杂性和性能更高的零件，因此铁基粉末冶金工业在持续增长。原料粉末的进展包括高压缩性铁粉、预合金化钼钢粉、扩散合金化粉以及黏结剂处理的铁粉。这些新型的粉末以及预混合技术，为粉末冶金零件制造者在提高密度不大于 $7.1g/cm^3$ 的制品的力学性能方面提供了较大的灵活性。但是，对于粉末冶金零件的最终用户，仍希望仅通过提高零件材料的密度来获得性能进一步提高的制品。传统的获得高密度的方法包括熔渗铜、二次压制/二次烧结和粉末锻造。但这些技术的操作过程明显增高了成本，削弱了粉末冶金技术节约成本的优势。而温压技术在一次压制过程中即可达到二次压制/二次烧结的密度和性能。

温压技术是将混有特殊有机聚合物的粉末与模具加热到 150℃ 左右，通过常规的压制过程获得高的压坯密度。粉末温压技术的实际生产应用是由 Hoeganaes 公司在 1994 年实现的，并命名为 Ancordense。温压技术具有以下特点：（1）密度高，压坯密度可达 $7.4g/cm^3$；（2）压坯强度高，压坯强度可达 15～30MPa，可以进行切削加工；（3）生产成本较低，若以常规压制的生产成本为 1，则粉末锻造成本为 2.0，复压/复烧成本为 1.5，渗铜工艺成本为 1.4，而温压工艺成本仅为 1.25；（4）材料性能高；（5）可制造高密度复杂形状零件；（6）脱模力小，密度均匀。

3.6.2.1　温压工艺

A　聚合物的选择及其加入方式

选择适当的聚合物是温压工艺的技术关键之一。所选聚合物既要对合金粉末颗粒表面有足够的附着能力，又要有较好的黏结性，同时润滑性要好。处于黏流态的聚合物既有一定的黏结性，也有一定的润滑性。但聚合物在黏流态时的黏结性和润滑性不仅与其单体种类有关，而且还随其聚合度以及构型与构象的不同而变化。一般所选聚合物应具有以下特点：（1）较低的玻璃化温度或熔点；（2）易溶于挥发性溶剂，便于混料；（3）易于在合金粉末表面形成润滑膜或在压制过程中形成转移膜，具有较好的黏结性和润滑性；（4）裂解时比较缓和、平稳，避免瞬间产生大量气体，导致粉末冶金零件中形成新的孔隙；（5）能阻止或减缓合金粉末氧化；（6）对人体无害，对环境无污染。

能符合上述基本原则的润滑剂大致有：聚酰胺、聚酰亚胺、聚醚亚胺、聚碳酸酯、聚甲基丙烯酸酯、聚醚、醋酸乙烯酯、聚氨基甲酸酯、聚砜、纤维素酯、热塑性酚醛树脂、聚乙二醇、聚乙烯醇、阿克蜡、甘油等及其上述物质间的化合物。温压用润滑剂的加入量一般为 0.6%。

聚合物的加入一般有三种方式：（1）将聚合物粉末与合金粉末干混合；（2）在聚合物玻璃化温度或熔点之上将其与粉末进行混合；（3）将聚合物溶入易挥发的溶剂后与合金粉末湿混。方式（1）工艺简单，但需用粉末状聚合物，而聚合物一般很难破碎，且粉末太粗时其作用难以完全发挥。后两种混料方式实质上是为了在合金粉末表层涂敷一层均匀的聚合物薄膜。这样一方面可使聚合物分散均匀，更好地发挥聚合物的润滑作用；另一方面聚合物薄膜能阻止合金粉末在高温下氧化。

B 温压温度和压力的选择

温压温度的确定通常与所加聚合物的特性有密切关系，要求所选择的聚合物在温压温度下具有最佳的润滑效果。一般将温压温度控制在聚合物的玻璃化温度之上 25～85℃。

但最佳温压温度（包括粉末加热温度和模具温度）的制定，必须根据零件的几何尺寸来调整。图 3-52 表示不同装粉高度对压坯密度的影响。当装粉高度为 1.0cm 时，最佳粉末加热温度为 140℃；当装粉高度为 2.5cm 和 3.8cm 时，最佳加热温度分别降低到 100℃和 90℃左右。

另外，温压的压制力对最佳加热温度也产生影响，如图 3-53 所示。随着压制压力增大，最佳加热温度降低。

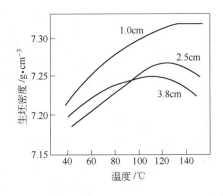

图 3-52 温度和装粉高度对生坯密度的影响
（压力为 690MPa）

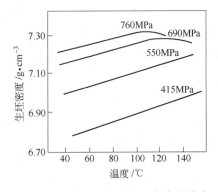

图 3-53 温度和压力对生坯密度的影响
（装粉高度为 2.5cm）

3.6.2.2 温压致密化机理

目前，温压致密化机理一般认为包括如下几个方面：

其一，在温压成形温度（130～150℃）范围内，铁粉颗粒的屈服强度（图 3-54）、加工硬化速率和程度降低，铁粉颗粒的塑性变形阻力和致密化阻力降低，有利于塑性变形过程的充分进行，便于获得较高的生坯密度。因此，为获得最大程度的致密化效果，可以采取提高铁粉塑性变形能

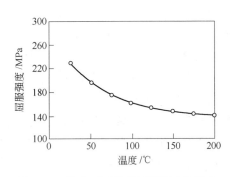

图 3-54 温度对纯铁粉屈服强度的影响

力的措施，如降低铁粉中的氧、碳、氮及杂质的含量。

其二，加入的聚合物在温压时处于黏流态，从而提高了压制过程中粉末颗粒之间以及粉末与模壁之间的润滑效果，减小了摩擦阻力，增大了有效压制压力，有利于压坯密度的明显提高，并且降低了脱模力。

另外，值得注意的是，温压后生坯密度可达到无孔隙密度的98%以上，此时粉末间的孔隙几乎完全被聚合物占据。这样，聚合物在粉末间又起着均匀传递载荷的作用，这实质上也提高了有效载荷，促进了密度的提高和均匀化。

3.6.2.3 温压系统

A 粉末加热和输送系统

温压过程中，需要将粉末、装粉靴以及模具加热到恰当温度。粉末和模具的加热温度精度控制在±2.5℃。粉末的加热温度不应超过170℃，否则润滑剂和黏结剂的有效作用减弱，粉末的流动性变差。模具的加热通常使用嵌在阴模外套中的筒形加热器。为了在将粉末输送到模腔的过程中保持粉末的温度，需要对装粉靴进行加热。为了防止上模冲与芯棒之间可能发生的黏结，上模冲需要加热。而芯棒和下模冲不需要加热，但实际上，在芯棒中具有筒形加热器将提高温度的均匀性。

目前，已经开发出了商用的粉末加热和输送系统。每种系统都能输送加热到特定温度的粉末。并且，每种系统都能控制阴模、模冲和装粉靴的温度。下面简要介绍三种这样的系统。

螺旋加热送料器：这种系统使用螺旋送料器加热粉末和将粉末从料斗输送到加热的装粉靴。螺旋送料器在一个加热的外壳中运转，并且螺旋送料器是中空的，在其内部可以通入加热的空气用于加热。粉末加热的能力由零件重量和压制速度决定。实际生产系统的加热能力最高可达9kg/min。El Temp系统的特点是与Cincinnati压机的计算机操作系统直接相连，这样在一个触摸屏上即可控制所有的压制和加热功能。

热空气加热器：使用35kPa的低压流动空气加热密封反应器内的粉末。粉末的加热是使用流过电阻加热元件的空气流。当粉末从加热床转移到输送系统时，另外的粉末被送入反应器中。这个系统使用单机可编程逻辑控制器（PLC）控制粉末、阴模和装粉靴的加热。系统的加热能力为3.5～9kg/min。TPP300是便携式的，适用于任何压机。此系统中没有运动零件，从而最大程度地减少了维护。

热油槽加热器：将粉末直接与充油的槽形热交换器的加热表面直接接触。粉末在重力作用下从压机的料斗流入槽形加热器，在此被加热后输送到粉末输送系统。热油的温度控制在比粉末所需加热温度高4℃。为了使粉末的温度均匀，粉末在加热器中的停留时间至少为5min。系统的加热能力为3.5kg/min，但根据需要可以设计9kg/min的系统。

虽然相当多的注意力集中在粉末的加热上，但也必须注意装粉靴的加热。装粉靴加热的设计和建造比较简单，可以在铝制的装粉靴内嵌入筒形加热器以及热电偶。并采用适当的温度控制仪控制装粉靴的温度，防止粉末温度的变化。封闭式装粉靴和开放式装粉靴都已经在实际生产中得到应用。与常规装粉靴的不同之处在于，加热的装粉靴内部的粉末数量有一个临界值。装粉靴内粉末量过多将延长粉末在装粉靴内的停留时间，可能引起粉末温度下降，导致各零件之间重量变化增大。

另外，温压工艺生产的零件之间的差异与常规压制的相当。温压工艺也能达到与常规压制相同的压制速度。限制零件生产的环节是粉末加热系统的额定容量以及零件重量。虽然使用常规的压机，但必须注意防止模具的加热传导到关键支承部件。可以使用不锈钢作为接合器板，将传导到关键部件的热量减小到最低程度。另外，在模套与压机的模具安装件之间留有空气间隙也可减小热量的传递。

在粉末的流动性和压缩性变动最小的条件下，用黏结剂处理的粉末最多重新加热到温压温度4次。另外，粉末可以在温压温度下保温4h而不会引起松装密度、流动性、压坯密度和压坯强度的下降。

B 温压模具设计

温压模具的设计与常规压制模具的设计基本相同，通常径向模具间隙为0.01~0.02mm。选择硬质合金还是工具钢制作阴模并不是关键问题。在选用硬质合金时，需要注意的是，为了补偿硬质合金与预应力外套之间的热膨胀差异，过盈配合量应大一些。

模具设计时的一个问题是，在压制到接近无孔隙密度时产生的应力，随着密度增大，模具的载荷迅速增大。模具压力的增大需要使用较厚的阴模外套以及对较大的模具挠曲进行补偿。图3-55表示温压与常规压制时压坯的弹性后效和烧结体收缩率。可以看出，在相同密度下，温压压坯的弹性后效较小。这是因为达到相同的密度，温压较常规压制所需的压制压力小，模具承受的载荷降低。但是，当压坯密度增大到接近无孔隙密度时，压坯的弹性后效迅速增大。密度的增大还引起压坯在烧结过程中膨胀量的增大。

压坯弹性后效增大将引起压坯中产生微小分层。这种微小分层是一个严重的问题，因为这将降低烧结后零件的结构完整性。在多台面零件中，这些微小分层通常出现在从一个台面到另一个台面的过渡处。在脱模过程中保持上模冲的压制位置可防止这些裂纹的产生。但是，当压坯的相对密度超过98%时，即使采取上述措施也不足以防止微裂纹的形成。

3.6.2.4 温压材料的性能

温压使零件的压坯密度和烧结体密度增大$0.10 \sim 0.25 \mathrm{g/cm^3}$，图3-56对比了用预混合0.6%石墨的扩散合金化铁粉温压和常规压制得到的压坯密度和烧结体密度。与较高压制压力相比，在较低压制压力下温压的效果更大。图3-57对比了扩散黏结粉末温压和常规压制后烧结样品的抗弯强度。

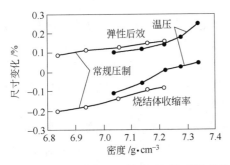

图 3-55 温压与常规压制时压坯的弹性后效
和烧结收缩率

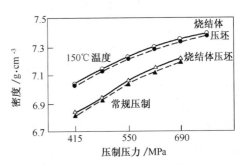

图 3-56 扩散合金化粉（4% Ni, 1.5% Cu, 0.5% Mo）
与0.6%石墨和0.6%润滑剂混合粉的压缩性

温压适用于铁粉和低合金钢粉。烧结体密度的增大程度取决于材料体系和随后的零件处理过程。含铜的粉末体系在烧结过程中表现出膨胀，从而抵消了温压工艺的优势。因此，含铜的粉末体系并不是温压的理想材料体系。

对常规压制的零件进行二次压制将提高零件的密度和力学性能。对于温压压坯，在870℃预烧后，在室温和690MPa下二次压制，然后在1120℃或1260℃烧结，零件的最终密度可达到$7.5 \sim 7.6 g/cm^3$。这种二次压制/二次烧结的温压材料，与密度为$7.4 g/cm^3$的制品相比，其抗弯强度提高15%，冲击功提高50%～80%。这说明，温压制品的二次压制/二次烧结具有显著提高力学性能的潜在能力。这种制品的性能已经达到可锻铸铁和切削加工的碳钢锻件的性能。

同时，温压工艺提高了压坯的强度。压坯强度的提高来源于压制过程中大的颗粒变形和增强的颗粒焊接，以及温压粉末中独特的润滑剂和黏结剂。温压应用于较低密度零件时，能提高压坯强度（图3-58），从而减少零件破裂以及零件上易碎特征的破损。

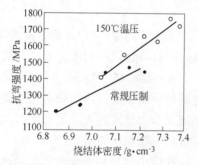

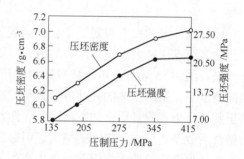

图3-57　扩散合金化粉（4%Ni，1.5%Cu，0.5%Mo）
与0.6%石墨混合粉压制并烧结后的抗弯强度

图3-58　在低压制压力下温压的FN0205的
压坯密度和压坯强度

温压工艺提高压坯强度的另一个优势在于，可以对压坯进行切削加工。这已经应用于保险箱的粉末冶金零件的实际生产中，降低了零件的总成本。为了研究可加工性，对预混合有2%Ni、0.5%石墨和0.6%润滑剂的预合金化钼钢粉末进行了钻削试验，在高速和高进给速度下获得了满意的表面粗糙度。另外，修改了标准钻头的几何形状，降低了加工表面的粗糙度。因此，在对压坯加工之前，应通过实验确定刀具的几何形状、加工进给速度以及加工速度等压坯加工参数。粉末零件的压坯加工以及烧结硬化技术为零件设计者在零件设计以及材料选择方面提供了较大的灵活性。

3.6.2.5　磁性材料中的应用

利用温压技术制造粉末磁性合金，可获得较高的密度以及相应的较高饱和感应强度和较高磁导率，而矫顽力没有变化。温压铁磷合金的烧结体密度可超过$7.4 g/cm^3$。在这种密度水平下，这类材料的磁性能和力学性能可达到低碳钢锻件的性能水平。表3-5汇总了密度为$7.4 g/cm^3$的Fe-0.45%P（质量分数）与AISI 1008钢锻件的力学性能和磁性能。从表中的数据可以看出，粉末冶金材料是锻钢的合适替代材料。

温压工艺为交流磁应用提供了一类新型的粉末材料。这些材料利用高强度聚合物和温压技术制成了不需要烧结的零件。聚合物同时起到粉末颗粒的电绝缘以及为不需要烧结提供强度的作用。压坯密度超过$7.2 g/cm^3$是可以达到的。制造的灵活性使得可以获得各种具有独特磁性能的材料。这些材料的应用包括汽车点火线圈和高速电机的定子。

表 3-5 温压铁磷合金与 AISI 1008 钢的磁性能和力学性能

性 能	Fe-0.45%P	AISI 1008
密度/g·cm^{-3}	7.35	—
烧结温度/℃	1120	—
0.2%屈服强度/MPa	285	285
抗拉强度/MPa	405	383
伸长率/%	12	37
最大磁导率	2700	1900
矫顽力/A·m^{-1}	151	239
15Oe下的饱和磁感应强度/T	1.5	1.44

　　表 3-6 列出了一些交流磁性材料以及它们的磁性能。这些材料的理想用途是工作频率 400Hz 以上的场合。优化绝缘的数量和类型可以得到工作频率大于 50000Hz 的零件。这些材料的独特三维结构能通过任何方向的磁能量。这些材料压制状态的抗弯强度约为 103MPa。对压制状态的材料在 315℃ 下进行热处理可将抗弯强度提高到 240MPa。

表 3-6 绝缘铁粉的磁性能

材 料	起始磁导率	最大磁导率	矫顽力/A·m^{-1}	40Oe下磁感应强度/T
加0.6%塑料的铁粉	120	425	374	1.12
加0.75%塑料的铁粉	100	400	374	1.09
加0.75%塑料的有氧化物涂层的铁粉	80	210	374	0.77

3.6.2.6 温压的潜在应用

　　温压是一种一次压制/一次烧结的工艺，对于用常规压制不能获得高力学性能的形状复杂的多台面粉末冶金零件，是一种理想的生产工艺。与常规的室温压制相比，温压能获得较高的密度，或者达到相同密度所需的压制力较低。

　　温压可用于生产高性能发动机的汽车透平轮毂（零件重 1100g）、密度超过 7.3g/cm^3 的斜齿轮、锁零件（零件重 27g）以及高密度的螺旋齿轮或具有复杂齿形的齿轮。目前温压生产的零件还包括不适于采用二次压制/二次烧结生产的形状复杂的零件。

　　温压合金的屈服强度甚至能达到锻造合金的水平，因此温压也是生产这些合金零件的一种候选方法。但是必须注意到，粉末冶金材料的伸长率明显低于锻造合金。这样，在应用温压技术时需要考虑零件材料的伸长率和冲击功。

　　温压技术的另一个优势是，提高了密度均匀性。图 3-59 通过对比温压与常规压制的透平轮毂的烧结密度分布说明了这一点。密度均匀性的提高增大了承载能力，因为密度均匀分布减小了零件尺寸的变化。

　　温压技术的进一步发展是提高低压制压力下达到高压坯密度的能力，从而减小模具的应力。另外，随着烧结硬化工艺的发展，温压可以使零件在烧结和硬化之前具有压坯切削加工的能力。

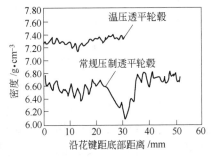

图 3-59 温压与常规压制的透平轮毂的
烧结体密度变化

3.6.3　注射成形

金属粉末零件的注射成形是由塑料零件的注射成形发展而来的。塑料零件注射成形时，将粉末或粒状的热塑性树脂加热到某一温度获得所需黏度，接着注射到模具中。树脂在冷的模具中凝固后从模具中脱出，形成所需形状的塑料零件。

3.6.3.1　注射成形和传统生产粉末冶金零件的对比

在注射成形金属粉末零件时，黏结剂可以是热塑性树脂或适当的蜡，它与金属粉末混合。将混合物注射到模具中，随后零件有足够的强度从模具中脱出。黏结剂在脱脂过程中去除，接着将零件烧结。

注射成形金属粉末零件，与塑料零件的传统注射成形相似，可以生产传统压制不能生产的高复杂形状的小零件。另外，注射成形的零件，在成形后含有相当多的黏结剂。当黏结剂去除后，零件是多孔的，密度约为理论密度的60%。因此，为了达到铸造或锻造零件的密度，注射成形的零件需要烧结致密化。注射成形零件烧结时通常的尺寸变化为18%。而传统压制的零件在此条件下烧结时尺寸难以控制。但是，在注射成形中，金属粉末颗粒在成形步骤中没有发生塑性变形，零件的收缩非常均匀，烧结过程的尺寸变化是可以预测的。由于注射成形可以生产复杂形状的零件，因此这一技术的发展非常迅速。

3.6.3.2　粉末的选择

利用注射成形生产零件时，所用的粉末需要有高的振实密度，从而使金属粉末在金属粉末与黏结剂的混合物中所占的比例尽可能的高，被脱除黏结剂的数量尽可能的少。由粗颗粒和细颗粒组成的、具有恰当粒度分布的铁粉，可以获得高的振实密度。

当利用注射成形生产铁或钢结构零件时，常常选用羰基铁粉作为主要原材料。作为合金元素，可以加入少量羰基镍粉。这些粉末的优点是烧结过程中容易收缩，因为其粒度很细，小于5 μm。但羰基铁粉的成本比还原铁粉或水雾化铁粉高数倍。

不锈钢也可用于注射成形零件。粒度小于20 μm的雾化不锈钢粉适于注射成形。

其他的应用还包括高温下具有高强度的合金，例如70% Ni-28% Mo-2% Fe，可以使用羰基粉末和粒度小于5 μm的还原钼粉。由这些粉末混合后制成的生坯在高烧结温度下容易收缩。高的烧结温度和细小的粒度有利于元素扩散生成均匀合金。对于硬质合金和高密度合金，注射成形的零件在烧结过程中也出现大的收缩，从而非常适于用注射成形的方法生产。

3.6.3.3　黏结剂

注射成形所用的黏结剂必须润湿金属粉末并且分散颗粒的团聚体。黏结剂中的物质包括蜡，例如石蜡和微分子量蜡，或者热塑性树脂，例如聚乙烯。蜡的缺点是熔化的温度范围窄，使金属粉末与黏结剂的混合以及注射成形过程控制难度较大。热塑性树脂一般地在注射温度下比蜡的黏度大，并具有较宽的软化温度范围。为此通常使用蜡与热塑性树脂的混合物作为黏结剂。在这些混合物中还要加入少量的其他物质，例如硬脂酸，便于成形后的脱模。迄今已经开发了很多具有专利的黏结剂组分。

另一种代替蜡和树脂的黏结剂也开发出来，包括甲基纤维素、水、甘油和硼酸。此混合物在加热到90℃时形成凝胶。当金属粉末和黏结剂的混合物在此温度下注射到模具中时，形成刚性物体，然后脱模。水在脱脂过程中去除。

3.6.3.4　金属粉末与黏结剂的混合

金属粉末和黏结剂混合时，先将黏结剂在混合机中加热，混合机一般是具有旋转叶片的捏合机。混合温度对于蜡为150℃左右，对于聚乙烯基系统为200℃左右，二者混合物的混合温度则处于上述温度之间。接着加入金属粉末。混合速度应足以均匀地分散金属粉末颗粒并破碎颗粒团聚体，但不能高于破坏黏结剂分子链的程度。通常也对金属粉末和黏结剂的混合物进行挤压，提高金属粉末与黏结剂的混合程度并去除空气。挤压后切成粒状送入注射成形机中。

3.6.3.5　注射成形设备

传统的塑料成形设备可用于金属粉末的注射成形。图3-60和图3-61示意性地表示了两种类型的注射成形机。图3-60表示柱塞式注射成形机。当柱塞后退时，颗粒由漏斗落入筒中并由柱塞推入加热区。通过将聚合物-金属粉末的混合物分散成薄膜，可以快速加热。含有已经熔化的聚合物的混合物由新加入的物料向前推动通过注射嘴、浇道、入口和流道进入保持在较低温度下的模腔。在打开模具和脱模之前混合物必须在压力下冷却。抽回柱塞，新的颗粒落入，模具闭合，重复整个作业循环。

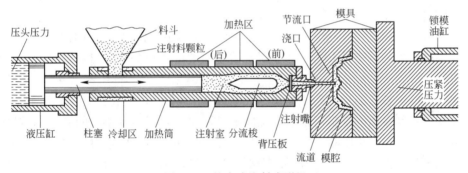

图3-60　柱塞式注射成形机

图3-61表示往复螺杆式注射成形机。借助于螺杆前端的止回阀，可以在不旋转的情况下向前推动，如同柱塞。在混合物冷却时螺杆可以保持向前运动。接着螺杆转动并沿螺纹返回到圆筒的后部。止回阀在转动过程中打开，使混合物流到螺杆周围。螺杆是重要的，

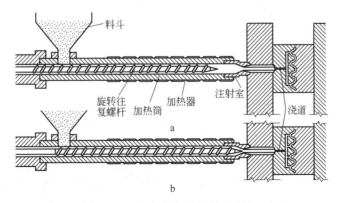

图3-61　往复螺杆式注射成形机
a—螺杆处于退回位置；b—螺杆处于前部位置

因为它增大了筒壁的热传递，并且也通过机械能转化成热能而进行加热。当最终零件从模具中脱出时，重复整个作业循环。注射成形机的模具，与塑料成形模具相比，用于金属粉末与黏结剂的混合物时，应具有较大的脱模销、流道和入口。

3.6.3.6　注射成形温度

由于金属粉末与黏结剂的混合物比塑料具有更高的热传导性，因此使用较高的模具温度60℃，而塑料注射成形时模具的温度为20℃。注射成形时物料的加热温度取决于黏结剂的类型，一般约等于金属粉末与黏结剂混合的温度。注射压力和注射速度低于塑料成形的压力和速度。物料的注入口、流道和入口可以重复使用。

3.6.3.7　脱脂

脱脂，即从注射成形的零件中脱除黏结剂，是金属粉末注射成形中难度最大的过程，其关键在于脱除黏结剂而不引起应力造成零件缺陷。脱脂方法有多种，一种方法是通过溶剂萃取黏结剂，其中黏结剂在一定温度下可以溶解在溶剂中，例如对于蜡基黏结剂可以使用三氯乙烯。

另一种方法是将溶剂萃取和蒸发脱脂结合在一起。蒸发脱脂有几种不同的气氛。如果在空气中进行，黏结剂烧除，但也导致金属粉末的氧化，因此在随后的烧结过程中必须还原所形成的金属氧化物。

另外的方法是在氮气或氢气中蒸发脱脂。在蒸发脱脂过程中，零件必须缓慢地加热到最高脱脂温度，约为每小时10℃。由于最高脱脂温度可达到500℃，因此脱脂是一个非常耗时的过程。

加速脱脂的一种方法是将零件埋入粉状介质中，例如细的氧化铝粉，利用毛细作用将成为液体的黏结剂吸出。脱脂速率很大程度上还取决于所用金属粉末的粒度和粒度分布。粉末越粗，黏结剂越容易脱除。但要想获得烧结过程中压坯的快速收缩必须使用细小的粉末，因此在金属零件注射成形过程中，需要找出一个适当的粉末粒度分布，一方面容易脱脂，另一方面可以快速收缩。

脱脂的另一个重要因素是脱脂的程度。如果所有黏结剂都脱除掉，则零件的生坯强度太低而无法保持完整性。通常是将脱脂与烧结结合在一起，将脱模的零件码放在支撑零件的烧舟中进行脱脂和烧结。注射成形零件的烧结与传统压制零件的烧结相似，只是需要较高的烧结温度和较长的烧结时间。

3.6.4　挤压成形

虽然金属粉末与黏结剂混合后注射成形是一项较新的技术，但挤压混有增塑剂的金属粉末，作为生产钨丝的一种方法，出现的时间比较早。金属粉末挤压所用的黏结剂与注射成形的相似，步骤与注射成形相同：混合金属粉末与黏结剂，通过挤压嘴挤压，然后脱脂和烧结。

粉末增塑挤压成形技术对脆硬材质体系，尤其是硬质合金、钨基高密度合金等，是一项十分关键的新型成形技术，现已成为制取管、棒、条及其他异型产品的最有效的方法。其关键的工艺步骤主要包括黏结剂的设计与制备、粉末与黏结剂的混合、喂料挤压成形、挤压毛坯的脱脂与烧结。可以说粉末挤压成形技术是在塑料与金属加工的挤压工艺基础上演化而来的一种粉末冶金近净成形新技术。但它与挤压工艺存在本质的差异，粉末挤压成形技术的核心内容是黏结剂设计、制备与脱除及挤压流变过程分析与控制，它决定着该工艺的成败。20世纪80年代以来，增塑粉末挤压成形中采用以螺杆挤压机为代表的连续挤压设备，其自动化程度、工艺过程控制精度都有大幅度的提高，并大量采用了光电子监控、计算机在线适时控制等智能化部件，从而使得新一代挤压设备功能更加完善，操作更为方便，生产能力大大提高。随着新一代挤压设备的开发成功，增塑粉末挤压工艺技术进一步得到开发。目前已能够挤出直径为 0.5 ~ 32mm 的棒材，壁厚小于 0.3mm 的管材，同时也生产出了各种形状、尺寸的蜂窝状横断而结构的陶瓷零件，产品有计算机打印针、印刷电路板钻孔的微型麻花钻等电子工业用精密部件、汽车尾废气净化器等汽车工业粉末冶金产品、作为工具使用的硬质合金棒材等传统应用领域的各种零部件等等。

这种技术用于生产薄壁的管状以及其他细长形的硬质合金。如同注射成形一样，一个主要的问题是控制尺寸，因为挤压的制品烧结时将发生较大的收缩。多孔不锈钢管也采用此方法生产。不锈钢粉与增塑剂的混合物可以挤压成管，管的壁厚小于等静压生产的管。需要再次说明的是，脱脂和烧结过程中控制尺寸是主要问题。

3.6.4.1 黏结剂

黏结剂在粉末挤压成形技术中起增强流动、维持形状的基础作用，可以说黏结剂是挤压成形技术的核心。黏结剂一般由起黏结骨架作用的组元、增塑组元以及少量起润滑等作用的添加剂组元构成。增塑粉末挤压成形法与常规粉末冶金成形方法相比一个重大的差别就是挤压成形中黏结剂体积分数达 40% ~ 60%。只有加入配方合理、用量适当的黏结剂，粉末体才具有合适的流动性，在一定的外加工艺条件（温度、挤压速度等）下才能挤出合格的挤压毛坯，并使之维持制品形状直至黏结剂被脱除，毛坯被烧结为物理、力学等性能合格的挤压制品。对黏结剂的要求可概括为：与粉末有很好的润湿、黏附力强、与粉末不发生两相分离、有一定的强度和韧性等。单一品种的有机物都难以满足黏结剂的要求，一般而言，黏结剂具有多组元性。

可作黏结剂组元的有机物种类繁多，依据原料粉末和产品性能以及加工方式的要求不同而选用不同的种类。不同的脱脂等后处理工艺，对黏结剂组元的选择也有不同的要求。

对于起增塑作用的低相对分子质量组元，可以选用多种低相对分子质量物质；对增塑组元的选择主要考虑其脱脂行为特性，要求其低相对分子质量组元能均匀脱除；对起维持形状作用的高聚物组元，一般只选用一种高聚物，这样选择首先可以减少高聚物品种之间的共混，避免共混不匀而带来的种种不利影响。选择高分子组元，首先要考虑它与所选定的低分子组元间的相容性。粉末挤压成形技术中使用的黏结剂在成形后应能全部脱除，而且组成黏结剂的各类组元之间一般应不发生化学反应，从热力学角度考虑，应选择比热容小、导热系数高的物质为好。

为了使黏结剂与粉末混合后形成的喂料具有适当的流动性，在设计黏结剂时要重点考虑其流变性能。黏度是描述物质流变特性的重要参量。一定工艺条件下（温度、剪切速率等），物质的黏度决定于其组成。黏结剂具有多组元特征，在各组元混合及喂料挤压成形一系列过程中，它具有液体或熔融体系的特征，其黏度可根据各组元的黏度和摩尔分数等进行计算。

3.6.4.2 黏结剂与喂料的制备

黏结剂一般由 2 ~ 5 个组元构成，其中至少含有一种高聚物组元，其相对分子质量与其他组元的相比要高出几百倍。由这些组元混合成微相均一的黏结剂是相当困难、不易控制且比较耗时的，而混合效果将直接影响到挤压制品的性能，因此黏结剂及喂料的制备是粉末挤压成形技术中一个十分重要的工序。

由于高聚物分子链较长、相对分子质量大，其分子布朗运动速度与低相对分子质量物质相比有数量级的下降。为使高聚物能与低相对分子质量物质混合均匀，最终形成微相均一的混合物，必须在较高温度下经历长时间的混合。温度高时，有利于高聚物大分子的运动，增加扩散，提高混合效果；但太高的温度会使高聚物物性发生变化，最终影响黏结剂的特性。对于含高聚物的体系，升高温度、缩短时间与降低温度、加长时间这两种方式均可取得相当好的混合效果，因此在设计黏结剂混合工艺时，可组合出经济合理的工艺参数。当采用剪切升温熔融混合法时，可适当升高温度，加大剪切作用，缩短混合时间；而当采用溶剂溶解混合法时，则可适当降低温度，即降低对操作条件等的要求，延长混合时间。

黏结剂与硬质合金及钨基高密度合金等复合粉或其他金属微粉混合，制得的细观均一的混合物，被称为挤压成形用喂料。目前，对混合过程的机理分析尚未取得完全统一的认识，一般认为多组分物料体系的混合以分子扩散、涡旋扩散和体积扩散 3 种基本运动形式实现，针对黏结剂与粉末混合过程，体积扩散占有主导地位。

3.6.4.3 挤压过程

对一定配方的喂料，影响挤压能否顺利进行的关键因素是挤压时喂料温度与挤压压力。对于真空螺杆挤压机，其可调工艺参数是螺杆转速、料筒温度及真空度。抽真空可以排除料筒内的气体，避免挤压过程中气泡的形成及挤出物鼓泡等不良现象的发生。挤压机采用间接升温方式，通过调节水温或油温来调节与控制料筒温度，以达到对喂料温度场的控制与调节。根据工艺条件，最佳料筒温度可以是 40℃ 左右。精心调控温度与螺杆转速，并协调控制温度与转速这两个重要参数，得出最佳工作区方可挤出质量合格的挤压毛坯。

3.6.4.4 脱脂与烧结

对硬质合金挤压棒的热脱脂工艺研究证明，低温段内对各种配方的喂料加热至 300℃ 时，低相对分子质量组元已基本挥发完毕，此温区内必须严格控制升温速率；高温区（300 ~ 550℃）的进一步热脱脂可使成形剂中高聚物组元全部脱除。为了使脱脂后的挤压坯料具有一定的强度以利于搬运等后续工序的进行，必须进一步升温至 750℃ 左右并保温约 20min，实现预烧的目的。

3.6.5 金属粉末轧制

大多数压制金属粉末的方法生产的产品在长度和宽度尺寸方面都有一定的限制。粉末轧制是一种利用轧机将金属粉末连续成形的工艺，是生产长的和横截面不变的制品的一项重要粉末冶金工艺。在此工艺中，金属粉末从料斗中喂入一套成形轧辊，生产出连续的生带坯或薄板。然后经过烧结，如果需要，经过二次轧制，得到具有所需材料性能的最终产品。最终产品可以是全致密的，或者具有所需的孔隙度。粉末轧制已发展成为由金属粉末生产金属薄板、带材和箔材的主要粉末冶金工艺。

粉末轧制所需粉末的特性与模压成形所需粉末的性能相当，其中流动性对于保证最终产品的一致性非常重要；粉末颗粒的塑性以及形状的不规则性可提高生坯强度；粒度和粒度分布影响生坯密度。适合于粉末轧制的金属粉末包括元素粉、元素粉的混合粉以及元素和合金粉的混合粉（可以在烧结过程中均匀化）、含有非反应性以及常规熔铸过程不能生产的添加剂的混合粉、预合金雾化粉等。

3.6.5.1 生产过程

A 轧辊位置

轧辊的类型和位置取决于为生产所需最终产品而选定的系统类型。轧辊可以水平布置、垂直布置或倾斜布置，如图 3-62 所示。

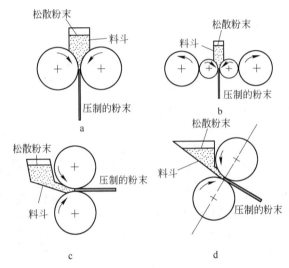

图 3-62 轧辊位置示意图

a, b—水平布置；c—垂直布置；d—倾斜布置

轧辊位置的选择取决于几个因素：材料性能、所需最终产品及产量以及特殊结构要求。水平轧辊位置利用重力喂入粉末，在控制粉末喂入方面具有最大的灵活性，并且便于喂入多种粉末制造多层带坯。传统的轧辊垂直布置也可以用于金属粉末轧制，但需要非常高的烧结炉，或者将生坯转弯到水平位置进入传统烧结炉烧结。转弯过程会破坏生坯的结合，造成烧结废品。倾斜布置在水平布置和垂直布置之间提供了一种折衷方法。利用这种方法，既可以使用传统的轧机，也可以利用重力喂入粉末。

B 供粉

粉末轧制的最初步骤是将粉末喂入轧辊的间隙。生带坯应该从一个边缘到另一个边缘具有均匀的密度，否则在后续工序中会出现问题。如果带坯的一侧具有较高密度，则带坯可能倾斜地退出二次轧制的轧机，呈现出翘曲或长边缘。但是，如果带坯的中心密度低，则边缘的致密化和延伸将造成二次轧制时开裂。如果带坯的边缘密度低，则密度高的中心区在二次轧制过程中致密化和延伸，造成边缘开裂。

将粉末喂入轧机轧辊间隙的两种方法示于图 3-63。图 3-63a 表示粉末直接由料斗落入轧辊间隙的饱和供粉轧制。喂入粉末的数量可用辊缝上的落差来调节。料斗中的粉末头应该保持不变，因为它对轧辊间隙中的粉末施加压力。间隙上的压力变化将影响粉末喂入速率，从而导致密度沿带坯长度方向变化。图 3-63b 表示不饱和供粉，供粉量可由调节板来控制。将粉末轧制成薄板或带坯的一个重要要求是，在薄板或带坯的整个宽度上厚度和密度要均匀。获得均匀密度的一种方法是在不饱和供粉中使用调节板，如图 3-63b 所示。

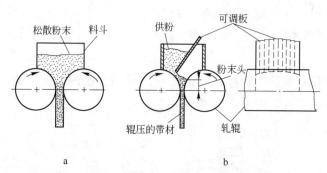

图 3-63　轧辊水平配置的粉末轧制示意图
a—饱和供粉；b—用调节板控制的不饱和供粉

在轧辊的一部分区域可以设置曲率配合轧辊直径的覆盖板，从而可以根据需要改变轧辊表面不同区域的粉末喂入。图 3-64 表示一种典型的粉末供粉器。此设计结合了侧向导向板，用于沿粉末料斗均匀地分布粉末。此时，通过饱和与不饱和供粉都可以生产出任何轧辊压制的粉末带坯，宽度可以达到 53cm，厚度为2.5～3.2mm。在粉末供粉器中的侧向导向板不是在所有情况下实现这些结果所必需的。

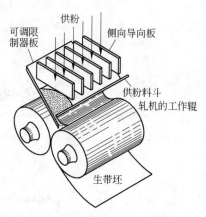

图 3-64　典型的粉末轧制供粉器

C　边缘控制

粉末轧制成的生带坯应在宽度上具有均匀的厚度和密度，其边缘应很好成形并具有与中心一致的密度。因此，工艺控制中关键的是容纳即将被轧制粉末的方法。如果没有边缘控制，粉末将从轧辊间隙漏掉，由此将形成边缘密度低的带坯。这就需要在二次轧制带坯之后修剪边缘。

图 3-65 和图 3-66 表示将粉末保持在轧辊间隙中的典型方法。图 3-65a 所示的方法使用装在一个轧辊上并与另一轧辊重叠的浮动法兰。当法兰临近轧辊间隙时对其施加压力，从而防止粉末从间隙中漏出。利用连续带坯在轧辊边缘覆盖在间隙上，在防止粉末泄漏方面也是有效的（图 3-65b 和图 3-66）。

D　厚度控制

在粉末轧制过程中，为了形成连续带坯，必须将粉末轧制到足够高的密度和生坯强度，以便将之输送到烧结炉中并随后进行重轧。粉末压缩的程度用轧制的带坯密度与粉末松装密度之比来表示。这种密度变化是粉末通过供粉区与轧制区后实现的。供粉区和轧制区的长度主要由轧辊直径确定；轧辊直径一定时，由粉末轧制的薄板或带坯的厚度确定。

通过调节轧辊缝隙，仅能在很窄的范围内进行调节。如果轧辊缝隙太大，则不能充分压缩粉末。如果轧辊缝隙太小，则作用在轧辊上的压力太大。将粉末轧制成给定厚度的带坯所需的轧辊最佳直径主要取决于粉末特性。对于松装密度较高的粉末，轧辊直径与带坯厚度之比为 100∶1；而对于非常松散的粉末，诸如羰基镍粉，上述比例为 600∶1。轧辊直径一般从 12～920mm。图 3-67 表示轧辊直径的作用。传统金属轧制的咬入角同样适用于粉末轧制（约 7°～8°）。需要注意的是，对于直径较大的轧辊，轧辊表面在咬入角内具有较大的圆弧。因此与直径较小的轧辊相比，直径较大的轧辊可以将较多的

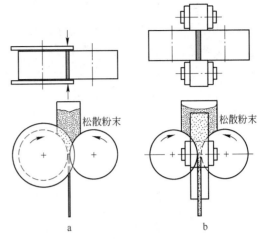

图 3-65　粉末轧制的边缘控制方法
a—法兰边缘控制；b—带坯边缘控制

粉末带入轧辊间隙。对于给定的粉末，利用直径较大的轧辊可以生产厚度较大的带坯。

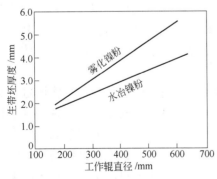

图 3-66　粉末轧制的连续带坯边缘控制方法

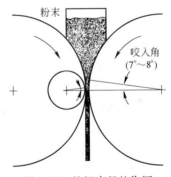

图 3-67　轧辊直径的作用

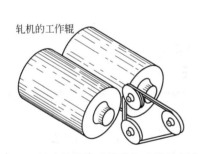

图 3-68　轧辊直径对生带坯厚度的影响

图 3-68 表示用不同直径轧辊得到的两种镍粉的带坯厚度。雾化镍粉软，而湿法冶金的镍粉硬。轧辊直径与最佳生带坯厚度的比例，对于不同的粉末有较大变化。这主要取决于粉末的流动性和松装密度、粉末与轧辊之间的摩擦系数、轧辊温度以及粉末的软硬性质。

如果粉末与轧辊之间的摩擦系数由于轧辊表面粗糙而增大，就能将较多的粉末带入轧辊间隙，由此得到较大的生坯密度。预热或压力增大使轧辊温度升高时，也增大摩擦系数，可得到同样的结果。

轧辊间隙通常设置为使生坯相对密度为 75%～90%，此时的生带坯厚度需要保证在后续处理之后达到最终产品要求的密度和厚度。较高的生坯密度将使生带坯硬而脆，而较低的生坯密度将使生带坯难以进行后续处理。材料的冷、热加工性对此有较大影响。

E 烧结致密化

轧制的带材生坯必须烧结，除了用作多孔带材外，对于所有其他用途的带材都必须重轧使其致密化。对于这些作业提出了很多的不同方案。图 3-69a 和图 3-69b 及图 3-70 表示其中的三种方案。依据图 3-69a，将冷轧的带材生坯卷成卷，在重轧之前放入钟罩炉中烧结。图 3-69b 表示带坯从轧辊缝隙中一出来就进入烧结炉烧结，并在烧结后、重轧前卷成卷。在图 3-70 所示的连续作业中，带坯从轧机出来后，进入烧结炉中烧结，接着热轧、冷却和卷成卷。在最后一种方案中，实现不同作业之间的同步比较困难。

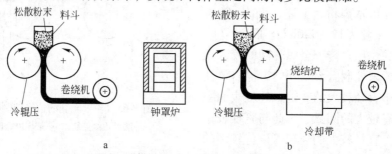

图 3-69 粉末轧制工艺一
a—将冷轧的带坯卷成卷并在钟罩炉中烧结；b—将冷轧的带坯在连续烧结后卷成卷

F 生产率

在粉末轧制中带材的产量取决于轧机的速度，高于某一限定速度时将轧制不出连续带材，而这一极限速度与粉末的特性相关。对于较粗的还原铁粉，这个极限速度为 30m/min，这远远低于一般轧制速度。对于较细的和较松散的粉末，诸如羰基镍粉和还原铜粉，这个极限速度更低。

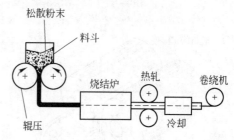

图 3-70 粉末轧制工艺二
（将冷轧的带坯在连续烧结炉中烧结后热轧，卷成卷）

G 粉末轧制的经济性

由粉末生产薄板和带坯的经济性取决于两个因素：生产粉末的成本以及将粉末制造为成品薄板或带坯的成本。虽然由粉末轧制成较薄的薄板和带坯避免了由铸锭开始轧制的过程，但金属粉末比金属铸锭价格高，而且粉末轧制、烧结和二次轧制的工序也比块体金属的传统轧制成本高。

对铁、钢、不锈钢、铜和铝粉的轧制进行了大量研究。对于铝制品，包括将熔融铝雾化成较粗的针状铝粉以及将粉末热轧成全致密的带坯。对于铁粉的轧制，可以首先将铁粉与水和黏结剂混合成浆，再将浆涂覆在连续前进的基体上，然后干燥，形成非黏结的自支撑膜。将膜从基体上取下并轧制成生坯，然后烧结。上述两种工艺比前面其他的粉末轧制工艺有更高的生产率。然而，无论前面的两种工艺，还是其他研究过的工艺，除了由镍粉轧制成镍带之外，都没有形成由金属基粉末生产薄板或带坯的、与传统的钢锭轧制带坯具有商业竞争力的生产工艺。

3.6.5.2 粉末轧制材料及其应用

粉末轧制法除轧制镍、钛、铝等单一元素粉末外，还可以利用各种粉末（金属或非金属）之间及与液态物质之间的可掺混性进行改性预处理，将塑性金属粉末（或纤维）甚至脆性粉末轧制成材。粉末轧制不仅能制造金属和合金材料，还能制造各种金属-非金属及金属间化合物复合材料。利用轧制成形时粉末原料供给方式不同，不仅能制造单层带材，还能制造多层复合结构的带材。

此外，适当地选择和调节成形参数（例如辊径、辊缝、辊速、供粉量和湿度等）及不同性能的粉末（形状、粒度及其组成，物理、化学性能等），不仅能制造致密材料，也能制造多孔材料；并且能在较大范围内调节和控制板带材的厚度和多孔结构参数（孔隙度、孔隙形状及孔径分布等）。

采用粉末轧制法研制和生产的各种不同性能的致密和多孔板带材，已广泛地应用于石油化工、机械制造、电子、原子能和宇航等工业领域。

A　多孔镍带

粉末轧制的多孔镍板、带材广泛应用于碱性镍镉电池的电极。采用平均粒度为 3 ~ 3.6 μm 的羰基镍粉，再加入 40%（体积分数）的造孔剂，可以得到孔隙度高达 70% 的多孔镍带，而带材的厚度可以根据轧制工艺参数在较宽的范围内调节。

为提高多孔带材的强度和导电性，在轧制粉末时可以在粉末供料的中间部位加入金属网进行强化，如图 3-71 所示。强化用金属网可采用纯镍网或镀镍铁网等。

多孔镍带除了用于过滤气体和液体以外，还可用于电子工业的半导体器件的焊接等方面。例如，把孔径为 1.5 ~ 10 μm、厚度为 140 μm 和孔隙度为 32% ~ 35% 的多孔镍带，在密闭的容器中于 340 ~ 550℃ 下熔渗铅后，就可用于半导体的焊接。在焊接时，只要将多孔镍带加热到

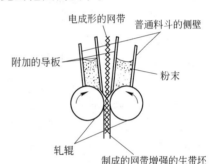

图 3-71　粉末轧制带材中加入强化金属网

340 ~ 380℃，外加 10 ~ 20MPa 压力，便会在带材表面露出一层熔融的铅，这种熔融的铅使焊接件间具有相当牢固的结合强度。

电子工业中的氧化物多孔镍阴极材料也是采用轧制镍粉制成的。厚度为 70 ~ 100 μm 的多孔镍带可以取代光刻法制取的多孔镍网，而成本只相当于光刻镍网的 1/10。

B　致密镍带

粉末轧制镍带材的生产过程包括将镍粉轧制成生带坯、烧结、热轧或冷轧、退火。在将镍粉轧制成生带坯后，在 1000 ~ 1200℃ 下烧结，可用的气氛有氢气、分解氨，甚至是还原性较差的气体。生带坯是利用网带或辊子传送过烧结炉的。

可用热轧的方法致密化镍带。镍带是在 800℃ 以上的温度下热轧的，厚度的压下率为 50%。鉴于带材的多孔性，在进行热轧加热时，需防止带材的氧化。可用惰性或放热性气氛来防止烧结的带材氧化。

也可采用多次冷轧和退火工艺来使烧结的带材进一步致密。为了获得成功，必须在 1100℃ 或更高的温度下进行烧结。第一道冷轧时，压下量有限。然后，必须将带材直接送入炉内，而不卷成带卷，在炉内对其进行退火，再冷轧到全致密。要达到全致密，压下量需大于 35%。

粉末轧制生产的高纯度镍带有几个好处。电阻率较小（$73 \times 10^{-6} \sim 73 \times 10^{-9} \Omega \cdot m$），整个带卷和各炉的稳定性可保持在±2%。

较低的软化（退火）温度和高纯度相结合，使这种镍带可用于包覆金属复合材料。在这些应用中，为将相互扩散降低到最小限度，防止发生初熔反应，需要采用低的严格控制的退火温度。

经最终加工的粉末轧制的镍带，实质上与锭坯生产的带材没有区别。由粉末轧制生产镍带材可以作为造币厂的毛坯，或应用于电子和磁学领域。

C　钴带

利用和轧制镍粉类似的方法，可以将钴粉轧制成带材。然而，粉末特性和材料性能都会使工艺参数与工艺条件有所改变。钴具有密排六方结构，钴粉的表面几何形状有所不同，由钴粉轧制成的生带坯的强度和密度一般高于镍粉。粉末轧制钴带材的生产过程包括将钴粉轧制成生带坯、烧结、热轧或冷轧、退火。

在1100～1150℃下烧结后，可用热轧或冷轧使钴带材进一步致密。纯钴由于具有密排六方晶体结构，会产生快速加工硬化，不能进行冷轧，从而将退火之间的冷压量限制在25%左右。

用高纯钴粉进行粉末轧制时，制成的带材延性较高。若退火时对条件进行控制，则可获得数量较多的立方相，并且这种立方相在室温下仍保持不变。保留下来的立方相是稳定的，在室温下转变成六方相的倾向很小。

钴的快速加工硬化特性使之成为粉末轧制的一种理想选择对象。由此可以将起始带坯的厚度轧制到很接近于所需求的最终厚度。因为起始带坯的厚度薄（1.5～2.0mm），所以冷轧的量极小。

由粉末制成的镍、钴或钴铁合金带可以应用于电子和磁学领域，因为它们具有很高的化学纯度。

3.6.5.3　粉末轧制的特殊应用

由粉末制成的带材有很多特殊用途。用于制造主轴承和连杆轴承的三层金属带材是其中一个例子。这种带材内层是铝-铅预合金粉，外层是纯铝粉。图3-72表示轧制这种夹层

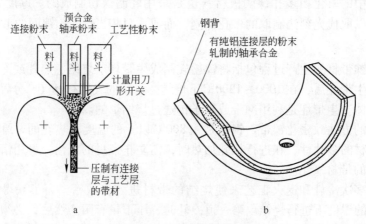

图3-72　轴承用轧制带

a—轧制装置；b—轴承示意图

材料的装置及轴承。三个粉末料斗必须有计量片，以控制粉末流入轧辊缝隙的数量。复合带材卷烧结后，通过轧制黏结在钢带上，轧制后夹层带材的厚度减小50%。

3.6.6 粉浆浇注

粉浆浇注是广泛应用于陶瓷制品生产的一项技术。其基本过程是在室温下将陶瓷颗粒悬浮在液体中，然后浇注到多孔模具中，利用毛细管力或外部压力从多孔模具中去除溶剂使粉末固结，最后从模具中取出生坯。

金属粉末的粉浆浇注最早于1936年提出，此方法主要包括将金属粉末与水的悬浮液浇注到模具中。模具由石膏制成，并具有与成形产品相反的形状。石膏模从悬浮液中吸收水分。浆体具有足够低的黏度，以便容易地浇注到模具中。生坯应具有足够的强度，在从模具中脱出后保持其形状。图3-73是金属粉末粉浆浇注的示意图。粉浆浇注的两个最常见变化是排出浇注和实体浇注（图3-74）。排出浇注是将浆体浇注到模具中，经过预定时间之后，从模具中排出多余浆体，在模具内侧形成沉积层。再经过一定时间使生坯固化后，将生坯脱出模具，然后干燥、烧结。实体浇注类似于排出浇注，但浆体在脱水过程中处于模具内，最后在模具内形成实体生坯。

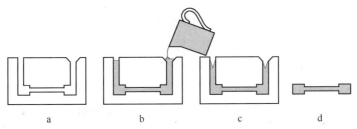

图3-73　金属粉末的粉浆浇注示意图

a—组装模具；b—粉浆浇注；c—吸收粉浆中的水；
d—从模具中取出并修整过的制品生坯

3.6.6.1 胶体稳定性

由于金属的粉浆浇注是一个湿法过程，因此必须理解材料与水之间的相互作用。多数材料在浸入极性溶剂时变成带电体。表面获取电荷的机理主要取决于所用材料种类。这些机理包括离子溶解和离子吸附。离子材料通过优先溶解获取其表面电荷。AgI是一个熟知的例子，其溶解产物是溶解离子Ag^+和I^-。当存在过量I^-时，胶体带负电；反之亦然。这些离子称为电位决定离子（PDI）。对于金属氧化物，水合氢离子和氢氧根离子成为PDI。此过程由以下反应表示：

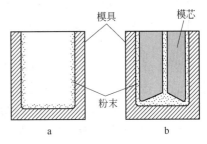

图3-74　粉浆浇注的两个最常见变化

a—排出浇注；b—实体浇注

$$MOH + H^+ \longrightarrow MOH_2^+$$

$$MOH + OH^- \longrightarrow MO^- + H_2O$$

材料也可以通过不等量吸附周围溶液中的离子获得表面电荷。如果颗粒表面吸附的正离子多，则形成正表面电荷；反之亦然。胶体颗粒周围的电荷分布形成双电层，即颗粒表面的电荷被颗粒表面附近周围溶液的等量相反电荷平衡。

胶体颗粒的稳定性主要取决于悬浮颗粒周围的吸引力和排斥力的平衡。Deryagin、Verwey、Landau、Overbeek 分别独立地提出了确定稳定性的定量理论，因此称为 DVLO 理论。根据这个理论，颗粒之间的总交互作用 V_T 是以下两项之和：双电层重叠引起的排斥力 V_R，范德华力引起的吸引力 V_A。

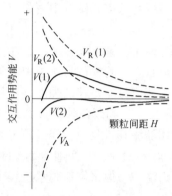

图 3-75　总交互作用能量曲线

图 3-75 表示总交互作用能量曲线，其中通过将吸引曲线 V_A 加上排斥曲线 $V_R(1)$ 和 $V_R(2)$ 得到 $V(1)$ 和 $V(2)$。排斥力是在双电层范围内有效的指数函数，在两个颗粒之间的任何距离处都是正值。但吸引力随颗粒之间的距离呈倒数关系减小，当距离很小时变成绝对值很大的负值，形成可以用第一最小值很好描述的势能。当颗粒处于此距离时，它们通常形成非常强的团聚体，不能在通常的剪切条件下破碎。随着颗粒之间距离的增大，排斥力开始占优，并形成最大的能垒。此能垒的大小取决于周围电解液的浓度。在颗粒之间分开距离大时形成第二最小值。吸引力在此距离占优，由此形成势阱。为了出现颗粒的絮凝，颗粒之间的能垒应该非常小或者非常大。能减小能垒的一种方法是存在大量的电解液，使颗粒间的双静电层压缩，颗粒之间的范德华力占优。

3.6.6.2　浆体控制

为防止颗粒团聚和沉降，随时都要监测和控制一些工艺参数。这些参数包括：水粉比（固相装载量）、抗絮凝剂类型和数量、浆体黏度、浆体的 pH 值、金属颗粒的表面化学、浆体温度、粒度分布。

所有这些因素对悬浮液稳定性有直接影响。金属颗粒与流体的密度比影响悬浮液的性质。当此比值增大时，开始出现金属颗粒的非均匀沉降。粉末的粒度和形状也影响浆体稳定性。利用细小而粒度均一的粉末以及通过增大悬浮液的黏度，可以减缓沉降。使用细粉的另一个优势是由于细粉的比表面积大而促进烧结过程。

防止上述絮凝的两个非常重要的处理变量是悬浮液的黏度和 pH 值。对于 $MoSi_2$ 基加热元件的粉浆浇注，适合的参数为：水- 金属粉之比为 0.180，pH 值为 4.05，黏度为 $1\sim1.8Pa\cdot s$。颗粒的电荷可能来自于颗粒表面不同离子的离解，或者从颗粒周围介质的离子优先吸附。在任一情况下，金属表面的电荷由配对离子平衡，形成双电层。金属颗粒彼此排斥是由于金属表面形成氧化物膜或吸附膜，膜的形成通过调节 pH 值控制。图 3-76 表示黏度随 pH 值增大先减小到最小值而后增大。

抗絮凝剂是用于控制浆体流动性的化学添加剂。在陶瓷中，常见的抗絮凝剂是硅酸钠、碳酸钠和聚丙烯酸酯。对于非黏土浆体的分散，常常使用强酸或强碱。浆

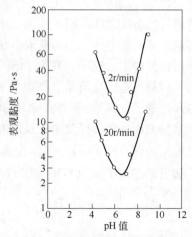

图 3-76　细钼粉悬浮在 5% 聚乙烯醇溶液中的黏度与 pH 值关系

体中的水-金属比与抗絮凝剂的含量具有很大的关系。固相装载量的增大需要增大抗絮凝剂含量，以此维持 pH 值和黏度。对于不锈钢的粉浆浇注，制备浆体时使用藻酸铵结合粉末颗粒，聚乙烯醇提供弹性，水提供流动性。对于铬和不锈钢 302 的粉浆浇注，需要使用褐藻酸的钠盐和丙烯酸聚合物抗絮凝剂的混合物。对于钛和钼，仅需要褐藻酸的钠盐达到稳定性。

3.6.6.3 模具控制

粉浆浇注的主要构成是浆体和模具，这两个部分在零件生产过程中占有重要作用。粉浆浇注是一个过滤过程，其中模具作为过滤器，也是过滤的驱动力。模具的性质对整个浇注系统极为重要。理想的模具材料应该是便宜的，能重现复杂细节，保持尺寸稳定性，以及提供良好的脱水能力。

石膏已经被证明是满足这些要求的最好材料。其特点是：可以重现细小的细节；制成的模具在化学上和物理上是稳定的；吸收可以在宽范围内调节，以适应任何所需用途，其多孔性允许消除黏土；可以容易地形成光滑耐用的表面；可以保持均匀的物理和化学性能；孔隙不容易被胶体封闭；成本适中。

A　石膏生产

石膏为二水硫酸钙（$Ca(SO_4) \cdot 2H_2O$），又称生石膏，是一种矿物，为单斜晶体，呈板状或纤维状，也有细粒块状的，呈淡灰、微红、浅黄或浅蓝色。生石膏加热至 128℃，失去大部分结晶水，变成半水石膏 $CaSO_4 \cdot 1/2H_2O$，又称熟石膏；163℃ 以上，结晶水全部失去。熟石膏粉末与水混合后有可塑性，但不久就硬化重新变成石膏。此过程放出大量热并膨胀，因此可用于制造模型。熟石膏有 α 和 β 两种类型，其中 α 型是将生石膏在饱和水蒸气中脱水得到的，而 β 型是在干燥空气中脱水得到的。α 型熟石膏做的模具具有高的强度，而 β 型熟石膏做的模具具有好的吸收性。

B　石膏固化

石膏的固化速率是重要的，因为这将影响模具的抗压强度，从而影响其耐用性。石膏固化的基本驱动力是熟石膏与生石膏之间的室温溶解度差。熟石膏的溶解度远大于生石膏，在其与水接触并溶解达到溶解平衡时，将会析出针状晶体生石膏。由于生石膏晶体生长形成互锁，最终得到硬的模具。晶体生长还形成固化膨胀，这种膨胀作用有助于制造轮廓清晰的模具。

虽然每 100g 熟石膏水化形成生石膏仅需要 18.6g 水，但仍需加入过量的水以提供足够的流动性。并且过量的水在干燥后形成孔隙。

固化时间受不同因素影响，例如石膏与水的比例、石膏/水混合物的温度、是否使用固化加速剂或延缓剂。控制所有这些因素对于保持石膏性质的均匀一致是非常重要的。

C　石膏模具制造

一旦得到理想模具性能，则必须通过精确控制模具生产过程使模具重复生产。一些因素常常需要引起关注。

通常，稠度用于表示水-石膏比，或 100g 石膏所加入水的克数。调整稠度是调节石膏性能的最好措施。几乎此变量控制的所有性能都可以通过恰当的制备过程很好地调节。图 3-77 表示强度、密度和总吸收与稠度的函数关系曲线。

浇注时的模具耐用性受模具总强度的影响。为此，所用的模具具有最大强度，同时具有好的渗透性和毛细管作用。

石膏浆体的发泡减小模具密度，同时保持合理的强度。调节石膏粒度或者混合 α 和 β 型熟石膏，可以得到强度较高的模具材料。

石膏浆体的混合是模具制造中最关键的步骤。由于反应的放热性质，水化反应取决于溶解度、种晶的数量以及能量。强烈的混合可以加速溶解平衡。混合过程中破碎溶解晶体，能增大半水合物的表面积，也有助于达到溶解平衡。破碎石膏晶体增大形核位置数量，因此增大水化速率。过多的混合能将提高温度，引发相关作用。

为了使石膏模具有最好的性能，还需要非常仔细地控制其他因素。混合时间对抗压强度和水吸收率具有反作用，混合时

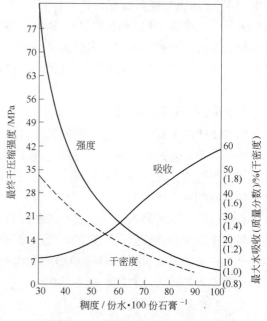

图 3-77　强度、密度和总吸收与
稠度的函数关系曲线

间越长，吸收速率越快。对于同一批次，煅烧的石膏在贮存过程中也会改变吸水量、固化时间和适当的混合需求。在贮存过程中，熟石膏将变成生石膏，影响总水化反应和形核位置数。潮湿环境也可能溶解熟石膏晶体，降低晶体分解、表面积和溶解度，从而减小需水量和固化速率。

在粉浆浇注的高效生产过程中，石膏模的干燥非常重要。浇注的理想模具湿度为 8%～17%。如果模具太干，将首先快速形成一个密实层，减缓随后的成形过程。模具太湿，将导致成形缓慢，脱水收缩差，脱模变复杂。水分分布也是重要的，因此必须使模具在两次浇注之间保持平衡，防止水分在表面富集，使第二次浇注非常缓慢。

3.6.6.4　压力浇注

压力浇注能缩短粉浆浇注时间，降低成本，提高生坯物理性能。但是，相应的基础研究比较薄弱。大多数工厂是在设备供应商建议的压力和循环周期下运行压力浇注机，对这些因素通常很少改动。

实际上，压力浇注是指对粉浆施加压力，以此提高浇注速率。原本上使用石膏模就有提高浇注速率的目的，但石膏模强度低，压力受限，因此开发了多孔塑料模。这些模具的开发可以使压力提高 10 倍。例如，对于某一陶瓷组成，当浇注压力从 0.025MPa 增大到 0.4MPa 时，浇注时间从 45min 减少到 15min。

目前有两种压力浇注系统：中压（0.3～0.4MPa）系统和高压（4MPa）系统。生产不同的产品采用不同的压力浇注系统，例如卫生洁具使用中压系统，餐具使用高压系统。

压力浇注具有以下优点：容易成形复杂形状，因为生坯质量提高，絮凝减少。而普通的粉浆浇注所用的石膏模过滤速率慢，从而需要大量模具，占用大量空间。压力浇注的循环周期缩短，减少人工支出并提高生产率。

3.6.7 高速压制

密度对粉末冶金材料是至关重要的，它显著影响结构材料的力学性能。提高材料密度是提高性能的重要而有效的措施。粉末冶金的研究者一直在不断探索新的技术，以提高材料的致密度，从而更好地发挥制品的功能。近 30 年间出现的技术革新，发展了以粉末锻造、温压成形、粉末注射成形、模壁润滑、动力磁性压制、爆炸压制、放电等离子烧结等为代表的一批新技术，使粉末冶金制品的生产在密度的提高、材料的适用性、复杂形状的实现、高性能低成本等多方面实现了突破，粉末冶金制品在越来越多的领域中得到了应用。

3.6.7.1 工作原理

粉末高速压制技术（high velocity compaction，简称 HVC）是瑞典的 Hoganas AB 公司在 2001 年基于 Hydro-pulsor 公司生产的高速压制成形机而推出的一项新技术。高速压制通过明显提高粉末材料的密度来提高产品性能，并提高生产效率，具备用中小型设备来生产大零件的能力。粉末高速压制与传统静态刚模压制相比，从工艺上来看，在粉末充填和零件脱模等方面有很多的相似性。例如，混合粉末装入锥形送料斗中，通过送粉靴自动填充模腔，压制成形后零件被顶出并转入烧结工序等。粉末高速压制的压制速度比传统的压制方法快 500 ~ 1000 倍，压机锤头速度可达 2 ~ 30m/s，液压驱动的锤头质量达 1200kg，压制压力在 600 ~ 2000MPa，粉末在 20ms 之内通过高能量冲击进行压制，锤头的质量和瞬间冲击的速度决定了压制能量的大小和材料致密化程度。HVC 设备还可在 0.3 ~ 1s 的时间间隔内实现多次冲击压制。多次冲击压制产生高能量的累积，使 HVC 设备具备了用中小型设备来生产超大零件的能力。HVC 能够广泛用于各种粉末的压制成形，例如金属粉末、陶瓷和聚合物粉末。HVC 成为粉末冶金工业寻求低成本高密度材料加工技术的又一新突破。

3.6.7.2 主要特点

高速压制的主要特点是：

（1）密度高且分布均匀。HVC 技术用强烈的冲击波进行压制，可以使压坯的密度较常规压制高 0.3g/cm³ 以上。据报道，直径 85mm、质量 800g 齿轮的密度达到 7.7g/cm³。高速压制技术还可以与其他致密化方法相结合，得到更高的压坯密度。以铁基压坯为例，HVC 技术与模壁润滑相结合，压坯密度可达 7.6g/cm³，与模壁润滑和温压结合的压坯密度达 7.7g/cm³，若采用高速复压复烧工艺，压坯密度可达 7.8g/cm³，接近全致密。

HVC 不但使零件高致密化，而且使密度均匀化，因为随着压制速度快速提高，粉末颗粒与模壁之间的摩擦系数降低，从而减少摩擦损耗造成的压制力下降，使密度分布更加均匀，密度差能达到 0.01g/cm³。压制高径比达到 6 的铁基圆柱压坯的密度甚至可以达到 (7.4 ± 0.1)g/cm³。

（2）综合性能优异。采用 HVC 技术进行粉末压制时，随着压坯密度的提高，其性能也得到明显改善。采用 HVC 技术制备的材料与传统压制技术制备的材料相比，抗拉强度和屈服强度均提高 20% ~ 25%，其他各项性能指标也均有较大提高。

（3）弹性后效低，脱模压力小。高速压制时压坯的弹性后效低于常规压制，脱模力也降低。压坯的弹性后效依赖于压制形状和粉体材料。

（4）成本低，生产率高，可经济成形大型零件。从生产成本与制品密度之间的性价比考虑，对制备高密度、高性能的粉末冶金零部件，HVC 一次压制很受关注，因为其在成本与性能之间找到了最佳结合点。

3.6.7.3　关键技术

HVC 关键技术主要包括以下几个方面：

（1）高速压制设备。高速压制关键技术之一是如何获得瞬间的冲击速度，瑞典 Hydropulsor 公司利用其独创的液压阀门和控制系统，使冲击速度达到普通液压机的 50 倍，这一安全、高效技术的出现，极大地促进了动态压制技术的发展。

（2）粉末及模具系统。目前高速压制的生坯密度和性能均高于常规压制，但是在高速压制状态下，可能会造成粉末与模壁之间的焊合，使粉末压坯难于从阴模中脱出。

（3）致密化机制。根据热软化剪切致密化机制，认为颗粒接合处在预压过程中形成"缺口"，当预成形的压坯进行高速压制时，"缺口"附近的颗粒表面形成高温剪切带并迅速蔓延，使颗粒容易发生塑性变形甚至局部焊合，从而达到高度致密化。

作为目前铁基粉末冶金零件的一种热门成形方法，HVC 技术是传统粉末压制成形技术的一种极限式外延的结果，可实现零件低成本、高效率生产，受到粉末冶金研究人员的广泛关注。法国 CETIM 公司已利用 HVC 技术成功制备出氧化铝陶瓷制品，其烧结后的密度可以达到理论密度的 99%，同时该公司还利用同一技术制备出 UHMWPE（超高分子量聚乙烯）。随着 HVC 技术研究的不断深入，大量的粉末冶金软磁材料都可采用高速压制成形，该类零件包括磁芯和电动马达的定子与转子，这使得 HVC 成形技术更具有竞争优势。

思　考　题

3-1　粉末的预处理有哪些？其作用是什么？

3-2　压制压力、侧压力和摩擦力的相互关系及其对粉末压制的作用是什么？

3-3　什么是压制过程的弹性后效现象？

3-4　压制压力与压坯密度的一般关系是什么？

3-5　压坯密度的分布规律是什么？其产生原因是什么？有哪些方法可以改善压坯密度分布？

3-6　压制横截面不同的复杂形状压坯时的原则是什么？

3-7　成形剂的作用和选择原则是什么？

3-8　压制零件可分为哪些类型？基本压制方法是什么？

3-9　压坯缺陷有哪些？其成因是什么？

3-10　影响压制的因素有哪些？

3-11　获得高压坯密度的成形方法有哪些？其特点是什么？

3-12　获得复杂形状生坯的成形方法有哪些？其特点是什么？

参　考　文　献

[1] 黄培云. 粉末冶金原理（第 2 版）[M]. 北京：冶金工业出版社，1997.

[2] 陈文革，王发展. 粉末冶金工艺及材料 [M]. 北京：冶金工业出版社，2011.

[3] 韩凤麟. 粉末冶金基础教程 [M]. 广东：华南理工大学出版社，2006.

[4] 韩凤麟. 粉末冶金手册 [M]. 北京：冶金工业出版社，2012.

［5］王盘鑫. 粉末冶金学［M］. 北京：冶金工业出版社，1997.

［6］黄伯云. 粉末冶金标准手册［M］. 湖南：中南工业大学出版社，2000.

［7］上海新材料协会粉末冶金分会. 粉末冶金实用工艺［M］. 北京：冶金工业出版社，2004.

［8］廖寄乔. 粉末冶金实验技术［M］. 湖南：中南工业大学出版社，2001.

［9］吴成义，张丽英. 粉体力学成形原理［M］. 北京：冶金工业出版社，2003.

［10］German R M. 粉末注射成形［M］. 曲选辉译. 湖南：中南工业大学出版社，2001.

［11］马福康. 等静压技术［M］. 北京：冶金工业出版社，1992.

［12］曲选辉. 粉末注射成形的研究进展［J］. 中国材料进展，2010，29（5）：42～47.

［13］尹海清，贾成厂，曲选辉. 粉末微注射成形技术现状［J］. 粉末冶金技术，2007，25（5）：382～386.

［14］周继承，黄伯云. 增塑粉末挤压成形新技术［J］. 中国有色金属学报，2002，12（1）：1～13.

［15］刘文胜，龙路平，马运柱，蔡青山. 粉末挤压成形坯体粘结剂脱除工艺原理研究现状［J］. 粉末冶金技术，2011，29（1）：54～60.

［16］蔡青山，马运柱，刘文胜. 粉末近净成形技术研究现状［J］. 粉末冶金工业，2011，21（6）：48～53.

［17］陈进，肖志瑜，唐翠勇，等. 温粉高速压制装置及其成形试验研究［J］. 粉末冶金材料科学与工程，2011，16（4）：604～609.

［18］果世驹，林涛，李明怡. 粉末烧结钢温压粘结剂玻璃化温度调整的预测方程［J］. 粉末冶金技术，1997，15（2）：85～89.

［19］林涛，果世驹，李明怡，等. 温压过程致密化机制探讨［J］. 北京科技大学学报，2000，22（2）：131～133.

［20］张菊镍，肖志瑜，李元元. 粉末冶金流动温压成形技术［J］. 粉末冶金技术，2006，24（1）：45～49.

［21］李元元，肖志瑜，倪东惠，等. 温压成形技术的研究进展［J］. 华南理工大学学报（自然科学版），2002，30（11）：15～20.

［22］周志德. 金属粉末轧制［J］. 粉末冶金工业，2001，11（1）：36～39.

［23］张忠伟，汪凌云，黄光胜，等. 金属带材粉末轧制的研究［J］. 轻合金加工技术，2005，33（4）：40～44.

［24］邹仕民，曹顺华，李春香. 粉浆浇注成形的现状与展望［J］. 粉末冶金材料科学与工程，2008，13（1）：8～12.

［25］曲选辉，尹海清. 粉末高速压制技术的发展现状［J］. 中国材料进展，2010，29（2）：45～49.

［26］周晟宇，尹海清，曲选辉. 粉末冶金高速压制技术的研究进展［J］. 材料导报，2007，21（7）：79～82.

4 烧 结

+·+

［本章重点］

　　本章内容包括粉末烧结的基础理论、常规烧结方法以及热致密化方法。首先需要掌握烧结的驱动力和烧结的基本过程。对于固相烧结，理解其中的物质迁移机构，熟悉影响固相烧结的因素。理解独特的互不溶体系固相烧结的热力学条件。掌握液相烧结的基本要求，以及烧结的致密化过程。熟悉熔浸这种特殊的液相烧结方法。活化烧结是对烧结过程的强化，需要熟悉几种常用的活化烧结手段。熟悉常用的粉末烧结气氛和烧结炉及其适用范围。熟悉热压、热等静压等热致密化方法。

+·+

4.1 概　　述

4.1.1　烧结的概念及其在粉末冶金生产过程中的重要性

　　粉末冶金生产过程中，为了把成形工艺制得的压坯或者松装粉末体制成有一定强度、一定密度的产品，需要在适当的条件下进行热处理，最常用的工艺就是烧结。烧结是把粉末或粉末压坯，在适当的温度和气氛条件下加热所发生的现象或过程，从而使粉末颗粒相互黏结起来，改善其性能。而根据 GB 3500—83《粉末冶金术语》，将"烧结"定义为：粉末或压坯在低于其主要组分熔点的温度下的加热处理，借颗粒间的联结以提高其强度。烧结的结果是颗粒之间发生黏结，烧结体强度增加，而且多数情况下，其密度也提高。在烧结过程中，发生一系列的物理和化学变化，粉末颗粒的聚集体变为晶粒的聚集体，从而获得具有所需物理、力学性能的制品或材料。

　　在粉末冶金生产过程中，烧结是最基本的工序之一。从根本上说，粉末冶金生产过程一般是由粉末成形和粉末毛坯热处理这两道基本工序组成的。虽然在某些特殊情况下（如粉末松装烧结）缺少成形工序，但是烧结工序或相当于烧结的高温工序（如热压或热锻）却是不可缺少的。另外，烧结工艺参数对产品性能起着决定性的作用，由烧结工艺产生的废品是无法通过其他的工序来挽救的。影响烧结的两个重要因素是烧结时间和烧结气氛。这两个因素都不同程度地影响着烧结工序的经济性，从而对整个产品成本产生影响。因此，优化烧结工艺，改进烧结设备，减少工序的物质和能量消耗，如降低烧结温度、缩短烧结时间对产品生产的经济性意义还是很大的。

4.1.2　烧结过程的基本类型

　　用粉末烧结的方法可以制得各种纯金属、合金、化合物以及复合材料。烧结体按粉末原料的组成可分为：由纯金属、化合物或固溶体组成的单相系；由金属-金属、金属-非金属、金属-化合物组成的多相系。为了反映烧结的主要过程和烧结机构的特点，通常按烧结过程有无明显液相出现和烧结系统的组成对烧结进行分类。

（1）单元系固相烧结：纯金属（如难熔金属和纯铁软磁材料）或化合物（Al_2O_3、B_4C、BeO、$MoSi_2$ 等），在其熔点以下的温度进行的固相烧结过程。

（2）多元系固相烧结：由两种或两种以上的组分构成的烧结体系，在其中低熔点组分的熔点温度以下进行的固相烧结过程。这种过程一般是以形成被期望的化合物为目的的烧结。化合物可以是金属间化合物，也可以是陶瓷。烧结过程中颗粒或粉末间发生的化学反应可以是吸热的，也可以是放热的。

（3）多元系液相烧结：已超过系统中低熔点组分的熔点温度进行的烧结过程。由于烧结温度高于某一组元的熔点，因而形成液相。液相可能在烧结的较长时间内存在，称为长存液相烧结；也可能在一相对较短的时间内存在，称为瞬时液相烧结。比如，存在着共晶成分的二元粉末系统，当烧结温度稍高于共晶温度时出现共晶液相，是一种典型的瞬时液相烧结过程。熔浸是液相烧结的特例，这时，多孔骨架的固相烧结和低熔点金属浸透骨架后的液相烧结同时存在。

目前，对于烧结过程的分类并没有统一的认识。盖彻尔（Goetzel）把金属粉末的烧结分为：（1）单相粉末（纯金属、固溶体或金属间化合物）烧结；（2）多相粉末（金属-金属或金属-非金属）固相烧结；（3）多相粉末液相烧结；（4）熔浸。他把固溶体和金属间化合物这类合金粉末的烧结看为单相烧结，认为在烧结时组分之间无再溶解，故不同于组元间有溶解反应的一般多元固相烧结。

4.1.3　烧结理论的发展

烧结理论的发展经历了三次大的飞跃。Ristic 曾对 2000 篇文章用电子计算机加以归纳分析，以历史时间为横坐标，以烧结研究的内容及意义所涉及的文章篇数为纵坐标，如图 4-1 所示给出了一组曲线，示意了烧结理论研究的过去、现在和将来。

由图 4-1 中可以看出，从微观的角度对烧结进行研究大致是在第二次世界大战前后10 年间（1935～1946 年）开始的。在这之前，仅仅有一些初步的烧结实验研究，是发现科学问题和提出科学问题的理论孕育期。在这个时期，作出主要贡献的学者有Sauerwald、Trzebiatowski。

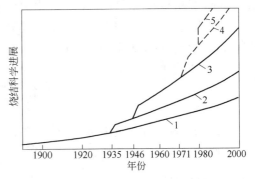

图 4-1　烧结理论研究的历史轨迹

1—实验研究；2—纤维组织研究；3—动力学理论；
4—电子理论；5—材料性能检测

Sauerwald 从 1922 年起，发表了一系列的研究报告和论文，定义了金属粉末有效烧结的起始温度，指出烧结要在金属熔点温度的 66%～80% 才能开始，曾被称为 Sauerwald 温度原理。他的工作对控制烧结进行的实际粉末冶金生产过程有相当大的贡献。但 Sauerwald 未能解释为什么烧结温度会高于再结晶温度。1936 年，Balshin 定性地回答了这个问题。

Balshin 认为，造成这种差异的主要原因是粉末压坯间的不完全接触，其次是颗粒表面氧化层的存在。再结晶在颗粒内部进行，而颗粒间的黏结和生长需要更高的温度才能还原表面氧化物，达到颗粒间的完全接触。20 世纪 30 年代初，Trzebiatowski 在烧结研究方面进行了一系列的实验，如草酸盐热分解超细 Cu 粉（1μm）的烧结、热压试验等，并提出了烧结的一般定义，即烧结可以被认为是颗粒黏结和长大的过程。1938 年，Price、Smithells 和 Williams 首先研究了液相烧结的溶解析出现象，得出结论：液相烧结过程是以小晶粒的溶解和溶质在大颗粒上析出沉积而实现致密化的。1942 年前后，Huttig 以物理化学家的独特视角和手段系统地研究了金属粉末在缓慢升温过程中依次发生的物理化学和显微组织的变化：（1）物理吸附的气体脱附；（2）表面原子的重排———一种二维的再结晶；（3）化学吸附的表面化合物脱附；（4）金属颗粒的内部发生再结晶。

总结以上情况，1945 年以前烧结理论偏重于对烧结现象本质的解释，主要研究粉末的性能、成形和烧结工艺参数对烧结体性能的影响，也涉及烧结过程中起重要作用的原子迁移问题。

第二次世界大战结束不久出现了烧结理论的第一次飞跃。1945 年苏联科学家 Frenkel 发表了有关黏性流动烧结理论的著名论文，第一次把复杂的颗粒系统简化为两个球形，考虑了与空位流动相关的晶体物质的黏性流动烧结机制，推导出了烧结颈长大速率的动力学方程；1949 年 Kuczynski 发表了题为"金属颗粒烧结过程中的自扩散"的论文，文中运用球-板模型，建立了烧结初期烧结颈长大过程中体积扩散、表面扩散、晶界扩散、蒸发凝聚的微观物质迁移机制，奠定了第一个层面上的烧结扩散理论基础。两人创立的烧结的模型研究方法，开辟了定量研究的道路，对烧结机构的各种学说的建立起着推动作用。

烧结理论的第二次飞跃始于 1971 年左右，其特征是理论的扩展及其第二个层面上纵向理论研究的深入。典型的代表是 Samsonov 用他的价电子稳定组态模型解释活化烧结现象；Lenel 提出塑性流动物质迁移机制的新概念等。

烧结理论的第三次飞跃是计算机模拟技术的运用和发展。它给预测烧结全过程和烧结材料显微组织提供了强有力的工具。

4.2　烧结过程的基本规律

烧结的理论研究总是围绕着两个基本的问题：一是烧结为什么会发生？也就是所谓的烧结的驱动力或热力学问题；二是烧结是怎样进行的？即烧结的机构和动力学问题。

4.2.1　烧结驱动力

4.2.1.1　烧结的基本过程

粉末烧结后，烧结体的强度增加，首先是颗粒间的联结强度增大，即连接面上原子间的引力增大。在粉末或粉末压坯内，颗粒间接触面上能达到原子引力作用范围内的原子数目有限。烧结时，高温作用下原子振动的振幅加大，发生扩散，接触面上有更多的原子进入原子作用力的范围，形成黏结面，并且随着黏结面的扩大，烧结体的强度也增加。黏结面扩大进而形成烧结颈，使原来的颗粒晶面形成晶粒晶面，而随着烧结的继续进行，晶界可以向颗粒内部移动，导致晶粒长大。

烧结体的强度增大还反映在孔隙体积和孔隙总数的减少以及孔隙形状变化方面。图4-2用球形颗粒的模型表示孔隙形状的变化，由于烧结颈的长大，颗粒间原来相互连通的孔隙逐渐收缩成闭孔，然后逐渐变圆。在孔隙形状和孔隙性质发生变化的同时，孔隙的大小和数量也在改变，即孔隙个数减少，而平均孔隙尺寸增大，此时小孔隙比大孔隙更容易缩小和消失。

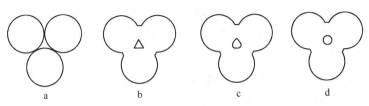

图4-2　球形颗粒的烧结模型

a—烧结前颗粒的原始接触；b—烧结早期的烧结颈长大；c，d—烧结后期的孔隙球化

颗粒黏结面的形成，通常不会导致烧结体的收缩，因而致密化并不标志着烧结过程的开始，而只有烧结体的强度增大才是烧结发生的明显标志。随着烧结颈的长大，总孔隙体积的减小，颗粒间距离的缩短，烧结体的致密化过程才真正开始。如上所述，除了烧结颈在烧结过程中长大之外，压坯可以致密化、收缩，表面积会减小，强度增高，以及导电性增加，烧结体变硬。这些参数的变化提供了叙述烧结过程的可能性。

因此，粉末的等温烧结过程，按时间大致可以分为三个界限不十分明显的阶段：

（1）黏结阶段：烧结初期，颗粒间的原始接触点或面转化为晶体结合，即通过成核、结晶长大等原子过程形成烧结颈。在这一阶段中，颗粒内的晶粒不发生变化，颗粒外形也基本不变，整个烧结体不发生收缩，密度增加也极其微小，但是烧结体的强度和导电性由于颗粒黏合面的增大而明显增加。

（2）烧结颈长大阶段：原子向颗粒结合面的大量迁移使烧结颈扩大，颗粒间间距缩小，形成连续的孔隙网络；同时由于晶粒长大，晶界越过孔隙移动，而被晶界扫过的地方，孔隙大量消失。烧结体收缩、密度和强度增加是这个阶段的主要特征。

（3）孔隙球化和缩小阶段：当烧结体密度达到90%以后，多数孔隙被完全分隔，封闭孔隙数量大为增加，孔隙形状趋近球形并不断缩小。在这个阶段，整个烧结体仍可缓慢收缩，但是主要靠小孔隙的消失和孔隙数量的减少来实现。这一阶段可以延续很长时间，但是仍残留少量的隔离小孔不能消除。

等温烧结过程三个阶段的相对时间长短主要由烧结温度决定：温度低，可能仅出现第一阶段；在生产条件下，至少应保证第二阶段接近完成；温度越高，出现第二甚至第三阶段就越早。在连续烧结时，第一阶段可能在升温过程中就完成了。

将烧结过程分为上述三个阶段，并未包括烧结中所有可能出现的现象，例如粉末表面气体或水分的挥发、氧化物的还原和离解、颗粒内应力的消除、金属的回复和再结晶以及聚晶长大等。

4.2.1.2　烧结的热力学问题

烧结是粉末特有的现象，特别是微细的粉末，如羰基铁粉，只要没有被氧化，那么即使在室温条件下长时间的保存，也都会有黏结或结块的倾向。从热力学的观点看，粉末烧结是系统自由能减小的过程，即烧结体相对于粉末体在一定条件下处于能量较低的状态。

不论单元系或多元系烧结，也不论固相或液相烧结，同凝聚相发生所有化学反应一样，都遵循普遍的热力学定律。单元系烧结可看作是固态下的简单反应，物质也不会发生改变，仅由烧结前后体系的能量状态所决定；而多元系烧结过程还取决于合金化的热力学。但是，两种烧结过程总伴随有系统自由能的降低。

烧结系统自由能的降低，是烧结过程的驱动力，包括以下几个方面：

（1）由于颗粒黏结面（烧结颈）的增大和颗粒表面的平直化，粉末体的总比表面积和总表面自由能的减少；

（2）烧结体内孔隙体积和总表面积的减少；

（3）粉末颗粒内晶格畸变的消除。

总之，烧结前存在于粉末或粉末压坯内的过剩自由能包括表面能和晶格畸变能，前者指同气氛接触的颗粒和孔隙的表面自由能，后者指颗粒内由于存在过剩空位、位错以及内应力所造成的能量升高。表面能比晶格畸变能小，如极细粉末的表面能为几百焦/摩尔（J/mol），而晶格畸变能高达几千焦/摩尔，但是，对烧结过程，特别是早期阶段，作用较大的是表面能。因为从理论上讲，烧结后的低能位状态至多是单晶体的平均缺陷浓度，而实际上烧结体总是具有更多热平衡缺陷的多晶体，因此，烧结过程中晶格畸变能减少的绝对值，相对于表面能的降低仍是次要的，烧结体内总保留一定数量的热平衡空位、空位团和位错网。

在烧结温度 T 时，烧结体的自由能、焓和熵的变化如分别用 ΔG、ΔH 和 ΔS 表示，那么根据热力学公式有：

$$\Delta G = \Delta H - T\Delta S$$

如果烧结反应前后物质不发生相变，比热容变化忽略不计（单元系烧结时不发生物质变化），ΔS 就趋于零，因此 $\Delta G \approx \Delta H$（$\approx \Delta U$），$\Delta U$ 为系统内能的变化。因此，根据烧结前后焓或内能的变化可以估计烧结的驱动力。用电化学方法测定电动势或测定比表面均可计算自由能的变化。例如粒度为 $1\mu m$ 和 $0.1\mu m$ 的金粉的表面能（即比致密金高出的自由能）分别为 155J/mol 和 1550J/mol，即粉末越细，表面能越高。

烧结后颗粒的界面转化为晶界面，由于晶界能的降低，故总的能量仍是降低的。随着烧结的进行，烧结颈处的晶界可以向两边的颗粒内移动，而且颗粒内原来晶界也可能通过再结晶或聚晶长大发生移动并减少。因此晶界能进一步降低就成为烧结颈形成与长大后烧结继续进行的主要动力，这时烧结颗粒的联结强度进一步增加，烧结体密度等性能进一步提高。

烧结过程不管是否使总孔隙度减低，孔隙的总比表面积总是减小的。隔离孔隙形成后，在孔隙体积不变的情况下，表面积减少主要依靠孔隙的球化，而球形孔隙继续收缩和消失也能使总表面积进一步减少。因此，不论在烧结的第二或第三阶段，孔隙表面自由能的降低，始终是烧结过程的驱动力。

4.2.1.3　烧结驱动力的计算

由于烧结过程的复杂性，欲从热力学的角度计算原动力的具体数值几乎是不可能的，只能定性地说明这种原动力的存在。下面将应用库钦斯基的简化烧结模型推导烧结驱动力的计算公式。

根据理想的两球模型，将烧结颈放大如图4-3所示。从烧结颈表面取单元曲面 $ABCD$，使得两个曲率半径 ρ 和 x 形成相同的张角 θ（处于两个相互垂直的平面内）。设指向球体内的曲率半径 x 为正号，则曲率半径 ρ 为负号，表面张力所产生的力 $\boldsymbol{F}_x$ 和 $\boldsymbol{F}_\rho$ 作用在单元曲面上并与曲面相切，故由表面张力的定义不难计算：

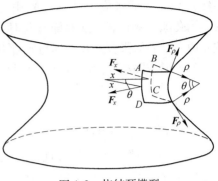

图4-3 烧结颈模型

$$\begin{cases} \boldsymbol{F}_x = \gamma\,\overline{AD} = \gamma\,\overline{BC} \\ \boldsymbol{F}_\rho = \gamma\,\overline{AB} = \gamma\,\overline{DC} \end{cases}$$

式中 γ——表面张力。

而

$$\begin{cases} \overline{AD} = \rho\sin\theta \\ \overline{AB} = x\sin\theta \end{cases}$$

但由于 θ 很小，$\sin\theta \approx \theta$，故可得：

$$\begin{cases} \boldsymbol{F}_x = \gamma\rho\theta \\ \boldsymbol{F}_\rho = -\gamma x\theta \end{cases}$$

所以垂直作用于 $ABCD$ 曲面上的合力为：

$$\boldsymbol{F} = 2(\boldsymbol{F}_x + \boldsymbol{F}_\rho) = 2(F_x\sin\theta/2 + F_\rho\sin\theta/2) = \gamma\theta^2(\rho - x)$$

而作用于面积 $ABCD = x\rho\theta^2$ 上的应力为：

$$\sigma = \frac{F}{x\rho\theta^2} = \frac{\gamma\theta^2(\rho - x)}{x\rho\theta^2}$$

所以

$$\sigma = \gamma\left(\frac{1}{x} - \frac{1}{\rho}\right) \tag{4-1}$$

由于烧结颈半径 x 比曲率半径 ρ 大得多，即 $x \gg \rho$，故：

$$\sigma = -\frac{\gamma}{\rho} \tag{4-2}$$

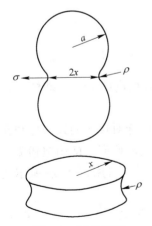

图4-4 两球模型

负号表示作用于曲面上的应力 σ 是张力，方向朝颈外（图4-4），其效果是使烧结颈扩大。随着烧结颈（$2x$）的扩大，负曲率半径的绝对值（$-\rho$）亦增大，说明烧结的动力 σ 也在减小。

为估计表面应力 σ 的大小，假定颗粒半径 $a = 2\mu m$，颈半径 $x = 0.2\mu m$，则 ρ 将不超过 $10^{-8} \sim 10^{-9}m$；已知表面张力的数量级为 J/m^2（对表面张力不大的非金属估计值），那么烧结动力 σ 的数量级约为 10MPa，是很可观的。

式4-1或式4-2表示的烧结动力是表面张力造成的一种机械力，它垂直地作用于烧结颈曲面上，使烧结颈向外扩大，最终形成孔隙网。这时孔隙中的气体会阻止孔隙收缩和烧结颈进一步长大，因此孔隙中气体的压力 p_v 与表面张应力之差才是孔隙网生成后对烧结起推动作用的有效力：

$$p_s = p_v - \frac{\gamma}{\rho}$$

显然 p_s 仅是表面张应力（$-\gamma/\rho$）中的一部分，因为气体压力 p_v 与表面张应力的符号相反。当孔隙与颗粒表面连通即开孔时，p_v 可取为 1atm（约 0.1MPa），这样，只有当烧结颈 ρ 增大、表面张应力减小到与 p_v 平衡时，烧结的收缩过程才停止。

对于形成隔离孔隙的情况，烧结收缩的动力可用下述方程描述：

$$p_s = p_v - \frac{2\gamma}{r}$$

式中　r ——孔隙的半径。

$-2\gamma/r$ 代表作用在孔隙表面使孔隙缩小的张应力。如果张应力大于气体压力 p_v，孔隙就能继续收缩下去。当孔隙收缩时，气体如果来不及扩散出去，p_v 大到超过表面张应力，隔离孔隙就将停止收缩。所以在烧结的第三阶段，烧结体内总会残留有少部分隔离的闭孔，仅靠烧结时间的延长是不能消除的。

在以后讨论烧结机构时将会知道，除表面张力引起烧结颈处的物质向孔隙发生宏观流动外，晶体粉末烧结时，还存在靠原子扩散的物质迁移。按照近代的晶体缺陷理论，物质扩散是由空位浓度造成的化学位的差别所引起的。下面讨论用理想球体的模型，计算烧结体系内引起的扩散浓度梯度差。

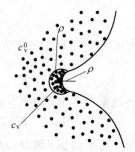

图 4-5　烧结颈曲面下的空位浓度分布

由式 4-2 计算的张应力 $-\gamma/\rho$ 作用在图 4-5 所示的烧结颈曲面上，局部地改变了烧结球内原来的空位浓度分布，因为应力使空位的生成能改变。运用统计热力学并考虑应力对烧结颈处空位浓度的影响可推导出，如果具有过剩空位的区域仅在烧结颈表面下以 ρ 为半径的圆内（图 4-5），则当发生空位扩散时，过剩空位浓度的梯度就是：

$$\Delta c_v = - c_v^0 \gamma \Omega / (kT\rho) \tag{4-3}$$

式中　c_v^0 ——无应力区域的平衡空位浓度；

　　　γ ——表面张力；

　　　Ω ——原子体积；

　　　k ——玻耳兹曼常数；

　　　T ——绝对温度。

式 4-3 表明，过剩空位浓度梯度将引起烧结颈表面下微小区域内的空位向球体内扩散，从而造成原子朝相反的方向迁移，使烧结颈得以长大。

烧结过程中还可能发生物质由颗粒表面向空间蒸发的现象，同样对烧结的致密化和孔隙的变化产生直接的影响。因此，烧结动力也可以从物质蒸发的角度研究，即用饱和蒸气压的差表示烧结动力。曲面的饱和蒸气压与平面的饱和蒸气压之差，可用吉布斯-凯尔文（Gibbs-Kelvin）方程计算：

$$\Delta p = p_0 \gamma \Omega / (kTr) \tag{4-4}$$

式中　p_0 ——平面的饱和蒸气压；

　　　r ——曲面的曲率半径。

根据图 4-3 所示烧结颈模型，颈曲面的曲率半径 r 按下式计算：

$$\frac{1}{r} = \frac{1}{x} - \frac{1}{\rho} \tag{4-5}$$

因为 $\rho \ll x$，故 $1/r \approx -1/\rho$，代入式 4-4 得：

$$\Delta p_{颈} = -p_0 \gamma \Omega / (kT\rho) \tag{4-6}$$

同样，对于球表面，曲率 $1/r = 2/a$（a 为球半径），代入式 4-4 得：

$$\Delta p_{球} = p_0 2\gamma \Omega / (kTa) \tag{4-7}$$

从式 4-6 与式 4-7 可知：烧结颈表面（凹面）的蒸气压应低于平面的饱和蒸气压 p_0，其差由式 4-6 计算；颗粒表面（凸面）与烧结颈表面之间将存在更大的蒸气压力差（用式 4-7 减去式 4-6 计算），将导致物质向烧结颈迁移。因此，烧结体系内，各处的蒸气压力差就成为烧结通过物质蒸发迁移的驱动力。

4.2.2　物质迁移机理

烧结过程中，颗粒黏结面上发生量与质的变化以及烧结体内孔隙的球化与缩小等过程都是以物质的迁移为前提的。烧结机构就是研究烧结过程中各种可能的物质迁移方式及速率。

烧结时物质迁移的各种可能的过程如表 4-1 所示。

表 4-1　物质迁移的过程

Ⅰ	不 发 生 物 质 迁 移	黏　　结
Ⅱ	发生物质迁移，并且原子移动较长的距离	表面扩散 晶格扩散（空位机制） 晶界扩散（间隙机制）⎫ 晶界扩散⎬组成晶体的空位或原子的移动 蒸发与凝聚⎭ 塑性流动⎫ 晶界滑移⎬小块晶体的移动
Ⅲ	发生物质迁移，但原子移动较短的距离	回复或再结晶

烧结初期颗粒间的黏结具有范德华力的性质。不需要原子作明显的位移，只涉及颗粒接触面上部分原子排列的改变或位置的调整，过程所需的激活能是很低的。因此，即使在温度较低、时间较短的条件下，黏结也能发生，这是烧结初期的主要特征，此时烧结体的收缩不明显。

其他的物质迁移方式，如扩散、蒸发与凝聚、流动等，因原子移动的距离较长，过程的激活能较大，只有在足够高的温度或外力的作用下才能发生。它们将引起烧结体的收缩，使性能发生明显的变化，这是烧结主要过程的基本特征。

值得指出的是，烧结体内虽然可能存在回复和再结晶，但只有在晶格畸变严重的粉末烧结时才容易发生。这时，随着致密化出现晶粒长大。回复和再结晶首先使压坯中颗粒接触面上的应力得以消除，因而促进烧结颈的形成。由于粉末中的杂质和孔隙阻止再结晶过程，所以粉末烧结时的再结晶晶粒长大现象不像致密金属那样明显。

在运用模型方法以后，烧结的物质迁移机构才有可能作定量的计算。这时，选择各种材料做成均匀的小球、细丝，与相同材料的平板、小球或圆棒组成简单的烧结系统，然后在严格的烧结条件下观测烧结颈尺寸随时间的变化。根据一定的几何模型，并假定某一物质迁移机构，用数学解析方法推导烧结颈长大的速率方程，再由模拟烧结实验去验算，最后判定何种材料、在什么烧结条件（温度、时间）下以哪种机构发生物质迁移。

　　到目前为止，模型研究以及实验主要用简单的单元系，而且所推导的动力学方程主要用于烧结的早期阶段。由理论上推导烧结速度方程，可采用如图4-6所示的两种基本几何模型：假定两个同质的均匀小球半径为 a，烧结颈半径为 x，颈曲面的曲率半径为 ρ，图4-6a为两球相切，球中心距不变，代表烧结时不发生收缩；图4-6b是两球相贯穿，球中心距减小 $2h$，表示烧结时有收缩出现。由图示几何关系不难证明，在烧结的任一时刻，颈曲率半径与颈半径的关系是：图4-6a为 $\rho=x^2/(2a)$；图4-6b为 $\rho=x^2/(4a)$。下面分别按照各种可能的物质迁移机构，找出烧结过程的特征速度方程式，并最后对综合作用烧结理论作简单的介绍。

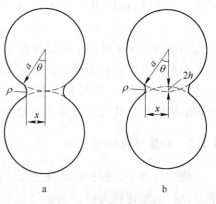

图4-6　两球几何模型

a—$\rho=x^2/(2a)$；b—$\rho=x^2/(4a)$

4.2.2.1　几种可能的物质迁移机构

A　黏性流动

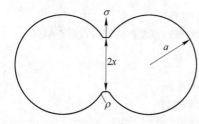

图4-7　弗仑克尔球-球模型

　　1945年弗仑克尔最早提出一种称为黏性流动的烧结机构（图4-7），并用模型模拟了两个晶体粉末颗粒烧结早期的黏结过程。他把烧结过程分为两个阶段：第一阶段相邻颗粒间由点接触变为面接触，而且接触表面积逐渐增大，直到孔隙封闭；第二阶段为形成的残留闭孔收缩的过程。

　　第一个阶段，类似两个液滴从开始的点接触发展到互相"聚合"，形成一个半径为 x 的圆面接触。为简单起见，假定液滴仍保持球形，其半径为 a。晶体粉末烧结早期的黏结，及烧结颈长大，可看作在表面张力 γ 作用下，颗粒发生类似黏性液体的流动，结果使系统的总表面积减小，表面张力所做的功转换成黏性流动对外散失的能量。弗仑克尔由此推导出烧结半径 x 匀速长大的速度方程：

$$x^2/a = (3/2)\gamma/(\eta t) \qquad (4-8)$$

式中　γ——粉末材料的表面张力；

　　　η——黏性系数。

　　库钦斯基采用同质材料的小球在平板上的烧结模型（图4-8），用实验证实了弗仑克尔的黏性流动速度方程，并且在1961年的论文中，由纯黏性体的流动方程出发，推导出与式4-8本质上相同的烧结颈长大的动力学方程。

　　如前所述，在接触颈部由于表面张力的作用产生了表

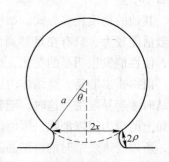

图4-8　库钦斯基烧结球-平板模型

面应力 σ，$\sigma = -\gamma/\rho$。在此表面张力的作用下，在接触颈部可能发生黏性流动，从而使两个颗粒黏结起来。黏性流动被认为是以图 4-9a 所示的方式进行的，也就是由于应力的作用使原子或空位顺着应力的方向发生流动。在体积扩散的情况下，则是由于存在空位浓度梯度而使原子发生移动（图 4-9b）。两者是有一定差别的。

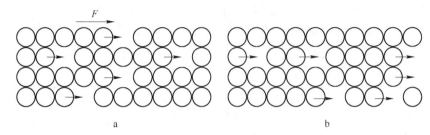

图 4-9　原子移动示意图

a—黏性流动；b—体积扩散

弗仑克尔认为，晶体的黏性流动是靠内空位的自扩散来完成的，黏性系数与自扩散系数之间的关系为：

$$1/\eta = D\delta/(kT)$$

式中　　D——扩散系数；

　　　　δ——晶格常数。

后来证明，弗仑克尔的黏性流动实际上只适用于非晶体物质。皮涅斯由金属的扩散理论证明对于晶体物质上面的关系式应修正为：

$$1/\eta = D\delta^3/(kTL^3)$$

式中　　L——晶粒或晶块的尺寸。

弗仑克尔由黏性流动出发，计算了表面张力 γ，球形孔隙随烧结时间减少的速度为：

$$\mathrm{d}r/\mathrm{d}t = -(3/4)\gamma/\eta$$

可见，孔隙半径 r 是以恒定速率缩小的，而孔隙封闭所需的时间将由下式决定：

$$t = (4/3)(\eta r_0/\gamma)$$

式中　　r_0——孔隙的原始半径。

1956 年库钦斯基用毛细玻璃管进行烧结实验，证明基于黏性流动机构闭孔隙收缩应符合关系式：

$$r_0 - r = [\gamma/(2\eta)]t$$

库钦斯基于 1949 年进行了用 0.5mm 玻璃球在玻璃平板上，在 575~743℃ 温度下烧结的实验研究，测定了烧结半径 x 随时间 t 的变化，证明 x^2/a 与 t 呈直线关系。假定在该温度下玻璃的表面能 $\gamma = 0.3\mathrm{J/m}^2$，这样由各种温度下烧结的实验直线计算得到的 η 与已知的数据是一致的。

1955 年金捷里·伯格（Kingery Berg）将半径为 49μm 的玻璃球放在玻璃平板上烧结。他测定 x/a 与 t 的关系后得到如图 4-10 所示的直线（对数坐标），并由直线的斜率均约等于 2 证明 x^2/a 与 t 呈线性关系。取 $\gamma = 0.31\mathrm{J/m}^2$，计算 η 值：725℃ 时为 $7.2 \times 10^7 \mathrm{Pa \cdot s}$；750℃ 时为 $8.8 \times 10^6 \mathrm{Pa \cdot s}$。

B　蒸发与凝聚

图 4-4 中，两个粉末颗粒相接触时，在颗粒外表面的曲率半径与接触到颈部的曲率半

径是不相同的，因此使两处的蒸气压存在着差异。由式 4-6 可知，烧结颈对平面饱和蒸气压的差 $\Delta p_{颈} = -p_0 \gamma \Omega / (kT\rho)$，当球的半径 a 比颈曲率半径 ρ 大得多时，可认为球表面蒸气压 p_a 对标准表面蒸气压的差 $\Delta p' = p_a - p_0$ 与 Δp 相比小得可以忽略不计，因此，球表面的蒸气压与颈表面（凹面）蒸气压的差可近似写成：

$$\Delta p_a = [\gamma \Omega / (kT\rho)] p_a \qquad (4-9)$$

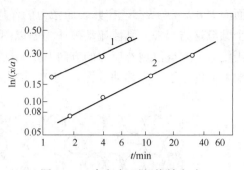

图 4-10　玻璃球-平板烧结实验
1—750℃，直线斜率 = 2.1；
2—725℃，直线斜率 = 2.1

蒸气压 Δp_a 使原子从球的表面蒸发，重新在烧结颈凹面上凝聚下来，这就是蒸发与凝聚物质迁移的模型，由此引起烧结颈长大的烧结机构称为蒸发与凝聚。烧结颈长大的速率随 Δp_a 增大而增大。当 ρ 与蒸气相中原子的平均自由程相比很小时，物质转移即凝聚的速率可用单位面积上、单位时间内凝聚的物质 m 表示，则 m 与 Δp_a 成比例，即 $m = k\Delta p_a$。再代入前述的吉布斯-凯尔文方程，经数学处理后便可以得到：

$$x^3 / a = K't \qquad (4-10)$$

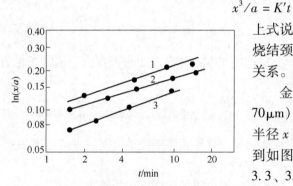

图 4-11　氯化钠小球实验
1—750℃，斜率 = 3.3；2—725℃，斜率 = 3.4；
3—700℃，斜率 = 2.5

上式说明，蒸发与凝聚机构的特征速度方程是烧结颈半径 x 的三次方与烧结时间 t 呈线性关系。

金捷里·伯格用氯化钠小球（半径 66 ~ 70μm），700 ~ 750℃ 烧结，测量小球间烧结颈半径 x 随 t 的变化，以 $\ln(x/a)$ 对 $\ln t$ 作图，得到如图 4-11 所示的三条直线，其斜率分别为 3.3、3.4、2.5。库钦斯基也以氯化钠小球（半径 66 ~ 70μm）作烧结实验，同样证实了式 4-10。

但是，只有那些在接近熔点时具有较高蒸气压的物质才可能发生蒸发与凝聚的物质迁移过程，如 NaCl 和 ZrO_2、TiO_2 等氧化物。对于大多数金属，除 Zn 与 Cd 外，在烧结温度下的蒸气压都较低，蒸发与凝聚不可能成为主要的烧结机构；但是某些金属粉末，在活性介质的气氛或表面氧化膜存在时进行活化烧结，这种机构也起作用。费多尔钦科证明，表面氧化物通过挥发，在气相中被还原，重新凝聚在颗粒凹下处对烧结过程有明显促进作用。气相中添加卤化物与金属形成挥发性卤化物，增大蒸气压，从而加快通过气相的物质迁移，将有利于颗粒间金属接触的增长与促进孔隙的球化。蒸发与凝聚对烧结后期孔隙的球化也有一定的作用。

C　体积扩散

人们在研究粉末烧结的物质迁移规律时，早就注意和重视了扩散所起的作用，许多研究工作详细阐述了烧结的扩散方程，并运用扩散方程导出烧结的动力学方程。扩散学说在烧结理论的发展史上长时间处于领先地位。

弗仑克尔认为原子在应力作用下的自扩散是黏性流动宏观过程的微观体现。基本观点是：晶体内存在着超过该温度下平衡浓度的过剩空位，空位浓度梯度就是导致空位或原子定向移动的动力。皮涅斯进而认为，颗粒接触面上的空位浓度高，原子与空位交换位置，不断向接触面迁移，使烧结颈长大；烧结后期，在闭孔周围的物质内，表面应力使空位的浓度增大，不断向烧结体外扩散，引起孔隙收缩。皮涅斯用空位的体积扩散机构描绘了烧结颈长大和闭孔收缩这两种不同的致密化过程。

在金属粉末烧结过程中，过剩空位及其扩散起着很重要的作用。根据图 4-6a 所示模型，以烧结颈作为扩散空位"源"，而由于存在不同的吸收空位的"阱"，空位体积的扩散可以采取如图 4-12 所示的几种途径和方式。实际上，空位源远不只是烧结颈表面，还有小空隙表面、凹面以及位错；相应地，可成为空位阱的还有晶界、平面、凸面、大孔隙表面、位错等。颗粒表面相对于内孔隙或烧结颈表面、大孔隙相对于小孔隙都可成为空位阱，因此，当空位由内孔隙向颗粒表面扩散以及空位由小孔隙向大孔隙扩散时，烧结体就发生收缩，小孔隙不断消失和平均孔隙尺寸增大。

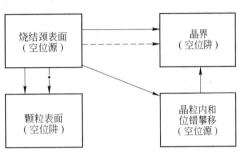

图 4-12 烧结时空位扩散途径
——体积扩散；----晶界扩散；
—·—表面扩散

运用图 4-6a 所示模型可以推导体积扩散烧结机构的动力学方程式，空位由烧结表面向邻近的球表面发生体积扩散，即物质沿相反途径向颈迁移。将空位浓度表达式代入菲克第一扩散定律，经数学处理后可以得到：

$$x^5/a^2 = [20D_v \gamma \Omega /(kT)]t \qquad (4-11)$$

金捷里·伯格基于图 4-6b 模型，认为空位是由烧结颈表面向颗粒接触面上的晶界扩散的，单位时间和单位长度上扩散的空位流 $J_v = 4D'_v \Delta C_v$。并由此推出：

$$x^5/a^2 = [80D_v \gamma \Omega /(kT)]t \qquad (4-12)$$

将式 4-12 与式 4-11 比较，仅系数相差 4 倍，形式完全相同。因此，按照体积扩散机构，烧结颈长大应服从 $x^5/a^2 - t$ 的直线关系。如果以 $\ln(x/a)$ 对 $\ln t$ 作图，可得到一条直线，其斜率应接近 5。

库钦斯基用粒度为 $15 \sim 35\mu m$ 的三种球形铜粉和 $350\mu m$ 的球形银粉，分别在相同的金属平板上烧结。根据烧结后颗粒的断面测得：铜粉在 $500 \sim 800℃$ 氢气中烧结 90h，$\ln(x/a)$ 与 $\ln t$ 的关系如图 4-13 所示。将实验数据代入式 4-12 计算不同温度下 Cu 的自扩散系数 D_v，再以 $\ln D_v$ 对 $1/T$ 作图求出 D_v^0 与活化能 Q 值，如 Cu 的 $D_v^0 = 700 cm^2/s$，$Q = 176 kJ/mol$。这些数值与放射性同位素所测得的结果是吻合的，这就证明了体积扩散机构。

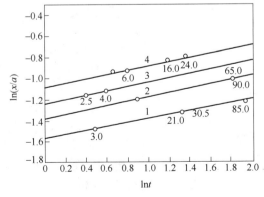

图 4-13 各种温度下烧结铜粉的实验曲线
1—500℃；2—650℃；3—700℃；4—800℃

D　表面扩散

蒸发与凝聚机构要以粉末在高温时具有较大的饱和蒸气压为先决条件，然而通过颗粒表面层原子的扩散来完成物质迁移，却可以在低得多的温度下发生。事实上，烧结过程中颗粒的相互黏结，首先是在颗粒表面进行的，由于表面原子的扩散，颗粒黏结面扩大，颗粒表面的凹处逐渐被填平。粉末具有极大的表面积和表面能，是粉末烧结一切表面现象（包括表面元自扩散）的热力学本质。塞斯研究纯金属粉固相烧结时发现，表面自扩散导致颗粒间产生"桥接"和烧结颈长大。邵尔瓦德也认为，当烧结体内未完全形成隔离闭孔之前，表面扩散对物质的迁移具有特别重要的作用。费尔多钦科根据测定金属粉末在烧结过程中比表面积的变化，计算表面扩散的数据，并证明比表面减小的速度与烧结的温度和时间有关，由比表面随时间的变化关系可以计算一定烧结温度下的表面扩散系数，而由温度关系又可以计算表面扩散的激活能。他由此得出结论：烧结粉末比表面的变化服从一般扩散规律，例如铁粉烧结的激活能测定为67kJ/mol，正好等于用不同方式将铁从结晶面分开所消耗的功。苗勒尔（Muller）更借助电镜研究了钨粉烧结的表面扩散现象，测定激活能为126～445 kJ/mol，具体数值取决于钨的不同结晶面。

多数学者认为，在较低和中等烧结温度下，表面扩散的作用十分重要，而在更高温度时，逐渐被体积扩散所取代。烧结的早期，有大量的连通孔存在，表面扩散使小孔不断缩小和消失，而大孔隙增大，其结果好似小孔被大孔所吸收，所以总的孔隙数量和体积减少，同时有明显的收缩出现；然而在烧结后期，形成隔离闭孔后，表面扩散只能促进孔隙表面光滑，孔隙球化，而对孔隙的消失和烧结体收缩不产生影响。

原子沿着颗粒或孔隙的表面扩散，按照近代的扩散理论，空位机制是最主要的，空位扩散比间隙式或换位式扩散所需的激活能低得多。因为位于不同曲率表面上原子的空位浓度或化学位不同，所以空位将从凹面向凸面或从烧结颈的负曲率面向颗粒的正曲率面迁移，而与此相应地，原子朝相反方向移动，填补凹面和烧结颈。金属粉末表面有少量氧化物、氢氧化物，也能起到促进表面扩散的作用。

库钦斯基根据图4-6a所示模型，推导了表面扩散的速率方程式，得：

$$x^7/a^3 = [56D_s\gamma\delta^4/(kT)]t \qquad (4\text{-}13)$$

该式表示烧结颈半径的7次方与烧结时间成正比。

粉末越细，比表面越大，表面的活性原子数越多，表面扩散就越容易进行。图4-14是由烧结各种粒度铜粉的实验所测定的自扩散系数 D_v 与温度的关系曲线。当温度较低时，测定的数据与按体积扩散预计的直线关系发生很大偏离，即实际的扩散系数偏高，这说明低温烧结时，除体积扩

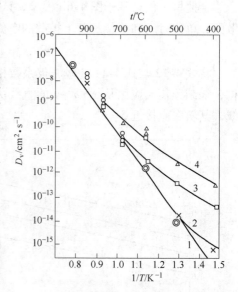

图4-14　烧结铜粉的自扩散系数
与温度的关系

1—40～50μm；2—20～30μm；
3—10～15μm；4—3～5μm

散外，还有表面扩散的作用。

　　用 $3\sim15\mu m$ 的球形铜粉在铜板上于 $600℃$ 进行低温烧结实验测定 $\ln(x/a)$ 与 $\ln t$ 的关系直线，求得斜率为 6.5，与式 4-13 中 x 的指数 7 接近。并且由 $\ln D_s-1/T$ 的关系直线可以测定表面扩散激活能 $Q_s=235\mathrm{kJ/mol}$，$D_s^0=10^7\mathrm{cm^2/s}$，可见铜的 Q_s 与 Q_v 相近，而 D_s^0 比 D_v^0 大 10^5 倍之多。这说明，当以表面扩散为主时，活化原子的数目大约是体积扩散时的 10^5 倍。其他学者如卡布雷拉（Cabrera）、罗克兰（Rockland）、皮涅斯、喜威德（Schwed）等也从理论上分别导出了表面扩散的特征方程，虽然指数关系各有差别，但多数与 x^7-t 的关系接近。

　　E　晶界扩散

　　空位扩散时，晶界可以作为空位"阱"，晶界扩散在许多反应或过程中起着重要的作用。晶界对烧结重要性有两方面：一是烧结时，在颗粒接触面上容易形成稳定的晶界，特别是细粉末烧结后形成许多的网状晶界与孔隙互相交错，使烧结颈边缘和细孔隙表面的过剩空位容易通过邻接的晶界进行扩散或被它吸收；二是晶界扩散的激活能只有体积扩散的一半，而扩散系数大 1000 倍，而且随着温度降低，这种差别增大。

　　如果两个粉末颗粒的接触表面形成了晶界，那么，靠近接触颈部的过剩空位就可以通过晶界进行扩散，原子将沿过剩空位扩散的相反方向流入烧结颈表面。这样就使接触颈部通过晶界扩散而长大，两个颗粒中心相互靠近。

　　晶界对烧结颈长大和烧结体收缩的作用，可用图 4-15 所示模型来说明。如果颗粒接触面未形成晶界，空位只能从烧结颈通过颗粒内向表面扩散，即原子由颗粒表面填补烧结颈区（图 4-15a）。如果有晶界存在，烧结颈边缘的过剩空位将扩散到晶界上沉淀，即晶界上的原子向接触颈部填充，结果是颗粒间距缩短，收缩发生（图 4-15b）。

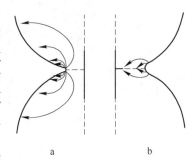

图 4-15　空位从颗粒接触面向
颗粒表面或晶界扩散的模型
a—无晶界；b—有晶界

　　晶界扩散机构已得到许多实验的证明，图 4-16 为铜丝烧结后的断面金相组织，从中看到，靠近晶界的孔隙总是优先消失或减小。

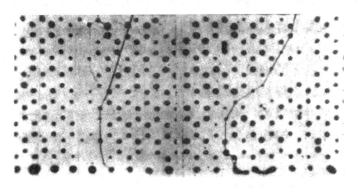

图 4-16　直径为 0.13mm 的铜丝绕在铜棒上，在 1075℃
氢气中烧结 408h 后的断面（44×）

　　霍恩斯彻拉（Hornstra）发现，烧结材料中晶界也能发生弯曲，并且当弯曲的晶界向曲率中心方向移动时，大量的空位被吸收。伯克（Burke）在研究 Al_2O_3 烧结时发现，在孔隙浓度、收缩及晶界移动这三者之间存在密切的关系：分布在晶界附近的孔隙总是最先消失，而隔离闭孔却长大并可能超过原始粉末大小，这证明在发生体积扩散时，原子是从晶界向孔隙扩散的。图 4-17 为烧结 Al_2O_3 的金相组织。弯曲晶界移动并在扫过的面上消除微孔，但是当晶界移到新位置时，微孔将聚焦成大孔隙，对晶界的继续移动起阻碍作用，直至空位通过晶界很快向外扩散，孔隙减小后，晶界又能克服阻力而继续移动。烧结金属的晶粒长大过程，一般就是通过晶界移动和孔隙消失的方式进行的。

　　伯克以图 4-18 所示的模型说明了晶界对收缩的作用。图 4-18a 表示孔隙周围的空位向晶界（空位阱）扩散并被吸收，使孔隙缩小，烧结体收缩；图 4-18b 表示晶界上孔隙周围的空位沿晶界（扩散通道）向两端扩散，消失在烧结体之外，也使孔隙缩小、烧结体收缩。

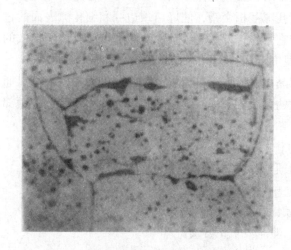

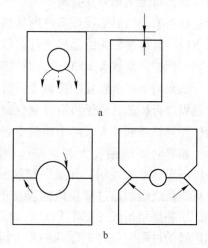

图 4-17　　氧化铝粉烧结时由于晶界移动
　　　　　　所形成的无孔隙区域
　　　（虚线表示原始的晶界位置）

图 4-18　　晶界、空位与收缩的关系模型
a—晶界成为空位阱；b—晶界成为扩散通道

　　库钦斯基的实验证明了晶界在空位自扩散中的作用：颗粒黏结面上有无晶界存在对体积扩散特征方程（$x^5/a^2 - t$）中 t 前面的系数影响很大，有晶界比无晶界时增大两倍。

　　根据两球模型，假定在烧结颈边缘上的空位向接触面晶界扩散并被吸收，采用与体积扩散相似的方法，可以导出晶界扩散的特征方程：

$$x^6/a^2 = \left[960\gamma\delta^4 D_b / (kT) \right] t \tag{4-14}$$

　　如果用半径为 a 的金属线平行排列制成烧结模型，这时扩散层假定为一个原子厚度（式 4-14 为 5 个原子厚度），则晶界扩散的速度方程为：

$$x^6/a^2 = \left[48\gamma\delta^4 D_b / (\pi kT) \right] t \tag{4-15}$$

库钦斯基由球-平板模型推导的晶界扩散方程为：

$$x^6/a^2 = \left[12\gamma\delta^4 D_b / (kT) \right] t \tag{4-16}$$

式中　　D_b——晶界扩散系数。

　　由两球模型导出的收缩动力学方程为

$$\Delta L/L_0 = \left[3\gamma\delta^4 D_b / (a^4 kT) \right]^{1/3} t^{1/3}$$

式中 $\Delta L/L_0$——用两球中心距靠拢表示的线收缩率。

F 塑性流动

谢勒（Shaler）和乌尔弗（Wulff）提出烧结颈形成和长大可看成是金属粉末在表面张力作用下发生塑性变形的结果这一观点。他们与同时代的弗仑克尔、克拉克·怀特（Clark White）、麦肯济（Mackenzie）、舒特耳沃思（Shuttleworth）和犹丁（Udin）等人，成为流动学派的代表。

塑性流动与黏性流动不同，外应力 σ 必须超过塑性材料的屈服应力 σ_y 才能发生。塑性流动理论的最新发展是将高温微蠕变理论应用于烧结过程。塑性流动（又称宾哈姆（Bingham）流动）的特征方程可写成：

$$\eta d\varepsilon/dt = \sigma - \sigma_y$$

与纯黏性流动（又称牛顿黏性流动）的特征方程 $\sigma = \eta d\varepsilon/dt$ 比较，仅差一项代表塑性流动阻力的 σ_y。

皮涅斯提出了烧结与金属的扩散蠕变过程相似的观点，根据扩散蠕变与应力作用下空位扩散的关系，得出代表塑性流动阻力的黏性系数 η 与自扩散系数 D 的关系式：

$$1/\eta = D\delta^3/(kTL^2)$$

式中 δ——原子间距离；

L ——晶粒或晶块的尺寸。

20 世纪 60 年代末期，勒尼尔（Lenel）和安塞尔（Ansel）用蠕变理论定量研究了粉末烧结的机构，总结出相应的烧结动力学方程式。金属的高温蠕变是在恒定的低应力下发生的微形变过程，而粉末在表面应力（约 $0.2 \sim 0.3 MPa$）作用下产生缓慢的流动，同微蠕变极为相似，所不同的只是表面张力随着烧结的进行逐步减小，因此烧结速度逐渐变慢。勒尼尔和安塞尔认为在烧结的早期，表面张力较大，塑性流动可以靠位错的运动来实现，类似蠕变的位错机构；而烧结后期，以扩散流动为主，类似应力下的扩散蠕变，或称纳巴罗·赫仑（Nabbarro Herring）微蠕变。扩散蠕变是靠空位自扩散来实现的，蠕变速度与应力成正比；而高应力下发生的蠕变是以位错的滑移或攀移来实现的。

如图 4-19 所示，假定两球烧结后，烧结颈区的大小等于两球贯穿形成透镜状部分的体积。烧结过程中，两球总表面自由能的改变 ΔG_s 等于总表面积的变化与比表面能 γ 的乘积。显然 ΔG_s 又是两球贯穿深度（h/R）的函数。因此作用于球的压力为：

$$F = d(\gamma \Delta A)/dh$$

均匀作用于两球接触面上的压应力 σ 为 F 除以烧结颈的断面积。经数学处理后可以得到：

$$x^9/a^{4.5} = K't$$

上式表明烧结过程中，烧结颈长大遵循的 $x^9/a^{4.5} - t$ 关系。该式是假定压力和应变速率不变的条件下推导的，与纯金属的稳态蠕变相符。因此，这只适用于金属粉末烧结的早期阶段。

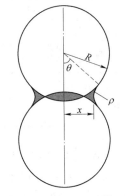

图 4-19 塑性流动模型

前面讨论的烧结物质迁移机构，可以用一个动力学方程通式来描述：

$$x^m/a^n = F(T)t$$

$F(T)$仅是温度的函数，但在不同烧结机构中，包含不同的物理常数，例如扩散系数（D_v、D_s、D_b）、饱和蒸气压p_0、黏性系数η以及许多方程共有的比表面能γ，这些常数均与温度有关。各种烧结机构特征方程的区别主要反映在指数m与n的不同搭配上，如表4-2所示。用两球模型推导的烧结收缩动力学方程式如表4-3所示。

表4-2 $x^m/a^n = F(T)t$中m、n的不同搭配

机 构	研 究 人	m	n	$m-n$
蒸发与凝聚	库钦斯基	3	1	2
	金捷里·伯格	3	1	2
	皮涅斯	7	3	4
	霍布斯·梅森	5	2	3
表面扩散	库钦斯基	7	3	4
	卡布勒拉	5	2	3
	斯威德 （$\pi\rho \gg y_s$[①]）	5	2	3
	（$\pi\rho \ll y_s$）	3	1	2
	皮涅斯	6	2	4
	罗克兰	7	3	4
体积扩散	库钦斯基	5	2	3
	卡布勒拉	5	2	3
	皮涅斯	4	1	3
	罗克兰	5	2	3
晶界扩散	库钦斯基、罗克兰	6	2	4
黏性流动	弗仑克尔、库钦斯基	2	1	1

① $y_s^2 = D'_s\tau_s$。D'_s为吸附原子的表面扩散系数；τ_s为吸附原子为了达到平衡浓度的弛豫时间。

表4-3 烧结收缩动力学方程式

作者	科布尔（Coble）	库钦斯基与艾奇诺斯（Ichinose）	金捷里·伯格
晶界作为空位阱	$\Delta L/L_0 = -\left(2\dfrac{\gamma D_v \Omega}{RTa^3}\right)^{1/2} t^{1/2}$	$\Delta L/L_0 = -\left(\dfrac{\pi\gamma D_v \Omega}{3\sqrt{2}RTa^3}\right)^{2/5} t^{2/5}$	$\Delta L/L_0 = -\left(10\sqrt{2}\dfrac{\gamma D_v \Omega}{RTa^3}\right)^{2/5} t^{2/5}$
颗粒表面作为空位阱		$\Delta L/L_0 = 0$	$\Delta L/L_0 = -\dfrac{n}{8}\left(40\dfrac{\gamma D_v \Omega}{RTa^3}\right)^{4/5} t^{4/5}$ （n为每个颗粒的接触点数）

4.2.2.2 综合作用烧结理论

烧结机构的探讨丰富了对烧结物理本质的认识，利用模型方法研究烧结这一复杂的微观过程，具有科学的抽象化和典型化的特点。但是实际的烧结过程，比模型研究的条件复杂得多，上述各种机构可能同时或交替地出现在某一烧结过程中。如果在特定的条件下一种机构占优势，限制着整个烧结过程的速度，那么它的动力学方程就可以作为实际烧结过程的近似描述。

A 关于烧结机构理论的应用

烧结理论目前只指出了烧结过程中各种可能出现的物质迁移机构及其相应的动力学规律，而后者只有某一种机构占优势时，才能够应用。不同的粉末、不同的粒度、不同的烧结温度或等温烧结的不同阶段以及不同的烧结气氛、方式（如外应力）等都可能改变烧结的实际机构和动力学规律。

蒸气压高的粉末的烧结以及通过气氛活化的烧结中，蒸发与凝聚不失为重要的机构；在较低的温度或极细粉末的烧结中，表面扩散和晶界扩散可能是主要的；对于等温烧结过程，表面扩散只在早期烧结阶段对烧结颈的形成与长大以及在后期对孔隙的球化才有明显的作用。但是仅靠表面扩散不能引起烧结体的收缩。晶界扩散一般不是作为孤立的机构影响烧结过程，总是伴随着体积扩散的出现，而且对烧结过程起催化作用。晶界对致密化过程最为重要，明显的收缩发生在烧结颈的晶界向颗粒内移动和晶粒发生再结晶或聚晶长大的时候。曾有人计算过，烧结致密化过程的激活能大约等于晶粒长大的激活能，说明这两个过程是同时发生并相互促进的。

大多数金属与化合物的晶体粉末，在较高的烧结温度，特别是等温烧结的后期，以晶界或表面为物质源的体积扩散总是占优势的。按最新的观点，体积扩散是纳巴罗·赫仑扩散蠕变，即受空位扩散限制的位错攀移机构。烧结的明显收缩是体积扩散的直接结果，而晶界、位错与扩散空位之间的交互作用引起收缩、晶粒大小和内部组织等一系列复杂的变化。

弗仑克尔黏性流动只适用于非晶体物质，某些晶态物质如 ThO_2、ThO_2-CaO 固溶体的烧结也大致服从黏性流动的规律。塑性流动（宾哈姆流动）理论是对黏性流动理论的发展和补充，故在特征方程中亦出现黏性系数 η，但是近代金属理论已将黏性系数与自扩散系数联系起来。因塑性流动理论已建立在金属微蠕变的现代理论基础上，故其重新获得了发展的生命力。

烧结机构的模型研究不仅是发展烧结理论的科学方法，而且对研究金属理论中的许多问题，如扩散、晶体缺陷、晶界、再结晶和相变等过程均有贡献。将烧结机构的特征方程同模型烧结实验结合起来，可测定物质的许多物理常数，如黏性系数、扩散系数、扩散激活能、饱和蒸气压等。

B 烧结速度方程的限制

由理想几何模型导出的早期烧结过程的速度方程，虽然用一定的模拟实验可以验证和判断烧结的物质迁移机构，然而在更多情况下，其应用受到限制，这可以从下面三点得到说明：

（1）根据模拟烧结实验作出 $\ln(x/a)$ 对 $\ln t$ 的坐标图，由直线的斜率确定方程中 x 的指数并不总是准确地符合体积扩散为 5、表面扩散为 7、黏性流动为 2、蒸发与凝聚为 3，而是介于某两种数字之间的小数。这说明烧结过程可能同时有两种或两种以上机构起作用。例如库钦斯基实验证明，$4\mu m$ 铜粉烧结的指数为 6.5，比粗铜粉（$50\mu m$）的 5 要高，只能说明体积扩散与表面扩散同时存在于细粉末的烧结过程中。尼霍斯（Nichols）引述了罗克兰的实验，对于某些粗粉末，测得指数是 5.5，故应是体积扩散与晶界扩散同时起作用。

（2）对同一机构，不同人根据相同或不同的模型导出的速度方程，指数关系也不一致（表4-2），主要原因是实验的对象（粉末种类和粒度）以及条件不相同，有次要的机构干扰烧结的主要机构。

（3）从理论上说，表面扩散机构不引起收缩，但有时在表面扩散占优势的实验条件下，如细粉末的低温烧结，仍发现有明显的收缩出现，这只能认为体积扩散或晶界扩散在上述条件下同时起作用。

鉴于上述原因，从 20 世纪 60 年代起，已有许多研究者注意到烧结是一种复杂过程，通常是两种或两种以上的机构同时存在，下面选出几种代表学说和速度方程加以说明。

C　关于综合作用的烧结学说

应用罗克兰的烧结方程：

$$x^5/a^2 = \left[20\gamma\delta^3 D_v/(kT) \right]t \tag{4-17}$$

和表面扩散方程：

$$x^7/a^3 = \left[34\gamma\delta^4 D_s/(kT) \right]t \tag{4-18}$$

当体积扩散与表面扩散同时存在时，烧结的速度方程应为：

$$(\mathrm{d}x/\mathrm{d}t)_{v+s} = (\mathrm{d}x/\mathrm{d}t)_v + (\mathrm{d}x/\mathrm{d}t)_s \tag{4-19}$$

将罗克兰的两个方程微分然后代入上式得：

$$\left(\frac{\mathrm{d}x}{\mathrm{d}t}\right)_{v+s} = \frac{4D_v\gamma\delta^3}{kT} \times \frac{a^2}{x^4} + \frac{4.85D_s\gamma\delta^4}{kT} \times \frac{a^3}{x^6} \tag{4-20}$$

令

$$K_1 = \frac{4D_v\gamma\delta^3 a^2}{kT}, \ K_2 = \frac{1.21\delta a D_s}{D_v}$$

则对式 4-20 积分，得到：

$$\frac{x^5}{5} - \frac{K_2 x^3}{3} + K_2^2 x - K_2^{5/2}\arctan\left(\frac{x}{K_2^{1/2}}\right) = K_1 t \tag{4-21}$$

这就是体积与表面扩散同时作用的烧结颈长大动力学方程式。

关于非单一烧结机构问题，有许多的研究和评述。约翰逊（Johnson）研究了用 78 ~ 150μm 的球形银粉在氩气中于接近熔点的温度下烧结，证明是体积-晶界扩散的联合机构，而威尔逊·肖蒙（Wilson Shewmon）测定了 144μm 的球形铜粉的烧结颈长大规律，证明是表面扩散占优势，同时有体积-晶界扩散参加。

约翰逊等人提出的体积扩散与晶界扩散的混合扩散机构是具有一定代表性的学说。运用了模型的几何关系，进行了详细的数学推导，得到表示均匀球形粉末压坯烧结时的线收缩率公式：

$$\left(\frac{\Delta L}{L_0}\right)^{2.1} \frac{\mathrm{d}(\Delta L/L_0)}{\mathrm{d}t} = \frac{2\gamma\Omega D_v}{kTr^3}\left(\frac{\Delta L}{L_0}\right) + \frac{\gamma\Omega D_b}{2kTr^4}$$

式中　$\Delta L/L_0$——压坯相对线收缩率；

　　　L_0——压坯原始长度；

　　　　r——粉末球半径；

　　D_v，D_b——体积扩散与晶界扩散系数。

上式右边第一项代表体积扩散引起的收缩，第二项代表晶界扩散对收缩的影响。他们用膨胀仪测量压坯的烧结收缩值，应用上式计算银的扩散系数为：800℃ 时 $D_v = 4.8 \times 10^{-10} \mathrm{cm}^2/\mathrm{s}$，$D_b = 1.4 \times 10^{-13} \mathrm{cm}^2/\mathrm{s}$，与放射性示踪原子法测定的数据十分接近。

我国学者黄培云自 1958 年开始研究烧结理论，在 1961 年 10 月的沈阳金属物理学术会议上发表了综合作用烧结理论。他总结回顾了关于烧结机构的各种学派的论点和争论后，提出烧结是扩散、流动及物理化学反应（蒸发凝聚、溶解沉积、吸附解吸、化学反

应）等综合作用的观点。由扩散、流动、物理化学反应这三个基本过程引起烧结物质浓度
的变化，用数理方程表达，分别为：

扩散 $\qquad \partial c/\partial t = D\partial^2 c/\partial x^2$ (4-22)

流动 $\qquad \partial c/\partial t = -v\partial c/\partial x$ (4-23)

物理化学反应 $\qquad \partial c/\partial t = -Kc$ (4-24)

不难看出以上三式分别是扩散第二方程、流动方程和化学反应方程，其中 D、v 和 K
分别为扩散系数（不随浓度 c 改变）、流动速度和反应速度常数。由于扩散、流动和物理
化学反应综合作用的结果，烧结物质的浓度随时间的改变速率 $\partial c/\partial t$ 应是以上三种过程引
起的浓度变化的总和，即：

$$\partial c/\partial t = D\partial^2 c/\partial x^2 - v\partial c/\partial x - Kc \qquad (4\text{-}25)$$

当用烧结体内空穴浓度随位置和时间的变化关系描述致密化过程时，上式可改写成：

$$\partial c/\partial t = D\partial^2 c/\partial x^2 - v\partial c/\partial x - K(c - c_\infty) \qquad (4\text{-}26)$$

式中 c，c_∞——烧结在 t 时刻和完成时（$t=\infty$）的空穴浓度；

$\qquad x$——沿 x 轴物质迁移的变量。

如令 $\theta = \dfrac{c - c_\infty}{c_0 - c_\infty}$（$c_0$ 是烧结开始时的空穴浓度），则式 4-26 又可写成（微分 θ 时，c 和

c_∞ 为常数）：

$$\partial \theta/\partial t = D\partial^2 \theta/\partial x^2 - v\partial \theta/\partial x - K\partial \theta \qquad (4\text{-}27)$$

在适当的边界和初始条件下解上面偏微分方程式，可得到解的通式：

$$\theta = \{(1 - y)\exp(vL/D) + y\exp[-vL/(2D)(1 - y)]\}\exp\{-[v^2/(4D) + K]t\}$$

$$y = x/L$$

式中 L——烧结试样在 x 轴方向的长度。

当 $vL/(2D)$ 值不大时，上式右边大括号弧内项接近于 1，故有：

$$\theta = \exp\{-[v^2/(4D) + K]t\}$$

两边取对数： $\qquad -\ln\theta = [v^2/(4D) + K]t$ (4-28)

当 c 与 c_∞ 相比可以忽略不计时，$\theta \approx c/c_0$。再用 ρ_0、ρ_m 代表烧结开始和结束时的密度，

ρ 代表 t 时刻的密度。由于 $c \propto 1 - \dfrac{\rho}{\rho_m}$，$c_0 \propto 1 - \dfrac{\rho_0}{\rho_m}$，故 $\theta \propto \dfrac{\rho_m - \rho}{\rho_m - \rho_0}$。

从弗仑克尔的著作引证了下述物理常数的温度关系式：

扩散系数 $\qquad D \propto \exp[-U_2/(RT)]$

黏性系数 $\qquad \eta \propto \exp[U_1/(RT)]$

流动常数 $\qquad v \propto (1/\eta) \propto \exp[-U_1/(RT)]$

上面三式中，U_1、U_2 为过程激活能。而物理化学反应的速度常数也服从类似的温度关
系式：

$$K \propto \exp[-U_3/(RT)]$$

式中 U_3——激活能。

因此式 4-28 右边变为：

$$\left(\frac{v^2}{4D} + K\right)t \propto \left\{\frac{A_1\exp[-2U_1/(RT)]}{\exp[-U_2/(RT)]} + A_2\exp[-U_3/(RT)]\right\}t$$

式中　A_1，A_2——比例常数。

将上式右边 ｛　｝内较大的一项提出括号外，即

$$A\exp[-(2U_1-U_2)/(RT)]\left\{1+\frac{\dfrac{A_1}{A_2}\exp[-U_3/(RT)]}{\exp[-(2U_1-U_2)/(RT)]}\right\}t$$

因大括弧内数值变化不大（一般为 1~2），可作常数处理。因此当时间 t 不变即烧结至某时刻后，式 4-28 可简化成：

$$-\ln\theta\propto\exp[-(2U_1-U_2)/(RT)]$$

因 U_1、U_2、R 均为常数，故 θ 仅为烧结温度 T 的函数：

$$-\ln\theta\propto\exp(-1/T)$$

将 $\theta\propto\dfrac{\rho_m-\rho}{\rho_m-\rho_0}$ 的关系式代入上式并取对数后得到：

$$-\ln\ln\left(\frac{\rho_m-\rho}{\rho_m-\rho_0}\right)\propto\frac{1}{T} \tag{4-29}$$

这就是黄培云综合作用烧结理论的理论方程式，表示$(\rho_m-\rho_0)/(\rho_m-\rho)$值的对数与烧结温度的倒数 $1/T$ 呈线性关系。用金属 Ni、Co、Cu、Mo、Ta 的粉末烧结实验数据以及 W 粉活化烧结，Cu、BeO 粉热压实验数据代入式 4-29 验证，均符合得很好。

4.3　固　相　烧　结

粉末固相烧结是指整个烧结过程中，粉末压坯的各个组元都不发生熔化，即无液相出现和形成的烧结过程。按其组元的多少，粉末固相烧结可分为单元系固相烧结和多元系固相烧结两类。

4.3.1　单元系固相烧结

单元系固相烧结，即单一粉末成分的烧结。例如各种纯金属的烧结、预合金化粉末（预合金低合金钢粉、不锈钢粉等）的烧结、固定成分的化合物粉末（如 AlN、Al_2O_3 粉末等）的烧结等，均为单元系固相烧结。

单元系烧结过程中主要发生粉末颗粒的形成和长大，孔隙的收缩、闭孔、球化等，导致烧结体的致密化；不存在组织间的溶解，相组织的变化，也不出现新的组成物或新相。因此，单元系固相烧结是最简单的烧结系统，对研究烧结过程最为方便。

影响单元系固相烧结过程的因素有烧结时间、烧结温度、粉末性能、压制压力等。

4.3.1.1　烧结时间与烧结温度的影响

单元系烧结的主要机构是扩散与流动，它们与烧结时间和温度有着极为重要的关系。图 4-20 所示的模型描述了粉末烧结时二维颗粒接触面孔隙的变化，图 4-20a 表示粉末压坯中，颗粒间原始点的接触；图 4-20b 表示在较低温度下烧结，颗粒表面原子的扩散和表面张力所产生的应力，使物质向接触点流动，接触逐渐扩大为面，孔隙相应缩小；图 4-20c 表示高温烧结后，接触面更加长大，孔隙继续缩小并趋近于球形。

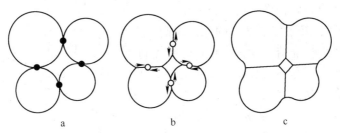

图 4-20　烧结过程中颗粒间接触的变化过程模型
a—颗粒间原始点接触；b—颗粒间形成接触面；c—孔隙缩小趋于球化

　　无论是扩散还是流动，温度升高后，过程均可大大加快。因单元系烧结是原子的自扩散过程，在温度较低，如低于再结晶温度时，扩散过程很缓慢，颗粒间黏结面的扩大有限。只有升至再结晶温度以上时，自扩散和塑性流动都加快，烧结才会明显进行。如果流动是一种塑性流动，温度升高使得材料的屈服强度极限降低更快，所以温度升高也是有利的。

　　单元系粉末烧结存在最低起始温度，可以用粉末压坯的抗拉强度或者电导率来测定这个最低起始温度。电导率反映粉末颗粒之间的接触，尤其是低温烧结阶段发生的变化十分敏感。在烧结前，由于压坯内润滑剂、成形剂以及颗粒表面氧化物的影响，粉末颗粒尚不是金属原子之间的接触，导电性是很低的。粉末颗粒在烧结早期发生黏结，烧结颈形成和长大，导电性能发生很大变化。通过实践测定，发现各种纯金属的烧结起始温度比金属再结晶温度稍微高一些，大约为它们绝对熔点温度的 0.43 ~ 0.5 倍。实际的烧结过程通常是在温度逐渐升高，一直升高到高温烧结的连续过程中进行的，所以烧结发生的各种反应和现象是逐渐出现并完成的。为了便于描述粉末颗粒随不同温度阶段所发生的主要反应和变化，通常将单元系固相烧结划分为三个阶段，并设定三个阶段温度与材料熔点温度（均为绝对温度）之比值为烧结温度指数 a，$a = \dfrac{\text{阶段温度}}{\text{材料熔点}}$，则三个不同阶段大体按以下温度指数来划分：

　　（1）低温预热阶段，$a \leqslant 0.25$。此时温度尚未达到烧结起始温度，粉末颗粒烧结尚未开始，主要发生金属的回复、吸附气体和水分的挥发、压坯内润滑剂和成形剂的分解和排除。由于回复时消除了压制时的弹性应力，粉末颗粒间接触面积反而相对减少，烧结体收缩不明显，甚至略有膨胀。此阶段内烧结体密度基本保持不变，但由于润滑剂和成形剂的排除，金属颗粒间的接触面相对增加，导电性有所增强。

　　（2）中温烧结阶段，$a = 0.44 ~ 0.45$。此时温度在金属再结晶温度以上，超过了烧结起始温度，烧结体内开始发生再结晶，粉末颗粒表面氧化物完全被还原，颗粒间接触界面形成烧结颈，烧结体强度明显提高，但密度增加较慢。

　　（3）高温烧结阶段，$a = 0.5 ~ 0.85$，这是单元系固相烧结的主要阶段。原子向颗粒结合面大量迁移，扩散和流动充分进行并接近完成，烧结体内的大量闭孔逐渐缩小，孔隙数量减少，烧结体密度和强度显著增加。保温一定时间后，所有性能均达到稳定不变。

　　粉末冶金通常的烧结温度是粉末绝对熔点温度的 2/3 ~ 4/5，即温度指数 $a = 0.67 ~ 0.80$。当然，烧结温度的实际确定，不仅和材料成分的熔点、压坯密度有关，还和材料要求的力学性能和物理性能及孔隙状况等因素有关。一般烧结温度越高，原子的扩散速度和塑性流动越快，对致密化和孔隙球化越有利，材料的力学性能越高。但过高温度和长时间烧结，会使晶体晶粒长大，降低材料的韧性。

　　烧结时间一般是指烧结温度下的保温时间。当确定烧结温度后，增长烧结时间，烧结坯性能提高。但烧结时间的影响力度远不及温度大，从图4-21可以看出，在烧结保温初期密度迅速增大。实验中发现，烧结温度每提高55℃对致密化程度的影响，需延长烧结时间几十或几百倍才能获得。在一般情况下，考虑到生产率因素，大多数采用适当提高烧结温度和尽可能缩短烧结时间的工艺来保证制品的性能要求。只有当烧结温度给烧结装备或操作带来困难时，才采取延长烧结时间的办法来实施。

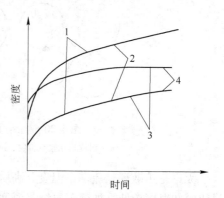

图4-21　烧结时间-密度关系
1—相同压坯密度；2—升高烧结温度；
3—提高压坯密度；4—相同烧结温度

4.3.1.2　粉末性能的影响

　　制取金属粉末的条件往往能预先决定粉末烧结时的行为。颗粒大小、粒度组成、粉末颗粒的表面状态、氧化物的含量和晶体结构缺陷等这些因素都取决于生产粉末的条件，同样，这些因素对烧结时的密度和性能的变化有重要的影响。

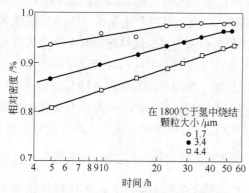

图4-22　几种不同粒度的钨粉相对密度
与烧结时间的关系

　　从粉末烧结的生产实践中可知，细粉末烧结时有较大的收缩，图4-22是烧结钨粉时平均颗粒的大小对烧结时收缩的影响，由图可以看出，平均粒度为1.7μm的颗粒比平均粒度为4.4μm的颗粒烧结体相对密度要大得多，但是随着烧结时间的延长，粉末粒度对烧结体密度的影响变小。

　　颗粒的大小除了影响烧结体密度的变化外，还可以决定烧结体的其他性能，实验证明，在压坯密度相同时，如果粉末分散度越高，其力学性能和电学性能就越高。这是因为颗粒间接触充分且颗粒间被填满和孔隙的平直化进行的比较激烈的缘故。

　　用还原法生产粉末的还原条件对烧结体的强度和密度变化有较大影响。例如铁粉，用氢还原铁粉氧化物的温度越低，粉末的比表面就越大，氧化物的含量越高，烧结时密度的变化也就越大。在烧结体密度相同的情况下，当采用比表面大的粉末烧结时，烧结体的强度就越高。粉末还原温度相同时，随着研磨强度的提高以及相应粉末的比表面的增加，烧结体的收缩性能和力学性能也会提高。

　　粉末的退火也会引起烧结体密度的变化，这是因为退火使得粉末颗粒凹凸不平平直化、颗粒相互接合和晶体结构缺陷得到愈合，因而降低了烧结时的收缩。因此粉末的预先退火是控制烧结收缩的一种方法。

4.3.1.3　压制压力的影响

　　压制压力对烧结过程的影响主要表现在压制密度、压制残余应力、颗粒表面氧化膜的变形或破坏以及压坯孔隙中气体等作用上。图4-23为羰基镍粉压坯在不同的温度下烧结后烧结体密度与压制压力的关系。由图可以看出，压制压力越大，烧结收缩越小，即由生坯密度到烧结体密度的变化越小，但是生坯密度高的压坯，其烧结体密度也高。而在压制压力很高时，由于内应力急剧消除以及高压时密度本来就很高，所以烧结时密度反而降低。残余应力有时只在烧结的低温阶段对收缩有影响，因高温收缩前，内应力已消除。

此外，材料的各种界面能与自由表面能、扩散系数、黏性系数、临界剪切应力、蒸气压和蒸发速率、点阵类型与晶体形态以

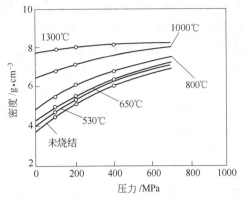

图 4-23　羰基镍粉的压制压力与烧结密度的关系

及异晶转变等都会对烧结造成一定的影响；还有各种烧结条件，如烧结气氛、烧结加热方式等也会影响烧结过程及烧结体的性能，这里就不加以详述了。

4.3.1.4　固相烧结过程中烧结体发生的各种变化

A　烧结体密度与尺寸的变化

控制烧结体密度和尺寸的变化，对生产粉末冶金材料是极为重要的，从某种意义上讲，控制烧结体的尺寸比提高密度更难，因为尺寸不仅要靠压制控制，也要靠烧结来控制，而且尺寸变化在烧结体的各个方向往往是不同的，一般是垂直于压制方向收缩较大，但也有相反的情况，主要取决于粉末的颗粒形状。

在烧结过程中，多数情况下压坯尺寸是收缩的，但有时也会膨胀。造成膨胀的原因有：(1) 低温烧结时压制内应力消除，抵消一部分收缩，因此当压制压力过高时，烧结后会发生膨胀；(2) 气体与润滑剂的挥发阻碍烧结体的收缩；(3) 与气氛反应，生成气体妨碍产品收缩；(4) 烧结时间过长或温度偏高，造成聚晶长大，会使密度略微降低；(5) 同素异型晶体转变可能引起比容改变，从而引起体积胀大。

B　再结晶与晶粒长大

单元系粉末颗粒冷压成形后烧结，在低温阶段发生回复，回复使弹性内应力消除主要发生在颗粒接触面上，在烧结保温阶段之前，回复就已经基本完成。超过再结晶温度后的主要烧结阶段发生颗粒的再结晶与致密化过程，这时原子重新排列、改组，形成新晶核并长大。再结晶有两种基本方式。一种是颗粒内再结晶：冷压制后变形的颗粒，在超过再结晶温度时烧结，可以发生再结晶，转变为新的等轴晶粒。但由于颗粒变形的不均匀性，颗粒间接触变形最大，再结晶成核也最容易，因此，再结晶具有从接触面向颗粒内扩展的特点。只有压制压力极大时，整个颗粒内才可以同时进行结晶。另一种是颗粒间聚集再结晶：是指随着烧结过程的进行，颗粒间界面逐渐转变为晶界面，并发生晶界迁移，单晶颗粒的合并，颗粒间聚集再结晶和晶粒长大。这时颗粒间原始界面实际变成新的晶界。当温度指数达到 $a = 0.75 \sim 0.85$ 后，聚晶有长大的趋势。粉末冶金材料由于第二相粒子、杂质粒子、孔隙以及晶界沟的存在，对晶界移动和晶粒长大起阻碍作用。

a　第二相粒子的影响

第二相粒子对晶粒长大的影响如图 4-24 所示，当原始晶界移动碰到第二相粒子时，

晶界首先变弯曲，晶界线拉长，但是由于第二相粒子的界面也相应变化，所以总的相界面和能量不变。如果晶界继续移动，越过第二相粒子，则基体与杂质相接触的那部分界面得到恢复，系统需要增加一部分能量。这样，第二相粒子就阻碍了晶界移动。如果晶界的曲率较大，晶界越过第二相粒子后晶界面变直，这样就使晶界的总能量减小，这部分减小的能量来抵消晶界越过杂质粒子系统所增加的能量。因此有些曲率较大的晶界有可能挣脱杂质粒子的束缚而移动。相反，晶界的曲率越小，杂质对晶界的钉扎作用就越强，晶界越难移动。

　　b　孔隙的影响

　　孔隙是阻碍晶界移动和晶粒长大的主要原因。图 4-25 表示孔隙对晶界移动的影响，晶界上如有孔隙，晶界长度减小，如要移动到没有孔隙的位置，则需增加晶界面和界面自由能，所以阻碍晶界移动。跟杂质粒子对晶界移动的影响一样，孔隙对晶界移动也产生钉扎作用，而且晶界曲率越小，钉扎作用就越大。

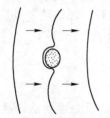

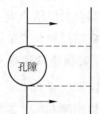

图 4-24　第二相粒子阻止晶界移动　　　　　　图 4-25　孔隙阻止晶界移动

　　c　晶界沟的影响

　　晶界沟是晶界和自由表面上两种界面张力 γ_b 和 γ_s 相互作用达到平衡的结果，如图 4-26所示，晶界沟的大小用二面角 ψ 表示，根据力的平衡原理，有以下方程式成立：

$$\cos(\psi/2) = \gamma_b/(2\gamma_s) \qquad\qquad (4\text{-}30)$$

　　晶界沟上晶界在晶粒内的移动如图 4-27 所示。晶界沟移动时晶界面将增加，系统的界面自由能也将增加，因此晶界沟也会阻碍晶界移动。

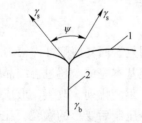

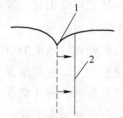

图 4-26　晶界沟的形成　　　　　　　　　图 4-27　晶界沟上晶界在晶粒内的移动
1—晶体自由表面；2—晶粒界面　　　　　　　　1—晶界沟；2—移动后的晶界

　　C　烧结体孔隙的变化

　　对于粉末冶金有孔材料来说，孔隙的形态、分布和大小对材料性能的影响非常大。

　　在烧结过程中，孔隙时刻在发生变化。烧结初期首先形成孔隙网络，烧结中后期形成隔离闭孔，以及封闭孔隙的收缩和球化等，孔隙的变化是整个烧结过程的主要特征之一。从烧结实践中发现，连通隙度和闭孔隙度与材料的总孔隙度有关。图 4-28 表示了 0.147mm 以下（-300 目）雾化铜粉压制后 1000℃下烧结，其烧结体的总孔隙度与开孔隙度及闭孔隙度的变化关系。总孔隙度较高时（如大于 10%），难于形成隔离的闭孔，故以开孔隙度为主。总孔隙度低于 5% ~ 10% 时，则大部分为闭孔隙。由于闭孔的球化进行得很慢，所以大多数粉末冶金制品孔隙为不规则形状。只有极细粉末和某些活化烧结才能加快孔隙球化的过程。提高烧结温度将有利于孔隙的球化。烧结中伴随着材料连通孔隙变为封闭孔隙和孔隙球化，材料力学性能和物理性能将大大提高。

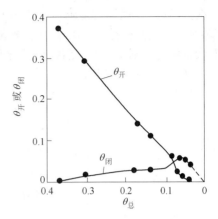

图 4-28　开孔隙度及闭孔隙度与总孔隙度的关系

莱因斯等人用铜粉在氢、氩、真空等气氛下烧结后，在显微镜下测定孔隙大小和数量。由此得出以下结论：随着烧结时间的延长，总孔隙数量减少，而孔隙平均尺寸增大，最小孔隙消失，而大于一定临界尺寸的孔隙长大并合并。烧结温度越高，以上过程进行得越快。烧结后期有些孔隙已大大超过原来的尺寸，而且在接近烧结体表面形成无孔的致密层。

4.3.2　多元系固相烧结

粉末冶金中除了单元组元成分的烧结外，大多数材料都是由两种或两种以上固体物料混合成的多元系的烧结。多元系固相烧结是两种组元以上的粉末体系在其中低熔组元的熔点以下温度进行的粉末烧结，烧结过程中也没有液相出现。

多元系固相烧结比单元系固相烧结复杂得多，除了发生单元系固相烧结所发生的现象外，还由于组元之间的相互影响和作用，发生一些其他现象。所以多元系烧结除了通过烧结要达到致密化外，还要获得所要求的相或组织均匀的组成物。扩散、合金均匀化是缓慢的过程，通常比完成致密化需要更长的烧结时间。以下分别介绍组元成分间互不溶系的多元系固相烧结以及组元成分间互溶的多元系固相烧结。

4.3.2.1　组元间互不溶系固相烧结

互不溶固相烧结系统即组员间相互不溶且无反应的烧结系统，此烧结系统可以得到熔铸法所不能得到的"假合金"，常常用这种方法来制造电接触合金，常见的成分有：W-Cu、W-Ag、Mo-Cu、Cu-C 等。

互不溶的两种粉末，能否烧结取决于其系统的热力学条件：A、B 两组元烧结时，烧结形成的新界面的表面能必须小于 A、B 组元单独存在时的界面能之和，即：

$$\gamma_{AB} < \gamma_A + \gamma_B \tag{4-31}$$

不等式 4-31 的意义是，颗粒系统表面自由能降低时烧结才能进行，如果 $\gamma_{AB} > \gamma_A + \gamma_B$，则 A-A 或 B-B 颗粒间可以烧结焊合，而 A-B 颗粒间却不能焊合。当烧结系统满足此不等式条件的时候又可以分两种情况：

$$\gamma_{AB} > |\gamma_A + \gamma_B| \tag{4-32a}$$
$$\gamma_{AB} < |\gamma_A + \gamma_B| \tag{4-32b}$$

如果满足式 4-32a，则在 A 和 B 颗粒间形成烧结颈的同时，它们相互靠拢至某一临界值，且颗粒间的接触面一般情况下不是一个平面，而是稍微朝表面能低的组元凸出。在满足不等式 4-32b 时，烧结过程通过两个阶段进行：首先是表面能低的组元通过表面扩散覆盖在另一组元颗粒上，而后与单元系烧结一样，在类似复合粉末的颗粒间形成烧结颈。

皮涅斯和古狄逊的研究表明，互不溶系固相烧结合金的性能与组元体积含量之间存在着二次方函数的关系。烧结体系内，相同组元颗粒间的接触（A-A、B-B）与不同组元颗粒（A-B）接触的相对大小决定了系统的性质。若二组元的体积含量相等，而且颗粒大小与形状也相同，则均匀混合后按统计分布规律，A-B 颗粒间接触的机会是最多的，因而对烧结体性能的影响也最大。

皮涅斯用下式表示烧结体的收缩值：

$$\eta = \eta_A c_A^2 + \eta_B c_B^2 + 2\eta_{AB} c_A c_B \tag{4-33}$$
$$c_A + c_B = 1$$

式中　　η_A，η_B——组元在相同条件下单独烧结时的收缩值，分别为 c_A 与 c_B 平方的函数；

η_{AB}——A-B 接触时的收缩值；

c_A，c_B——A、B 的体积浓度。

如果：

$$\eta_{AB} = \frac{1}{2}(\eta_A + \eta_B) \tag{4-34}$$

则烧结体的总收缩服从线性关系；

如果：

$$\eta_{AB} > \frac{1}{2}(\eta_A + \eta_B)$$

则为凹向下抛物线关系，这时粉末烧结的收缩较大；

而如果：

$$\eta_{AB} < \frac{1}{2}(\eta_A + \eta_B)$$

则得到的是凹向上抛物线关系，这时烧结的收缩较小。因此，满足式 4-34 条件的体系处于理想的混合状态。

式 4-33 所代表的二次函数关系也同样适用于烧结体的强度性能，这已被 Cu-W、Cu-Mo、Cu-Fe 等系的烧结实验所证实。这种关系，甚至可以推广到三元系。

组元间互不溶系固相烧结的特点总结于下：

（1）互不溶系固相烧结能完成熔铸方法所不能完成的一些典型复合材料的制造，如基体强化材料和利用组合效果的金属陶瓷材料。它们是以熔点低、塑性好、导电导热性强而烧结性好的成分为黏结相，同熔点高、硬度高、高温性能好的成分组成一种机械混合物，因此兼有两种不同成分的优良性能，具有良好的综合性能。

（2）互不溶系一般熔点相差较大，它们的烧结温度由低熔点相的熔点来决定，因为是固相烧结，温度应高于低熔点相的熔点。如果低熔点相成分不超过 5%，则可采用液相烧结。

（3）互不溶系多相烧结时，界面能起着很大作用，多相烧结性与浸润性实质上是同一个意义。这里多相浸润性是指液态的易溶组元对较难溶组元的浸润能力。浸润性越好，烧结进行的越剧烈。同样，组元之间的界面能越低，就越有利于烧结的进行。例如制造 Cr-Al_2O_3 金属陶瓷材料时，氧对铬的化学吸附性能将促使制得足够致密的产品。这是由于这种化学吸附能使铬颗粒表面生成一层氧化物 Cr_2O_3，而 Cr_2O_3 与 Al_2O_3 有着相同的晶型，因而大大降低了相界面能。因此 Cr-Al_2O_3 的烧结是在添加氧的气氛中进行的。

（4）当复合材料烧结接近完全致密时，许多性能成分的体积含量之间存在线性关系，如图 4-29 所示，在相当宽的成分范围内，物理与力学性能随成分含量的变化呈线性关系。根据加和规律可以近似确定合金的性能，或者由性能估计合金的成分。

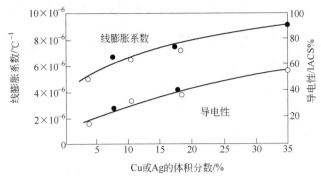

图 4-29　Ag-W、Cu-W 合金的性能与成分的关系

4.3.2.2　组元间互溶系固相烧结

成分互溶的多元系固相烧结有三种情况：（1）均匀固溶体粉末烧结；（2）混合粉末的烧结；（3）烧结过程中固溶体分解。第一种情况实际上属于单元系固相烧结，基本规律也是相同的；第三种情况是很少见的，所以这里只讨论混合粉末的烧结。混合粉末的烧结又分有限互溶系烧结和无限互溶系烧结两种情况。

混合粉末的烧结中，合金的形成主要是通过扩散实现的，所以，组元间扩散的速度和扩散完全程度是具有很大意义的。烧结体致密化的动力学以及物理、化学性能的变化，都与扩散进行的程度有关。多元系烧结与单元系烧结的扩散情况也不同。单元系烧结中，扩散过程通常能促进烧结致密化；而多元系烧结时，由于各种元素相互影响扩散，可能反而会妨碍收缩过程，甚至发生膨胀过程。

互溶系固相烧结中最简单的情况是二元系固溶体合金的烧结。二元混合粉末烧结时，一个组元通过颗粒间的联结面扩散并溶解到另一组元的颗粒中。

组元的扩散大概有两种情况：假如有 A、B 两种金属的混合粉末进行烧结合金化，一种情况是，烧结时按相图在两种粉末的界面上生成平衡相化合物 A_xB_y，以后的反应将取决于 A、B 两组元通过产物 A_xB_y 的互扩散。如果 A 能通过 AB 扩散，而 B 不能，那么 A 原子将通过 AB 相扩散到 A 与 B 的界面上再与 B 反应，AB 相就在 B 颗粒内生长。通常情况下 A 与 B 均能通过 AB 相扩散，这样反应将在 AB 相层内发生，并同时向 A 和 B 颗粒内扩散，直至反应到所有颗粒成为均匀的固溶体为止。

另一种情况是，反应产物 AB 是能溶解于组元 A 或 B 的中间相，那么界面上的反应将复杂化。例如 AB 溶于 B 形成有限固溶体，只有当饱和后，AB 才能通过形核长大重新析出，同时，饱和固溶体的区域也逐渐扩大。

因此，合金化过程将取决于反应生成相的性质、生成次序和分布，组元通过中间相的扩散，以及反应层间的物质迁移和析出反应。但是决定合金化的主要动力学因素还是扩散，因此促进扩散对创造有利于烧结过程的条件及获得好的烧结产品性能有很大的作用。

金属扩散的规律可概括为：

（1）原子半径相差越大，即在元素周期表中相距越远的元素，互相扩散的速率越快；间隙式固溶原子的扩散速率比替换式固溶体快得多；温度相同和浓度差别不大时，体心立方点阵相中原子的扩散速率比面心立方点阵相中快几个数量级；在金属中溶解度最小的组元扩散速率最大。表4-4列出了各种元素在银中的扩散系数与最大溶解度。

表4-4　元素在银中的扩散系数和最大溶解度

项　目	元　素						
	Sb	Sn	In	Cd	Au	Pd	Ag
扩散系数（760℃）/cm²·s⁻¹	1.4×10^{-9}	2.3×10^{-9}	1.2×10^{-9}	0.95×10^{-9}	0.36×10^{-9}	0.24×10^{-9}	0.16×10^{-9}
最大溶解度（原子分数）/%	5	12	19	42	100	100	100

（2）多元系中，组元相互之间的扩散系数不相等时，空位扩散机构起主要作用，如在A、B二元系中，当A与B元素互扩散时，只有当A原子与其邻近的空位换位的几率大于B原子自身的换位几率时，A原子的扩散才比B原子快，因而通过AB相互扩散的A和B原子的互扩散系数不相等，在具有较大的互扩散系数原子的区域内形成过剩空位，然后聚集成微孔隙，使烧结合金出现膨胀。因此，这种合金中烧结的致密化速率要减慢。

（3）添加第三元素可改变原来两元素的扩散速度，例如在烧结铁粉时，只有温度达到1000~1100℃才开始渗碳，原因是铁的氧化物只有在这个温度下才能完全被还原，在达到这个温度前，铁中的氧化物杂质阻碍了碳的扩散；而在羰基铁粉烧结时，微量的硫或磷有利于碳的扩散。添加第三元素对碳在铁中扩散速率的影响，取决于其在周期表中的位置：一般靠铁左边的属于形成碳化物的元素，降低扩散速率；而靠右边的属于非碳化形成物，增大扩散速率。

（4）烧结时接触表面的收缩与变化都影响扩散的进行。体积大的烧结产品在烧结收缩过程中，中心区域的收缩应力最大，密度与接触表面面积也最大，所以，组元的扩散及化合在中心区域进行得最完全。

（5）烧结的工艺条件影响组元的扩散速率，如时间、温度、保温时间、压制密度、粉末粒度等。

烧结组织不可能在理想的热力学平衡条件下获得，要受固态下扩散动力学的限制，而且粉末烧结的合金化还取决于粉末的形态、粒度、接触状态以及晶体缺陷、结晶取向等因素。因此混合粉末烧结比熔铸合金化过程更复杂，也更难以获得平衡态组织。促进组元间的扩散是获得良好性能烧结体的有效措施。促进扩散的因素主要有：采用较细的混合均匀的粉末、提高烧结温度、消除吸附气体和氧化膜、提高压制密度等等。

下面分别讨论无限互溶系和有限互溶系两种情况的粉末烧结。

A　无限互溶系的粉末烧结

具有无限溶解度的烧结系统有：Cu-Ni、Fe-Ni、Co-Ni、Cu-Au、Ag-Au、W-Mo等。其中Cu-Ni系统具有简单的无限互溶系相图，是典型的无限互溶系统的研究对象。

在Cu-Ni系合金烧结时，烧结坯收缩随时间的变化与合金均匀化有密切关系。由图4-30可以看出，纯铜粉或纯镍粉烧结时，收缩在很短时间内完成，且出现最大收缩值；而混合粉末烧结时，随着合金化均匀进行，烧结反而出现膨胀，实验证明，膨胀是由偏扩散引起的。Cu-Ni系合金烧结的均匀化机构主要为晶界扩散和表面扩散，随着温度升高和进入烧结后期，激活能升高，但是有偏扩散存在时，体积扩散的激活能也不可能太高。因此，均匀化过程也同烧结过程一样，是由几种扩散同时起作用。合金化程度可用均匀化程度因数表示：

$$F = m_t / m_\infty$$

式中 m_t——时间 t 内通过界面的物质迁移量；

m_∞——时间无限长时通过界面的物质迁移量。

F 值在 $0 \sim 1$ 之间变化，$F = 1$ 时完全混合均匀。

表 4-5 给出了 Cu-Ni 合金在不同工艺条件下的 F 值，以及 Cu-Ni 混合粉末压坯在合金化过程中的影响因素。

从表 4-5 可以看出以下因素对 Cu-Ni 混合粉末烧结合金化的影响：

（1）烧结时间：在温度相同的情况下，烧结时间越长，扩散越充分，合金化程度越高，但是需要增加很长时间才有效果。

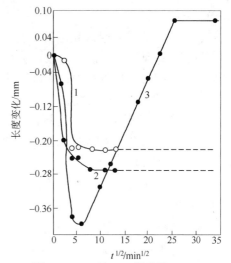

图 4-30　Cu 粉、Ni 粉以及 Cu-Ni
混合粉烧结收缩曲线
1—Cu 粉；2—Ni 粉；3—41%Cu+59%Ni 混合粉

表 4-5　Cu-Ni 合金在不同工艺条件下的 F 值以及 Cu-Ni 混合粉末压坯在合金化过程中的影响因素

混合粉末类型	粉末粒度 /目	压制压力 /MPa	烧结温度 /℃	烧结时间 /h	F 值
Cu 粉+Ni 粉[1]	−100+140	760	850	100	0.64
		760	950	1	0.29
		760	950	50	0.71
		760	1050	1	0.42
		760	1050	54	0.87
	−270+325	760	850	100	0.84
		760	950	1	0.57
		760	950	50	0.87
		760	1050	1	0.69
		760	1050	54	0.91
		38	950	1	0.41
Cu-Ni 预合金粉+Ni 粉[2]	−100+140	760	950	1	0.52
		760	950	50	0.71
Cu-Ni 预合金粉+Cu 粉[3]	−270+325	760	950	1	0.65
Cu-Ni 预合金粉+Cu 粉[4]	−270+325	760	950	1	0.80

[1] 所有试样中 Ni 的平均浓度为 52%；

[2] 预合金粉成分为 70%Cu+30%Ni；

[3] 预合金粉成分为 69%Ni+27%Cu，其余为 Si、Mn、Fe；

[4] 以 Ni 包覆 Cu 的复合粉末，成分为 70%Ni+30%Cu。

（2）烧结温度：由于随着温度升高，原子的互扩散系数明显提高，因此烧结温度是影响烧结合金化的最重要因素，从表中可以看出，温度升高 10%，F 值可以提高

20%~40%。

（3）粉末粒度：合金化速度随着粉末粒度减小而增大。首先，细粉末颗粒间接触区域的数量多，并且颗粒间的凹处被填满和孔隙凸处的平直化进行的比较激烈，从而增加了扩散界面并且缩短了扩散路程，促进了扩散的进行。其次，细颗粒含有较多的氧化物，在许多情况下有助于烧结的强化。

（4）粉末类型：采用一定数量的预合金粉末比完全使用混合粉末更易达到均匀化。

（5）压坯密度：增大压制压力，使压坯密度增大，可以使粉末颗粒间的接触面增大，从而增大扩散界面，加快合金化过程。

（6）杂质：杂质会改变元素的扩散速度，从而影响合金化进程，如杂质 Si、Mn 都会阻碍 Cu 和 Ni 的合金化。

B　有限互溶系的粉末烧结

Fe-C、Fe-Cu 等烧结钢，W-Ni、Ag-Ni 等合金，都属于有限互溶系的烧结系统，它们烧结后得到的是多相合金。其中有代表性的烧结钢，是铁基减摩和结构零件的基体材料，它是用铁粉与石墨粉混合，压制成零件，在烧结时，碳原子不断向铁粉中扩散，在高温中形成 Fe-C 有限固溶体（γ-Fe），冷却下来后，形成主要有 α-Fe 与 Fe$_3$C 两种相成分的多相合金，它比烧结纯铁有更高的硬度和强度。

在 Fe-C 系中，石墨既可以作为惰性添加剂，又可以作为反应组元，这决定于烧结温度。在铁粉中加入石墨后，由于石墨能起到隔离作用，烧结时收缩就有一些降低。Fe-C 烧结合金的烧结及冷却后的组织与性能按以下规律变化：

（1）铁粉和石墨粉混合的烧结过程为：铁粉颗粒间形成烧结颈并长大；石墨扩散进铁颗粒并成为化合碳；孔隙球化。

（2）由于碳含量一般不超过 1%，故仍然同纯铁粉的单元系烧结一样，主要发生铁颗粒间的黏结和收缩，但随着碳在铁颗粒内的大量溶解，两相区温度降低，烧结过程加快。

（3）碳在铁中通过扩散形成奥氏体，扩散速度很快，10~20min 内就完全溶解（图 4-31）。石墨粉的粒度和粉末混合的均匀度对这一过程的影响很大。当石墨粉完全溶解后，留下孔隙；C 向 γ-Fe 中继续溶解，使晶体点阵常数增大，铁粉颗粒胀大，石墨留下的颗粒缩小。当铁粉完全转化为奥氏体后，碳在其中的浓度分布仍不均匀，继续提高烧结温度或延长烧结时间，发生 γ-Fe 的均匀化，晶粒明显长大。

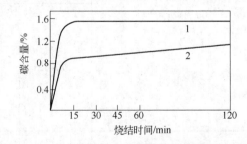

图 4-31　混合粉烧结钢碳含量与烧结时间的关系
1—3%C；2—1.5%C

（4）烧结强度按以下规律变化：烧结温度低于 800~900℃时，碳的溶解度不大，由于 Fe-C 颗粒接合处的强度比 Fe-Fe 接合处强度要低得多，所以与纯铁比较，通常添加石墨会使强度变低。当烧结温度为 1000℃或超过 1000℃时，添加石墨粉会提高烧结强度，而塑性总是随着碳含量的提高而降低。通常，烧结试样中碳含量为 0.8%~0.9%时，接近共析钢，出现最大的强度值。

（5）烧结充分保温后冷却，奥氏体分解，形成以珠光体为主要组成物的多相结构。

珠光体的数量和形态取决于冷却速度，冷却越快，珠光体弥散程度越大，硬度与强度也越高。如果缓慢冷却，由于孔隙与残留的石墨作用，有可能加速石墨化过程。由于基体中 Fe_3C 内的碳原子扩散而转化为石墨，铁原子由石墨形核并长大的地方离开，石墨的生长速度与分布形态将不取决于碳原子的扩散，而取决于比较缓慢的铁原子的扩散。

（6）Fe-C 烧结体的性能在很大程度上取决于合金组织结构特征，而组织结构特征除了受上述烧结条件和石墨影响外，还受原始粉末的性能以及烧结气氛等因素的影响。如采用细颗粒的铁粉和石墨粉，就可得到较高性能的烧结体；原料铁粉的氧含量高时应在配料时加入更多的石墨粉，保证还原氧化物后还有足够的石墨粉参与形成化合碳的反应，以形成规定成分的铁碳合金。

4.4 液 相 烧 结

当单相金属粉末压坯进行烧结时，可能的几种物质迁移机构可以进行计算，它们对烧结过程的作用也可以进行估计。对于液相烧结这是不可能的，因为液相烧结至少包含有两种不同的过程。这两种过程之间也有共同之处，即在烧结过程中，液相会在某一阶段出现。其中之一是当压坯被加热到烧结温度时，在整个烧结时间内都有液相存在，如 Cu-Pb、W-Cu-Ni、TiC-Ni 等。压坯是在合金系统中的液态线和固态线之间进行烧结的，所以整个烧结过程中压坯是不均匀的。另一种液相烧结过程可以叫做瞬时的液相烧结。当压坯被加热到烧结温度时出现了液相，但是当压坯在烧结温度下保温时由于相互扩散，液相就要消失。当压坯在烧结温度保温到最终阶段时，固体合金可能是均匀的固体，或者是由两个或更多的固相所组成的不均匀固体，如 Fe-Cu（铜含量小于 8%）、Fe-Ni-Al、Ag-Ni、Cu-Sn 等合金。

液相烧结可能得到具有多相组织的合金或复合材料，即由烧结过程中一直保持固相的难熔组分的颗粒和提供液相（一般体积占 13% ~35%）的黏结相所构成。通常情况下粉末压坯仅通过固相烧结难以获得很高的密度，如果在烧结温度下，低熔组元熔化或形成低熔共晶物，那么由液相引起的物质迁移比固相扩散快，而且最终液相将填满烧结体内的孔隙，因此可获得密度高性能好的烧结产品。液相烧结的应用极为广泛，如制造各种烧结合金零件、电触头材料、硬质合金及金属陶瓷材料等。

4.4.1 液相烧结条件

液相烧结能否顺利完成（致密化进行到底），取决于同液相性质有关的三个基本条件：润湿性、溶解度和液相数量。

4.4.1.1 润湿性

液相对固相颗粒的表面润湿性好是液相烧结的重要条件之一，对致密化、合金组织与性能的影响极大。润湿性由固相、液相的表面张力（比表面能）γ_S、γ_L 以及两相的界面张力（界面能）γ_{SL} 所决定。如图 4-32 所示，当液相润湿固相时，在接触点 A 用杨氏方程表示平衡的热力学条件为：

$$\gamma_S = \gamma_{SL} + \gamma_L \cos\theta \tag{4-35}$$

式中　θ ——润湿角或接触角。

完全润湿时，$\theta=0°$，式 4-35 变为 $\gamma_S = \gamma_{SL} + \gamma_L$；完全不润湿时，$\theta>90°$，则 $\gamma_S \geqslant$ $\gamma_{SL} + \gamma_L$。图 4-32 表示介于前两者之间的部分润湿的状态，即 $0°<\theta<90°$。

液相烧结需满足的润湿条件是润湿角 $\theta<90°$；如果 $\theta>90°$，烧结开始时液相即使生成，也会很快地跑出烧结体外，称为渗出。这样，烧结合金中的低熔组分将大部分损失掉，使烧结致密化过程不能顺利完成。液相只有具备完全或部分润湿的条件，才能渗入颗粒的微孔和裂隙甚至晶粒间界，形成如图 4-33 所示的状态。此时，固相界面张力 $\gamma_{SS} \geqslant$ $2\gamma_{SL}\cos(\psi/2)$，ψ 称为二面角。可见，二面角越小时，液相渗进固相界面越深。当 $\psi=0°$ 时，$2\gamma_{SL} = \gamma_{SS}$，表示液相将固相界面完全隔离，液相完全包裹固相。如果 $\gamma_{SL} > 1/2\gamma_{SS}$，则 $\psi>0°$；如果 $\gamma_{SL} = \gamma_{SS}$，则 $\psi=120°$，这时液相不能浸入固相界面，只产生固相颗粒间的烧结。实际上，只有液相与固相的界面张力 γ_{SL} 越小，也就是液相润湿固相越好，二面角越小，才越容易烧结。

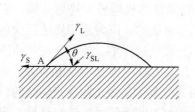

图 4-32   液相润湿固相平衡图

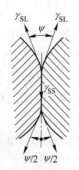

图 4-33   与液相接触的二面角

影响润湿性的因素是复杂的。根据热力学的分析，润湿过程是由所谓的黏着功决定的，可由下式表示：

$$W_{SL} = \gamma_S + \gamma_L - \gamma_{SL}$$

将式（4-35）代入上式得到

$$W_{SL} = \gamma_L(1 + \cos\theta)$$

上述公式说明，只有当固相与液相表面能之和（$\gamma_S+\gamma_L$）大于固-液界面能（γ_{SL}）时，也就是黏着功 $W_{SL}>0$ 时，液相才能润湿固相表面。所以，减少 γ_{SL} 或减小 θ 将使 W_{SL} 增大，对润湿有利。往液相内加入表面活性物质或改变温度可能影响 γ_{SL} 的大小，但固、液本身的表面能 γ_S 和 γ_L 不能直接影响 W_{SL}，因为它们的变化也引起 γ_{SL} 改变。所以增大 γ_S 并不能改善润湿性。实验也证明，随着 γ_S 的增大，γ_{SL} 和 θ 也同时增大。

A   温度与时间的影响

升高温度或延长液-固接触时间均能减小 θ 角，但时间的作用是有限的。基于界面化学反应的润湿热力学理论，升高温度有利于界面反应，从而改善润湿性。金属对氧化物润湿时，界面反应是吸热的，升高温度对系统自由能降低有利，故 γ_{SL} 降低，而温度对 γ_S 和 γ_L 的影响却不大。在金属-金属体系内，温度升高也能降低润湿角（图 4-34）。根据这一理论，延长时间有利于通过界面反应建立平衡。

B   表面活性物质的影响

铜中添加镍能改善对许多金属和化合物的润湿性，表 4-6 是铜中镍含量对 ZrC 润湿性的影响。

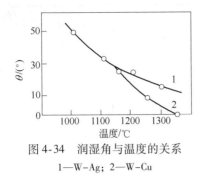

图 4-34 润湿角与温度的关系
1—W-Ag；2—W-Cu

表 4-6 铜中镍含量对 ZrC 润湿性的影响

铜中镍含量/%	$\theta/(°)$
0	135
0.01	96
0.05	70
0.10	63
0.25	54

另外，镍中加少量钼可使其对 TiC 的润湿角由 30°降至 0°，二面角由 45°降至 0°。

表面活性元素的作用并不表现为降低 γ_L，只有减少 γ_{SL} 才能使润湿性改善。以 Al_2O_3-Ni 材料为例，在 1850℃，Ni 对 Al_2O_3 的界面能 $\gamma_{SL} = 1.86 \times 10^{-4} J/cm^2$；于 1475℃在 Ni 中加入 0.87% Ti 时，$\gamma_{SL} = 9.3 \times 10^{-5} J/cm^2$。如果温度再升高，$\gamma_{SL}$ 还会更低。

C 粉末表面状态的影响

粉末表面吸附气体、杂质或有氧化膜、油污存在，均将降低液体对粉末的润湿性。固相表面吸附了其他物质后表面能 γ_S 总是低于真空时的 γ_0，因为吸附本身就降低了表面自由能。两者的差 $\gamma_0 - \gamma_S$ 称为吸附膜的"铺展压"，用 π 表示（图 4-35）。因此，考虑固相表面存在吸附膜的影响后，式 4-35 就变成：

$$\cos\theta = [(\gamma_0 - \pi) - \gamma_{SL}]/\gamma_L$$

因 π 与 γ_0 方向相反，其趋势将是使已铺展的液体推回，液滴收缩，θ 角增大。粉末烧结前用干氢还原，除去水分和还原表面氧化膜，可以改善烧结的效果。

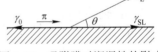

图 4-35 吸附膜对润湿性的影响

D 气氛的影响

表 4-7 列举了铁族金属对某些氧化物和碳化物的润湿角的数据。可见气氛会影响 θ 的大小，原因不完全清楚，可以从粉末的表面状态因气氛不同而变化来考虑。多数情况下，粉末有氧化膜存在，氢和真空对消除氧化膜有利，故可改善润湿性；但是，无氧化膜存在时，真空不一定比惰性气氛对润湿性更有利。

表 4-7 液体金属对某些化合物的润湿性

固体表面	液态金属	温度/℃	气 氛	润湿角 $\theta/(°)$
Al_2O_3	Co	1500	H_2	125
	Ni	1500	H_2	133
	Ni	1500	真空	128
Cr_3C_2	Ni	1500	Ar	0
TiC	Ag	980	真空	108
	Ni	1450	H_2	17
	Ni	1450	He	32

4　烧　结

固体表面	液态金属	温度/℃	气　氛	润湿角 θ/(°)
TiC	Ni	1450	真空	30
	Co	1500	H_2	36
	Co	1500	He	39
	Co	1500	真空	5
	Fe	1550	H_2	49
	Fe	1550	He	36
	Fe	1550	真空	41
	Cu	1100 ~ 1300	真空	108 ~ 70
	Cu	1100	Ar	30 ~ 20
WC	Co	1500	H_2	0
	Co	1420		约 0
	Ni	1500	真空	约 0
	Ni	1380		约 0
	Cu	1200	真空	20
NbC	Co	1420		14
	Ni	1380		18
TaC	Fe	1490		23
	Co	1420		14
	Ni	1380		16
WC/TiC (30∶70)	Ni	1500	真空	21
WC/TiC (22∶78)	Co	1420		21
WC/TiC (50∶50)	Co	1420	真空	24.5

4.4.1.2　溶解度

固相在液相中有一定的溶解度是液相烧结的又一条件，因为：（1）固相有限溶解于液相可改善润湿性；（2）固相溶于液相后，液相数量相对增加；（3）固相溶于液相，可借助液相进行物质转移；（4）溶在液相中的组分，冷却时如能再析出，可填补固相颗粒表面的缺陷和颗粒间隙，从而增大固相颗粒分布的均匀性。但是，溶解度过大会使液相数量太多，也对烧结过程不利。例如形成无限互溶固溶体的合金，液相烧结因烧结体解体而根本无法进行。另外，如果固相溶解度对液相冷却后的性能有不好影响（如变脆）时，也不宜采用液相烧结。

4.4.1.3　液相数量

液相烧结应以液相填满固相颗粒的间隙为限度。烧结开始，颗粒间孔隙较多，经过一段液相烧结后，颗粒重新排列并且有一部分小颗粒溶解，使孔隙被增加的液相所填充，孔隙相对减小。一般认为，液相量以不超过烧结体体积的 35% 为宜。超过时不能保证产品的形状和尺寸；过少时烧结体内将残留一部分不被液相填充的小孔，而且固相颗粒也将因直接接触而过分烧结长大。

液相烧结时的液相数量可以由于多种原因而发生变化。如果液体能够进入固体中去，而其量又小于在该温度下最大的溶解度，那么液相皆可能完全消失，以致丧失液相烧结作用。如铁-铜合金，铜含量较低时就可能出现这种情况。虽然铜能很好地润湿铁，但它也能很快地溶解到铁中，在 $1100 \sim 1200\,℃$ 时可溶解 8% 左右的铜。固相和液相的相互溶解，可使固体或液体的熔点发生变化，因而增加或减少了液相数量。

4.4.2 液相烧结过程

液相烧结是一种不施加外压仍能使粉末压坯达到完全致密的烧结，是最具吸引力的强化烧结。液相烧结的动力是液相表面张力和固-液界面张力。为了更好地认识众多材料液相烧结过程的基本特点和规律，人们往往把液相烧结划分成三个界线不十分明显的阶段，如图 4-36 所示，基体粉末和熔点较低的添加剂（或称第二相粉末）组成了液相烧结的元素粉末混合系统。

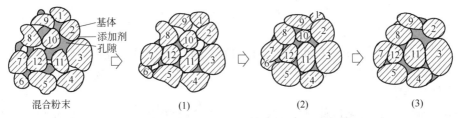

图 4-36　多相粉末液相烧结典型三阶段示意图
（1）颗粒重排；（2）溶解-析出；（3）固相烧结

（1）液相流动与颗粒重排阶段。固相烧结时，不能发生颗粒的相对移动，但在有液相存在时，颗粒在液相内近似悬浮状态，受液相表面张力的推动发生相对位移，因而液相对固相颗粒润湿和有足够的液相存在是颗粒移动的重要前提。颗粒间孔隙中形成的毛细管力以及液相本身的黏性流动，使颗粒调整位置、重新分布，以达到最紧密的排布。在这个阶段中烧结体密度迅速增大。

液相受毛细管力驱使流动，使颗粒重新排列以获得最紧密的堆砌和最小的孔隙总表面积。因为液相润湿固相并渗进颗粒间隙必须满足 $\gamma_S > \gamma_L > \gamma_{SS} > 2\gamma_{SL}$ 的热力学条件，所以固-气界面逐渐消失，液相完全包围固相颗粒，这时在液相内仍留下大大小小的气孔。由于液相作用在气孔上的应力 $\sigma = -2\gamma_L/r$（r 为气孔半径）随孔径大小而异，故作用在大小气孔上的压力差将驱使液相在这些气孔之间流动，这称为液相黏性流动。另外，如图 4-37 所示，渗进颗粒间隙的液相由于毛细管张力 γ/ρ 而产生使颗粒相互靠拢的分力（如箭头所示）。由于固相颗粒在大小和表面形状上的差异，毛细管内液相凹面的曲率半径（ρ）不相同，所以作用于每一颗粒及各方向上的毛细管力及其分力不相等，使得颗粒在液相内漂动，颗粒重排得以顺利完成。基于以上两种机构，颗粒重排和气孔收缩的过程进行地很迅速，致密化很快完成。但是，由于颗粒靠拢到一定程度后形成搭桥，对液相黏性流动的阻力增大，因此颗粒重排阶段不可能达到完全致密，还需通过下

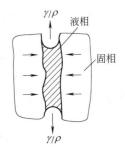

图 4-37　液相烧结颗粒靠拢机构

面两个过程才能达到完全致密化。

(2) 固相溶解和析出阶段。固相颗粒表面的原子逐渐溶解于液相，溶解度随温度和颗粒的形状、大小改变。液相对于小颗粒有较大的饱和溶解度，小颗粒先溶解，颗粒表面的棱角和凸起部位（具有较大曲率）也优先溶解，因此，小颗粒趋向减小，颗粒表面平整光滑。相反，大颗粒的饱和溶解度降低，使液相中一部分饱和的原子在大颗粒表面析出，使大颗粒趋于长大。这就是固相溶解和析出，即通过液相的物质迁移过程，与第一阶段相比，致密化速度减慢。

因颗粒大小不同、表面形状不规整、各部位的曲率不同而造成饱和溶解度不相等，引起颗粒之间或颗粒不同部位之间的物质通过液相迁移时，小颗粒或颗粒表面曲率大的部位溶解较多，相反地，溶解物质又在大颗粒表面或具有负曲率的部位析出。同饱和蒸气压的计算一样，具有曲率半径为 r 的颗粒，它的饱和溶解度与平面（$r=\infty$）上的平衡浓度之差为：

$$\Delta L = L_r - L_\infty = \frac{2\gamma_{SL}\delta^3}{kT}\frac{1}{r}L_\infty$$

即 ΔL 与 r 呈反比，因而小颗粒先于大颗粒溶解。溶解和析出过程使得颗粒外形逐渐趋于球形，小颗粒减小或消失，大颗粒更加长大。同时，颗粒依靠形状适应而达到更紧密堆积，促进烧结体收缩。

在这一阶段，致密化过程已明显减慢，因为这时气孔已基本消失，而颗粒间距离进一步缩小，使液相流进孔隙变得更加困难。

(3) 固相烧结阶段。经过前面两个阶段，颗粒之间靠拢，在颗粒接触表面同时产生固相烧结，使颗粒彼此黏合，形成坚固的固相骨架。这时，剩余液相填充于骨架的间隙。这阶段以固相烧结为主，致密化已显著减慢。当液相不完全润湿固相或液相数量相对较少时，这阶段表现得非常明显，结果是大量颗粒直接接触，不被液相所包裹。这阶段满足 $\gamma_{SS}/2 < \gamma_{SL}$ 或二面角 $\psi > 0°$ 的条件。固相骨架形成后的烧结过程与固相烧结相似。

4.4.3 熔浸

将粉末压坯与液体金属接触或浸在液体金属内，让压坯内的孔隙为金属液体所填充，冷却下来就得到致密材料或零件，这种工艺称为熔浸。在粉末冶金零件生产中，熔浸可看成是一种烧结后处理，而当熔浸与烧结合为一道工序完成时，又称为熔浸烧结。

熔浸主要应用于生产电接触材料、机械零件以及金属陶瓷材料和复合材料。在能够进行熔浸的二元系统中，高熔点相的骨架可以被低熔点金属熔浸。在工业上已经使用的熔浸系统是十分有限的，特别的例子有 W 和 Mo 被 Cu 和 Ag 熔浸，以及 Fe 被 Cu 熔浸。但是在这些有限的系统中熔浸制品的产量还是很大的，所以熔浸是粉末冶金中一项很重要的工艺技术。

熔浸过程依靠外部金属液浸湿粉末多孔体，在毛细管力作用下，液体金属沿着颗粒间孔隙或颗粒内空隙流动，直到完全填充孔隙为止。因此，从本质上来说，熔浸是液相烧结的一种特殊情况。所不同的只是致密化主要靠易熔成分从外面去填满孔隙，而不是靠压坯本身的收缩，因此熔浸的零件基本上不产生收缩，烧结所需时间也短。

熔浸所必须具备的基本条件是：（1）骨架材料与熔浸金属的熔点相差较大，不致造成零件变形；（2）熔浸金属应能很好地润湿骨架材料，同液相烧结一样，应满足 $\gamma_S-\gamma_L>0$ 或 $\gamma_L\cos\theta>0$ 的条件，由于 γ_L 总是>0，故 $\cos\theta>0$，即 $\theta<90°$；（3）骨架与熔浸金属之间不互溶或溶解度不大，因为如果反应生成熔点高的化合物或固溶体，液相将消失；（4）熔浸金属的量应以填满孔隙为限度，过少或过多均不利。

熔浸理论研究内容之一是计算熔浸速率。莱因斯和塞拉克详细推导了金属液的毛细管上升高度与时间的关系。假定毛细管是平的，则一根毛细管内液体的上升速率可代表整个坯块的熔浸速率，对于直毛细管有：

$$h=\left(\frac{R_c\gamma\cos\theta}{2\eta}t\right)^{1/2}$$

式中，h 为液柱上升高度；R_c 为毛细管半径；θ 为润湿角；η 为液体黏度；t 为熔浸时间。

由于压坯的毛细管实际上是弯曲的，故必须对上式进行修正。如假定毛细管是半圆形的链状，对于高度为 h 的坯块，平均毛细管长度就是 $\pi h/2$，因此金属液上升的动力学方程为：

$$h=\frac{2}{\pi}\left(\frac{R_c\gamma\cos\theta}{2\eta}t\right)^{1/2} \tag{4-36}$$

或

$$h=Kt^{1/2}$$

上式表示：液柱上升高度与熔浸时间呈抛物线关系（$h\propto t^{1/2}$）。但要指出，式中 R_c 是毛细管的有效半径，并不代表孔隙的实际大小，最理想的是用颗粒表面间的平均自由长度的 1/4 作为 R_c。

熔浸液柱上升的最大高度按下式计算：

$$h_\infty=2\gamma\cos\theta/(R_c\rho g)$$

式中，ρ 为液体金属密度；g 为重力加速度。

在考虑了坯块总孔隙度及透过率（代表连通孔隙率的多少）以后，渡边侊尚提出了熔浸动力学方程为：

$$V=KS\phi^{1/4}\theta_r^{3/4}(\gamma\cos\theta/\eta)^{1/2}t^{1/2} \tag{4-37}$$

式中，V 为熔浸金属液的体积，cm^3；S 为熔浸断面积，cm^2；ϕ 为骨架透过率，cm^2；θ_r 为骨架孔隙度；γ 为金属液表面张力，N/cm；K 为系数。

因为式 4-37 中 $V/S=h$（坯块高度），故与式 4-36 形式基本一样，只是考虑了孔隙度对熔浸过程有很大影响。温度的影响，要看 $\gamma\cos\theta/\eta$ 项是如何变化的。

熔浸如图 4-38 所示有三种工艺。最简单的是接触法（图 4-38c），即把金属压坯或碎块放在被浸

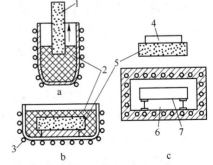

图 4-38　熔浸方式

a—部分熔浸法；b—全部熔浸法；c—接触法
1，5—多孔体；2—熔融金属；3—加热体；
4—固体金属；6—加热炉；7—烧结体

零件的上面或下面送入高温炉。这时可根据压坯孔隙度计算熔浸金属量。

在真空或熔浸件一端形成负压的条件下，可减小孔隙气体对金属液流动的阻力，提高熔浸质量。

4.5　活化烧结

采用化学和物理的措施，使烧结温度降低，烧结过程加快，或使烧结体的密度和其他性能得到提高的方法称为活化烧结。活化烧结从方法上可分为两种基本类型：一是靠外界因素活化烧结过程，包括在气氛中添加活化剂、向烧结填料添加强还原剂（如氢化物）、周期性地改变烧结温度、施加外应力等；二是提高粉末的活性，使烧结过程活化。具体的操作方法有：（1）将坯体适当的预氧化；（2）在坯体中添加适量的合金元素；（3）在烧结气氛或填料中添加适量的水分或少量的氯、溴、碘等气体（通常用其化合物蒸气）；（4）附加适当的压力、机械或电磁振动、超声辐射等。活化烧结所使用的附加方法一般成本不高，但效果显著。活化烧结因烧结对象不同而异，多靠数据积累，实践经验总结，尚无系统理论，继续探索和利用活化烧结技术，对粉末冶金烧结具有十分重要的意义。

4.5.1　预氧化烧结

预氧化烧结是活化烧结中最简单的方法，应用的是氧化-还原反应对烧结的促进作用。烧结中，还原一定量的氧化物对金属的烧结具有良好的作用。少量氧化物能产生活化作用的原因在于烧结过程中表面氧化物薄膜被还原，因而在颗粒表面层内会出现大量的活化因子，从而可以明显地降低烧结时原子迁移的活化能，促进烧结。

为了进行氧化还原反应，必须创造一定的烧结条件，以使平衡反应交替地向氧化方向和还原方向进行。具体可以通过人为改变烧结气氛，使烧结气氛交替地具有氧化和还原的特点来实现。在烧结气氛中存在水气，可以使孔隙收缩过程加快。这是由于在温度不变的情况下，过饱和水蒸气所引起的反复多次的氧化-还原反应的结果。

很多情况下湿氢对孔隙收缩有一些强化作用，如利用湿氢烧结轧制的钼片坯，在1100℃烧结1h，再在1700℃烧结2～3h后，就可以得到密度很高的产品。这种情况可能是与MoO_3在高温时的挥发有关，不过仍需进一步研究。

若粉末中有烧结时很难还原的氧化物，则在烧结过程中只有当氧化物薄膜溶于金属中或升华、聚结，破坏了使颗粒间彼此隔离的氧化物薄膜后，烧结才有可能进行。

下面给出一个采用预氧化烧结制备高密度钨合金的例子，具体的工艺如下：

选取平均粒度为2.0μm的W粉末，小于48μm的羰基Ni粉末和小于74μm的羰基Fe粉末，纯度大于99%，按照90W-7Ni-3Fe制成合金。开始先按49% Ni、21% Fe以及30%的W粉末混合球磨8h后，再加入余量的W粉球磨至22h，球料比为4∶1，停机后在真空中干燥。利用冷等静压成形得到φ7mm×60mm的试样棒。

将试样棒埋在Al_2O_3粉中，置于空气烧结炉中加热至450℃，经过30min的保温预氧化后，再经不同温度在氨分解的氢气氛（低于-20℃的露点）中烧结，最后以50℃/min的速率冷却到室温。为进一步提高力学性能，将烧结制品在真空炉中于1250℃、2×10^{-4}Pa条件下进行除气处理3h。实验结果证实，高密度钨合金采用预氧化活化烧结，可以降低烧结温度，减少合金变形，得到致密的钨合金，同时可以提高钨合金的抗拉强度和伸长率。其实验数据列于表4-8。

表4-8 预氧化烧结和直接烧结得到的钨合金性能对比

烧结条件	烧结制度		密度	抗拉强度	伸长率
	温度/℃	时间/min	/g·cm^{-3}	σ/MPa	δ/%
预氧化+高温烧结	1440	60	17.07	894.7	12.3
	1460	60	17.09	917.4	24.9
	1460	90	17.09	924.3	27.4
	1490	60	17.08	940.5	11.4
	1520	60	17.05	864.4	6.5
直接烧结	1440	60	16.15	312.4	0.4
	1460	60	16.74	607.5	2.3
	1490	60	17.07	884.3	11.6
	1490	90	17.07	911.2	21.7
	1520	60	17.06	910.7	19.6

4.5.2 添加少量合金元素

对于某些金属，加入少量的合金元素（掺杂）可以促进烧结体的致密化，最高可使致密化的速率比未进行掺杂的压坯快100多倍，这是活化烧结现象之一，已经在钨、钼、钽、铌和铼等难熔金属中观察到。下面以钨粉中掺杂Ni的烧结来说明合金元素掺杂对烧结的促进作用。

Agte在1953年发现0.5%～2%Ni能使得钨粉烧结活化；Vacek在1959年添加少量Fe、Co、Ni在1000～1300℃进行钨粉活化烧结；在1961～1963年，Brophy等人进而研究了W-Ni活化烧结的动力学，以及其他Ⅷ族过渡金属对钨的活化烧结效果，结果如图4-39所示。

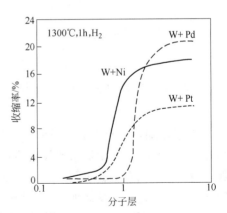

图4-39 0.6μm钨粉采用不同活化剂烧结后收缩率比较

在对加入少量镍的钨粉压坯烧结所进行的研究中，镍通常是以镍盐的溶液形式加入的，而后被还原成金属，使得钨粉颗粒表面覆盖一层几个原子层厚的镍。4～10个原子层厚似乎可显示出最佳的活化效果。Gessinger和Fischmeiste曾经用粒度为0.5μm的钨粉进行实验，对比了未加镍和添加 0.5% Ni 的情况，结果发现镍添加剂对烧结速率的强烈影响是十分明显的，这种活化作用可以用镍在钨粉颗粒表面发生扩散，并且聚集在颗粒间的颈部来解释，具体模型如图 4-40 所示。

镍通过颈部可以穿透钨粉颗粒间的晶界，钨中的晶界自扩散由于镍在晶界上出现而显著地增强。钨原子依靠晶界扩散而通过晶界的迁移速率以及在钨粉颗粒颈部的沉淀速率也由于钨中掺杂了镍而比未掺杂时要快得多，因而大大加速了致密化过程。

图 4-41 为镍添加量对钨粉压坯烧结密度的影响。在平均粒度为 0.56μm 的超细钨粉中加入 0.1% ~ 0.25% 的 Ni，经过 1300℃ 16h 烧结后，密度能达到理论密度的 98%（18.78g/cm³）。除了用镍掺杂外，钨粉的烧结还可以添加 Ni-P 合金。将钨粉与 $NiCl_2\cdot6H_2O$ 和次亚磷酸钠（NaH_2PO_2）的混合溶液以 90℃ 温度搅拌均匀，反应后钨颗粒表面就包覆一层镍-磷合金，这种粉末经真空干燥后压制成形并烧结。烧结过程中，磷大部分挥发，镍残留下来。当镍含量为 0.12%、磷含量为 0.02% 时，以 1000℃ 烧结半小时，密度可达 18.85g/cm³，即理论密度的 97.7%；烧结 1h 后可达到 19.05%，即理论密度的 98.6%。

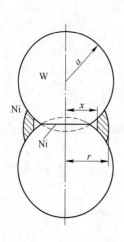

图 4-40 掺杂钨烧结过程的几何模型

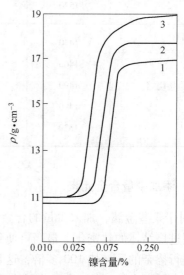

图 4-41 添加镍对钨粉压坯烧结密度的影响
1—1100℃；2—1200℃；3—1300℃

对于添加合金元素的活化机理，存在不同的看法，但大都认为体积扩散是主要的。当颗粒表面覆盖一层扩散系数较大的其他金属薄膜时，由于金属原子主要是由薄膜扩散到颗粒内部，因而在颗粒表面形成了大量的空位和微孔，其结果有助于扩散、黏性流动等物质迁移过程的进行，从而加快了烧结过程。

掺杂元素产生的效果会因烧结对象的不同而异，具体掺杂元素的选择以及加入量的确定需要经过多次实验摸索与数据积累。如研究磷的掺杂对 WC-10Co 合金的烧结性能的影响，结果表明仅仅添加 0.3% P（质量分数）就可以在 1250 ℃ 烧成 WC-10Co 合金，这比不添加 P 时烧结降低了 70℃，并且有更高的致密度。Bi-Mo 复合掺杂对 MgCuZn 铁氧体烧结的影响结果表明，掺杂 Bi_2O_3 和 MoO_3 适量时（质量分数分别为 0.6% 和 0.1%），在较低的烧结温度（1020℃）就能获得较高的烧结密度（≥4.75g/cm³）。图 4-42 ~ 图 4-45 分

别给出了 MoO_3 含量对样品烧结密度以及磁性能的影响。

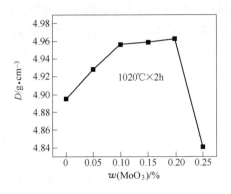

图 4-42　MoO_3 含量对烧结密度的影响

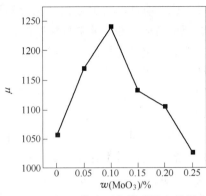

图 4-43　MoO_3 掺杂对起始磁导率的影响

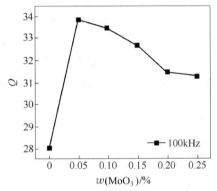

图 4-44　MoO_3 含量对品质因数 Q 值的影响

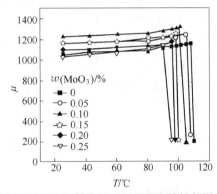

图 4-45　MoO_3 掺杂量对居里温度特性的影响

从上述实验结果可以看出，MoO_3 的过量添加可导致 MgCuZn 铁氧体密度、起始磁导率及品质因素下降，居里温度降低，温度特性恶化，因此控制掺杂量对提高 MgCuZn 铁氧体性能非常重要。

4.5.3　在气氛或填料中添加活化剂

在活化烧结中最有效的方法是在烧结气氛中通入卤化物蒸气（大多为氯化物，其次为氟化物），可以很明显地促进烧结过程。特别是当制品成分中具有难还原的氧化物时，卤化物的加入具有特别良好的作用。烧结气氛中加入氯化氢的方法有两种：（1）在烧结炉中直接通入氯化氢；（2）在烧结填料中加入氯化铵，当氯化铵分解时便生成氯化氢。

以烧结铁粉为例，气氛中加入氯化氢时烧结的反应式为：

$$Fe + 2HCl \Longleftrightarrow FeCl_2 + H_2 \tag{4-38}$$

氯化氢的作用机理是：孔隙凸出处的金属原子活性是最强的，它们与氯化氢作用生成氯化铁；氯化铁在 670℃ 以上成为溶液而浸入孔隙内，使孔隙变为球形；氯化铁挥发时，或者被氢气流带走（可以根据马弗管冷却部分的氯化铁薄膜或根据式样重量的减少而确定），或者是被氢还原成铁原子而凝固在自由能最小的地区（颗粒表面的凹处和颗粒的接触处）。

有研究比较了试样在含有氯化氢的氢气氛中和含有氯化铵或氟化铵的填料中进行烧

结对铁粉压坯磁性能影响的效果，结果表明在加入氯化氢的氢气气氛中烧结是最有效的。这与形成比较有利的孔隙形状（圆形）有关。圆形孔隙在很大程度上排除了退磁场的影响而使磁导率增加，并且使磁场畴壁的移动比较容易而降低了矫顽力。在烧结填料中加入少量氯化铵或氟化铵也可产生上述效果，但要比预料的差些。这是由于试样在不透气的容器中烧结时会妨碍氢的通入而不利于碳的除去。在试验时，碳的原始含量是 0.1%，在填料中烧结后碳含量降低到 0.06%~0.07%；而在氢气流或 H_2+HCl 中烧结时，碳含量可降低至 0.01%~0.02%。

　　研究合金粉末，特别是不锈钢粉末和耐热钢粉末的活化烧结规程是最有实际意义的。这些粉末的表面通常都存在有妨碍烧结的氧化铬薄膜。通常，不锈钢粉末是在经过严格干燥的氢气中进行烧结的，烧结温度为 1200~1300℃。有研究指出，在填料中加入能促进氧化物还原的卤化物，对烧结有良好的影响。但同时又指出，并不是所有牌号的不锈钢粉末都能进行这种活化烧结。这可能是因为各种粉末颗粒表面化学成分不同的缘故。

　　实验结果表明，气氛中通入氯化氢进行烧结时，氯化氢最佳含量是 5%~10%（体积分数）。在填料中加入氯化铵等进行烧结时，氯化铵的含量应为 0.1%~0.5%。这种活化方法也有很大的缺点，就是卤化物具有强腐蚀性。当氯化氢的含量过高时，不但烧结体表面会被腐蚀，而且烧结炉炉体也会遭到腐蚀。为了尽可能地把烧结体孔隙中的氯化物清洗掉，在烧结终了时，还必须通入强烈的氢气流。

4.6　烧结气氛与烧结炉

4.6.1　烧结气氛

　　烧结气氛用来控制压坯与环境之间的化学反应和清除润滑剂的分解产物，基本要求是保证制品加热时不受氧化。此外还要求制品与气氛相互作用时不至于形成会使烧结体性能恶化的化合物。具体地，烧结气氛产生的作用有：

　　（1）防止或减少周围环境对烧结产品的有害反应，如氧化、脱碳等。

　　（2）排除有害杂质，如吸附气体、表面氧化物或内部夹杂以提高烧结的动力，加快烧结速度，改善制品的性能。

　　（3）维持或改变烧结材料中的有用成分，这些成分常常能与烧结金属生成合金或活化烧结过程，例如烧结钢的碳控制、渗氮和预氧化烧结等。

　　烧结气氛按其功用可分为 5 种基本类型：

　　（1）氧化气氛：包括纯氧、空气和水蒸气，可用于贵金属的烧结、氧化物弥散强化材料的内氧化烧结、铁或铜基零件的预氧化活化烧结。

　　（2）还原气氛：对大多数金属能起还原作用的气体，如纯氢、分解氨（氢—氮混合气体）、煤气、碳氢化合物的转化气（H_2、CO 混合气体），使用最广泛。

　　（3）惰性或中性气氛：包括活性金属、高纯金属烧结用的惰性气体（N_2、Ar、He）及真空；转化气对某些金属（Cu）也可作为中性气氛；CO_2 或水蒸气对 Cu 合金的烧结也属于中性气氛。

　　（4）渗碳气氛：CO、CH_4 及其他碳氢化合物气体对于烧结铁或低碳钢是渗碳性的。

（5）氮化气氛：NH_3 和用于烧结不锈钢及其他含 Cr 钢的 N_2。

目前，工业使用的烧结气氛主要有氢气、分解氨气、吸热或放热型气体以及真空。近 20 年来，氮气和氮基气体的使用日渐广泛，它们适用于大多数粉末零件的烧结，如 Fe、Cu、Ni 和 Al 基材料等。纯氮中的氧极低，水分可减少至露点 -73℃，是一种安全而价廉的惰性气体，而且可根据需要添加少量氢及有渗碳或脱碳作用的其他成分，使其适用范围更加扩大。

4.6.1.1　还原性气氛

烧结时经常采用对大多数金属在高温下均具有还原性的含有氢气、一氧化碳的还原性气体。使用纯 H_2 时，可以发生如下的氧化还原反应：

$$MeO_{(s)} + H_{2(g)} \rightleftharpoons Me_{(s)} + H_2O_{(g)} \tag{4-39}$$

平衡常数为：

$$K_p = p_{H_2O}/p_{H_2}$$

用 CO 时，反应为：

$$MeO_{(s)} + CO_{(g)} \rightleftharpoons Me_{(s)} + CO_{2(g)} \tag{4-40}$$

平衡常数为：

$$K_p = p_{CO_2}/p_{CO}$$

式中　Me——某一金属；

　　　MeO——该金属的氧化物。

在指定烧结温度下，上面两个反应的平衡常数都为定值，只要气氛中 p_{H_2O}/p_{H_2} 和 p_{CO_2}/p_{CO} 低于平衡常数，还原反应就可以持续进行；如果高过平衡常数，则金属会被氧化。CO_2 与 H_2 同时存在时，将发生如下反应：

$$CO_{2(g)} + H_{2(g)} \rightleftharpoons CO_{(g)} + H_2O_{(g)} \tag{4-41}$$

从而使 p_{CO_2}/p_{CO} 降低，金属氧化物的还原反应可以继续进行。

对于活性高的金属铍、铝、硅、钛、锆、钒、铬和锰来说，气氛中很微量的氧或水都是不允许有的，即使只有极少的量，这些金属也会与之生成难以还原的氧化膜而阻碍烧结过程的进行。为此，气氛应采用严格脱水和净化的纯氢气，最好的是采用真空或惰性气体。烧结铁、铜、镍、钨和钼等金属时，对气氛中的氧含量以及水蒸气量的要求可以放宽些。

对于纯一氧化碳来说，因为其有剧毒且制造成本高，不适于单独用作还原性气氛。甲烷等碳氢化合物由于有强渗碳性也不适合直接用作烧结气氛，但它们可以用空气或水蒸气加以高温转化，得到以氢气、一氧化碳和氮气为主要成分的混合气，可用于一般铁、铜基粉末零件的烧结。

4.6.1.2　可控碳势气氛

气氛按其对烧结材料中碳含量的影响可分为渗碳、脱碳和中性。如果烧结压坯中有游离碳（一般为石墨粉）存在或烧结金属中的碳浓度超过该气体成分所允许的临界值，就会有一部分碳损失到气氛中去，这就是脱碳现象。如果烧结体内的碳含量低于临界浓度，气氛就将补充一部分碳到烧结材料中去，这就是渗碳现象。当气氛被控制到与烧结体中的某一定碳浓度平衡时，就成为中性气氛。控制碳势就是要在一定温度下维持气体成分的一定比例。

铁与含碳气体之间进行渗碳-脱碳反应有三种，分别介绍如下：

（1）在一氧化碳气氛中烧结铁的渗碳反应，反应式为：

$$Fe + 2CO \longrightarrow (Fe,C) + CO_2 \tag{4-42}$$

式中 （Fe，C）——碳在铁中的固溶体。

假定气氛为1atm（约0.1MPa），则平衡常数为：

$$K_p = \frac{p_{CO_2} a_C}{p_{CO}^2 a_{Fe}}$$

式中，a_C 为碳在(Fe，C) 固溶体中的活度，约等于浓度；$a_{Fe} = 1$。

平衡常数表达式变为：

$$K_p = \frac{p_{CO_2} a_C}{p_{CO}^2}$$

这里控制 $\frac{p_{CO_2}}{p_{CO}}$ 的值可以达到控制碳势的目的。

（2）在甲烷气氛中烧结铁的渗碳反应，反应式为：

$$Fe + CH_4 \longrightarrow (Fe,C) + 2H_2 \tag{4-43}$$

平衡常数为：

$$K_p = \frac{p_{H_2}^2 a_C}{p_{CH_4}}$$

反应式里有三个自由度，气氛中通过控制 $\frac{p_{H_2}}{p_{CH_4}}$ 的值来控制碳势。

图 4-46 上标明的渗碳区和脱碳区是指奥氏体铁的饱和碳溶解度，对烧结碳钢的碳含量控制有参考价值。由图中可以看出，当温度高于 900℃时，为了不使钢脱碳，$\frac{p_{CO_2}}{p_{CO}}$ 的值需要控制的很低（<0.1），只是在低于 700～800℃以后，脱碳的趋势才大为减小。从图上又看到，在通常的烧结温度范围，铁渗碳的平衡 $\frac{p_{H_2}}{p_{CH_4}}$ 值极高，只要气氛中 CH_4 的浓度高于0.01%就能引起渗碳；在低温中，CH_4 的渗碳能力才大为减弱。

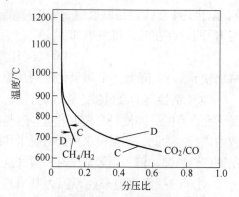

图 4-46 奥氏体铁的渗碳-脱碳平衡
气体分压比与温度的关系曲线
C—渗碳；D—脱碳

（3）在一氧化碳和氢气气氛中的渗碳反应，反应式为：

$$Fe + H_2 + CO \longrightarrow (Fe,C) + H_2O \tag{4-44}$$

平衡常数为：

$$K_p = \frac{p_{H_2O} a_C}{p_{CO} p_{H_2}}$$

这个平衡常数表明，在一氧化碳和氢气共同存在时，CO 的渗碳反应还与气氛的 $\frac{p_{H_2O}}{p_{H_2}}$

值（露点）有关。实验结果表明，在各种烧结温度下，钢中碳含量与这种气体的露点关系如下：1）随温度升高，不发生脱碳的露点降低。2）在一定温度下，水蒸气的脱碳作用将随着钢中碳含量增高而加剧。

烧结的实际过程并非处在平衡状态，炉内气氛的成分与刚通入炉内的气体成分有差别，气氛与金属间的反应产物和炉气本身的反应产物，除非能及时排出炉外，否则都可能改变原来在热力学平衡基础上的预期结果；而且炉内各部位气氛的成分也有变化，这时气体扩散的快慢是决定反应在各处是否均匀发生的重要动力学条件。因此烧结大零件时，碳浓度的分布可能是不均匀的，因为表面渗碳或脱碳总是要最早发生，而且还受烧舟材料（如石墨）或填料（碳粒）的影响。实际生产过程中必须考虑各种因素对平衡的影响。实际生产中常用的烧结气氛列于表4-9。

表4-9 粉末冶金工业所用烧结气氛举例

气氛种类	应用所占比例/%	应用举例
吸热型气体	70	碳钢
分解氨气体	20	不锈钢、碳钢
放热型气体	5	铜基材料
氢、氮、真空	5	铝基材料及其他

根据以上分析，气氛中的 H_2、CO_2 和 H_2O 成分是脱碳性的，CO 和 CH_4 等碳氢化合物是渗碳性的。碳氢化合物（甲烷、丙烷等）是天然气的主要成分，也是焦炉煤气、石油气的组成成分。

以这些气体为原料，采用空气和水蒸气在高温下进行转化（部分燃烧），从而得到一种混合成分的转化气。当用空气转化而且空气与煤气的比例较高时，转化过程中反应放出的热量足以维持转化器的反应温度，这样得到的混合气称为放热型气体，其转化效率较高。如果空气与煤气的比例较低，转化过程中放出的热量不足以维持反应所需要的温度而要从外部加热转化器，则得到吸热型气体。表4-10列出了吸热型和放热型气体的标准成分和应用范围。

表4-10 铁制品烧结用转化气体标准成分及应用

气体	标准成分	应用举例
吸热型	40% H_2，20% CO，1% CH_4，39% N_2	Fe-C，Fe-Cu-C 等高强度零件；爆炸性极强
放热型	8% H_2，6% CO，6% CO_2，80% N_2	纯铁，Fe-Cu 烧结零件；有爆炸性

吸热型气体的露点可以通过调节混合比例来控制，这种气氛有强还原性。通过调整转化气的成分，可以控制碳势，所以吸热型气氛又称可控碳势气氛。表4-11列出了城市煤气转化得到的吸热型气体的组成成分。

4.6.1.3 真空气氛

空气极为稀薄的状态是真空状态。它也用作一种粉末冶金烧结气氛。真空烧结实际上是低压烧结，真空度越高，越接近中性气氛，即与材料不发生任何化学反应。真空度通

表 4-11 城市煤气转化得到的吸热型气体的组成成分

城市煤气/空气的比值	含量 /%						露点/℃
	CH_4	CO	CO_2	H_2	N_2	水蒸气	
2.3	1.2	28.6	0	48.0	22.2	0.093	−23
2.1	0.7	28.5	0.1	47.4	23.3	0.295	−9
1.9	0.4	28.0	0.2	45.0	26.4	0.600	0
1.7	0.3	27.6	0.6	43.0	28.5	1.45	+13
1.5	0	27.2	1.0	42.2	29.6	2.31	+20

常为 $1.3 \times 10 \sim 1.3 \times 10^{-3}$ Pa。真空熔炼在高纯和优质金属材料的制取方面应用很广泛，但真空烧结在粉末冶金中使用的历史并不长，主要用于活性和难熔金属 Be、Th、Ti、Zr、Ta、Nb 等，含 TiC 硬质合金，磁性合金与不锈钢等的烧结。通常的粉末冶金铁基结构零件也可在真空中进行高温烧结（1200 ~ 1350℃）。

真空烧结具有很多别的保护气氛烧结所不具备的优点：

（1）能减少气氛中有害成分（H_2O、O_2、N_2）对产品的污染，例如电解氢的含水量要求降至−40℃露点极为困难，而且真空度只要达到 1.3×10 Pa 就相当于含水量为−40℃露点，而获得这样的真空度并不困难。

（2）真空是最理想的惰性气氛，当不宜用其他还原性或惰性气体时（如活性金属的烧结），或者对容易出现脱碳、渗碳的材料均可以采用真空烧结。

（3）真空可以改善液相烧结的润湿性，有利于收缩和改善合金的组织。

（4）真空有助于 Si、Al、Mg、Ca 等杂质及其氧化物的排除，起到净化材料的作用。

（5）真空有助于排除孔隙中残留的气体以及反应气体产物，对促进烧结后期的收缩作用明显。

真空下的液相烧结中，如果真空度高到炉内的气压低于材料组成某一元素的蒸气压，在烧结过程中，该元素将会挥发。这不仅改变和影响合金的最终成分和组织，而且对烧结过程本身也起阻碍作用。黏结金属在液态时的挥发速度与金属的蒸气压和真空度有关。所以，必须保证真空烧结的压力应高于所有被烧结元素的蒸气压。

金属蒸气压与温度有关。经计算，钴的蒸气压在 1400℃ 时约为 1.3×10^2 Pa，在 1460℃ 时约为 1.6×10^2 Pa。为了减少钴的损失，硬质合金不能在太高的真空度中烧结，一般维持炉内剩余压力为几千帕。即使这样，在 1400 ~ 1450℃ 的高温中烧结，钴的损失仍不可避免，因而需要在压制混合料中配入过量（0.5%）的钴粉。

真空烧结时黏结金属的挥发损失，主要是在烧结后期即保温阶段，黏结金属的挥发损失量还与保温时间有关，因此在可能条件下，应缩短烧结时间或在烧结后期关闭真空泵，使炉内压力适当回升，或者充入惰性气体或氢气以提高炉压。

真空烧结含碳材料的脱碳问题也值得重视。脱碳主要发生在升温阶段，这时炉内残留的空气、吸附的含氧气体（CO_2）以及粉末内的氧化杂质及水分等与碳化物中的化合碳或材料中的游离碳发生反应，生成 CO 随炉气排出，同时炉压明显升高，合金的总碳减少。因此，真空烧结含碳材料虽有补充还原作用，但也造成合金脱碳。显然，碳含量的变化取决于原料粉末中的氧含量以及烧结时的真空度，两者越高时，生成 CO 的反应越容易进行，脱碳也越严重。所以，根据原料中的氧含量，要控制混合料中的碳含量比在氢气烧结时更高。

有一点需要注意的是，为了避免污染真空炉的真空系统，当烧结的粉末压坯中含有较大量的润滑剂或成形剂时，如烧结硬质合金或某些难熔金属时，需要在另一个有保护气氛气体的炉子中预先烧除润滑剂。

真空烧结与气体保护烧结的工艺没有根本区别，只是烧结温度低一些，一般可降低 $100 \sim 150℃$，这对提高炉子寿命、降低电能消耗和减少晶粒长大均是有利的。从经济上看，真空烧结除设备投资较大、单炉产量低的缺点外，电能消耗是较低的，因为维持真空的消耗远远低于制备气氛（如氢）的成本，因此过去认为真空烧结不经济的看法已在逐渐改变。目前大部分真空烧结炉是间歇式操作的，新式的连续式真空烧结炉正在逐步开发并在粉末冶金工业中推广使用。

接下来简单介绍一下几种炉内气氛的特性以及制取方法。在粉末冶金生产中，由于氢气具有很强的还原能力，因此，氢气是应用最广的一种保护气体。氢气可以用铁蒸汽法生产，这种方法是在存在有多孔海绵铁的条件下，将水蒸气加热到很高的温度，这时水蒸气和铁发生反应：$Fe + H_2O = FeO + H_2$，从而得到氢气。但是用这种方法得到的氢气含有许多水蒸气。一般化学方法得到的氢气（如用焦炉煤气或天然气等经过转化或再加工），也由于必须进行净化和干燥而同样没有得到十分广泛的应用。电解稀释的碱性或酸性水溶液则可以制得成分纯净的氢气。

许多情况下，粉末冶金企业都没有制取氢气的装置，而是采用瓶装的氢气，但这种瓶装氢气的成本较高。这种情况下，可以采用分解氨作为保护气氛。氨是在有催化剂的条件下，加热（500℃）压缩（100MPa）氮-氢混合物而合成的。通常一个装有 25kg 液体氨的瓶中可以放出 $65m^3$ 的气体，这比一瓶氢气的体积大 9 倍。

在烧结一般用途的铁基和有色金属基的粉末冶金制品时，经常采用由天然气不完全燃烧而得到的转化气体来作保护气体。制取该气体的原理是：以甲烷或丙烷为主要成分的天然气与一定量的空气混合，并在有催化剂（氧化镍）的条件下，于 $1000 \sim 1200℃$ 左右燃烧。例如，空气与甲烷之比为 7.6 : 1 的混合物燃烧的结果就会得到含有 23.4% CO、31.1% H_2、0.2% CH_4、45.3% N_2 的气体。

通常，采用分解氨，特别是采用转化天然气比采用氢气在经济上更为有利。这些气体的干燥和净化并不会显著影响成本。采用生产率较低的设备时，能减少投资。

在使用保护气氛气体时必须注意一些安全事项。烧结气氛气体，诸如吸热型煤气、放热型煤气、分解氨气体、分解甲醇气体及氮基气氛气体，通常都是气体混合物。这种气体混合物可能是易燃的、有毒的、窒息性的或具有所有这些特性，因此存在燃烧、爆炸及中毒的潜在危险。

生产与使用普通气氛气体有 4 种实质性危险：

（1）在一封闭的区域内聚集气氛气体与空气的混合气体并发生爆炸；

（2）较少量气氛气体意想不到地燃烧或突然燃烧失控；

（3）人员可能因吸入 CO、NH_3 或甲醇而中毒；

（4）当窒息性气体浓度高时可能发生"单纯"窒息。

表 4-12 中列出了常用烧结气氛的气体组分特性，其中大部分主要组分是易燃的，4 种是有毒的，4 种是单纯窒息性的。CO、氨与甲醇都是既易燃又有毒的气体。易燃气体组

分的体积分数，在分解氨气体中 H_2 为 75%，在净化过的放热型煤气中（H_2+CO）约为 21%，在吸热型煤气中（H_2 + CO）约为 60%，而在氮基气氛气体中可能只有 5%。

表 4-12 烧结气氛气体组分的作用和潜在危险

气 体	潜 在 危 险			气氛功能
	易燃	中毒	单纯窒息	
N_2	—	—	是	惰性
H_2	是	—	是	强还原性
CO	是	是	—	渗碳和弱还原性
CO_2	—	是	是	氧化和脱碳
天然气	是	—	是	强烈渗碳和脱氧
NH_3	是	—	是	强烈氧化
甲醇	是	是	—	产生一氧化碳和氢

当所用气氛气体只含少量的有害气体组分时，如氮基气氛气体，危险依然存在，因为它们会聚集和浓聚。可将氮基气氛气体的活性组分稀释到低于易燃的浓度水平，从而将发生爆炸、中毒、燃烧及窒息的危险性减小，但并不能完全排除。在易燃性的低限与高限之间点火时都会燃烧，在某些条件下会引爆或爆炸。由点燃的易燃性混合气体产生的压力波的破坏能力取决于气体的数量、燃料气体的燃烧热、燃烧状态（快速燃烧或爆炸性燃烧）及封闭空间的结构。对用于烧结炉的大量易燃气体的爆炸潜力，必须慎重地从安全方面认真对待。

为了保证安全地进行烧结，处理气体的设备与系统的设计、操作及维护都必须能防止爆炸性混合气体的聚集。难以被操作人员发现的危险性聚集可能还会发生，因此设计合理的安全系统，由受过良好训练、能胜任工作的人员正确地进行操作与维护，就可大大减小爆炸的危险。

通常，流经炉子的大量气氛气体从装、出料炉门流出并与空气混合，均匀地进行完全燃烧。但是，可能有一些工况会妨碍气氛气体正常的燃烧。有时，可能在炉子的入口或前段形成空气与可燃性气体的混合气体，它可能快速燃烧与猛烈排出或通过炉门突发燃烧及排出热气。在附近的没有防护的人员可能会被烧伤，特别是眼睛易受到伤害。虽然这种突然燃烧比爆炸更经常发生，但其潜在的破坏力较小。尽管如此，在这些区域附近的没有戴安全眼镜、防护面罩、手套及穿防火服的人员还是有被这种突发性燃烧烧伤的危险。倘若已制定安全措施，并经常地清理堵塞、检查炉子内部及从炉子中取出产品，则这种危险性可以大大减小。对于在炉门附近工作的人员必须配备日常操作用的防护用品和防护罩。

4.6.2 烧结炉

烧结炉的形式按加热方式可分为气体加热式和电加热式。电加热式有用电阻丝加热的间接加热、直接通电加热、碳管电阻加热与高频感应加热等形式。一般认为气体加热是经济的，但电加热式更容易调节，可控性好。另外，根据粉末压坯进行烧结的要求和烧结炉的工作原理，可以把烧结炉分为间歇式烧结炉和连续式烧结炉两大类。这也是最常用的分类方法。

4.6.2.1　间歇式烧结炉

间歇式烧结炉有坩埚炉、钟罩式炉、箱形炉、半马弗炉、碳管电阻炉、各种高频感应炉等，下面以钟罩式炉、半马弗炉以及真空烧结炉为例介绍一下典型的间歇式烧结炉。

钟罩式烧结炉（图4-47）由一个底座、工件支承器、一个内罩和一个圆筒形外罩组成。圆形外罩实际上是一个在内表面上装加热元件的炉壳。钟罩与底盘的密封联结可以依靠专门的砂封来实现。钢制钟罩的凸边放在砂封装置中。在钟罩内的炉底上放置烧结制品。保护气体经过炉底的中心通入，通过烧结室底部的套管逸出。钟罩的加热由分布在陶瓷壳体内表面上的加热元件来进行，加热元件围住了组成烧结室的钢制钟罩。陶瓷壳体是可卸式的，在烧结保温结束后，可以被转到另一个预热过的炉子上加热。这样就可以缩短第一个炉子的冷却时间，并且可以加快第二个炉子的加热过程。如果在炉内装有可以在烧结过程中对烧结件进行加压的装置，则可进行加压烧结。

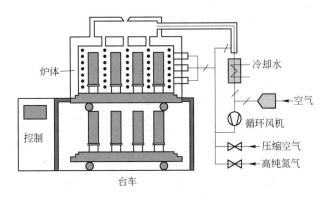

图4-47　钟罩式烧结炉

半马弗炉是一种最有用的高温烧结炉，实际上是一种半连续烧结炉，通常称之为"钼丝炉"。炉体中央为刚玉管，其外侧直接缠绕以钼丝作发热体，用纯刚玉粉作为保温材料，在使用时通氢气作保护气氛。零件放在烧舟中，采用推杆运送烧舟和零件，烧结温度可达1450℃。

真空烧结炉可以采用高频或工频加热，也可采用石墨或钼、钨、钽等高熔点材料加热。采用石墨作加热元件，最高温度可达到3000℃，但高于1800℃时碳的蒸气压明显增高，有时会对产品质量有影响。以高熔点金属作为加热元件的电阻炉使用温度多在1300℃以上，如钼为1750℃、钽为2500℃、钨为2800℃。在真空烧结时，注意不要使炉内压力低于烧结合金中组分的蒸气压，以免合金组分贫化，例如烧结不锈钢应防止铬的蒸发，烧结硬质合金应防止钴的蒸发。真空系统炉体等必须保持良好的气密性，因此炉的功能复杂和设备费用较高，并且实现真空烧结连续化比较困难。图4-48为一个间歇式真空烧结炉的示意图。

间歇式烧结炉的主要优点是：烧结的温度-时间曲线可以自由选定，制造费用低，可达到连续炉不可能达到的高温，保护气体用量少，易应用真空等。它的主要缺点是：炉子容量大时烧结条件不容易均一，炉子热容量大时温度升降速率受到限制，升降温对烧结制品质量易产生误差，热损失大，操作费事，所需电力的峰值大等。间歇式烧结炉不太适用于大量生产，当生产量较小、不需要设置连续式烧结炉时，使用间歇式炉更为经济。

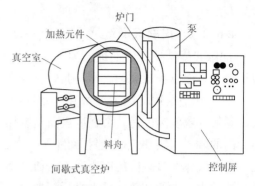

4.6.2.2　连续式烧结炉

连续式烧结炉是为大批量生产而设计的，具有省事、质量均一、节省烧结费用、容易大量生产、热效率良好、炉材与发热体费用低且寿命长、峰值电力小等优点。

图4-48　前门装卸的间歇式真空烧结炉示意图

其缺点是不适于小量生产，变更作业条件不便，只能进行单一烧结作业，并且保护气氛气体使用量很大。

如图4-49所示，典型的连续式烧结炉有4个温度带（区）：预热带或称润滑剂烧除带、高温带、缓冷带或称过渡带和最终冷却带。根据烧结材料不同，采用氢气或分解氨或氮基等还原性气氛，并要控制炉内气氛的露点和碳势。

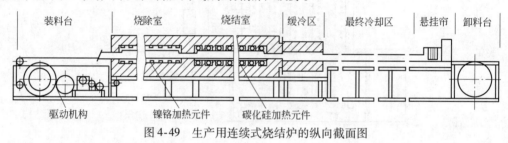

图4-49　生产用连续式烧结炉的纵向截面图

（1）预热带：预热带的作用是烧除零件生坯内的润滑剂，所以也称润滑剂烧除带。压制过程中用的润滑剂包括硬脂酸锌、硬脂酸锂、阿克蜡和石蜡等。这些润滑剂的熔化温度较低，因此一般预热带的温度不必很高。但是，随着生坯密度增大及零件横截面积的增大，烧除润滑剂将会变得越来越困难。因此，实际的最高预热带温度设定在1010℃。预热带的长度一般为高温带的50%～100%，以保证生坯以适当的速度通过预热带。生坯通过预热带的速度过快，即升温速度过快，使生坯内的润滑剂迅速液化及气化来不及排除，会造成零件表面起泡和表层的高孔隙度。

预热带常常是电元件加热炉气氛控制区的一部分。大多数预热带有马弗套。这种炉子的设计使得烧除的润滑剂从炉子前端马弗套的排气口排出后才会燃烧。这样，气化的润滑剂与炉内其他元件不接触，有利于提高炉子的使用寿命。可用电加热元件或燃气加热预热带。预热带的温度低，不必使用碳化硅加热棒，可用电阻合金丝加热。

为了加快润滑剂的烧除过程，可以通入湿氮气，因为露点高的气氛会加速润滑剂烧除过程。可以先将氮气导入（从底部进入）一个被加热的密闭水箱，然后将这种带有一定水气的氮气通入炉子预热带。

（2）高温带：高温带的作用是烧结粉末压坯，使粉末颗粒相互冶金结合，压坯体积收缩，零件密度增大。高温带的加热制度必须保证严格控制，应当能保证在合理的时间内将零件压坯加热到烧结温度，并有足够的保温时间，使粉末颗粒能够充分地扩散结合与扩散合金化。在较大的烧结炉中，加热区长达 3m 或更长，因此应分成几个小区，分别对各个小区进行控制。烧结铁基零件的烧结炉最高烧结温度一般为 1180℃，如果用镍/铬含量高的加热元件，烧结温度可达 1300℃。

根据总的零件加热横截面积和网带的承载能力确定高温带的长度。一般地，高温带的长度为预热带的 1～2 倍。

高温带设计有带马弗和不带马弗的两种。不带马弗的高温带，烧结气氛与炉子的耐火砖和加热元件直接接触，可能发生某种化学反应。带马弗的高温带可以防止这些反应，而且能够在一定程度上控制烧结过程的碳势。对于用燃料（气或油）燃烧加热的炉子，密封性很好的马弗是必须的，因为加热燃料燃烧的产物不适合参与形成烧结气氛。在电加热炉中，当需要极严格地控制气氛，特别是需要低露点气氛时，也可以使用马弗。马弗由金属或陶瓷制成。陶瓷马弗材质为碳化硅或氧化铝。碳化硅的热导率较高，较耐热冲击。陶瓷马弗可以分段制作，每段马弗的两个端面有止口，在砌炉时每段陶瓷马弗的端面止口相互扣接，用耐火泥密封，构成一个长马弗套。马弗中通入保护性烧结气氛如氮气，确保粉末压坯与空气隔绝。可以采用燃气或电加热元件加热高温带。用燃气加热时，最好采用马弗结构，防止燃烧产物污染烧结气氛。根据最高烧结温度，可选用碳化硅或铝加热元件。

（3）缓冷带：缓冷带的主要作用是缓冲烧结压坯内的热应力，同时在压坯内还可能发生一些显微组织的变化。

（4）最终冷却带：最终冷却带的作用是将粉末压坯在烧结气氛中冷却到不被氧化的低温，因此应保证充满保护气氛的冷却带足够长，以确保零件出炉后接触空气也不被氧化。冷却带通常的设计是由 600mm 长的绝热区和一个水冷套区组成。在水冷套中的冷却水，通过热交换冷却烧结的粉末零件。水冷套中的水一般是循环的，以防止热交换使冷却水的温度过高。另外，冷却水的最低温度也必须控制，以避免水在冷却带冷凝。

连续式烧结炉按传送方法可分为网带式、驼背式、推杆式、辊底式、步进梁式。另外真空烧结炉也发展出了连续式炉，适用于一些铁粉和钢粉制品的连续烧结。图 4-50 列出了几种主要的连续式烧结炉的示意图。

（1）网带式连续烧结炉（简称网带式炉）：网带式连续烧结炉应用最广。网带由镍基高温合金丝编织而成，将网带套装在炉子两端马达驱动的大滚筒上进行运转传动。烧结的压坯可以直接码放在网带上，也可以装在丝网制成的托盘中。炉门始终是敞开的，留出的间隙以让压坯刚刚通过为好。因此，这种类型的炉子都需要大量的保护气氛。一般网带式炉的装炉量为 73kg/m²，大型网带式炉的装炉量可达 122 kg/m²。受网带材料的限制，炉子的烧结温度一般在 1170℃ 左右。另外有一种陶瓷网带式连续烧结炉，网带材质为碳化硅或氧化铝。碳化硅有较好的热导率和比热容特性，因此有较好的抗热冲击特性。与金属丝编织的网带不同，陶瓷网带是由压制-烧结的带有几个通孔的高纯和高密度的碳化硅或氧化铝棒，再用同材质的陶瓷杆串接组合而成的，有的类似于手表表带的结构。陶瓷耐高温，陶瓷网带式炉的烧结温度可达 1300℃ 左右，能够实现某些烧结钢零件的高温烧结。这种炉的装炉量为 49 kg/m²，生产量可达 136kg/h。

（2）驼背式连续烧结炉（简称驼背式炉）：驼背式炉专门用来烧结不锈钢零件，它是网带式炉的一种改型。这种炉子可以保证得到所需要的干的烧结气氛。这正是铝或不锈钢零件烧结所必需的。压坯入炉是以倾斜式上升方式进行的。炉子的高温带位置比预热带

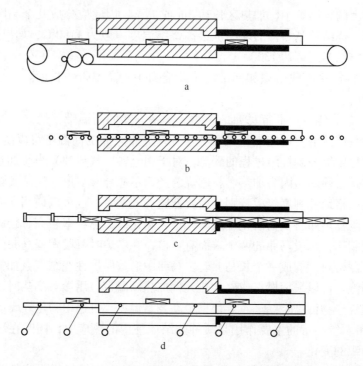

图 4-50　用于粉末冶金零件烧结的 4 种连续式烧结炉的示意图

a—网带式连续烧结炉；b—辊底式连续烧结炉；c—推杆式连续烧结炉；d—步进梁式连续烧结炉

高。出口处的冷却带又由高向下倾斜式下降。有人形象地称这种炉子为"驼背炉"。为了使润滑剂烧除产物不至于影响到高温带，往往把预热带与高温带隔开，润滑剂单独在另一个炉内进行烧除。然后，再适当地通过传送装置将压坯输送到驼背式炉入口网带上。该种炉的装炉量一般为 73 ~ 122kg/m²。

（3）推杆式连续烧结炉（简称推杆式炉）：推杆式炉结构比较简单。将装有压坯的烧舟码放在垫板上，一个接一个地在入口处用机械或液压装置推入炉中进行烧结。推杆可间歇或连续推进。推杆式炉的烧结温度可高达 1650℃。这种炉子结构虽然简单，但烧舟变形较大。

（4）辊底式连续烧结炉（简称辊底式炉）：辊底式炉的传输机构是一排在炉子加热带底部水平设置的滚辊。支承滚辊转动的轴承位于炉子高温带外部，滚辊长约 15 ~ 25cm。滚辊冷却端装有链轮，由链条驱动，使之匀速转动。冷却带采用的是钢滚辊，而不是耐热合金滚辊。炉子的炉门仅在进料和出料时开启。一旦滚辊开始转动，在炉子处于高温时就应连续转动，不得中途停歇，以防止滚辊弯曲。这种炉子由于滚辊强度高，它的装料量比网带式炉大，这也是它的优点之一。这种炉子的烧结温度一般为 1150℃。

（5）步进梁式连续烧结炉（简称步进梁式炉）：步进梁式炉的烧结温度可达 1650℃，在几种连续炉中其工作温度最高。步进梁式炉中间一段炉底是贯穿整个炉子长度的可动梁。将传送的零件放在陶瓷承载板上，使梁升高，把承载板从固定炉底举起。梁托着承载板前进一规定距离，降低到固定炉底水平之下，将承载板放置在固定的炉底上。之后，梁又回到原来位置。可动梁就以这种方式将承载板和烧结的零件渐进式地通过了炉子与冷却带。

（6）连续式真空烧结炉：这种炉子特别适用于烧结含有 Cr、Mn 等强化合金元素的钢粉压坯与铁-硅磁性材料。炉子的润滑剂烧除带是一个带有保护气氛的预热段，之后是转换室和由"气氛转为真空"的置换室，接着是真空烧结带，烧结温度可调范围较大。烧结带后面是缓冷带，也在真空中作业。缓冷带之后是强迫对流冷却带。连续式真空烧结炉有两个优点：一个是真空的运用，避免了气氛炉调整气氛碳势的困难；另一个是由于去掉了烧结气氛发生器与传输装置，烧结工艺的能耗大大降低。一般来讲，提供保护气氛所需要的能量很高，可能占整个烧结过程能耗的一半。因此，真空烧结可以极大地减少烧结过程中总的能量消耗，从而使生产成本大大降低。

4.6.2.3 烧结炉的最近发展举例

美国研制成功一种热流式连续烧结炉，用于粉末冶金生产与研究。炉内采用 $MoSi_2$ 作发热体，炉胆为一马弗式高纯氧化铝管。该烧结炉可在大气下操作，温度可达 1400℃，也可以通入各种保护气体。送料端有一变速推杆，卸料端有两个冷却通道：一个是慢冷通道；一个是气淬快冷通道，冷却速度可达 12K/s。热区分预热带（或燃烧带，用于脱脂）和加热带。操作系统配有 PC 机用于数据采集和记录。各种生产周期均可通过控制推料速度、预热温度、加热温度、加热气氛和冷却条件来实现。预热区也可设计成烧尽区，用于注射成形件脱脂。该烧结炉正计划用于以下几个方面的研究：（1）烧结淬火粉末冶金钢的研究，研究工艺参数对最终产品性能的影响，包括材料的横向断裂强度、硬度、碳含量、尺寸变化及其他力学性能；也用于研究高压气体快淬对出料性能的影响。（2）粉末冶金工艺制取各种复合材料，包括铝基、钛基、镍基和金属间化合物基复合材料的工艺研究。（3）金属注射成形工艺参数对产品力学性能，特别是对冲击韧性影响的研究。（4）压制烧结粉末冶金零部件力学性能变化的研究。

国内某单位研发了一种软磁铁氧体烧结设备——钟罩式气氛烧结炉，其特点是通过配制计算机实现温度和气氛曲线的同步运行；采用全陶瓷纤维炉衬，保温均匀性好，能实现快速升降温；分区分段加热，各处温差小；气体循环强制冷却，改善降温过程温度和气氛的均匀性；多点进气，保持气氛的均匀。因此，这种烧结炉具有计算机全自动控制、批次产量大、温度和气氛均匀性好、控制精度高、产品一致性高、操作使用灵活等优点，特别适用于锰锌高导软磁铁氧体和低功耗软磁铁氧体等高档铁氧体材料的气氛烧结。

另外，为了进一步精确控制烧结参数，简化操作流程，提高生产效率，减少成本，近年许多研究人员都在关注烧结炉的过程控制优化。例如，采用基于传统的热平衡计算、神经网络、自适应变尺度混沌优化算法等相结合的集成建模方法，研制操作优化智能决策支持系统。该系统具有自学习和自适应的特点，并已成功地应用于硬质合金压力烧结炉中。应用结果表明，用该系统优化出的操作参数指导生产，各项生产指标显著提高，硬质合金压力烧结炉年产量提高 5.5%，系统终点预报误报率小于 4.5%，每年实际降低用电成本约 50 万元。也可以根据烧结炉内的热工过程和传热特点，分析炉内气体的流动状态，建立烧结炉内传热的三维非稳态数值计算模型。以计算流体力学软件 FLUENT 为辅助研究工具，对烧结炉内温度场和流场进行计算，得到炉内温度和气体流动的分布情况。在此基础上，分析影响炉内温度分布的主要因素，可知炉内的温度场主要受石墨舟结构及石墨舟与烧结制品的布置位置、石墨筒结构、石墨发热体结构与功率分配这三方面的影响。在与实际生产相同的工艺和热工条件下，通过研究这三方面因素对温度场的影响，分别对其进行了优化改进，适当地调整了石墨舟和烧结制品的结构和布置位置，改进石墨筒结构，优化石墨发热体的结构和功率分配。结果表明：这些优化改进措施对改善炉内温度场均匀性、提高烧结制品质量有较大的作用。在控制方面，引入连续烧结炉零件输送的PLC控制思想，并针对几个程序段详细地分析了控制方法。通过程序调试、修改，最终实现对连续烧结炉零件输送的控制。该控制系统具有很好的灵活性，一些相关参数可以随意修改，是一种很好的控制方法。对于一般的烧结炉，可以利用智能温度控制器改造真空烧结炉温度控制系统，改造后温度控制系统较改造前具有稳定性好、控制精度高和电磁兼容性优等特点。

4.7 其他热固结方法

4.7.1 热压

热压（HP）又称加压烧结，是把粉末装在压模内，在加压的同时使粉末加热到正常烧结温度或更低一些，使之在较短时间内烧结成均匀致密的制品。热压的过程是压制和烧结一并完成的过程，可以在较低压力下迅速获得较高密度的制品，因此，热压属于一种强化烧结。热压适应于多种粉末冶金零件的制造，尤其适应于制取难熔金属（如钨、钼、铌等）和难熔化合物（如硼化物、碳化物、氮化物、硅化物等）。

热压是粉末冶金中发展和应用较早的一种成形技术。热压的工艺和设备已经比较完善，通常使用的是电阻加热和感应加热技术，目前又发展了真空热压、振动热压、均衡热压以及等静热压等新技术。图4-51是几种加热方式的示意图。

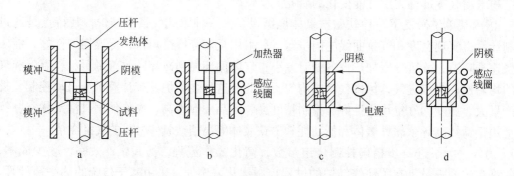

图 4-51 热压的加热方法
a—电阻间热式；b—感应间热式；c—电阻直热式；d—感应直热式

实践证明，热压技术具有以下优点：

（1）热压时，由于粉料处于热塑性状态，形变阻力小，易于塑性流动和致密化。因此，所需的成形压力仅为冷压法的1/10，可以成形大尺寸的Al_2O_3、BeO、BN等产品。

（2）由于同时加温、加压，有助于粉末颗粒的接触和扩散、流动等传质过程，降低烧结温度和缩短烧结时间，因而抑制了晶粒的长大。

（3）热压法容易获得接近理论密度、气孔率接近于零的烧结体，容易得到细晶粒的组织，容易实现晶体的取向效应和控制含有高蒸气压成分的系统的组成变化，因而容易得到具有良好力学性能、电学性能的产品。

（4）能生产形状较复杂、尺寸较精确的产品。

热压工艺的具体应用范围如下：

（1）可以生产大型粉末冶金制品。如可以生产几十公斤至几百公斤的硬质合金制品（顶锤、轧辊等），其直径可达 200mm，高度可达 550mm 或者更大。又如真空热压可以生产重达 4000kg 左右的铍锭，直径大于 1900mm，高度可达 7600mm 以上。

（2）可以生产各种硬质合金异形产品。如管状产品，外径 180mm，厚 4mm，长度可从几十毫米到几百毫米。容器产品外径可达 128mm 以上，厚 3mm。并可以生产各种箔环、箔片、各种大型引伸模、装甲弹头等。

（3）可以生产多层制品，例如两种硬质合金成分的双层刀具。

（4）可以生产各种金属化合物及其合金制品。

（5）各种超合金以及超合金与其他金属粉末（如铍）的混合物也可以进行热压。

在热压工艺中，热压温度、热压压力以及保温时间是影响热压效果的关键因素，需要针对不同粉末特点分别制定出最佳的烧结工艺，国内的诸多材料工作者都在进行这方面的研究。如利用于 Fe、Al 元素粉和 TiC 粉在氩气的保护下通过反应热压制备出以 FeAl 合金作为黏结剂的 FeAl/TiC 复合材料，并确定在 1200℃逐步加压至 30MPa 并保温 20min 的热压工艺制度，发现在 380℃和 600℃下分别保温 10min 和 15min 以实现脱气和控制反应速度有利于热压致密化。以 SiO$_2$ 和 C 粉为主要原料制得了粒径小于 0.5μm 的 SiC 粉末，并在一定的热压温度和压力下通过研究烧结体密度、强度随保温保压时间的变化关系，得出该粉末的热压烧结工艺，制得了相对密度 99% 以上、抗弯强度 600MPa 左右的烧结体。对纳米复合 WC-Co 粉末进行热压烧结得到高强度和高硬度结合的 WC-Co 硬质合金，并确定其实际的烧结温度为 1350℃。用 W 粉和 Ti 粉作原料，采用惰性气体热压法制备 W/Ti 合金靶材。结果表明，控制温度在 1250～1450 ℃之间，压力在 20 MPa 左右，保温时间在 30min 左右可制备高性能的 W/Ti 合金靶材。

从实验结果以及工业应用的经验来看，热压工艺除了拥有上述优异特征外，也不可避免地存在不少明显的缺点：

（1）对压制模具要求很高，并且模具耗费很大，寿命短。

（2）只能单件生产，效率比较低，成本高。

（3）制品的表面比较粗糙，需要后期清理和加工。

这些缺点也在一定程度上制约了热压工艺的广泛应用，因此，对热压工艺的研究仍需继续深入。

下面简单介绍一下热压致密化理论。

热压致密化理论在 20 世纪 50 年代中期逐渐形成，60 年代又有较大的发展，其理论核心在于致密化的规律和机构，这是在黏性或塑性流动烧结理论基础上建立起来的。

塑性流动理论模型如图 4-52 所示，是由麦肯齐和舒特耳沃思提出的。如图所示，该模型由一个闭孔和包围着闭孔的不可压缩致密球壳构成，其中空隙半径为 r_1，球壳半径为

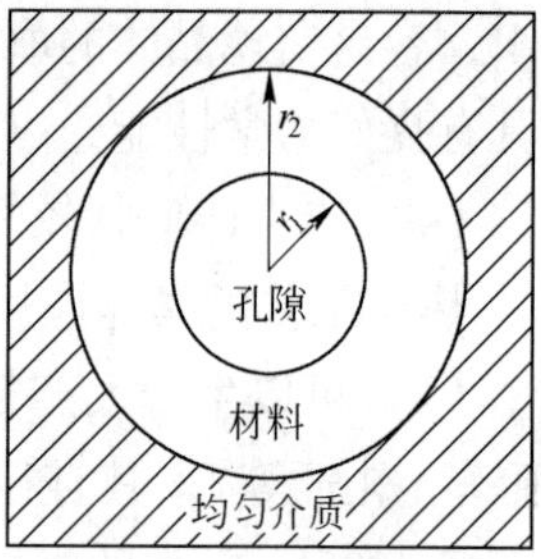

r_2。该模型的相对密度可表示为：

$$\rho = \left(\frac{r_1}{r_2}\right)^3 \tag{4-45}$$

孔隙的表面存在大小为$-2\gamma/r_1$的负压力，这个应力使空隙周围介质材料产生压应力而变形，根据塑性体的流动方程：

$$\tau = \eta s + \tau_c \tag{4-46}$$

可导出致密化的方程式：

图 4-52 塑性流动模型

$$\frac{\mathrm{d}\rho}{\mathrm{d}t} = \frac{3}{2}\left(\frac{4\pi}{3}\right)^{1/3}\frac{\gamma n^{1/3}}{\eta}(1-\rho)^{2/3}\rho^{1/3}\left[1 - a\left(\frac{1}{\rho}-1\right)^{1/3}\ln\left(\frac{1}{1-\rho}\right)\right] \tag{4-47}$$

$$a = \sqrt{2}\left(\frac{3}{4\pi}\right)^{1/3}\tau_c/(2\gamma n^{1/3})$$

式中 n——致密材料球壳单位体积内的空隙数；

       γ—— 材料的表面张力。

由式 4-45 和式 4-47 变换化简可以导出无外力作用时压坯致密化与时间的关系：

$$\left(\frac{\mathrm{d}\rho}{\mathrm{d}t}\right)_{P=0} = \frac{3}{2}\times\frac{\gamma n^{1/3}}{\eta r_1}(1-\rho)\left[1 - \frac{\sqrt{2}\tau_c r_1}{2\gamma}\ln\left(\frac{1}{1-\rho}\right)\right] \tag{4-48}$$

这个式子适应于烧结后期（孔隙度小于 10%）靠表面张力收缩闭孔达到致密化的过程，热压过程与其不同的是还应加上一个外加应力 p，则在孔隙受的合力应为（$2\gamma/r_1 + p$），用该式替换式 4-48 中的 $2\gamma/r_1$ 可以导出热压致密化速度方程：

$$\left(\frac{\mathrm{d}\rho}{\mathrm{d}t}\right)_{P>0} = \frac{3}{2}\times\frac{\gamma}{\eta r_1}\left(1 + P\frac{r_1}{2\gamma}\right)(1-\rho)\left[1 - \frac{\sqrt{2}\tau_c r_1}{2\gamma\left(1 + p\dfrac{r_1}{2\gamma}\right)}\ln\left(\frac{1}{1-\rho}\right)\right] \tag{4-49}$$

将上式整理再与式 4-48 比较可得：

$$\left(\frac{\mathrm{d}\rho}{\mathrm{d}t}\right)_{P>0} = \left(\frac{\mathrm{d}\rho}{\mathrm{d}t}\right)_{P=0} + \frac{3p}{4\eta}(1-\rho) \tag{4-50}$$

由于通常热压的外力 p 要比表面应力大得多，因此在包括 p 的所有项内可以将 γ/r_1 和 τ_c 略去，则上式又可以简化为：

$$\left(\frac{\mathrm{d}\rho}{\mathrm{d}t}\right)_{P>0} = \frac{3p}{4\eta}(1-\rho) \tag{4-51}$$

另外，还有人认为硬质合金粉末的后期是受扩散控制的蠕变过程，下面是科布尔推导出来的扩散蠕变控制的热压方程：

$$\ln\left(\frac{\theta}{\theta_0}\right) = -Kp\ln(1+bt) = \ln(1+bt)^{-Kp} \tag{4-52}$$

所以 $\theta = \theta_0(1+bt)^{-Kp}$

$$K = 15/2\left[D_y\Omega/(kTd_0^2 b)\right]$$

式中 p ——压力；

      k ——玻耳兹曼常数；

      T ——绝对温度；

      θ ——孔隙率；

b——常数；

Ω——原子体积；

d_0——原始平均晶粒大小；

θ_0——原始孔隙度。

根据扩散蠕变理论，温度升高时，材料的黏度和临界剪切应力降低有利于孔隙缩小，但温度升高又使热压后期材料晶粒明显长大，对致密化不利，所以综合以上因素，热压密度不能无限增大。

热压其实是一个很复杂的过程，一个公式或某一单独的理论不足以表示热压的全部过程，如热压温度较高、时间较长时，塑性流动方程对硬质材料存在较大误差，而这时扩散蠕变理论则有较好的适用，对于塑性好的材料，塑性流动仍是致密化的主要机构。

在分析了多数氧化物和碳化物等硬质粉末的热压实验曲线后，可以看到热压的致密化过程大致分为三个连续的阶段：

（1）快速致密化阶段，又称微流动阶段。该阶段是热压初期，发生相对滑动、破碎和塑性变形，类似于冷压成形时的颗粒位移重排，致密化速度大，而且主要受粉末粒度、形状及材料断裂强度和屈服强度的影响。

（2）致密化减速阶段。该阶段以塑性流动为主要机构，类似于烧结后期的闭孔收缩阶段，孔隙度的对数与时间呈线性关系。

（3）趋近于终极密度阶段。该阶段以受扩散控制的蠕变为主要机构，此时晶粒长大使致密化速度大大降低，达到终极密度后，致密化过程完全停止。

4.7.2　热等静压

热等静压技术（HIP）是近50多年发展起来的一种粉末成形、固结和热处理的新技术，该技术把粉末成形和烧结两步作业合并成为一步作业，降低烧结温度，克服了粉末冶金过程烧结温度高的缺点，使产品性能提高，总工艺过程缩短。起初HIP工艺应用于硬质合金的制备中，主要对铸件进行处理。经历了近50年的发展，其在工业化生产上的应用范围得到了不断地拓展。在过去的10年里，通过改进热等静压设备，生产成本大幅度降低，拓宽了热等静压技术在工业化生产方面的应用范围，并且其应用范围的扩展仍有很大潜力。

如图4-53所示，热等静压工艺原理是把粉末压坯或把装入特制容器（粉末包套）内的粉末置于热等静压机高压容器中，热等静压机通过流体介质，将高温和高压同时均等地作用于材料的全部表面，使之成形或固结成为致密的材料。经热等静压得到的制品能消除材料内部缺陷和孔隙，能显著提高材料致密度和强度。热等静压技术可以

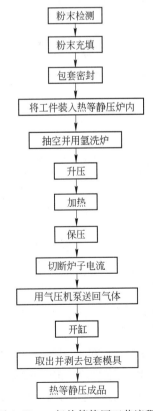

图4-53　一般热等静压工艺流程图

压制一些大型的形状复杂的零件，与一般工艺相比能大大减少残料损失和大量的机加工作业，将材料的利用率由原来的10%～20%提高到了50%。

早在20世纪60、70年代，国内外学者已经利用热等静压技术做出了一些显著的成果，如球形钨粉在1300～1500℃、69.6～147MPa的热等静压工艺下被制成钨火箭喷管，可承受高达3600℃的火焰试验；但钨粉在常温下，施加980MPa的压力也不能成形，采用热等静压工艺只需要十分之一的压力就可以实现成形过程。还有-320目的高纯氧化铝粉经1400℃和100MPa的热等静压处理，可以得到相对密度达99.9%且透明坚硬耐腐蚀的产品。

热等静压的烧结和致密化机理与热压相似，可以适用热压的各种理论和公式。与热压不同的是，热等静压采用的压力较高且更均匀，因此压制效果更明显，即可以采用更低的烧结温度实现更高的致密程度。

热等静压装置主要由压力容器、气体增压设备、加热炉和控制系统等几部分组成。其中压力容器部分主要包括密封环、压力容器、顶盖和底盖等；气体增压设备主要有气体压缩机、过滤器、止回阀、排气阀和压力表等；加热炉主要包括发热体、隔热屏和热电偶等；控制系统由功率控制、温度控制和压力控制等组成。图4-54是热等静压装置的典型示意图。现在的热等压装置主要趋向于大型化、高温化和使用气氛多样化，因此，加热炉的设计和发热体的选择显得尤为重要。目前，HIP加热炉主要采用辐射加热、自然对流加热和强制对流加热三种加热方式，其发热体材料主要是Ni-Cr、Fe-Cr-Al、Pt、Mo和C等。

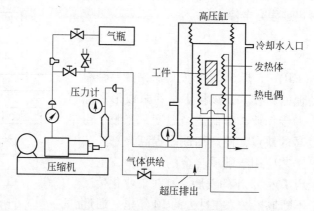

图4-54　热等静压装置示意图

我国在热等静压方面起步较晚，热等静压设备大多为进口设备。近些年，通过不断的积累和研究，国内成功开发了大型卧式烧结热等静压炉和立式烧结等静压炉。2009年年底鲍迪克（Bodycote）公司在瑞典Surahammer的工厂拥有世界最大的热等静压系统，鲍迪克公司订购的这套热等静压系统是由美国阿维尔（Avure）科技有限公司制造的。这套热等静压系统的工作区尺寸为1.8m×3.3m，最高工作温度为1150℃，最高工作压力为100MPa。这套热等静压系统将被用于生产粉末冶金不锈钢，设计生产能力为10000t/a。

目前热等静压的工艺种类一般有先升压后升温、先升温后升压、同时升温升压和热装料四种方式。

（1）先升压后升温方式。这种工艺的特点是无需将压力升至保温时所需要的最高压力，采用低压气压机即可满足要求。这种工艺使用于采用金属包套的热等静压处理。利用这种工艺处理铸件、碳化钨硬质合金和预烧结件较为经济。但在使用玻璃包套时却不能采用这种工艺方式，因为在不加温的条件下缸内压力增加，会使玻璃包套破碎。

（2）先升温后升压方式。这种工艺方法适用于采用玻璃包套的情况。特点是先升温，使玻璃软化后再加压，软化的玻璃充当传递压力和温度的介质，使粉末成形和固结。这种操作方式也适用于采用金属包套的情况和固相扩散黏结。

（3）同时升温升压方式。这种方式适用于低压成形，并能够使工艺周期缩短，但需要使用高压气压机。操作程序是洗炉之后，升温和升压同时进行，达到所需温度和压力后保持一段时间，然后再降温和泄压。该方法适用于装料量大、保温时间长的作业。

上述三种工艺为冷装料工艺，在生产中用于硬质合金、钛合金、金属和陶瓷等粉末的成形和烧结以及铸件处理。

（4）热装料方式。热装料方式又称预热法，特点是工件预先在一台普通加热炉内加热到一定温度，然后再将热工件移入热等静压机内。热等静压处理后，工件出炉并在炉外冷却，与此同时，将另一预热的工件移入热等静压机内进行处理，形成连续作业。该工艺节省了工件在热等静压机中升温和冷却的时间，缩短了生产周期，提高了热等静压设备的生产能力。

各种工艺都受温度、压力、升温升压速度、保温时间、降温降压速度和出料温度等工艺参数的影响，其中主要的是温度、压力和保温时间。

（1）温度：保温温度主要根据粉末的熔点确定，如果粉末为单相纯粉末，则 $T_{HIP} = 0.5 \sim 0.7 T_{mo}$，如果粉末为不同元素的混合物，则温度应选在粉末主要元素和其他元素的最低熔点之下。

（2）压力：保压压力一般是根据所处理材料在高温下变形的难易程度来决定，易变形的材料设定的压力要低些，不易变形的材料设定压力要高些。保压压力还与粉末的成分、形状和粒度组成有关。

（3）保温时间：保温时间主要根据压坯或工件的成分和大小确定，大型的制品或压坯保温时间要长些，以确保充分压实烧透。

例如，对不同热等静压温度下某新型粉末冶金高温合金的显微组织，重点分析了热等静压温度对热等静压态合金锭坯晶粒度、残余枝晶和粉末原始颗粒边界（PPB）以及 γ′相的影响。研究结果表明：热等静压温度为1140℃时，将获得不完全再结晶组织，存在明显的残余枝晶和PPB，γ′分布不均匀，尺寸、形态各异；热等静压温度为1180℃时，可获得较均匀的再结晶组织，残余枝晶和PPB基本消除，γ′分布较均匀，晶内主要为"田"字形，而在晶界呈长条状。可以采用不封装的热等静压法来制备多孔 NiTi 形状记忆合金，着重研究了不同工艺参数对孔隙特性的影响规律。结果表明：采用烧结时间3 h制备出的多孔 NiTi 记忆合金能得到令人满意的孔隙特征，分别采用100MPa和400MPa的冷压压力能够制备出两种孔状结构完全不同的多孔 NiTi 记忆合金，一种是均匀分布的结构，另一种则是层状结构（多孔层-致密层-多孔层），而且随着热压压力的增加，孔隙特征参数减小。

近些年，随着热等静压技术的发展，在实际工业应用上，为了进一步提高材料的性能及制品生产效率，又先后出现了真空烧结后续热等静压、烧结-热等静压（Sinter-HIP）

等技术。

真空烧结后续热等静压工艺是产品先经传统的真空烧结，然后再进行热等静压。也即是将烧结好的产品或者是烧结到密度高于 92% 理论密度的产品，再在压力为 80 ~ 150MPa、惰性气体为加压介质、温度为 1320 ~ 1400 ℃ 的热等静压机中处理一定时间。这种方法生产的产品特点是：制品形状、硬质合金种类不受限制，产品表面光洁度好，可降低或消除孔隙，成分和硬度分布均匀，可以提高抗弯强度。

烧结热等静压法又称过压烧结（Overpressure Sintering）或低压热等静压工艺，是在低于常规热等静压的压力（大约 6MPa）下对工件同时进行热等静压和烧结的工艺。它将产品的成形剂脱除、烧结和热等静压合并在同一设备中进行，即将工件装入真空烧结等静压炉，在较低温度下低压载气（如氢气等）脱蜡后，在 1350 ~ 1450℃ 进行真空烧结一段时间，接着在同一炉内进行热等静压，采用氩气作为压力介质，压制压力为 6MPa 左右，再保温一定时间，然后进行冷却。

最近几年，许多材料工作者采用了烧结热等静压法做出了一些成果，如采用烧结- 热等静压法制取 WC-Co 系硬质合金，产品金相组织较均匀，未产生粗大的 WC 晶粒，因而其抗弯强度较高，无低的奇异值。由于该工艺是在真空烧结温度直接加压保压，所以有利于基体中 WC 晶粒的黏性流动，有利于孔洞的收缩和消失。该工艺节省了大量的其他设备投资，其加工处理费用比真空烧结后续热等静压工艺低 1 倍，而且产品使用寿命可大幅度提高。用烧结- 热等静压制备不同黏结相含量的 $Ti(C，N)$ 基金属陶瓷，实验证实了烧结- 热等静压有效降低了合金的孔隙度，因而使合金的横向断裂强度有较大幅度的提高，硬度也稍有提高。采用 Sinter-HIP 法在 1350 ℃ 和 150MPa 压力下制备了相对密度达 98% 的 $\alpha-Al_2O_3$ 陶瓷，经过测试得到该陶瓷的维氏硬度达到 19GPa，同时抗折强度达到 5.2MPa。

4.7.3　热挤压

粉末冶金热挤压工艺起源于 20 世纪 40 年代，70 年代以后应用逐渐推广，可以用于压制各种合金系和高熔点金属以及超合金（镍、钴、钛基合金）和高速钢。Benjamin 首先在挤压温度为 1177℃ 下研究了在机械合金化过程中氧化钇来弥散硬化的镍基高温合金，瑞典首先成功研制用热挤压工艺来生产粉末不锈钢无缝管。热挤压综合了热压和热机械加工，具体是指在提高温度的情况下对金属粉末进行挤压，从而使制品达到全致密度。该方法把成形、烧结和热加工处理结合在一起，能准确地控制材料的成分和合金内部组织结构，从而可以获得力学性能较佳的材料和制品。图 4-55 为热挤压铝粉的流程示意图。

影响热挤压的因素主要有挤压温度、挤压变形系数以及加热时间等。具体参数的设定需根据不同挤压材料的性能要求来进行设计。例如，采用雾化粉末- 冷等静压工艺和喷射沉积工艺制备快凝 AlFeVSi 合金坯料，通过透射电镜、扫描电镜、拉伸力学性能测试等手段研究了挤压温度、挤压变形系数以及加热时间等工艺参数对喷射沉积 AlFeVSi 合金组织性能的影响，结果表明，挤压温度不宜高于 500℃，否则棒材强度和塑性会因有粗大块状 $\theta-Al_{13}Fe_4$ 相出现而急剧下降。喷射沉积 AlFeVSi 合金挤压棒材的抗拉强度和伸长率均随挤压变形系数增大而单调提高，当挤压比 λ 大于 16 后，抗拉强度和伸长率趋于稳定。选择合适的工艺参数（挤压温度 480℃，加热时间 3h，挤压比 25），可以制备室温、高温力学性能良好的喷射沉积 AlFeVSi 合金挤压棒材。

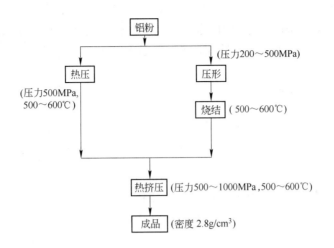

图 4-55 热挤压铝粉流程图

粉末的基本热挤压方法有三种:

（1）将粉末松装入热挤压桶，然后将粉末直接挤出压模，即直接对粉末加热挤压，该法已经应用于挤压某些镁合金粉末。

（2）将粉末先进行压制、烧结，再将烧结后的坯块放入挤压模内挤压。

（3）将粉末装入金属容器或包套中，加热后连包套一起进行挤压。

以上前两种方法可统称为非包套热挤压，第三种称为包套热挤法。粉末包套热挤压工艺首先是作为铍粉和在锆或不锈钢基体弥散分布可裂变物质的热致密化工艺方法上发展起来的。该法是应用最广泛的金属粉末热挤压工艺。

包套热挤法中，在为了挤压包套和粉末而进行加热之前，装有粉末的包套必须在室温或高温下进行抽真空以清除其中气体，并将其密封。包套材料应具有良好的热塑性，能与被挤压材料相适应，不应与被挤压材料形成合金或低熔点相；在挤压过程中，为防止产生涡流，包套的端部应是圆锥形的，并与带有锥形开口的挤压模相符合。

粉末热挤压工艺的优点:

（1）通过粉末热挤压，可以生产在航空原子能方面使用的某些材料和制品，其综合性能要比其他金属加工方法生产的高。有些性能是用其他方法达不到的。

（2）挤压出来的制品，在长度方向上密度比较均匀。

（3）挤压的设备简单，操作方便，生产灵活性大，变换型材类型时只需更换挤压嘴。

（4）生产过程具有连续性，生产效率高。

热挤压工艺的诸多优点使得该工艺有着广泛的应用:

（1）热挤压生产金属的线、管、棒等型材，包括钛制品、锆制品、铍制品、钨制品等。

（2）热挤压生产难熔金属合金、难熔金属化合物基材料。

（3）热挤压生产高速钢的棒材。

（4）热挤压生产弥散强化材料，包括烧结铝、无氧铜、钛基合金、铝基合金、镁基合金、铍基合金的各种型材。

（5）热挤压生产纤维强化复合材料和金属复合材料。

（6）高温下热挤压生产超塑性的合金材料。超塑性指高温下合金的伸长率可达400%或600%，而这种超塑性可以用热处理来消除。这种材料主要包括航空上使用的各种镍基合金和钴基合金。

（7）热挤压生产核燃料复合元件，如UO_2-Al，UO_2-不锈钢等复合材料，以及反应堆控制棒等。

近些年关于热挤压的工作主要集中于优化生产具体零件制品的工艺以及提高热压模具性能方面。例如，用曲柄压力机进行铜阀门温、热挤技术和应用，具体分析加工铜阀门工艺流程、加工方法、工艺力计算，并提出设备选择及操作中应注意的问题。研究4Cr5MoSiV钢热挤模经低真空氮化的渗层组织及其显微硬度分布，以期推动真空渗氮新工艺在我国钢挤压模生产上的应用。汽车后桥是典型的阶梯轴管零件，采用空心管材毛坯整体缩径成形技术是改变我国汽车后桥生产工艺水平落后的有效方法。开发高压开关零件LW8-35SF6铝合金拉杆的热挤压成形工艺及模具设计，与传统的加工工艺相比，新工艺采用杆部反挤头部正挤的复合热挤压工艺进行生产，使材料利用率和生产效率大大提高。设计制造的挤压模具结构简单、通用性强，采用新工艺增加了坯料尺寸精度，坯料重量减轻72%以上，提高了经济效益。

4.7.4　粉末锻造

粉末冶金锻造技术起源于20世纪60年代末，在70年代后有了较快的发展，90年代以来，随着汽车工业的发展，对汽车用高性能粉末冶金零件的需求不断增长，粉末锻造的研究与应用得到了迅速而稳定的发展。

粉末冶金制件的突出缺点是内部残留较多孔隙，这些孔隙会严重降低制品的性能。粉末锻造正是一种消除孔隙、促进制品致密化的工艺，其基本原理是将压坯烧结成预成形件，然后在密闭模内一次锻造成致密制品。这种工艺将传统的粉末冶金和精密模锻结合起来，生产出来的制品具有高密度和强度，并克服了普通粉末冶金零件抗冲击韧性差、不能承受高负荷的缺点。粉末锻造生产的制件具有较均匀的细晶粒组织，可显著提高强度和韧性，使粉末锻件的物理力学性能接近、达到甚至超过普通铸件水平。另外，可用粉末包套烧结-自由锻造法制备含氮钢，该方法制备的含氮奥氏体不锈钢材料相对密度达99%以上，且氮含量能满足含氮钢要求，其拉伸性能与熔炼等工艺制得的含氮奥氏体材料相当。

另外，粉末锻造的能源消耗低，材料利用率高，制品尺寸精度也高，与普通模锻的比较结果见表4-13。

表4-13　粉末锻造与普通模锻件的比较

对比项目	普通模锻	粉末锻造
100mm的尺寸精度/mm	±1.5	±0.2
制品质量波动/mm	±3.5	±0.5
初加工毛坯材料利用率/%	70	99.5
制品材料利用率/%	45	80

粉末锻造可分为冷锻和热锻，冷锻是指锻造过程中预制件不被加热，热锻则是指锻

造过程中要对制件进行加热，其余工艺二者基本相同，但前者只适用于一些塑性特别好的几种金属，后者则适用范围较广。粉末热锻又可分为粉末锻造、烧结锻造和锻造烧结三种，基本工艺流程如图4-56所示。

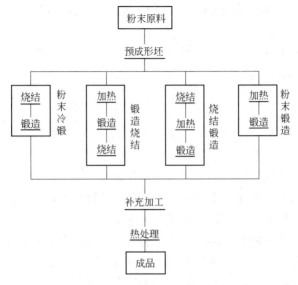

图 4-56　粉末锻造工艺流程

粉末锻造中的关键技术问题有：粉末原料的选择、预成形坯的设计、锻模的设计和使用寿命、锻造工艺条件和热处理。

（1）粉末原料的选择：粉末原料的选择是关系到锻件性能和成本的重要问题，包括粉末锻件材质选择、粉末类型、杂质含量和粒度分布以及预合金化程度等。采用高性能、低杂质、低成本的粉末原料是粉末锻造的一项基本要求。

（2）预成形坯以及锻模的设计：锻造过程中材料的致密、变形和断裂主要取决于预成形坯的设计，包括预成形坯的形状、尺寸、密度和质量的设计。设计时要综合考虑预成形坯的可锻性、零件形状的复杂程度、锻造时的变形特性、锻模磨损、锻件性能和制造成本等。锻模的设计需根据要压制材料的特性进行设计，在保证锻造质量的同时要尽可能地提升锻模性能，减少磨损，延长使用寿命，以减少成本。

（3）锻造工艺条件：粉末锻造工艺有众多影响因素，较为重要的是以下几项：

1）热锻温度以及压力。一般来说，热锻时控制的温度和压力应根据被压制制品能发生塑性形变的条件以及模具材料、锻压设备所能承受的极限等条件来选择。通常，热锻温度高时，热锻压力可以相对较低，热锻温度低时，压力可以相对较高，以实现温度和压力的良好配合。

2）锻造打击速度。在粉末锻造时，粉末颗粒的塑性变形会引起预成形坯的压缩。其塑性随着打击速度的提高而增加；在同样的变形程度下，锻件的密度随着打击速度的增加而提高，而且变形程度越大，其密度增大越快。

3）压力保持时间。如果预成形坯表面因锻造时间过长而产生过冷，则粉末的屈服应力将急速上升，抑制颗粒的变形，导致锻造失败。粉末锻件表面区域的孔隙度受变形率以及预成形坯与相对较冷的模具间的接触时间所影响；同时，压力保持时间也是决定锻件致密度的一个重要因素。

4）锻模的温度、润滑及冷却。锻模的温度、润滑以及冷却情况强烈地影响锻件的质量和模具的使用寿命。在粉末热锻低合金钢时，锻模温度一般为200～310℃，所采用的润滑剂为胶体石墨水剂或二硫化钼油剂，并且用压缩空气来强制冷却锻模，以得到均匀的润滑薄膜。

（4）热处理：为了进一步提高粉末锻件的性能，通常要对锻造后的制件进行热处理，热处理可以使锻件组织均匀，消除残余应力，从而进一步稳定和提高锻件性能。粉末锻钢的热处理可以参照同成分普通锻钢热处理规范进行，热处理时要特别注意粉末锻钢的脆性问题。

比较了粉末锻造与普通致密金属锻造，可以得出粉末锻造具有以下优点：

（1）工艺流程简单，生产效率高；

（2）使用工具费用低，设备投资少，模具寿命高，生产成本低；

（3）保持了粉末冶金无切削少切削工艺特点，材料利用率极高，可以达到90%以上；

（4）粉末锻造精度高，可以制备形状复杂的制品；

（5）粉末热锻制品材料性能优异，往往能超过普通致密金属锻件。

目前，粉末锻造技术主要用在汽车工业上和其他运输机械上，如汽车曲轴、连杆、各种齿轮、凸轮、同步器套筒、阀头等，另外还用于制造一些具有特殊性能要求的合金。图4-57和图4-58分别为发动机连杆热锻件以及模具示意图。

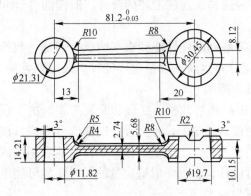

图4-57　连杆闭式热锻件示意图

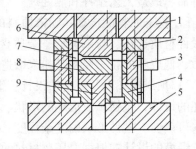

图4-58　连杆闭式热锻模具

1—上模板；2—上模座；3—下模座；4—压板；5—下模板；

6—固定板；7—芯子；8—下凸模；9—顶板

近些年来，粉末锻造技术日趋完善，国内外工作者在粉末锻造技术的完善上做了大量的工作。在连杆开发方面，在分析碳、铜元素含量对粉末锻造材料强度的影响的基础上，通过优化组分，开发出3种高强度、适于制造高性能汽油机和柴油机连杆的粉末材料。用新开发的粉末材料制作的连杆与传统落锤锻造连杆进行了全面的对比，试验发现粉末锻造连杆具有更高的疲劳极限和更小的离散度。统计分析结果揭示粉末锻造连杆具有更优异的产品使用寿命。在锻造模具方面，通过研究铸造热锻模具钢4Cr3Mo2NiV从室温到600℃的磨损行为，采用SEM、XRD和EPMA等对试样磨损表面和磨屑的形貌、成分和结构进行分析，发现铸造热锻模具钢的高温磨损机理是氧化磨损和疲劳剥层磨损，磨损过程中氧化和疲劳剥层交替进行，使摩擦系数大幅度波动。高温磨损形成的氧化物主要是 Fe_2O_3 和 Fe_3O_4，氧化磨损使磨损率降低。在热锻模拟方面，对热锻成形过程数值模拟与多目标设计优化技术进行研究，提出一种基于有限元分析和序列二次规划的热锻成形工艺多目标优化方法，优化目标包含锻件的内部损伤值和变形均匀性两个方面。还通过基于近似模型和数值模拟的设计优化方法，在利用有限元分析连杆热锻成形过程的基础上，以降低锻件成形过程中变形损伤为目标，以飞边槽形状参数为设计变量，采用响应面法近似模型建立了设计变量与目标函数的初始近似模型。在设计优化过程中，用近似模型代替实际的数值模拟程序，计算锻件内部的损伤值，对连杆热锻成形工艺参数进行了优化计算，取得了较为理想的效果。

4.7.5 放电等离子烧结

放电等离子烧结技术（Spark Plasma Sintering，SPS）是近些年日本研发的粉末烧结技术。早在1930年，美国科学家就提出了脉冲电流烧结原理，但是直到1965年，脉冲电流烧结技术才在美、日等国得到应用。日本获得了SPS技术的专利，但当时未能解决该技术存在的生产效率低等问题，因此SPS技术没有得到推广应用。1988年日本研制出第一台工业型SPS装置，并在新材料研究领域内推广应用。1990年以后，日本推出了可用于工业生产的SPS第三代产品，具有 0.1M~1MN 的烧结压力和 5000~8000A 的脉冲电流。最近又研制出压力达 5MN、脉冲电流为 25000A 的大型SPS装置。由于SPS技术具有快速、低温、高效率等优点，近几年国外许多大学和科研机构都利用SPS进行新材料的研究和开发。

SPS技术除了利用通常放电加工所引起的烧结促进作用（放电冲击压力和焦耳加热）外，还有效地利用了脉冲放电初期粉体间产生的火花放电现象（瞬间产生高温等离子体）所引起的烧结促进作用，具有许多通常放电加工无法实现的效果，并且其消耗的电能仅为传统烧结工艺（无压烧结、热压烧结HP、热等静压HIP）的 1/5~1/3。因此，SPS技术具有热压、热等静压技术无法比拟的优点：

（1）烧结温度低（比HP和HIP低 200~300℃）、烧结时间短（只需 3~10min，而HP和HIP需要 120~300min）、单件能耗低；

（2）烧结机理特殊，赋予材料新的结构与性能；

（3）烧结体密度高，晶粒细小，是一种近净成形技术；

（4）操作简单，不像热等静压那样需要十分熟练的操作人员和特别的包套技术。

SPS与热压（HP）有相似之处，但加热方式完全不同，它是一种利用通-断直流脉冲电流直接通电烧结的加压烧结法。SPS过程给一个承压导电模具加上可控的脉冲电流，脉冲电流通过模具，也通过样品本身。通过样品及间隙的部分电流激活晶粒表面，击穿孔隙内残留气体，局部放电，促进晶粒间的局部接合；通过模具的部分电流加热模具，给样品提供一个外在的加热源。当电极通入直流脉冲电流时，瞬间产生的放电等离子体使烧结体内部各个颗粒自身均匀地产生焦耳热并使颗粒表面活化。因此，在SPS过程中样品同时被内外加热，加热可以很迅速；又因为仅仅模具和样品导通后得到加热，断电后它们即可实现迅速冷却。

另外，在烧结过程中，粉末颗粒间瞬间火花放电产生的高温等离子体，除了可在颗粒间结合部分积极地集中高能量脉冲外，还可以使粉末吸附的气体逸散，使粉末表面的起始氧化膜被击穿，从而使粉末得以净化和活化。同时，用于施加压力的石墨垫片在通电加热时用作电极，电场的作用会产生由于离子高速移动引起的高速扩散效果，实现快速烧结，容易在低温、短时间得到高质量的烧结体。并且温度和压力的调节范围广，适合于从金属到陶瓷各种材料的烧结。这种放电直接加热法，热效率极高，放电点的弥散分布能够实现均匀加热，因而容易制备出匀质、致密、高质量的烧结体。图4-59为SPS中直流开关脉冲电流的具体作用示意图。

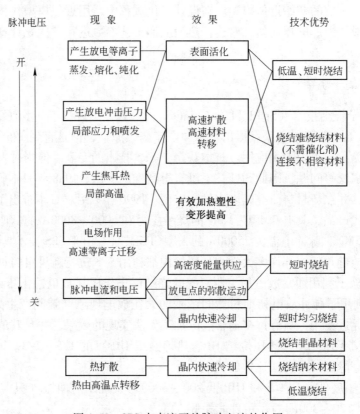

图 4-59 SPS 中直流开关脉冲电流的作用

脉冲电流的作用是提高颗粒的表面活性、降低材料的烧结温度，而且可以有效地抑制晶粒的长大。与通常的烧结法相比，SPS过程中蒸发-凝固的物质传递要强得多；同时在SPS过程中，晶粒表面容易活化，通过表面扩散的物质传递也得到了促进。晶粒受脉冲电流加热和垂直单向压力的作用，体扩散、晶界扩散都得到了加强，加速了烧结致密化的进程，因此用比较低的温度和比较短的时间就可以得到高质量的烧结体。

SPS装置主要包括：由上、下柱塞组成的垂直压力施加装置；特殊设计的水冷上、下冲头电极；水冷真空室；真空/空气/氩气气氛控制系统；特殊设计的脉冲电流发生器；水冷控制单元；位置测量单元；温度测量单元以及各种安全装置。SPS烧结系统结构如图4-60所示。

SPS烧结的主要工艺流程共分以下四个阶段：

第一阶段：向粉末样品施加初始压力，使粉末颗粒之间充分接触，以便随后能够在粉末样品内产生均匀且充分的放电等离子。

第二阶段：施加脉冲电流，在脉冲电流的作用下，粉末颗粒接触点产生放电等离子，颗粒表面由于活化产生微放热现象。

第三阶段：关闭脉冲电源，对样品进行电阻加热，直至达到预定的烧结温度并且样品收缩完全为止。

第四阶段：卸压。

合理控制初始压力、烧结时间、成形压力、加压持续时间、烧结温度、升温速率等主要工艺参数可获得综合性能良好的材料。

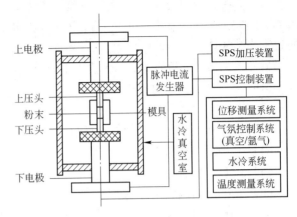

图 4-60　SPS 烧结系统结构示意图

目前，SPS 主要用于制备纤维/颗粒增强复合材料、梯度功能材料、非晶态合金、磁性材料、形状记忆材料、金属陶瓷、硬质合金、铁电和热电材料、复合功能材料、纳米功能材料、储氢材料等各种新型材料。SPS 可以克服传统烧结方法的不足之处，实现有效烧结。表 4-14 为一些适合使用 SPS 烧结的材料。

表 4-14　适合 SPS 加工的材料

分　类		SPS 可加工的材料举例
金　属		Fe, Cu, Al, Au, Ag, Ni, Cr, Mo, Sn, Ti, W, Be 及其他金属
陶瓷	氧化物	Al_2O_3, Mulite, ZrO_2, MgO, SiO_2, TiO_2, HfO_2
	碳化物	SiC, B_4C, TaC, WC, ZrC, VC
	氮化物	Si_3N_4, TaN, TiN, AlN, ZrN, VN
	硼化物	TiB_2, HfB_2, LaB_6, ZrB_2, VB_2
	氟化物	LiF, CaF_2, MgF_2
金属陶瓷		Si_3N_4+Ni, Al_2O_3+Ni, ZrO_2+Ni, SUS+WC/Co, BN+Fe, WC+Co+Fe
金属间化合物		TiAl, $MoSi_2$, Si_3Zr_5, NiAl, NbCo, NbAl, Sm_2Co_{17}
其他材料		有机材料（聚酰亚胺等），复合材料

在传统材料改善方面，使用 SPS 制备超细 WC-10Co 硬质合金，研究烧结温度及烧结气氛对 WC-Co 硬质合金组织及性能的影响，结果表明：炉内气压升高到 200Pa，烧结压力为 30 MPa 时，在 1250℃烧结 WC-10Co 粉末 5min，密度和硬度分别达到了 $14.62g/cm^3$ 和 HRA 92.4。在磁性材料方面，采用放电等离子烧结技术制备了 $Nd_{15}Dy_{1.2}FeAl_{0.8}B_6$ 永磁材料，发现在烧结温度为 810℃时，可获得均匀细小的显微组织，通过回火处理能优化磁体显微组织，改善富钕相分布，从而达到提高磁性能的目的。在功能材料方面，采用 SPS 制备 La-Mg-Ni 储氢合金，以 $La_{0.7}Mg_{0.3}Ni_{2.5}Co_{0.5}$ 合金为例，结果发现：当烧结温度为 800℃时，合金为多相结构，包括（La，Mg）Ni_3 相、（La，Mg）$_2Ni_7$ 相、Mg_2Ni 相和微量的 Co_2Mg 相；在该温度下，合金的最大放电容量达到最大值 359mA·h/g，同时表现出最好的放电平台特性。在新材料开发方面，以自蔓延高温合成（SHS）的 Ti_2AlC 粉体为原料，利用放

电等离子烧结技术研究 Ti$_2$AlC 陶瓷的烧结制备，结果表明：烧结温度为 1250℃、压力为 20MPa、真空烧结、保温 5min 的情况下，可获得相对密度为 98.6%、维氏硬度为 4.3GPa 的致密烧结块体。

另外，从市场角度考虑，SPS 技术主要有下述一些应用领域：

（1）耐腐蚀、耐磨材料市场；

（2）超硬工具、零件市场；

（3）梯度功能材料及各种复合材料市场；

（4）非平衡新材料市场；

（5）模具市场；

（6）其他烧结品应用市场。

可以看出，SPS 技术的应用前景十分广阔，但是目前 SPS 技术大多仍处于实验研究阶段，对于烧结理论的研究也不充分。例如，利用放电等离子烧结炉在不同温度下对 SiC 陶瓷进行烧结，烧结温度分别为 1250℃、1450℃、1650℃、1850℃，对烧结后 SiC 陶瓷的扫描电镜观察结果表明，在 1250℃和 1450℃烧结的试样微观组织中很难发现烧结现象，但在小颗粒间发生局部的烧结痕迹，在 1650℃烧结的试样微观组织中存在小颗粒的烧结现象，大颗粒间仍然没有烧结，颗粒形貌基本保持原始粉末的形貌，而在 1850℃烧结的试样微观组织中存在大量的烧结颈现象，而且颗粒形貌呈球形。因而 SiC 陶瓷的放电等离子烧结机理可能是低温下的焦耳热烧结机理和高温下的放电和焦耳热共同作用机理。运用 SPS 技术制备出体积分数达 60%、致密度达 99% 的 SiCp/Al 复合材料，从烧结工艺的控制及电场的影响两方面分析 SPS 烧结 SiCp/Al 复合材料的机理，认为 SPS 烧结 SiCp/Al 复合材料的致密化过程主要依靠烧结温度、压力及升温速率的合理搭配，使 Al 熔融黏结 SiC 颗粒，而又不溢出模具；烧结过程中未发现明显的放电现象，可能是由于电场太弱不足以引发放电。对放电等离子烧结不同材料过程中的温度场进行理论分析和实验研究，发现在一定条件下样品内出现较大的温差，控制工艺参数可以降低温差。对放电等离子烧结过程中材料界面和颈部的原子扩散过程进行研究，并与相同工艺条件下辐射加热烧结进行比较，表明放电等离子烧结过程促进了原子的扩散。

总的来说，目前 SPS 的基础理论尚不完全清楚，需要进行大量实践与理论研究来完善。对实际生产来说，SPS 需要增加设备的多功能性和脉冲电流的容量，以便制作尺寸更大的产品，特别需要发展全自动化的 SPS 生产系统，以满足复杂形状、高性能的产品和三维梯度功能材料的生产需要。同时需要发展适合 SPS 技术的粉末材料，也需要研制比目前使用的模具材料（石墨）强度更高、重复使用率更好的新型模具材料，以提高模具的承载能力和降低模具费用。在工艺方面，需要建立模具温度和工件实际温度的温差关系，以便更好地控制产品质量。在 SPS 产品的性能测试方面，需要建立与之相适应的标准和方法。

思 考 题

4-1　什么是烧结？烧结的驱动力是什么？

4-2　烧结可以分为哪几类？等温烧结的过程是什么？

4-3 烧结过程的物质迁移机构有哪些？

4-4 单元系固相烧结的烧结过程是什么？有哪些影响因素？

4-5 多元系固相烧结与单元系数固相烧结的区别是什么？

4-6 互不溶系固相烧结的热力学条件是什么？

4-7 液相烧结的条件是什么？其烧结过程是什么？

4-8 什么是熔浸？其基本条件是什么？

4-9 什么是活化烧结？一般有哪些类型或方法？举例说明。

4-10 烧结的常用气氛有哪些？分别适用哪些材料烧结？

4-11 烧结炉的类型有哪些？

4-12 热致密化的方法有哪些？其特点是什么？

参 考 文 献

[1] 黄培云. 粉末冶金原理 [M]. 北京：冶金工业出版社，1997.

[2] 果世驹. 粉末烧结理论 [M]. 北京：冶金工业出版社，1998.

[3] 费多尔钦科. 粉末冶金原理 [M]. 北京钢院粉末冶金教研组译. 北京：冶金工业出版社，1974.

[4] 松山芳治. 粉末冶金学 [M]. 周安生译. 北京：科学出版社，1978.

[5] 莱内尔. 粉末冶金原理和应用 [M]. 殷声，赖和怡译. 北京：冶金工业出版社，1989.

[6] 韩凤麟. 粉末冶金手册 [M]. 北京：冶金工业出版社，2012.

[7] 李信. 预氧化烧结高密度钨合金 [J]. 稀有金属材料与工程，2002，31 (4)：319.

[8] Quan Feng, Zhou Jian. Effects of Phosphorus Additions on Microwave Sintering Properties of Ultrafine WC-10Co Cemented Carbides [J]. Wuhan Univ. of Tech.，2007，22 (4)：725~727.

[9] 邓联文，冯则坤，黄小忠，等. Bi-Mo 复合掺杂对 MgCuZn 铁氧体烧结特性和磁性能的影响 [J]. 无机材料学报，2008，23 (4)：669~673.

[10] 刘峰晓. 反应热压 FeAl/TiC 复合材料的研究 [J]. 中南工业大学，2001.

[11] 张丙荣，尹维英. β-SiC 粉末的合成及其热压烧结性能研究 [J]. 材料工程，1991，(3)：4~6.

[12] 王赞海，王星明，储茂友，等. 惰性气体热压法制备 W/Ti 合金靶材研究 [J]. 稀有金属，2006，30 (5)：388~391.

[13] 马福康. 等静压技术 [M]. 北京：冶金工业出版社，1992.

[14] 贾建，陶宇，张义文，等. 热等静压温度对新型粉末冶金高温合金显微组织的影响 [J]. 航空材料学报，2008，28 (3)：20~23.

[15] 袁斌，梁锦霞，李星，等. 工艺参数对热等静压法制备多孔 NiTi 记忆合金孔隙特性的影响 [J]. 机械工程材料，2008，32 (3)：7~10.

[16] Bauer R E. Sinter-HIP Furnaces Sintering and Compacting in a Combined Cycle [J]. Modern Developments in Powder Metallurgy，1988，18 (6)：5~10.

[17] 贾佐诚，强劲熙，陈飞雄. 烧结-热等静压法制取 WC-Co 系硬质合金 [J]. 钢铁研究学报，2000，12 (02)：36~39.

[18] Bocanegra-bernal M H, Dominguez-rios C, Garcia-reyes A, et al. Fracture toughness of an - Al₂O₃ ceramic for joint prostheses under sinter and sinter-HIP conditions [J]. International Journal of Refractory Metals and Hard Materials. 2009，27 (4)：722~728.

[19] 王少卿，于化顺，赵奇，等. 粉末热挤压 Al-Zn-Mg-Cu 合金的制备工艺及组织性能研究 [J]. 航空材料学报，2010，30 (1)：19~25.

[20] 肖于德，黎文献，谭敦强，等. 挤压工艺参数对喷射沉积 AlFeVSi 合金棒材组织性能的影响 [J]. 粉末冶金技术，2004，22 (5)：270~274.

[21] 刘瑞华，宋克兴，郜建新，等. 铝合金拉杆的热挤压工艺及模具设计 [J]. 锻压技术，2007，32 (5)：98 ~ 100.

[22] 周灿栋，蒋国昌. 粉末锻造制备含氮奥氏体不锈钢 [J]. 粉末冶金技术，2004，22 (1)：41 ~ 44.

[23] Edmond Ilia，George Lanni，辛军，等. 高强度粉末锻造连杆的研究 [J]. 内燃机学报，2008，26 (5)：463 ~ 469.

[24] 崔向红，王树奇，姜启川，等. 4Cr3Mo2NiV 铸造热锻模具钢的高温磨损机理 [J]. 金属学报，2005，41 (10)：1116 ~ 1119.

[25] 陈学文，王进，陈军，等. 热锻成形过程数值模拟与多目标设计优化技术研究 [J]. 塑性工程学报，2005，12 (4)：80 ~ 84.

[26] 赵祖德，陈学文，陈军，等. 基于近似模型和数值模拟的连杆热锻成形工艺设计优化 [J]. 上海交通大学学报，2008，42 (5)：748 ~ 752.

[27] 张久兴，刘科高，周美玲. 放电等离子烧结技术的发展和应用 [J]. 粉末冶金技术，2002，20 (3)：129 ~ 134.

[28] 郭俊明，陈克新，刘光华，等. 放电等离子 (SPS) 快速烧结可加工陶瓷 Ti_3AlC_2 [J]. 稀有金属材料与工程，2005，34 (1)：132 ~ 134.

[29] 安富强，李平，郑雪萍，等. 用 SPS 技术制备 La-Mg-Ni 储氢合金的工艺探究 [J]. 稀有金属材料与工程，2007，36 (5)：907 ~ 909.

[30] 郝权，何新波，曲选辉. 放电等离子烧结制备超细 WC-Co 硬质合金 [J]. 北京科技大学学报，2008，30 (6)：644 ~ 647.

[31] 熊家国，熊焰，何代华，等. 放电等离子烧结过程温度场及原子扩散 [J]. 武汉理工大学学报，2008，30 (12)：11 ~ 15.

5 粉末冶金材料

[本章重点]

本章叙述几类典型的粉末冶金材料，包括粉末冶金结构零件、不锈钢和工具钢、钛合金和高温合金、多孔材料、硬质合金、金刚石工具、磁性材料、电触头材料。掌握这些材料的特性、制造工艺及应用。

5.1 烧结结构零件

粉末冶金工艺在制造机械零件时能够少切削或无切削，具有材料利用率高、能耗低等特点，所以普遍用来制造各种机械零件与材料。

烧结结构零件是指用粉末冶金工艺生产的机械与器械用的零件，例如齿轮、凸轮、连杆等。

5.1.1 烧结铁基结构零件

烧结铁基结构零件包括烧结铁、烧结碳钢、烧结合金钢、熔浸钢等。

5.1.1.1 孔隙对烧结铁基结构零件力学性能的影响

粉末冶金材料中的孔隙使材料的有效承载面积减小，所以使材料的性能（强度、硬度、韧性等）下降。强度和硬度随密度的增大基本呈线性增加，但是冲击韧性与伸长率却仅在接近理论密度时才急剧增加。

粉末冶金材料的强度与韧性等还受孔隙大小与形状的影响。这主要是由于孔隙能够造成应力集中，从而使得局部应力远远大于平均应力。一般说来，孔隙越大、孔隙尖端处的曲率半径越小，应力集中越强烈。应力集中处会形成裂纹并扩展，导致材料断裂。

欲提高粉末冶金材料的力学性能，就必须提高材料的密度，并控制孔隙的大小与形状。

5.1.1.2 提高材料密度的方法

提高材料密度的方法主要有：

（1）复压复烧：压制—烧结—再压制—再烧结的工艺。

（2）熔浸：将低熔点金属（铜）熔化浸入铁基粉末冶金材料的孔隙中，从而提高材料的密度与性能。

（3）热锻：将烧结坯在保护气体下模锻，可以达到理论密度的99.5%，达到或超过普通锻钢的水平。

5.1.1.3 合金化的特点

合金化的特点主要包括：

（1）孔隙度对合金化的效果影响较大，密度低于 $6.5g/cm^3$ 时，难以发挥合金元素的强化作用。

（2）对于强化效果好且易于氧化的元素（Cr、Mn 等），最好使用预合金粉末。

（3）铜与磷对于铁基粉末冶金材料具有合金化的作用，这一点与普通钢不同。

5.1.1.4 合金化的方法

合金化的方法主要有：

（1）预混合粉法：将合金添加剂以元素或铁合金的形式混入铁粉，具有良好的压制性，烧结时需要扩散均匀。

（2）部分合金化粉末：合金添加剂与铁粉或预合金化粉形成冶金结合的合金化粉。

（3）预合金化粉末：一般说来，其压缩性不如预混合粉及部分合金化粉末，但其微观组织均匀、表观硬度均匀。

5.1.1.5 烧结铁基结构零件热处理的特征

烧结铁基结构零件与普通的钢同样，也能够进行各种热处理。但是由于烧结铁基结构零件中存在有孔隙，所以以下几点必须注意：

（1）孔隙度超过 10% 时不能在盐浴中加热，这是由于熔盐进入孔隙后难以清洗，会使制品腐蚀。

（2）孔隙的存在使材料的导热性变差，所以热处理时应该适当地提高加热温度和/或延长保温时间。

（3）由于孔隙的存在，在进行化学热处理时，内部也可能出现渗碳或氮化。

（4）加热时需要有保护气体或固体填料，以防止零件表面的氧化与脱碳。

（5）淬火介质一般采用油，只有当接近理论密度时，才可以用水作为淬火介质。

5.1.1.6 基本的材料体系

A   Fe-C 系

当碳含量小于 0.2% 时为烧结铁，大于 0.2% 时为烧结碳素钢。材料的抗弯强度随化合碳的增加而迅速增大，在 0.85% 时达到最大值，这是由于显微组织中珠光体最多。碳含量继续增多时，抗弯强度明显下降，这是由于可能会生成网状的渗碳体。烧结碳素钢化合碳含量应该控制在 0.8% ~ 0.9% 的范围内。

Fe-C 系粉末冶金零件一般使用铁粉与石墨粉作为原材料。石墨的加入量应考虑碳与铁粉中的氧化物及与烧结气氛反应所引起的损失。烧结气氛最好采用可控碳势气氛，以达到准确控制烧结钢化合碳含量的目的。

Fe-C 系粉末冶金零件的显微组织与碳含量有关，烧结铁的显微组织为铁素体，随碳含量的增加，组织中珠光体含量增加。

B   Fe-Cu-C 系和 Fe-Cu-Mo-C 系

铜是烧结钢中常见的合金元素。由于铜在铁中的溶解度随温度变化很大，所以铜对铁具有固溶强化作用，也可以进行时效强化处理。

普通烧结钢中，铜的加入量为10%以内，而浸铜烧结钢中铜含量可达15%～20%。普通烧结钢中，铜以单质粉末的形式加入，烧结温度在铜的熔点之上。从材料的抗拉强度看，最佳的成分配比为碳含量约1.5%，铜含量约8%。

铜的加入对烧结制品的尺寸变化有很大的影响。当铜含量为8%～9%时，烧结后的膨胀最大。

钼也是烧结钢中常用的合金元素，具有固溶强化作用与细晶强化作用，还能够提高淬透性与防止回火脆性。由于钼在铁中的扩散速度很低，所以一般使用Mo-Fe合金粉末。

C Fe-Ni-C系

镍是稳定奥氏体的元素，与铁互溶，具有固溶强化的作用。镍可降低钢的临界转变温度和降低钢中各种元素的扩散速度，从而提高钢的淬透性。

当碳含量一定时，抗拉强度随镍含量的增加而增大。

D Fe-Mn-C系

锰在烧结钢中具有固溶强化作用，还能够提高钢的淬透性，从而提高材料的强度。

锰资源丰富，价格较低，对钢的强化效果好。但是，由于锰与氧的亲和能力强，易于生成氧化物，且难以还原，所以一般是以合金粉的形式加入。

E Fe-Cr-C系

铬除了能够提高烧结钢的强度之外，还能够改善钢的抗氧化性与耐腐蚀性。由于铬与氧的亲和能力很强，所以一般是以合金粉的形式加入，而且烧结时必须严格控制气氛的露点或采用真空烧结。

F Fe-P-C系

烧结钢中添加磷元素能够改善和提高强度与韧性，这一点与普通钢有很大不同。主要原因如下：

（1）磷扩散到铁中形成Fe-P固溶体，具有明显的固溶强化作用。

（2）磷能够缩小铁的面心立方区域，强化烧结时铁原子的扩散，加速致密化。

（3）Fe-P系在1050℃有一共晶反应，因而在烧结时产生少量的液相，有利于烧结致密化。

5.1.1.7 应用

烧结铁基结构零件在众多的领域得到了广泛应用：

（1）汽车：是烧结铁基结构零件的最大应用领域。在粉末冶金零件的总销售额中，汽车市场所占的份额（重量），北美为70%，欧洲为80%，日本为85%。

（2）农业机械：大量使用粉末冶金结构零件。例如播种机中的浮动凸轮、36齿从动轮；条播机的供种子滚筒与闭合器、行星齿轮组件；康拜因收割机中的螺旋伞齿轮；拖拉机中的油泵齿轮等。

（3）家用电器：冰箱与空调中压缩机的连杆、活塞、滑板、阀板、进排气阀导管、上下轴承、平衡块、缸体等；洗衣机与干燥机中的偏心齿轮、条齿轮等。

（4）电动工具：手电钻、线锯、修剪机、冲击改锥、冲击锤等中的直齿轮、伞齿轮、端面齿轮、小齿轮、螺旋齿轮、齿轮组件等。

（5）其他：很多锁零件是由粉末冶金方法制备的，是一个不可忽视的市场。此外，各种齿轮泵、转子泵、柱塞泵、叶片泵中的很多零件，也是粉末冶金结构件。

5.1.1.8 新进展

温压成形工艺自问世以来已取得了巨大成功。国内外温压成形工艺现已走向工业化生产，目前主要集中在铁的温压成形方面。温压成形技术的出现大大拓宽了铁基粉末冶金零件的应用范围。该技术已大量应用于以较低成本大批量生产形状复杂、高密度、高强度铁基粉末冶金零件。其典型应用有：汽车传动转矩变换器蜗轮毂、连杆、齿轮类零件、角度磨头的棘轮副、粉末冶金磁性材料及其他结构零件。

5.1.2 烧结铜基结构零件

烧结铜基结构零件具有耐腐蚀性较好、表面光洁及无磁等优点，被广泛使用。

5.1.2.1 烧结青铜

普遍应用的是锡青铜。烧结锡青铜中锡含量为 9.5% ~ 10.5%。

Cu-10% Sn 混合粉末的烧结过程为后期液相消失的液相烧结过程，当温度达到 Cu-Sn 包晶反应温度（798℃）时，烧结体发生急剧膨胀，这是由于在超过包晶温度时，液相迅速消失，造成气孔而出现异常膨胀。到 820℃ 左右又转为急剧收缩。烧结锡青铜的典型性能为：密度 $7.2g/cm^3$、抗拉强度 138MPa、伸长率 3%、硬度 65HRH。

5.1.2.2 烧结黄铜

烧结黄铜的锌含量为 10% ~ 35%，常用雾化粉末作为原材料。这是为了便于控制烧结过程及合金的成分。黄铜合金粉的成形压力约为 600 ~ 800MPa。烧结温度与锌含量有关，一般控制在固相线温度以下 100℃ 左右。

加入 0.5% 以下的磷能够提高合金的塑性，加入少量的铅能够改善合金的加工性能，但是，由于铅对环境不友好，这种方法逐渐被淘汰。

为了减少或避免锌的挥发，可以采用如下措施：提高升温和冷却速度，缩短保温时间，采用干燥的烧结气氛，使用含锌的固体填料。

5.1.2.3 弥散强化铜合金

弥散强化铜合金是用各种弥散硬质点强化铜基体的合金。用 Al_2O_3 弥散强化的无氧铜是该类合金的典型例子。制造工艺一般是用内氧化法或共沉淀法先制取合金粉，然后经热挤或锻造成材。其最大特点是在高温下能保持高的强度和硬度，并有高的电导率。

5.1.3 烧结铝基结构零件

粉末冶金铝合金是指采用粉末冶金工艺制备的铝合金，可分为传统烧结铝合金与先进粉末铝合金。先进粉末铝合金包含高强/耐蚀铝合金（Al-Zn-Mg-Cu）、高温铝合金（Al-Fe、Al-T）、低密度高模量铝合金（Al-Li）、超高强铝合金（Al-Ni）、耐磨铝合金（Al-Si）、阻尼铝合金（Al-Fe-Mo-Si）等 6 类。粉末冶金铝基复合材料是指添加陶瓷颗粒或晶须等增强体，采用粉末冶金工艺制备的铝基复合材料。

到 20 世纪 80 年代末，粉末冶金铝合金得到快速发展。美国、前苏联和日本等国家研制成功 10 多种牌号的粉末冶金结构铝合金和粉末冶金耐磨铝合金，并已投入小批量生产，开始在航空航天工业和汽车工业中应用。

5.1.3.1 强化原理

铝合金的强化以铝与合金元素之间形成金属间化合物在 α 固溶体中的溶解度变化为基础。具有高溶解度和强化作用显著的元素主要有 Zn、Cu、Mg、Si 四种。Cr、Mn、Zr 等在 Al 中的溶解度很小，但能够改善合金的强度与耐腐蚀性。烧结铝合金的常用体系有 Al-Cu、Al-Cu-Si 系；Al-Cu-Si-Mg 系；Al-Cu-Mg 系等。

5.1.3.2 制造工艺

目前铝基粉末冶金件主要的生产工艺有常温压制 、温压、热挤压、粉末锻造和喷射成形等。

常使用雾化铝粉为原料，其他的合金元素一般以元素粉的形式加入，这主要是由于混合粉的压制压力很低，仅有合金粉的一半。混合粉的压制性能很好，在 400MPa 的不大压力下，就能够达到 95% 的相对密度。烧结时的注意事项包括：选用分解温度低、灰分残留少的润滑剂；采用低露点、低氧含量的烧结气氛；在铝粉中添加溶解度高的合金元素，产生低熔相促进烧结。

烧结后的铝合金可以进行精整、复压、锻造、热处理等，以进一步提高精度与性能。

5.1.3.3 研究新进展

最近的研究工作表明，烧结铝合金的关键在于：添加一定数量的镁元素，采用氮气气氛烧结，能够得到合理的组织与优异的性能。

近年来，开始采用温压技术来制备粉末冶金铝合金件。温压是提高铝合金密度的有效办法，并且能够提高烧结尺寸的稳定性。温压工艺不仅提高了粉末冶金件的烧结性能，在成本方面也有一定的优势。

汽车轻量化为高比强度的铝基粉末冶金件的应用提供了工业化前景。特别是在发动机传送系统方面，零部件的轻量化能显著改善汽车的性能，并降低能耗。针对一些需要减轻质量的场合，提高适用的铝基粉末冶金件的性能并有效地降低其成本，是研究发展的方向。温压技术结合有效的润滑、烧结助剂将会更有效地以低成本生产高质量的铝基粉末冶金件。

5.1.4 粉末冶金减摩材料

粉末冶金减摩材料用来制造各种耐磨损的滑动轴承，要求具有低的摩擦系数，高的耐磨性与足够的强度。该类材料由具有一定强度的金属基体和起减摩作用的润滑剂所组成。金属基体通常是铁、铜、铝及其合金，减摩润滑剂有金属铅、石墨和硫化物（铁、钼、钨及锌的硫化物）。粉末冶金减摩材料可以分为多孔自润滑材料与致密减摩材料两大类。

5.1.4.1 粉末冶金含油轴承

A 自润滑原理

自润滑就是含油轴承在工作时能够将多孔体中储存的润滑油自动供给到摩擦表面并形成油膜。自润滑的作用主要有热作用与泵作用。热作用是指，当轴旋转时，轴与含油轴承之间的摩擦使轴承温度升高，润滑油的黏度降低，易于流动，同时由于润滑油受热膨胀，从孔隙中渗出形成油膜，从而支撑正常的润滑；当轴停止旋转之后，轴承温度又降低，油因冷却而收缩，在毛细作用下又被吸存在孔隙之中。泵作用是指，当轴旋转时，产生一种力，不断将油从一个方向打入孔隙，从另一个方向又从孔隙渗出到工作面，从而使油在轴承内不断循环使用。

B　含油轴承的特点

（1）具有自润滑特性，特别是在低转速下，能够承受比铸造轴承更大的载荷。

（2）材料成分可以在较大的范围内调整，以改善润滑性和提高耐磨性。

（3）具有减摩、消音的作用。

（4）降低了宏观硬度，容易发生局部的塑性变形，因此具有优异的磨合性能。

C　含油轴承的制备工艺

采用的是典型的粉末冶金工艺。使用的原材料为金属或合金粉与石墨粉及其他润滑剂。工艺流程主要包括配料、混合、压制成形、烧结、浸油、整形加工、检验、包装等。

D　影响铁基粉末冶金含油轴承性能的主要因素

（1）基体的成分。基体应该具有较高的强度，常添加 C、Cu、Ni、Mo、P、Mn、Cr 等元素来提高强度。

（2）石墨等添加剂。石墨具有减摩作用，但同时也会降低材料的强度，所以应该综合考虑。

（3）孔隙度。过低的孔隙度不利于润滑油的储存，过高的孔隙度会影响材料的力学性能。一般控制在 14.6% ~22.6% 之间。

（4）基体组织。为了稳定减摩性能，希望基体的组织为细的珠光体与不连续网状渗碳体。

（5）其他因素。其他影响因素还有粉末的粒度、润滑状况、工作压力、滑动速度等。

E　常用的铁基粉末冶金含油轴承材料

常用的铁基粉末冶金含油轴承材料主要有多孔铁、Fe-石墨、Fe-Cu-石墨、Fe-Cu-S、Fe-青铜等。

F　铜基含油轴承

铜基含油轴承所用材料主要是多孔锡青铜。一般锡含量为 6% ~12%，以锡含量为 9% ~12% 的青铜性能最佳，能够形成具有高强度的固溶体。

青铜含油轴承主要用于低速（<1.5m/s）和轻载荷（0.5 ~1MPa）的条件。可用于食品加工机械、纺织机械、日常生活机械、小电动机、钟表机构、精密工具等方面。

G　铝基含油轴承

铝基烧结含油轴承材料，由于密度小、价格便宜、耐腐蚀性好等优点，人们对这类材料的兴趣正日益增长。它是 1966 年美国开始生产的，生产水平还有待提高。鉴于已开发的铝基烧结含油轴承材料的运转性能较高，其可能是烧结锡青铜含油轴承的替代品。

铝基烧结含油轴承材料一般都添加有各种合金元素并含有 10% ~60% 的孔隙。它是根据材料成分、所需最终孔隙度及用途，采用不同的方法由元素粉末或母合金粉末的预混合粉制造的。主要的体系是 Al-Cu 系。

为改善铝的烧结，主要是用添加颗粒尺寸小于 30 ~60μm 的细铜粉、硅粉及铝粉，以及添加 0.01% ~3.0% 的 K、Li、Ca、Na 的氧化物进行合金化。这些添加剂都有利于增高烧结铝合金的密度和强度。去除或破坏铝粉颗粒表面的 Al_2O_3 薄膜是十分重要的。主要方法有机械破碎法、化学处理法等。

在铝基含油轴承的制备中，铝粉粒度对烧结体性能（密度、孔隙度、强度等）的影响是非常重要的。

5.1.4.2　粉末冶金固体润滑材料

粉末冶金法制备的金属-石墨材料具有一系列优异的特性：无需外加润滑剂；运行时无需保养；具有优良的摩擦磨损特性，黏滑爬行现象可以忽略不计；冷焊的抗咬合性能；能够在环境恶劣的条件下使用，如可以在 $-200 \sim 700\,℃$ 的温度范围内使用；具有防腐蚀性能；吸水性极低；尺寸稳定性好，适宜与海水或许多高温液体接触；具有较高的静态与动态承载能力；能在真空下使用；能在辐射环境下使用；具有良好的导电性与抗静电性能；具有优良的热传导性能。

石墨含量（质量分数）为 3% ~ 6% 时，适合于低滑动速度与高负荷；石墨含量为 7% ~ 10% 时，适合于低-中滑动速度与中等负荷；石墨含量为 12% ~ 16% 时，适合于高滑动速度与低负荷。

烧结金属-石墨减摩材料按照基体分类主要有：铅青铜系、青铜系、特种青铜系、Ni-Cu-Fe 系、Fe 系、Ni 系、真空用材料、高温材料等。

金属-石墨材料的制造方法有热压法与二次压制-烧结法。

5.1.5　粉末冶金摩擦材料

粉末冶金摩擦材料是以金属及其合金为基体，添加摩擦组元和润滑组元，用粉末冶金技术制成的复合材料，是摩擦式离合器、制动器的关键组件。

5.1.5.1　粉末冶金摩擦材料的特点

与常用的摩擦材料相比，粉末冶金摩擦材料具有以下特点：

（1）摩擦系数大，且能够保持的温度范围宽。例如烧结铁基摩擦材料的干摩擦系数为 0.35 ~ 0.50，能够保持到 700 ~ 800℃；而石棉-树脂摩擦材料的干摩擦系数为 0.37，500℃ 时下降至 0.15。

（2）导热性能好。烧结铁基摩擦材料的导热系数约为 42W/(m·K)，而石棉-树脂摩擦材料的导热系数仅约为 0.42W/(m·K)。

（3）强度高。烧结铁基摩擦材料的容许应力约为 1 ~ 1.5MPa，而石棉-树脂摩擦材料仅约为 0.3MPa。

（4）可以在较大范围内调整材料的成分。

（5）使用寿命长。

5.1.5.2　粉末冶金摩擦材料的三组元

可以将粉末冶金摩擦材料的组元分为三类：

基体组元：形成金属基体并促进形成一定的物理-力学性能的组元。粉末冶金摩擦材料的强度与耐磨性很大程度上取决于基体组元的组织结构与性能。基体组元应该能够固定摩擦组元与润滑组元的颗粒，保持形状，参与摩擦，具有适当的磨损，并将摩擦热传出。

摩擦组元：主要作用是稳定摩擦系数、防止基体流动、增强耐磨性。常用的摩擦组元有二氧化硅、氧化铝、莫来石、氧化锆、氧化硅、碳化物、氮化物及硬质金属等。

润滑组元：润滑组元的作用是改善材料的抗卡性能、提高耐磨性。常用的润滑组元有石墨，二硫化钼，二硫化钨，硫化亚铜，铜、镍、铁、钴的硫化物、氮化物，滑石，硫酸钡，亚硫酸铁，铅、铋、锑等低熔点金属。

5.1.5.3 粉末冶金摩擦材料的分类

按照基体类型主要有铁基和铜基，其次是铁-铜基、镍基与钨基。起黏结作用的金属组元为铁、铜-镍、钨。

按照工作介质分为油中工作的湿式摩擦材料与空气中工作的干式摩擦材料。

按照应用范围分为用于传动装置的离合器摩擦材料与用于制动的制动摩擦材料。根据摩擦装置中摩擦材料承受负荷的大小分为轻负荷摩擦材料、中负荷摩擦材料、重负荷摩擦材料。

铜基粉末冶金摩擦材料的基体成分以铜为主，添加锡、锌、铁、镍、磷等成分，烧结过程中合金化。作为摩擦组元添加有二氧化硅、氧化铝、氧化锆等金属氧化物和其他金属碳化物；作为润滑组元添加有石墨、金属硫化物、氟化物、低熔点金属等。

铁基粉末冶金摩擦材料的基体成分以铁为主，摩擦组元及润滑组元与铜基粉末冶金摩擦材料类似。铁基粉末冶金摩擦材料的热稳定性比铜基粉末冶金摩擦材料高。其缺点是与摩擦对偶具有亲和性，容易产生黏着胶合，摩擦系数波动大，有异常磨损、噪声等。

5.1.5.4 粉末冶金摩擦材料的制造方法

粉末冶金摩擦材料的制造方法目前仍然以压制-烧结技术最为广泛。首先将摩擦材料混合粉压制成形，然后与钢芯板叠在一起加压烧结。最近，喷撒技术也已经用于生产铜基摩擦材料，粉料不经过压制成形，而是直接撒在钢芯板上，即"松装烧结法"。

5.1.5.5 粉末冶金摩擦材料的应用

摩擦制动器、离合器广泛应用于工业机械、铁道车辆、飞机、汽车等行业，摩擦材料是其关键材料。

虽然飞机粉末冶金摩擦材料受到碳/碳复合材料的剧烈冲击，但经过了多年发展的粉末冶金技术比较成熟稳健，其产品性能稳定、质量可靠、性价比高，在飞机刹车领域发挥了主导和主流作用。飞机粉末冶金摩擦材料依然具有较大的改进和发展空间，发展趋势为优化工艺、降低成本、改善性能和寿命、减轻重量、保护环境。与碳/碳复合摩擦材料相比，粉末冶金摩擦材料以性能和质量稳定、生产成本低、生产周期短等显著优势，在一定时期内仍将占有一席之地。

5.2 粉末冶金不锈钢与工具钢

5.2.1 粉末冶金不锈钢

5.2.1.1 粉末冶金不锈钢的制备工艺

粉末冶金不锈钢的工业化生产始于20世纪50年代末，并在1950～1970年间获得了工业生产的价值。

粉末冶金不锈钢的制备工艺可以分为以下几种：

（1）模压-烧结工艺直接生产不锈钢零件，一般采用水雾化不锈钢粉末。

（2）冷等静压-热挤、热等静压工艺生产不锈钢管、棒等材料，一般采用气雾化不锈钢粉末。

（3）注射成形生产三维复杂形状不锈钢零件，一般采用粒度小于 $20\mu m$ 的雾化粉末。

水雾化是目前制备不锈钢粉末的主要方法，惰性气体雾化法制备的球形粉末主要用于过滤器的生产。

不锈钢属于高合金钢，粉末成形需要较高的压力，在达到相同的致密度时，比普通铁基粉末的压坯强度要低。润滑剂对不锈钢的成形非常重要，它能够明显改善粉末的松装密度、流动性，从而影响压坯密度、压坯强度、脱模压力及烧结性能。不锈钢粉末硬度高，对模具磨损大，应当使用硬质合金模具。

烧结时应先在较低的温度（420～540℃）排除润滑剂，以防止产品增碳和降低力学性能及耐腐蚀性。最终烧结温度视不锈钢的牌号而定，当要求产品性能较高时，应采用较高的烧结温度。烧结不锈钢的力学性能与烧结气氛关系密切。气氛必须是不渗碳的。使用氢气烧结时是通过钯触媒去除氧，再用氧化铝或分子筛除水，但是由于纯氢成本高，所以工业上使用不多。通常使用分解氨作为烧结气氛，并要求其露点为-40～-50℃。但这种气氛会使制品渗氮，造成强度提高，但却使韧性降低。真空烧结时真空度一般维持为1Pa的压力，真空度过高时，钢中 Cr 的含量会降低，影响性能。

5.2.1.2　粉末冶金不锈钢的钢种及性能

常用的粉末冶金不锈钢的钢种有 303L、303LSC、304L、316L、317L、409L、410L、430L、434L 等。

粉末冶金不锈钢的选择是基于一系列的考虑。像锻造不锈钢一样，对于大多数粉末冶金不锈钢，耐腐蚀性是关键的性能。选择粉末冶金不锈钢的其他因素包括磁性与非磁性的比较、力学性能、可切削性和硬化性能，制备工艺的难易与原材料的价格也必须考虑。

5.2.1.3　全致密粉末冶金不锈钢

全致密粉末冶金不锈钢主要是由惰性气体雾化的球形不锈钢粉末用热挤压、热等静压、注射成形等方法制备的，大致介绍如下。

A　冷等静压-热挤压粉末冶金不锈钢

在感应炉内熔炼。用氮气或氢气制备成分均匀的不锈钢球形粉末，在保护气氛下冷却，粉末的最大粒径为 $100\mu m$，过滤后合格的粉末装入低碳钢的中空环形包套，振实后可以达到70%的理论密度，包套加盖封焊，在 400～500MPa 的压力下冷等静压到85%～90%的理论密度，然后在1200℃左右的温度进行热挤。包套用玻璃润滑，挤压比为4∶1或更高，挤压的无缝钢管接近完全致密。

B　STAMP 工艺

用气体水平吹走熔融漏下的液体金属，在距离喷嘴一定距离处将凝固的粉末收集。筛分后将粉末装入薄钢板制造的圆筒形包套中，用焊接加工包套密封。将装入包套的粉末加热到1100℃左右，传送到固结用的液压压机，进行高压固结，密度能够大于95%。STAMP工艺得到的材料，纤维组织均匀且各向同性。

5.2.1.4　粉末冶金高氮不锈钢

氮在铁基固溶体中一个最显著和最有效的作用是稳定面心立方晶格，同时在固溶强化、晶粒细化硬化、加工硬化、应变时效、耐一般腐蚀、点腐蚀和缝隙腐蚀方面起积极作用。高氮不锈钢的制备方法主要有熔炼法和粉末冶金法。粉末冶金法生产高氮不锈钢能够细化晶粒、减少成分和组织偏析，获得均匀的合金组元和氮的分布，能较为容易地获得更高的氮含量，可以实现近终成形，制备铸锻方法难以制造的高氮钢制品。粉末冶金法工艺灵活、资金投入少。

目前国内外采用粉末冶金法生产高氮不锈钢主要有下列几种方式：先制取高氮不锈钢粉末，然后采用模压烧结、粉末锻轧、热等静压等粉末冶金成形方式制备高氮不锈钢制品；将一般不锈钢粉采用模压成形、注射成形等方式加工成生坯后，在烧结过程中进行渗氮处理。

高氮不锈钢粉末的制备工艺有高压氮气熔炼-高压氮气雾化法；常压熔炼-高压氮气雾化法；固态渗氮法。

高氮不锈钢粉末的成形是粉末冶金高氮不锈钢的另外一个关键问题。主要方法有热等静压、粉末注射成形、烧结-自由锻造及爆炸成形等。

5.2.2 粉末冶金高速工具钢

5.2.2.1 概述

高速工具钢简称高速钢，在 $500 \sim 600\,℃$ 下仍能保持 HRC60 以上的高硬度。主要用途是制造各种机床的切削工具。

粉末冶金法制备高速钢不仅解决了传统冶金工艺中存在的碳化物组织质量问题，而且还开辟了制备高性能高速钢的新途径。与铸造高速钢相比，具有一系列优异的性能：

（1）无偏析、晶粒细小、碳化物细小；

（2）热加工性能好；

（3）可切削性能好；

（4）热处理变形小；

（5）高温硬度、韧性等力学性能好；

（6）扩大高速钢合金含量，开发新的超硬高速钢；

（7）扩大使用领域。

5.2.2.2 粉末冶金高速工具钢的制备工艺

A 高速钢粉末

高速钢粉末是将原料感应熔化，采用气雾化或水雾化工艺制备的。气雾化不锈钢粉末的松装密度高，颗粒呈球形，氧含量低；水雾化不锈钢粉末呈不规则形状，适合于常规模压与烧结。

B ASP工艺

将合金熔体在惰性气体中雾化成粉末，制得的球形粉末装于薄板制的圆形包套中，尽量使粉末颗粒振动密实，然后将空气抽出，将盖焊接在包套上，以 400MPa 的压力对包套及置于其内的粉末进行冷等静压。随后，在 100MPa、1150℃ 下，将其压制到完全致密。热等静压后，按常规锻造和轧制将钢坯加工成所要求的尺寸。

C 冷压烧结法

这是一种传统的粉末冶金制品的生产方法，采用水雾化高速钢粉末，经还原退火，用冷模成形，或者在可变形的橡皮模型中使用冷等静压制作，制成工具或零件的生坯，然后在保护气氛或真空下烧结致密化。关键技术在于粉末的脱氧处理和烧结温度的合理选择。烧结温度过低达不到 100% 的理论密度；过高又会引起晶界熔化过量，碳化物颗粒长大及晶粒粗化。

5.2.2.3 粉末冶金高速工具钢的热处理

粉末冶金高速工具钢的热处理工艺与轧制高速钢基本相同。化学组成相同的情况下，最佳热处理温度可能不同。热处理工序包括预热、奥氏体化、淬火、回火。

5.2.2.4 粉末冶金高速工具钢的应用

粉末冶金高速工具钢的应用包括齿轮滚铣刀、创齿刀、剃齿刀、拉刀、铲铣刀、锲形和圆形刀、高级端铣刀等。

5.3 粉末冶金钛合金与粉末高温合金

5.3.1 粉末冶金钛合金

5.3.1.1 粉末冶金钛合金的特点

钛及钛合金的特点是具有高比强度、高比刚度、较宽的工作温度范围和优异的耐腐蚀性，还具有无磁、低热导率、无毒、表面易钝化等特性。

与其他工艺制备的钛合金相比，粉末冶金钛合金具有组织细小、成分可控、近终成形等一系列特点。粉末冶金是最早低成本制备钛合金的理想工艺之一。与变形钛合金相比，粉末冶金钛合金可以降低成本 20% ~ 50%，而且拉伸性能高于铸造钛合金，能达到变形钛合金的水平。粉末冶金钛合金的力学性能取决于合金成分、密度和最终的微观组织。材料的密度和微观组织依赖于粉末的特性、采用的致密化技术和后续处理。

5.3.1.2 粉末冶金钛合金的制备

A 钛粉的制造工艺

钛粉的制造工艺有海绵钛粉法、氢化脱氢法、金属或金属氢化物还原法、雾化法。

Knoll 海绵钛粉法制得的海绵钛粉的密度大，但粉末的收得率低，粒度粗，且氧含量偏高，难以满足粉末冶金钛工业化需要；Hunter 法制得的海绵钛粉的密度小，但粉末的收得率高。

氢化脱氢法是采用将海绵钛或钛合金切屑进行氢化处理使其变脆，然后经破碎、筛分和脱氢处理的工艺路线。特点是生产的钛粉粒度范围宽，特别容易生产粒度细的钛粉，生产成本相对较低，易于大批量生产，但是氧含量较高。这是目前国内外生产钛粉的主要方法。

金属或金属氢化物还原法是在 $1100 \sim 1200℃$ 下用 CaH_2 还原 TiO_2，然后脱氢得到钛粉，通过特殊处理氧含量可以小于 0.1%。

雾化法是采用母合金→离心雾化或真空雾化→筛分的工艺路线，可以制备高质量的球形钛及钛合金粉末，氧含量较低。

B 致密化工艺

粉末冶金钛合金的致密化工艺有混合元素法和预合金法两大类。

混合元素法是将原料钛粉和母合金粉或其他需要添加的元素粉混合后进行模压或冷等静压成形，在真空中烧结。混合元素法制备钛合金时，经 415MPa 冷压，致密度能够达到 85%～90%，再经真空烧结，致密度能够达到 95%～99%，控制粉末粒度能够生产出致密度达 99% 的制件。对于粉末冶金钛合金来说，只有彻底清除其中的孔隙，才能够使合金在以疲劳特性为构建性能的领域得到应用。混合元素法生产的零件成本低，但致密度也低。因此，高致密度、高性能的航空产品通常采用预合金法制备。

预合金法是将预合金化的粉末采用陶瓷或金属包套封装后热等静压成形。预合金法主要用来制备全致密化、高性能的航空产品。对于全致密部件，即使是少量的污染也会使疲劳性能大幅度下降，可以用真空雾化或等离子体旋转电极工艺来制造纯净的钛粉。对于预合金法，热等静压是最基本的成形方法，但是真空热压、挤压和快速全方位压制也已被成功利用。

5.3.1.3 粉末冶金钛合金的新型制造技术

A 新型制粉技术

雾化制粉技术制备钛粉是将钛或钛合金的液滴通过急剧冷却，形成非晶、准晶、微晶钛粉末。雾化技术对钛粉的应用，无论是对粉末冶金钛合金成分设计还是对合金的显微组织及性能，都产生了深刻的影响。雾化技术主要有二流雾化和离心雾化两类。超声雾化是气体雾化技术中较为先进的一种，用高达 2.5 马赫的高速高频脉冲气流作为介质，具有很高的雾化效率。离心雾化技术的特点是避免了坩埚与中间包等材料的污染，是目前制备高纯、无污染球形粉末的理想技术；但是生产能力较低，成本较高。

B 新型钛合金成形技术

钛粉激光成形技术是在惰性气体中采用大功率激光将钛粉或钛合金粉沉积在基体上预成形，制出的部件在数控设备上由计算机辅助设计软件控制加工。该技术对制备小批量零件比较经济，与传统的铸造加工相比，可减少 80% 的废料，同时该工艺还可以降低成本、缩短生产周期。

快速全向压制技术是将预合金粉末压制成致密零件的工艺。快速是指在全负荷下保证压制的保压时间一般不超过 5min，全向是指在全负荷下施加于粉末的应力状态近于等静压。

粉末热锻或热轧工艺能够制取相对密度大于 98% 的材料，克服了一般粉末冶金零件密度低的缺点，且性能优异、材料利用率高。

5.3.1.4 粉末冶金钛合金的应用

混合元素法钛合金产品主要用于制造电化学和其他耐蚀应用的工业纯钛过滤器、化学加工工业的纯钛零件、Ti-6Al-4V 零件、叶轮或旋转装置等形状复杂的零件。

预合金化法在宇航工业应用广泛，例如 F-100 发动机的连杆臂、F-14 飞机机身壳体的支撑装置、F-18 飞机发动机安装座支撑配件、F-107 飞机发动机的径流压气机叶轮等。

5.3.1.5 粉末冶金钛合金的发展

虽然混合元素法与预合金化法都能够成功地制备钛合金，但成本仍然是推广应用的关键。

与常规钛合金相比，有序的钛铝金属间化合物更难以热加工与机械加工。

钛合金的机械合金化研究仍处于初期阶段，但却展示了作为最佳高温应用的潜力。颗粒增强钛基复合材料正在设计、基体和颗粒的成分及可生产性 3 个方面得到发展。

5.3.2 粉末高温合金

5.3.2.1 粉末高温合金概述

粉末高温合金是采用粉末冶金工艺制备的能在 600℃ 以上高温抗氧化或抗腐蚀，并能在一定应力作用下长期工作的高温材料。它的出现是为了解决传统的铸锻高温合金由于合金化程度高而造成铸锭偏析严重以及热加工性能差等问题。通过 PM 工艺制备的这类合金具有组织均匀、晶粒细小和无宏观偏析的突出特点，从而使粉末高温合金涡轮盘具有更为优异的力学性能和热加工性能，现已成为制造高推重比航空发动机涡轮盘等关键部件的首选材料。

粉末高温合金最初应用限制于军事上，后来逐渐扩展到民用领域。从 1972 年美国率先研制成功 IN100 合金，至今已有 40 余年，期间，已有三代粉末高温合金问世。第一代粉末高温合金的典型代表是 René 95 合金，是目前 650℃ 条件下使用的盘件合金强度水平最高的一种，其特点是 γ′ 相含量高，追求晶粒的高度细化，在性能上突出表现为强度高、抗裂纹扩展能力低和持久能力差，使用温度 650℃。第二代粉末高温合金是在第一代的基础上通过成分调整和冶金工艺改变研制而成，晶粒粗大，抗拉强度较第一代低，但具有较高的蠕变强度、裂纹扩展抗力以及损伤容限性能，最高使用温度也升高到 700 ~ 750℃。第三代粉末高温合金包括 René 104、Alloy 10、LSHR 和 RR1000，抗拉强度高于第二代，比第一代稍低，但疲劳裂纹扩展速率比第二代还低。

5.3.2.2 粉末高温合金的制备工艺

粉末高温合金的制备工艺包括母合金感应熔炼、制粉（氩气雾化、旋转电机雾化等）、粉末预处理、粉末装套及封焊、热等静压、热处理等。其中，制粉和热处理是粉末盘制备的关键环节，高纯净度和粒度合适的优质粉末是制备高性能粉末盘的前提，而通过恰当的热处理得到理想的显微组织才能保证合金具有优异的力学性能。

20 世纪 80 年代初出现的喷射成形（Spray Forming）工艺，近年来也得到了长足进步。该工艺的最大特点是直接用液态金属制取整体致密、组织细化、成分均匀和结构完整并接近零件实际形状的坯件，工序简单，成本较低，相当或高于粉末冶金传统工艺的强度与持久寿命等。

5.3.2.3 粉末高温合金的发展方向

粉末高温合金是当前极具生命力的一种涡轮盘合金。随着预合金粉末制粉工艺、新型热加工制造技术的成熟以及相关成形设备的建立，粉末高温合金涡轮盘的制造和应用空间将进一步得到拓展。今后具体发展方向可分为以下几个方面：

（1）粉末制备。粉末的制备包括制粉和粉末处理。目前，主要制粉工艺 AA 法和

PREP法都在积极改进工艺，尽量降低粉末粒度和杂质含量，沿着制造无陶瓷熔炼、超纯净细粉方向发展（−325目，小于45μm）。目前，无陶瓷熔炼技术（如等离子体冷壁坩埚熔炼）、细粉制造技术（如快速凝固旋转技术）、气体雾化和超声气体雾化等都得到发展。另外，对粉末进行真空脱气和双韧化处理（颗粒界面韧化+热处理强韧化），提高压实盘坯的致密度和改善材料的强度及塑性，也是一个重要的研究内容。

（2）热处理工艺。热处理工艺是制备高性能粉末高温合金的关键技术之一，由于在淬火过程中开裂问题经常发生，因此，如何选择合适的淬火介质或者合理的冷却曲线以及先进的冷却技术是热处理过程中降低淬裂几率的重要技术环节。如可以选择比水、油或盐浴具有更佳冷却速度的喷射液体或气体快冷，以及采用两种冷却介质匹配形成高温区冷却速度慢低温区冷却速度快的冷却曲线，还有可以采用二级盐浴冷却等，希望从根本上消除淬火开裂问题，得到低变形、无开裂的高性能粉末高温合金。

（3）计算机模拟技术。计算机模拟技术现在逐渐成为粉末高温合金工艺中非常重要的研究内容。目前，在欧美等国，计算机模拟技术在粉末盘生产的全过程中都得到了应用。如利用计算机模拟预测淬火过程的应力分布及温度场分布情况，优化设计合金成分、热等静压包套、锻造模具等。随着粉末高温合金技术的不断发展，计算机模拟技术的应用将更为广泛。

（4）双性能粉末盘。双性能粉末盘的特点是盘件不同部位具有不同的晶粒组织，可以满足涡轮盘实际工况需要，代表今后涡轮盘制造的发展方向。因此，制备双性能涡轮盘对研制高推重比先进航空发动机非常重要。然而双性能盘的制备技术复杂，工艺难以掌握，所以，如何完善双性能粉末盘的制备工艺以及降低生产成本都将是今后各国研究的重点。

5.4 粉末冶金多孔材料

5.4.1 概述

粉末冶金多孔材料是以金属或合金粉末为主要原料，通过成形和烧结而成、具有刚性结构的材料。

常见的粉末冶金多孔材料体系有青铜、不锈钢、铁、镍、钛、钨、钼以及难熔金属化合物等，其中获得大量生产与应用的主要是不锈钢、铜合金、镍及镍合金、钛及钛合金等。

粉末冶金多孔材料组织特征是内部含有大量的孔隙，孔隙可以是连通、半连通或封闭的。孔隙的大小、分布以及孔隙度大小取决于粉末的种类、粒度组成与制备工艺。

粉末冶金多孔材料具有质量轻、比表面积大、能量吸收性好、热导率低、换热散热能力高、吸声性好、渗透性好、电磁波吸收性优异、阻焰性好、使用温度高、抗热震性好、再生与加工性能好等一系列与致密材料不同的性能。

从多孔材料孔隙结构的作用来看，粉末冶金多孔材料主要有两方面用途：

（1）孔隙作为流体的"通道"。使被过滤的流体通过多孔材料，利用其多孔的过滤分离作用净化液体和气体，即作为过滤器。例如用来净化飞机和汽车上的燃料油和空气、化学工业上各种液体和气体的过滤、原子能工业上排出气体中放射性微粒的过滤等。

（2）孔隙作为流体的"仓库"。利用其多孔结构存储材料使用过程中能够发挥重要作用的流体（未使用状态下可能是固体）。具体应用举例如下：

1）含油轴承（自润滑轴承），可在不从外部供给润滑油的情况下，长期运转使用。非常适合于供油困难与避免润滑油污染的场合。

2）多孔电极，主要在电化学方面应用。

3）防冻装置，利用其多孔可通入预热空气或特殊液体，用来防止机翼和尾翼结冰。

4）发汗材料，利用表面"发汗"而使热表面冷却的原理，如耐高温喷嘴。

5.4.2 制备方法

5.4.2.1 模压成形与烧结

模压成形与烧结工艺具有生产效率高和产品尺寸精度高等优点，适于制作小型片状和管状多孔性元件。材质包括不锈钢、钛、镍、青铜和某些难熔金属化合物等。

5.4.2.2 等静压成形

冷等静压（CIP）成形适用于制取长径比大的多孔性零件与异型制品，制品的密度与孔隙分布均匀，但尺寸精确较差，且生产效率低。

5.4.2.3 松装烧结

松装烧结又称重力烧结，是将粉末松散地或经振实装入模具中，连同模具一起烧结，出炉后再将制品从模具中取出的方法。松装烧结法依靠烧结过程中粉末颗粒间的相互黏结形成多孔性烧结体，由于孔隙度较大，所以主要用于透气性要求较高，但净化要求不高的情况。

5.4.2.4 粉末轧制

粉末轧制是一种连续成形工艺，能够生产多孔性带材。粉末由给料漏斗送入辊缝间被轧制成具有一定孔隙度的生坯，经烧结可制取多孔性的或半致密的材料。

5.4.2.5 粉末增塑挤压

在金属粉末中加入适量的增塑剂，使其成为塑性良好的混合料，然后挤压成形，用于制造截面不变的长形件，如管材、棒材及五星形、梅花形等复杂断面形状的长形元件；适于生产有大量连通孔隙、透气性能好的多孔性材料，如钨、钼、镍及镍合金、不锈钢和钛等。

粉末增塑挤压工艺包括混料、预压、挤压、切割和整形等工序。增塑剂约占混合料体积的50%，几乎充满颗粒间的所有孔隙，其性质好坏直接影响挤压工艺与制品性能。

5.4.2.6 注浆成形

在石膏模中进行，把一定浓度的浆料注入石膏模中，与石膏相接触的外围层首先脱水硬化，粉料沿石膏模内壁成形出所需形状。

5.4.2.7 注射成形

金属粉末注射成形（MIM）技术是传统粉末冶金与塑料注射成形技术相结合而发展成的一种粉末冶金近净成形技术。与传统工艺相比，MIM技术具有精度高、组织均匀、性能优异、生产成本低等特点。

5.4.3 粉末冶金多孔材料的主要体系

5.4.3.1 粉末冶金不锈钢多孔材料

粉末冶金不锈钢多孔材料是研究和应用最为广泛的一类粉末冶金多孔材料，具有优异的耐腐蚀性、抗氧化性、耐磨性、延展性和冲击强度等，并且具有外观好、无磁性等优点，可用于消声、过滤与分离、流体分布、限流、毛细芯体等，被广泛应用于食品生产、医药、化工、冶金等领域。目前国内常采用的烧结粉末不锈钢多孔材料的不锈钢材质牌号有：1Cr18Ni9、1Cr18Ni9Ti、0Cr18Ni9、00Cr19Ni10、0Cr17Ni12Mo2、00Cr17Ni14Mo2 等。

5.4.3.2 粉末冶金镍多孔材料

粉末冶金镍多孔材料具有耐蚀、耐磨、高温和低温的力学强度高、热膨胀、电导性和磁导性好等独特的性能，在核能工业、石油化工等行业的高温精密过滤、充电电池的电极等领域得到了广泛的应用。粉末冶金镍多孔材料的制备通常是采用球形粉末进行烧结。

5.4.3.3 粉末冶金钛及钛合金多孔材料

粉末冶金钛及钛合金多孔材料具有密度小、比强度高、耐蚀性好和生物相容性良好等金属钛独具的优异性能，被广泛应用于航空、航天等军工部门及化工、冶金、轻工、医药等民用部门。

5.4.3.4 粉末冶金铜多孔材料

粉末冶金铜多孔材料主要包括青铜、黄铜和镍白铜多孔材料等，其中以青铜粉末烧结多孔材料的应用为最早、最普遍。

粉末冶金铜多孔材料具有过滤精度高、透气性好、机械强度高等优点，广泛用于气动元件、化工、环保等行业中的压缩空气除油净化、原油除沙过滤、氮氢气（无硫）过滤、纯氧过滤、气泡发生器、流化床气体分布等领域。

5.4.3.5 粉末冶金金属间化合物多孔材料

金属间化合物具有低密度、高强度、高耐腐蚀及抗氧化性等优点，一些金属间化合物材料还具有形状记忆、储氢、生物相容性、触媒等其他独特性能。粉末冶金金属间化合物多孔材料不但具有多孔材料的功能特性，还继承了金属间化合物的一系列优异性能，是一类重要的金属多孔材料。

5.5 硬 质 合 金

5.5.1 概述

硬质合金是以一种或多种难熔金属的碳化物（WC、TiC 等）作为硬质相，用过渡族金属（Co 等）作为黏结相，采用粉末冶金技术制备的多相材料。作为切削刀具用的硬质合金，常用的碳化物有 WC、TiC、TaC、NbC 等，常用的黏结相有 Co、Ni、Fe 等。硬质合金的强度主要取决于黏结相的含量。

硬质合金具有高强度、高硬度、耐磨损、耐腐蚀、耐高温、线膨胀系数小等优点，在众多的工业部门中得到了广泛的应用，是最优良的工具材料之一。

硬质合金的品种很多，其分类可以按照使用条件（被加工材料）和成分进行划分。

按照被加工材料可以分为：

（1）P 类：主要用于加工钢件（包括铸钢）；

（2）K 类：主要用于加工铸铁；

（3）M 类：主要用于加工钢（包括奥氏体钢、锰钢）、铸铁、有色金属。

按照成分可以分为：

（1）WC-Co 硬质合金，硬质相是 WC，黏结相是 Co，代号为 YG；

（2）WC-TiC-Co 硬质合金，硬质相是 WC 与 TiC，黏结相是 Co，代号为 YT；

（3）WC-TiC-TaC（NbC）-Co 硬质合金，是在 YT 硬质合金中添加 TaC（NbC），代号为 YW。

近年来，出现了很多硬质合金的新品种，例如超细晶硬质合金，这是指碳化物晶粒的平均尺寸在 $1\mu m$ 以下的 WC-Co 硬质合金；表面涂层硬质合金是指在韧性较好的硬质合金基体上沉积的一层数微米厚的硬度高、耐磨性好的化合物（TiC、TiN、Al_2O_3 等）的硬质合金；钢结硬质合金的硬质相仍是 WC 或 TiC，但黏结相不是 Co、Ni、Mo，而是工具钢、高速钢、不锈钢等，代号为 YE。

硬质合金的用途主要有 3 大领域：切削刀具、矿用刀具和异型件。下面介绍常用的硬质合金种类：

（1）WC-Co 硬质合金（YG）。WC-Co 硬质合金主要用于加工铸铁、有色金属和非金属材料。加工铸铁时，切屑呈崩碎块粒，刀具受冲击很大，切削力和切削热都集中在刀刃和刀尖附近。YG 类合金有较高的抗弯强度和冲击韧性（与 YT 类比较），可减小切削时的崩刃。同时，YG 类合金的导热性较好，有利于切削热从刀尖散走，降低刀尖温度，避免刀尖过热软化。加工有色金属及其合金时，由于在熔化温度下金属及其合金不会与 WC 产生溶解或溶解速率非常慢，因此，YG 类合金能成功地加工有色金属及其合金。YG 类合金的磨削性较好，可以磨出锐利的刃口，适于加工有色金属和纤维复合材料。YG 类硬质合金中钴含量较多时，其抗弯强度及冲击韧性均较好，特别是提高了疲劳强度，因此适于在受冲击和振动条件下作粗加工用；钴含量较少时，其耐磨性和耐热性较高，适合于作连续切割的精加工用。当钴含量较少时，合金硬度较高，耐磨性也较好。

（2）WC-TiC-Co 硬质合金（YT）。WC-TiC-Co 硬质合金适于加工塑性材料如钢材。钢料加工时塑性变形很大，与刀具之间的摩擦剧烈，切削温度高。YT 类合金具有较高的硬度，特别是有较高的耐热性，在高温时的硬度和抗压强度比 YG 类合金高，抗氧化性能好。另外，在加工钢材时，YT 类合金有很高的耐磨性。而 YG 类硬质合金的导热性较差，切削时传入刀具的热量较少，大部分的热量集中在切屑中，切屑受强热后会发生软化，因而有利于切削过程的顺利进行。

YT 类硬质合金中钴含量较多、碳化钛含量较少时，抗弯强度较高，较能承受冲击，适于作粗切削加工用；钴含量较少、碳化钛含量较多时，耐磨性及耐热性较好，适于精加工用。但碳化钛含量越高，其磨削性和焊接性能也越差，刃磨及焊接时容易产生裂纹。

（3）WC-TaC（NbC）-Co 硬质合金。许多 WC-Co 硬质合金可以通过添加少量（0.5% ~ 3%）的 TaC、NbC、Cr_3C_2、VC、TiC、HfC 等碳化物来改进性能。这些碳化物的作用是细化晶粒，可使合金保持均匀的细晶结构而不发生明显再结晶；同时还可明显提高合金的硬度和耐磨性而不降低其韧性。此外，添加少量碳化物还可改进合金的高温性能，以及产生一层坚韧的自行补偿的氧化膜，该氧化膜能在切削某些金属及合金时抵抗黏结和扩散磨损。目前使用较多的是添加 TaC(NbC) 和 Cr_3C_2。

这类硬质合金刀具，可顺利加工各种铸铁（包括特硬铸铁及合金铸铁）。含有 3% ~ 10% TaC(NbC) 的低钴硬质合金，可作为通用牌号。

（4）WC-TiC-TaC(NbC)-Co 硬质合金（YW）。在 WC-TiC-Co 硬质合金中加入适量的 TaC，可提高其抗弯强度（显著增加刀刃强度）、疲劳强度、冲击韧性、耐热性、高温硬度、高温强度、抗氧化能力、耐磨性以及抗月牙洼磨损和抗后刀面磨损能力。这类合金兼有 WC-TiC-Co 及 WC-TaC-Co 合金的大部分最佳性能，它既可用于加工钢料（主要用途），又可用于加工铸铁和有色金属，故常被称为通用合金（代号 YW）。这类合金通常用于加工各种高合金钢、耐热合金和各种合金铸铁、特硬铸铁等难加工材料。如果适当提高钴含量，这类硬质合金便具有更高的强度和韧性，可用于各种难加工材料的粗加工和断续切削。

5.5.2　硬质合金的制造工艺

5.5.2.1　原料粉末

A　钨粉

制备钨粉的方法有三氧化钨还原法和蓝色氧化钨还原法。

三氧化钨还原法可分为一次还原法（直接还原法）和二次还原法。一次还原法就是直接将三氧化钨还原成金属钨；二次还原法是先将三氧化钨还原成褐色的二氧化钨，然后再进一步将二氧化钨还原成金属钨。

钨的氧化物还原成金属钨的过程经历了不同的反应转变阶段：

$$WO_3 \rightarrow WO_{2.9} \rightarrow WO_{2.72} \rightarrow WO_2 \rightarrow W$$

在这些转变阶段中，物料不仅颜色发生变化，而且晶体形态也发生很大变化。

在还原过程中，微量杂质对钨粉特性具有影响，还原工艺条件对钨粉的质量起着决定性的作用。其中还原温度是决定钨粉粒度的关键因素。应该根据钨粉颗粒长大的机理，严格控制还原炉内各带的温度，并结合对钨粉粒度的不同要求，采用不同的还原温度和升温速度。为了得到优质的钨粉，必须使用高纯氢气。

蓝色氧化钨还原法使用工业蓝色氧化钨作为原料。工业蓝色氧化钨是一种由多种钨化合物组成的粉末混合物。其特点是表面多裂纹，易于还原，而且容易控制粒度，适合于制备较细的钨粉。蓝色氧化钨还原法有碳还原法、含碳气体还原法、分解氨气还原法和氢还原法等。其中应用最广的是氢还原法。影响钨粉质量的因素有装舟量、推舟速度、氢气流量等。

B　碳化钨

碳化钨形成的总化学反应式是 W+C = WC，钨粉碳化过程是通过含碳的气体进行的。

影响碳化钨粒度的因素很多，主要是钨粉原始颗粒的大小。一般地，钨粉颗粒越粗，所得到的碳化钨的颗粒也越粗。钨粉的表面状态、混合料中的碳含量对碳化钨的粒度也有一定的影响。提高碳化温度或添加适当的添加剂，也能增大碳化钨的粒度。

C　复式碳化物

在制造含 TiC 的硬质合金时，TiC 通常是以 TiC-WC 固溶体（复式碳化物）的形式加入。这主要是由于工业碳化钛一般含有较多的氧（氮），而且 TiC 与 TiO 的晶格类型相同，并容易形成连续固溶体。如果碳化钛直接加入合金混合料中，形成固溶体时由于碳原子置换 TiC 晶格中的氧原子和氮原子而析出 CO 和 N_2 气体，阻碍合金的正常收缩，增大合金的孔隙度。

制备 TiC-WC 复式碳化物的方法主要有：

（1）用三氧化钨、二氧化钛、炭黑的混合料在 1700～2000℃ 温度下于氢气中进行碳化，直接得到 TiC-WC 固溶体。由于三氧化钨、二氧化钛、炭黑的体积较大，所以采用该方法难以有效地利用炉子的工作空间。所得复式碳化物的游离碳含量较高。

（2）分别制备出 WC 和 TiC，然后在 1600～1800℃ 温度下于氢气中制取复式碳化物。该方法工序较多，而且一般又不容易制得纯度较高的碳化钛。

（3）预先制备钨粉，然后与二氧化钛、炭黑在 1700～2000℃ 温度下于氢气中制取复式碳化物。该方法能够省去制备碳化钨的程序，但化学成分难以控制。

（4）预先制备碳化钨，然后与二氧化钛、炭黑在 1700～2000℃ 温度下于氢气中制取复式碳化物。该方法被广泛采用，其优点是，当形成细小和活性高的碳化钛颗粒后，碳化钨便以极高的速率溶解于碳化钛而生成稳定的 TiC-WC 固溶体，而且质量稳定，生产效率高。

D　钴、镍等黏结相粉末

用于硬质合金的钴粉，一般用还原氧化钴的方法制备。其过程是，用硝酸将钴溶解成硝酸钴，再加入草酸或草酸铵，沉淀出草酸钴，将草酸钴加热分解成氧化钴，经筛分后在氢气中还原钴粉。镍粉、铁粉的制备与钴粉类似。

E　混合料的制备

使碳化物与黏结相粉末混合均匀，并进一步磨细。硬质合金成品的性能，很大程度上取决于混合料的制备。

球磨机是制备混合料的主要设备。球磨的各项工艺参数对混合料的质量有明显的影响。工艺参数的选择包括：转速为接近 60% 的临界转速；加入适量的液体介质（酒精、苯、丙酮等）；使用硬质合金球，球的直径为 5～10mm，球料比为 2.5∶1～5∶1，装球量为 40%～60%；球磨时间为 24～48h，细晶硬质合金可增加到 72h 或更长。

5.5.2.2　成形

成形的基本目的与要求为：使粉末结合为一体，并尽可能地使其达到最终制品的形状；成形坯具有一定的强度，以便进行下一道工序；尽量使成形坯各部位的密度均匀。

A　成形前的物料准备

为了减小成形时的摩擦阻力，提高粉末的压制性能，需要在粉末中添加润滑剂。常用的润滑剂有汽油合成橡胶溶液、汽油石蜡溶液、酒精甘油溶液、酒精乙二醇溶液等。

采用自动压机成形时，由于压坯的重量是依靠模腔的容积控制的，所以为了改善物料的流动性，使其均匀地进入模腔，并保证压坯重量的一致性，应该对物料进行制粒。

B　压制与成形

普通模压成形由于操作简单、适用范围广、适用于大批量生产，所以仍然是目前硬质合金生产中所采用的主要成形方法。现代先进的压机大都实现了高精度、高速度和自动化，装备有自动拣制品的机械手和自动监控装置。而且，所使用的模具也在不断改进，主要表现为：模具尺寸精度与表面光洁程度不断提高；逐渐由单向压制转为双向压制；发展组合模具以适应复杂形状零件的成形。

振动压制成形的主要特点是可大幅度地降低压制压力，获得比普通模压更加均匀的压坯密度分布，制造形状复杂的制品等。

冷等静压成形是将硬质合金混合料装入天然橡胶、聚氯乙烯等薄膜制成的包套中，密封后装入高压容器，施以均衡的液体压力。其主要特点是可以制备接近成品尺寸的制品，加工量小，制品的成形率高且密度均匀，烧结后可以得到接近理论密度的制品；能够以廉价的模具费用和加工费用制备复杂形状的制品；压坯强度高，能够进行机加工，从而降低生产成本。

除上述成形方法之外，挤压成形、注射成形、压注成形、粉末轧制、冲击成形、增塑毛坯成形等工艺也用于硬质合金。

5.5.2.3 烧结

烧结是硬质合金生产中的重要工序，其目的是使制品强化，达到最终要求的物理-力学性能。

硬质合金的烧结是典型的液相烧结，可分为 3 个阶段：

第一阶段通常是指 1000℃ 以下的烧结，主要在烧结炉的预热带进行。该阶段所发生的主要变化有：压坯中残余应力逐渐消失；吸附的水分及黏结剂挥发；钴粉表面氧化膜的还原等。

第二阶段的烧结温度为 1380 ~ 1490℃，保温时间为 30 ~ 120min。钴与碳化钨能够形成低熔点共晶体，出现液相是该阶段的主要特征。由于液相的出现，该阶段的主要变化有：碳化物逐渐溶解于液相；粉末颗粒由于液相的表面张力作用而逐渐相互靠拢；颗粒与颗粒之间以及颗粒与液相之间的接触紧密程度增加。

第三阶段是冷却阶段。该阶段的主要变化有：液相量随温度的降低而减少；液相中碳化物的溶解度降低，有部分碳化物从液相中析出；碳含量过高时可能会形成游离碳，过低时可能会形成 η 相。

5.5.3 硬质合金的性能

5.5.3.1 密度与硬度

硬质合金的密度范围很广，从 TiC 基合金的 $5.5g/cm^3$ 到低钴 WC 基合金的 $15.4g/cm^3$。烧结合金的密度可能会略低于理论值。WC 硬质合金的密度首先取决于钴含量，钴含量越高，密度越低。石墨夹杂、孔隙度和外来杂质都会对密度产生影响，而合金中显著出现 η 相时会引起密度的增加。

硬质合金中由于含有大量的硬质碳化物，所以其硬度比高速钢高得多。切削类 YG 硬质合金的硬度一般为 HRA88 ~ 91.5，YT 类硬质合金的硬度一般为 HRA89 ~ 92.5。YG 硬质合金中加入 TiC、TaC 等能够提高硬度。

5.5.3.2 力学性能

A 抗弯强度

硬质合金的抗弯强度比高速钢低得多，即使是抗弯强度较高的 YG8 合金，其抗弯强度也只有高速钢的一半左右。硬质合金中钴含量越高，其强度也越高。钴含量相同时，WC-TiC-Co 合金的抗弯强度随 TiC 含量的增加而降低。除了碳化物的种类之外，WC 晶粒的大小也对硬质合金的强度有影响。粗晶粒硬质合金的抗弯强度高于中晶粒硬质合金。

B　抗压强度

硬质合金的抗压强度很高，能够比高速钢高 30%～50%，约为 3500～5600MPa，热等静压产品可达 6000MPa。硬质合金的抗压强度与钴含量有关，钴含量为 5% 时，抗压强度最大。细晶粒硬质合金的抗压强度大于粗晶粒。YT 类硬质合金的抗压强度低于 YG 类硬质合金，且随 TiC 含量的增加而降低。添加少量的 TaC、NbC、VC 等，能够细化 WC 晶粒，从而提高抗压强度。

由于硬质合金的抗压强度大大高于抗弯强度，所以在设计刀具结构与选择刀具时，应该尽量使刀头处于压应力状态，而少受弯曲力矩。

C　抗拉强度

硬质合金的抗拉强度为 750～1500MPa，大约为抗压强度的 1/4。由于影响硬质合金材料塑性的因素很多，因此某一硬质合金的抗拉强度通常都是在一定的范围内。

D　冲击韧性

硬质合金的冲击韧性比高速钢低得多，性能较好的 YG8 合金的冲击韧性为 30～40kJ/m^2，而 W18Cr4V 高速钢的冲击韧性为 180～320kJ/m^2。

含 TiC 的硬质合金其冲击韧性有所下降，当 TiC 含量由 6% 增加到 10% 时，冲击韧性显著降低。温度对 WC-Co 硬质合金的冲击韧性有一定的影响，在较高温度下，冲击韧性有所提高。

由于硬质合金的冲击韧性低于高速钢，所以不适宜使用于有强烈冲击和振动的情况，否则可能会引起崩刃。

硬质合金冲击韧性的波动较大，其绝对值与试验方法有关，所以比较硬质合金的冲击韧性时，应该使用同一仪器，比较相同尺寸形状的样品。

E　疲劳强度

由于刀具通常是在动态条件下工作，所以其疲劳强度十分重要。硬质合金中钴含量越高，疲劳强度也越高。硬质合金的疲劳强度与试样的表面质量有很大关系。表面光洁程度越好，疲劳强度越高。

5.5.3.3　热学与磁学性能

由于高的热导率能够减轻刀具在切削时产生剧烈摩擦和热量所引起的热应力集中，所以热学性能也是决定刀具寿命的关键性能之一。硬质合金的热传导性高于高速钢。常用的 YG 类硬质合金的热导率为 75.4～87.9W/(m·K)。由于 TiC 的热导率低于 WC，所以加入 TiC 会使合金的热导率下降。

硬质合金中的钴、镍、铁具有铁磁性。WC-Co 硬质合金中的缺碳 η 相是非磁性的，所以一旦生成该相，材料的磁性能就会发生变化，一般用矫顽力衡量是否有 η 相的生成。

5.5.4　硬质合金的应用

硬质合金被誉为"工业的牙齿"，足以看出其在材料加工领域的重要性。就材料而言，硬质合金是介于陶瓷与高速钢之间的高性能材料。就工业性而言，硬质合金主要用于切削工具、模具（成形工具）、地质矿山工具及耐磨零件等。

5.5.4.1　矿山与合成金刚石用硬质合金

硬质合金具有耐高温、耐磨损以及耐腐蚀性等特性，可以满足地质矿山采掘特殊工况要求。

硬质合金顶锤是合成金刚石不可缺少的模具部件。目前合成金刚石的顶锤主要有两面顶、六面顶。其中两面顶为国外普遍采用，而六面顶为国内主流。

5.5.4.2　刀具用硬质合金

硬质合金具有良好的综合性能，与高速钢相比，它有较高的硬度、耐磨性和红硬性；与超硬材料相比，它具有较高的韧性，这些性能使得硬质合金刀具能以大大高于高速钢刀具的切削速度进行切削。硬质合金在刀具行业得到了广泛的应用，硬质合金刀具约占金属切削刀具的45%~50%。硬质合金还是制造钻头、端铣刀等通用刀具的常用材料。同时，铰刀、立铣刀、加工硬齿面的中大模数齿轮刀具等复杂刀具使用的硬质合金也日益增多。

5.5.4.3　模具、轧辊用硬质合金

与传统的模具钢材料相比，模具用硬质合金具有以下特点：

（1）非常高的抗压强度，一般为钢的2~3倍；

（2）很高的硬度，一般为HRA88~93，而模具钢的淬火硬度一般小于HRA85；

（3）良好的热强性能；

（4）极高的弹性模量，一般为钢的25~35倍；

（5）极好的导热性能，一般为钢的3倍；

（6）良好的耐腐蚀性，具有更好的抗氧化性及抗其他腐蚀介质的能力；

（7）抗熔焊能力高；

（8）材料各向同性，不存在钢中的偏析与各向异性现象，表现出比钢好得多的耐磨性；

（9）较低的抗拉强度与冲击韧性；

（10）制造模具的成本高于高速钢。

5.5.5　硬质合金的新发展

5.5.5.1　新型硬质合金

A　梯度硬质合金

梯度硬质合金又称为多结构或多相硬质合金，是指其组织与性能在截面的不同部位呈现有规律差别的一种合金。其最大特点是可以同时提高硬质合金的耐磨性与韧性，从而为解决硬质合金耐磨性与韧性之间的矛盾提供了一条有效的途径。其实质是在制备缺碳即含 η 相的硬质合金的基础上，通过渗碳处理来改变合金中黏结相的分布，使其呈现梯度，从而赋予不同部位以不同的性能，达到提高使用性能的目的。

目前，制备梯度硬质合金的主要方法有缺碳硬质合金渗碳处理法、复合硬质合金法、黏结相含量不同的粉末分层压制法、金属熔体浸渍法等。

B 超细硬质合金

WC 晶粒变细时，材料的强度与硬度同时提高。超细硬质合金不仅硬度高、耐磨性好，而且具有高的强度和韧性，因此在难切削加工领域得到了广泛的应用。钴含量在 10% 以下的超细硬质合金的耐磨性是普通合金的 3 ~ 10 倍；钴含量为 10% ~ 20% 的高钴合金，用于电子工业集成电路的微型钻，寿命是不锈钢的 50 倍。

制备超细硬质合金的主要方法是先制备出超细钨粉，然后加碳碳化获得超细亚微米的 WC 粉末，再与超细钴粉混合。也可以采用直接从氧化钨进行碳化制备超细 WC 粉，再与钴粉混合的方法。为了防止 WC 晶粒的长大，常常在 WC-Co 粉中添加 Ta、Nb、Cr、V 等元素。超细硬质合金制备的关键是超细 WC 粉的制备与烧结时抑制晶粒的长大。

5.5.5.2 新工艺新设备

（1）通过缩短烧结时间改进金属切削刀片：采用快速脱脂与烧结的方法，能够使硬质合金的烧结时间缩短 70%，而且能够使性能有所提高。

（2）新的烧结方法：微波烧结是利用 1m 到 1mm 的波长，频率从 300MHz 到 300GHz 的电磁波进行烧结。微波烧结是从内部均匀快速加热，使晶粒几乎没有机会长大。这样整个烧结过程被加快，并且不需要添加晶粒长大抑制剂，提高了烧结活性。

此外，放电等离子体烧结（SPS）、等离子体活化烧结（PAS）、烧结锻造等，都可以用于硬质合金的烧结，提高其强度与韧性。

5.6 金刚石工具材料

5.6.1 概述

金刚石具有无与伦比的高硬度，是作为加工硬质材料的最佳工具。采用粉末冶金法制备金刚石工具具有以下特征：

（1）可以使用粒度范围很宽的金刚石。

（2）金刚石颗粒在工具中的分布与浓度可以通过调整金属粉末的比例及粉末的布装方式而实现。

（3）合金胎体的耐磨性可以在很大范围内变动，从而适用于不同耐磨性的要求。

（4）能够制造形状比较复杂的工具。

（5）制造工艺简单，成本低，效率高。

粉末冶金制造的金刚石工具类型如下：

（1）表镶式金刚石工具（金刚石颗粒大于 2 ~ 3 μm）。有表镶地质钻头、表镶石油钻头、砂轮修复刀、拉丝模、玻璃刀、划线刀、硬度计压头等。

（2）孕镶式金刚石工具（金刚石颗粒小于 2μm）。有用于机械加工的砂轮、珩磨条、油石、锉刀、磨头；用于砂轮修整的修整笔、修整片、修整滚轮；用于地质勘探的钻头、扩孔器、扶正器；用于石材加工的切割锯片、索绳锯、钻头、研磨盘；用于建筑工程的工程薄壁钻头、切割片、磨轮；用于玻璃加工的磨轮、切割片、钻头；用于玉器加工的磨头、切割片、钻头；用于半导体加工的切割片、钻头、磨盘。

5.6.2　金刚石表面的金属化

粉末冶金工艺制备金刚石工具的根本是设计与制造合适的金属合金胎体，将金刚石颗粒包镶牢固，使其在加工工件时不易脱落。所以，研究金刚石颗粒与金属的结合是制备金刚石工具的关键。

5.6.2.1　金刚石与金属合金的润湿性

金刚石的结构决定了其与一般金属液体之间的界面能高于金刚石的表面能，所以金刚石不为一般的金属合金所润湿。低熔点金属对金刚石表面的润湿角均在100°以上。铝虽然在1100℃下对金刚石有较好的润湿性，但在该温度下铝对金刚石有强烈的熔蚀性。所以难以找到理想的低熔点纯金属能够良好地润湿金刚石的表面。

在铜、银、锗、锡、铟、锑、铅、铝等低熔点金属中添加少量的碳化物形成元素（钛、锆、铬、钒、钽、铪、铌、硅等），将使合金对金刚石的润湿性大为改观，能够使润湿角降到45°以下，其中Cu-10Ti、Cu-10Sn-3Ti、Ag-2Ti对金刚石的润湿角达到0°。

5.6.2.2　金刚石表面金属化技术与模型

有在金刚石表面镀金属（Cu、Ni、Co等）膜的方法，但是却难以达到预期的效果。这是由于该金属镀层与金刚石表面的结合较弱，在一般的机械摩擦中会脱落。这种金属镀膜也称为"金属衣"，与金刚石表面未形成冶金结合。

金刚石表面金属化应该是在金刚石晶体表面形成具有金属特征的表面层。该表面层是在与金刚石晶体的表面碳原子通过界面化学作用而形成的具有冶金结合、具有金属特征的表层。它与金刚石晶体之间具有很强的结合力，不为一般的机械摩擦所剥落。该表层还应具有足够的热稳定性，且一般的熔焊、粉末冶金过程都不会改变金刚石晶体与该表面层的冶金结合方式。具有这种金属特性表层的金刚石晶体称为表面金属化金刚石，赋予该表层的技术称为金刚石表面金属化技术。

典型的金刚石表面金属化模型是由林增栋教授于1984年提出的，包含内层、中层与外层。内层是由强碳化物形成元素与金刚石进行界面反应，并使反应物生成在金刚石母晶界面上，厚度应为100nm左右，该层的完整性是金刚石表面金属化的关键与核心。中层是为了改善润湿性及可焊性而设计的，可选用镍、钴、铜等合金，对内层所生成的碳化物有非常好的黏结性。该层的厚度为数微米，能够使金刚石表面呈现出完美的金属特性，具有导电性、可焊接性、可烧结性。外层是为了缓和金刚石与金属胎体之间的线膨胀系数差异而设计的，一般是数十微米厚的电镀层。

5.6.2.3　金刚石表面金属化的途径

金刚石表面金属化的核心是形成与金刚石表面牢固结合的碳化物层。

根据强碳化物形成元素的物相状态不同，金刚石表面金属化的生成方法有固相反应法、液相反应法与气相反应法。

固相反应法是采用真空气相沉积、离子溅射、化学镀膜、冶金包覆等方法，在金刚石颗粒表面形成一层强碳化物形成元素薄膜，厚度约为100nm。然后将镀膜的金刚石置于高温真空炉中，加热到所镀强碳化物形成元素能够与金刚石表面的碳原子发生界面化学反应的温度，所生成的碳化物生长黏附于金刚石颗粒表面。

液相反应法是使金刚石颗粒与含有强碳化物形成元素的低熔点合金溶液相接触，使其发生界面反应，控制其厚度约为 100nm，然后使金刚石颗粒与液相合金分离，一层完整的碳化物层完整地生长黏附于金刚石颗粒表面。

气相反应法能够解决细小颗粒表面难以发生均匀界面反应的问题。凡是能够产生强碳化物形成元素蒸气的各种物理与化学方法，都可以用来进行与金刚石表面的反应，从而在金刚石颗粒表面形成稳定的金属碳化物层。

5.6.3 粉末冶金法制造金刚石工具的工艺

5.6.3.1 胎体粉末

金刚石工具使用的胎体粉末一般为 200~300 目，对于性能要求高的金刚石工具，应选择更细的金属粉末。

金属粉末的比表面积大，表面能高，化学性能活泼，氧化倾向大，所以常用的金属粉末 Fe、Co、Ni、Cu 等，需经氢气还原处理。

使用预合金化粉末在烧结时不再需要扩散，所以能够使胎体的性能明显提高。

当由多种粉末组成胎体时，应预先混合，一般在球磨机中进行，球料比可取 3:1，混合时间 3~4h。由于金刚石的密度小于金属，所以在将金刚石颗粒与金属粉末进行混合时，应加入少量润滑剂（无水乙醇、汽油、汽油树脂溶液等），以防止金刚石颗粒的"上浮"。

5.6.3.2 模压烧结

模压烧结工艺是将金刚石颗粒与胎体金属混合，压制成形，在还原气氛中，高于部分合金液相点 50~100℃ 的温度下进行烧结。具有工艺简单、操作连续、批量大等优点。该工艺制备的金刚石工具存在有大量的孔隙，对金刚石颗粒的包镶性差，目前几乎仅用于制造砂轮、研磨条等要求金刚石有一定脱粒能力的工具。

5.6.3.3 热压

热压法制造金刚石工具是将金刚石颗粒与胎体粉末混合，装入石墨模具内，在低于液相熔化温度 50~100℃ 的温度下，施加 5~40MPa 的压力热压成形，经冷却脱模后得到制品。热压收缩过程可以分为 3 个阶段：热塑性形变阶段、黏性流动阶段与致密化阶段。

5.6.3.4 冷压浸渍与松装浸渍

浸渍工艺是将金刚石粉末与骨架材料按照比例混合，振实或压实。然后将低熔点的浸渍合金置于其上，当加热温度超过液相点时，液相合金就会通过毛细作用浸渍到金刚石与骨架材料粉末的孔隙中。如果液相合金对被浸渍的粉体材料具有良好的润湿性，则孔隙会被完全填充，得到几乎接近理论密度的材料。

A 冷压浸渍

冷压浸渍是指均匀混合的金刚石与骨架材料粉末，经模压成形，得到所要求形状的压坯，然后于烧结炉中进行浸渍。由于模具加工复杂、工序繁多、操作不易，所以这种工艺已经较少使用。

B 松装浸渍

松装浸渍是指将金刚石-骨架材料混合粉末置于石墨模具腔内，仅需振实，使粉末充分充满模腔，然后将整个石墨模具于烧结炉中进行浸渍。该工艺的突出优点是粉体不需要压制成形，凡是粉末能够填充的部位，都能浸渍成形。所以，可以制作形状十分复杂的金刚石工具。

松装浸渍的工艺要点如下：

（1）浸渍合金对骨架材料的润湿性。浸渍合金对粉体的润湿性决定浸渍工艺的成效。

（2）粉末颗粒组成的调整。松装浸渍主要依靠粉末填充到模腔的各个部位。为了使浸渍达到理想的效果，对粉末颗粒的松装密度、振实密度和流动性都有一定的要求。良好的流动性使粉末能够充分地填满模腔；振实密度高能够使填充粉末的各部位无"拱桥"现象，各处均匀，可避免粉末颗粒在拱桥处未浸渍而造成空洞。适当的粉末粒度的组合能够提高振实密度。球磨不仅能够改变粉末颗粒的大小，而且还能够改变粉末颗粒的粒度组成，一定的球磨时间能够获得较高的振实密度。

从目前所使用的浸渍材料看，均不能很好地浸渍金刚石。所以在金刚石-金属粉末体中，金刚石颗粒聚集而形成的孔隙以及金刚石颗粒与骨架粉末之间的孔隙，均不能完全由浸渍合金所填充。这样就限制了松装浸渍工艺在孕镶式金刚石工具中更多的应用。

5.6.4　金刚石工具简介

5.6.4.1　金刚石砂轮修正工具

砂轮在使用一段时间之后需要对其表面进行修正，以保证其表面磨削能力与尺寸精度。能够对极耐磨砂轮进行修正的，只有金刚石工具。目前广泛使用的金刚石砂轮修正工具主要有单晶金刚石刀、金刚石修正笔、金刚石修正片、金刚石修正滚轮。

单晶金刚石刀可以用粉末冶金的方法制造，在石墨压头上预留孔，使金刚石颗粒预出刃。基体合金以铜基或镍基合金为宜。

粉末冶金热压法是制备金刚石修正笔的最佳方法。金刚石修正笔在修正砂轮的同时，承受砂轮强有力的反磨削，严重损伤金刚石修正笔的合金胎体，因此，提高胎体的耐磨性，对提高金刚石修正笔的寿命具有重要的作用。WC 为基的胎体是最佳选择。

粉末冶金热压法是制备金刚石修正片的首选工艺，以中频电流加热，石墨模具型腔采用拼排组合。每次可加热数件。为减少石墨模具的损耗，降低石墨模具的高度，在生产中普遍采用先冷压成形，然后热压。

金刚石修正滚轮的结构主体是同轴旋转体，且形状复杂，粉末冶金的渗透方法成为首选工艺。先在石墨模具内腔涂一层胶，颗粒状金刚石有序或无序黏贴在石墨模腔上。然后用离心法（或振实法）使骨架粉末填充于整个模腔。置于中频感应炉或马弗炉中加热至高于浸渍合金熔点 50~80℃ 的温度，使合金浸入骨架合金的孔隙而成形。

5.6.4.2　金刚石岩层钻头

利用金刚石的高硬度制造的金刚石硬底层钻头是现代克服硬底层，加速地质、石油勘探的有力工具。

金刚石石油钻头可分为磨削型和切削研磨型。

热压和振实浸渍法被优先应用于磨削型金刚石石油钻头，当使用磨料级合成金刚石颗粒或钻冠唇形简单时，最好采用热压法，以保证胎体合金紧密包镶住细小的金刚石颗粒。

但是当钻冠唇形复杂时，最好采用松装浸渍法。

切削研磨型金刚石石油钻头的制造方法是以小柱状聚晶金刚石为原料，振实浸渍法是制造此种钻头的最佳方法，这是因为热压法容易造成聚晶体的倾斜或倒伏。先在石墨腔体上打出与金刚石颗粒大小相当的小锥眼，柱状金刚石聚晶以黏胶固定于小锥眼上，金刚石布装后用骨架粉末填充，经振实并加上钻体，装入中频感应炉或马弗炉加热浸渍。

墙体钻孔薄壁工程钻头的用量已经超过地质、矿山岩层钻头，这是由于混凝土构件、墙体、石材的钻孔日益增多。薄壁工程钻头的特点有：钻头壁薄（2.5～5mm）、同轴度要求高；回次钻进孔浅、钻机钻速高；被钻材料变化较大。其胎体的选择、制造方法与地质钻头相近。

5.6.4.3　金刚石锯切工具

金刚石锯切工具用于石材、半导体、玻璃、陶瓷、钢筋混凝土等非金属坚硬材料的切断落料及切槽，尤其是在石材生产和建筑工程中，金刚石锯片占据了重要的地位，成为金刚石的主要消耗领域，占整个金刚石消耗量的1/4以上。按照形状分类，金刚石锯切工具可分为周边连续式圆锯片、大直径镶焊锯片、排锯片、带锯片、绳锯等。

周边连续式圆锯片的厚度较薄，一般采用冷压烧结或加压烧结。生产量较少时，可直接用石墨热压。热压锯片的性能优于冷压烧结，只是大批量生产时成本较高。冷压烧结制造小型锯片时一般选用65Mn等冷轧钢板冲制成形作为金属基体。基片经清洗后置于压制膜内，一般采用高压压制，使压坯厚度一致。压制成形后的锯片坯叠装在增碳烧结罐中，可以在一般箱式炉内烧结。氢气保护气氛能够提高制品的质量。如果采用钟罩炉，则由于制品受到钟罩自身的压力，促使收缩致密，也能够提高制品的质量。

对于外圆直径大于250mm的金刚石锯片，是先制造不同弧度的金刚石节块，然后焊接到金属基体上。该制造步骤也适用于金刚石排锯条。金刚石锯片的节块一般采用冷压-热压法制造，以提高金刚石锯片的寿命。

热压金刚石节块之前增加冷压与成形工艺，目的是为了减少热压石墨腔体的高度，减少石墨的消耗，使后续的热压工艺易于控制。热压模具以拼块为宜，压力应低于石墨模具的抗压强度。应控制构成石墨模的各个部件加工尺寸精度，采用等高压制以保证节块的高度一致。热压一般选用电阻式热压机。节块与基体的焊接由专用焊接机进行，动力部分提供高频电源，机械部分保证钢基体的均匀旋转，并准确夹持节块，实现高质量的焊接。

5.6.4.4　金刚石磨具

金刚石磨具的用途很广，是钻孔、切割、研磨、抛光坚硬材料及其制品不可缺少的工具，并具有制品尺寸精度高、质量好、表面粗糙度低、加工效率高、模具寿命长等特点。

粉末冶金法制备的金刚石磨具从结构形式上可分为磨轮、磨辊、磨盘、珩磨条等。

热压法是制备粉末冶金金刚石磨轮的首选工艺，这是由于金刚石磨轮的品种多，每一种产品的产量少，冷压烧结的经济效益不佳。金刚石层与基体可以是在热压时烧焊在一起，也可以是单独热压出金刚石的环圈，然后与基体机械镶合或黏合。

金刚石研磨盘与磨辊广泛应用于石材、耐火材料的表面磨削和研磨、抛光。研磨盘与磨辊的制造技术是孕镶块制造与孕镶块在基体中布装设计的组合技术。

5.7　粉末冶金磁性材料

近年来粉末冶金磁性材料飞速发展，尤其是被称为永磁王的 Nd-Fe-B 永磁材料，只有采用粉末冶金的工艺才能充分发挥其优异的性能。粉末冶金磁性材料包括永磁材料、软磁材料等。

5.7.1　粉末冶金永磁材料

图 5-1 是永磁材料的发展概况，从图中可以看出，近年来稀土永磁材料的高性能化发展极为迅速。

5.7.1.1　Sm-Co 型永磁体

$SmCo_5$ 与 Sm_2Co_{17} 化合物具有高的饱和磁化强度、居里温度和单轴磁晶各向异性常数，具备成为高性能永磁材料的条件。

A　$SmCo_5$ 烧结磁体

$SmCo_5$ 烧结磁体的制备方法示于图 5-2。

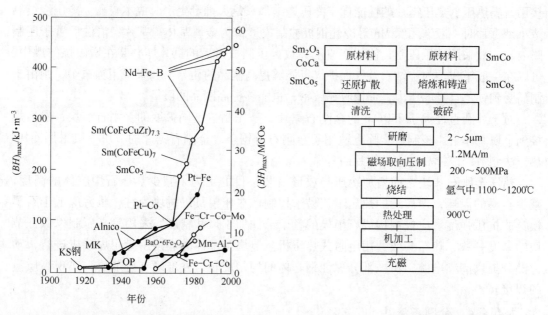

图 5-1　永磁材料的发展概况　　　　　　图 5-2　$SmCo_5$ 烧结磁体的制备工艺

首先，通过熔炼法或还原扩散制备粗粉，然后在保护气氛下进行破碎，得到 $2 \sim 5~\mu m$ 的微粉（单畴微粒），在磁场中压制，得到微粒易磁化方向沿磁场方向取向的成形体。为了提高密度，可以采用等静压制。烧结温度一般为 $1200\,℃$，缓冷至 $900\,℃$，然后快冷。低于 $900\,℃$ 的快冷能够避免 Sm_2Co_7 相的出现，该相的出现会导致磁性能下降。降低氧含量、采用强的取向磁场以及等静压技术，都能够提高磁体的性能。

B　$SmCo_5$ 黏结磁体

$SmCo_5$ 磁体粉末与非磁性的黏结剂（环氧树脂等）混合，然后成形、固化，形成黏结磁体。由于该类磁体中含有一定量的非磁性体，所以其磁性能比烧结磁体低。

C　Sm_2TM_{17} 烧结磁体

Sm_2Co_{17} 化合物比 $SmCo_5$ 化合物具有更高的饱和磁化强度和居里温度，所以具有发展为更高的最大磁能积、更高使用温度的永磁体的条件。但是，Sm_2Co_{17} 化合物的单轴磁晶各向异性常数较小，不易得到高的矫顽力。

在 Sm_2Co_{17} 化合物的基础上，以适量的 Cu、Fe、Zr 等元素取代部分的 Co 而形成 Sm_2TM_{17}，制备烧结磁体，能够获得高的矫顽力和最大磁能积。Sm_2TM_{17} 烧结磁体的制备工艺与 $SmCo_5$ 烧结磁体相同，但其烧结后的热处理有其特点。烧结体于 1130～1170℃固溶化处理后，进行 750～850℃的等温时效处理。然后低于 400℃连续冷却处理，以得到两相显微组织，提高其矫顽力。

Sm_2TM_{17} 烧结磁体最突出的特点是居里温度高，从而使饱和磁化强度的温度系数仅有 $-0.03\%/℃$，矫顽力的强度系数也仅有 $SmCo_5$ 烧结磁体的 1/2，所以其耐热性优异。最近航空用高性能磁体的开发受到重视。

D　Sm_2TM_{17} 黏结磁体

Sm_2TM_{17} 黏结磁体的制备工艺与 $SmCo_5$ 黏结磁体相同。该类磁体可以在 200℃以下使用。为了提高磁性能，可以适当地增加 TM 中的 Fe，降低 Cu。为了节省较昂贵的 Sm，也可以使用较丰富的 Pr、Nd、Ce 等元素部分取代 Sm 来制造该类磁体。

5.7.1.2　R-Fe-B 系永磁体

R-Fe-B 系永磁体是在 $R_2Fe_{14}B$ 型（2-14-1 型）金属间化合物的基础上发展起来的一类高性能稀土永磁体，其中 $Nd_2Fe_{14}B$ 型磁体性能最高，用途最广。

A　Nd-Fe-B 系烧结磁体

Nd-Fe-B 系烧结磁体的制造工艺与 Sm-Co 系烧结磁体大体相同。工序为熔炼（形成 $Nd_2Fe_{14}B$ 型合金）→铸锭（或铸片）→破碎（或用 RD 法直接得到粗粉）→微粉破碎（3～5 μm）→磁场中成形→烧结（1050～1100℃）→时效处理（900～500℃）→机加工→表面处理→充磁。由于该类材料极易氧化，所以从熔炼到制成磁体的过程中都需要在保护气氛中进行。有的磁体还需要进行涂层等表面处理。

为了得到高性能的 Nd-Fe-B 烧结磁体，必须严格控制合金组成与杂质（尤其是氧含量要低），以形成微细均匀的显微组织。

提高饱和磁化强度的措施包括：选择高饱和磁化强度的 $R_2Fe_{14}B$ 相中的 $Nd_2Fe_{14}B$；尽量提高烧结密度；减少非磁性相，增加铁磁相的体积分数与取向度。提高矫顽力的措施有：提高铁磁相的磁晶各向异性；控制烧结体的微观组织等。

吸收氢气可以导致 Nd-Fe-B 系合金的自然破裂，该方法已经用于 Nd-Fe-B 系磁体合金气流磨等微粉破碎前的粗破碎工序，尤其适用于快凝合金薄片的粗破碎。用这种方法得到的粉末进行压制烧结时，烧结温度可以降低，避免晶粒的反向长大，从而可以保持高的矫顽力。

制粉和压制成形阶段对控制氧含量、获得高取向度是非常重要的。在粉末压制过程中使用润滑剂、防氧化剂，正向反向交替地外加足够的取向脉冲磁场，倾斜磁场取向以及采用等静压或准等静压技术，是获得高取向度的基础。烧结和时效处理是获得高致密磁体和均匀微细显微组织的重要工序。

Nd-Fe-B 磁体的居里温度较低，高磁能积的 Nd-Fe-B 烧结磁体的工作温度低于 100℃，高矫顽力的烧结磁体的工作温度可达 250℃。Nd-Fe-B 系磁体由于含有大量的 Nd 和 Fe，所以其耐氧化性、耐腐蚀性较差，对于某些应用，必须进行涂层等表面处理。

鉴于上述 Nd-Fe-B 系磁体的特点，一些厂家开发了新的工艺。例如二合金法可以降低烧结体中的氧含量；利用微粉特殊表面改性的干式成形法以及独特的气氛控制，生产了一些新的制品。

B　Nd-Fe-B 系热加工磁体

Nd-Fe-B 系热加工磁体分为热压磁体与热变形磁体。所用原材料是熔体快凝非晶态 Nd-Fe-B 系磁体合金粉末。热压磁体只是粉体致密化，不发生塑性变形，磁各向同性，磁性能较低；热变形磁体是热压磁体（致密磁体）在一定温度下经塑性变形而得到的磁体，磁各向异性，具有很高的永磁特性。

C　Nd-Fe-B 系各向同性黏结磁体

Nd-Fe-B 系各向同性黏结磁体由 Nd-Fe-B 系各向同性磁体粉末与非磁性相的黏结剂组成。Nd-Fe-B 系各向同性磁体粉末主要是由熔体快凝固制造的，主要采用了单辊快凝技术。个别牌号的磁体粉末是由惰性气体雾化制备的。

制作工艺有压缩成形、注射成形、挤压成形等。不同成形方法所使用的黏结剂不同。压缩成形一般采用环氧树脂，注射成形可采用尼龙等，而挤压成形可采用聚酯。

目前，市售的黏结永磁体主要是 Nd-Fe-B 系各向同性黏结磁体。磁体的永磁性能主要取决于磁体粉末的永磁性能，而力学性能则主要与黏结相密切相关。

通过 Nd-Fe-B 系各向同性磁体粉末的改进以及原料配比和成形技术的优化，能够获得高性能的 Nd-Fe-B 系各向同性黏结磁体。

D　Nd-Fe-B 系各向异性黏结磁体

Nd-Fe-B 系各向异性黏结磁体由 Nd-Fe-B 系各向异性磁体粉末与非磁性相的黏结剂组成。磁体的永磁性能主要取决于磁体粉末的永磁性能。

Nd-Fe-B 系各向异性磁体粉末的制备方法主要有以下两种：HDDR（氢化-歧化-脱氢-再结合）法或 d-HDDR（动态 HDDR）法。HDDR 法的工艺流程为：Nd-Fe-B 系合金锭→均匀化处理（氩气中，1000～1150℃）→粗破碎（20mm）→氢化（氢气中，室温至 800～850℃）→脱氢（真空，800～850℃）→轻微破碎→磁体粉末。

Nd-Fe-B 系各向异性黏结磁体与各向同性黏结磁体相比，除了使用 Nd-Fe-B 系各向异性磁体粉末之外，不同之处还在于成形过程中需要施加取向磁场。成形时的加压方向与取向磁场方向平行的称为横向成形；加压方向与取向磁场方向垂直的称为纵向成形。横向成形能够获得比纵向成形更好的磁性能，纵向成形多用于环形磁体。

5.7.1.3　Sm-Fe-N 系黏结磁体

Sm_2Fe_{17} 化合物渗氮后，形成 $Sm_2Fe_{17}N_3$ 化合物。由于间隙原子进入晶格，其居里温度大幅度提高，还具有高的饱和磁化强度和各向异性，所以具备成为高性能磁体的条件。

由于间隙原子进入 Sm_2Fe_{17} 化合物需要在较低的温度下进行渗氮热处理，所以此类化合物不能通过高温烧结或热加工制成块体材料。目前通用的方法是先将该类化合物制成磁体粉末，再制作黏结磁体。

工业上采用还原和扩散法（R/D 法）制备各向异性 $Sm_2Fe_{17}N_3$ 磁粉，先用 R/D 法制取 Sm_2Fe_{17} 合金，然后渗氮得到磁粉。制备合金的工序为：铁、氧化钐、钙→混合→R/D 热处理→破碎和研磨→粉碎→过滤→洗涤与漂洗→过滤→真空干燥。

$Sm_2Fe_{17}N_3$ 各向异性磁体可以采用注射成形的方法来制备。其工艺流程为：$Sm_2Fe_{17}N_3$ 磁粉（约 $2\mu m$）→表面处理→与聚酰胺-12 混合→$Sm_2Fe_{17}N_3$ 复合物（粒状）→磁场注射成形→充磁→$Sm_2Fe_{17}N_3$ 各向异性磁体。

5.7.2 粉末冶金软磁材料

软磁材料应有低的矫顽力、高的磁导率、低的反磁化损耗。粉末冶金软磁材料可分为烧结软磁材料和复合软磁材料。

5.7.2.1 烧结软磁材料

目前，工业上生产的烧结软磁材料通常是采用高纯铁或 Fe-2Ni、Fe-3Si、Fe-0.45P、Fe-0.6P 等不同类型的铁合金制作的。利用粉末冶金技术可以制作复杂形状的磁性零部件，避免或减少机加工，从而节省成本。

最终制品是由软磁粉压制成形与烧结后，直接得到的致密材料或零件。

A 纯铁

可以使用廉价的水雾化铁粉，含杂质较少（小于 1%），压坯密度为 $6.8 \sim 7.5 g/cm^3$，烧结后获得目标磁性能，可以用于磁性器件的磁通量通路。

B 铁磷合金

添加合金元素能够提高磁性能，但往往使材料变脆，不能采用变形工艺，通常采用粉末冶金工艺制造。商用铁磷合金多采用水雾化铁粉与粒度约为 $10\mu m$ 的 Fe_2P 或 Fe_3P 粉末混合，经压制与烧结制备磁性材料。压制时，坚硬的 Fe_2P 或 Fe_3P 粉末分布于较大的铁粉颗粒之间，烧结时，铁磷金属间化合物熔化并扩散到铁中，形成 Fe-P 固溶体。液相能够加速扩散，促进烧结体的致密化。为了保证铁磷合金的磁性能，应该严格控制杂质的含量，例如碳含量小于 0.01%，氧含量小于 0.08%，氮含量小于 0.04% 等。暴露于腐蚀环境的纯铁与铁磷合金需要进行镀锌或涂层。

C 铁硅合金

由于含硅较高时难以变形加工，所以变形合金多为含硅 3% 的铁硅合金。粉末冶金工艺可以制备铁硅合金。其制造方法为母合金混合法，在软的纯铁粉末中混入母合金（共晶合金）粉末。由于母合金中含有较高的硅，所以压制与烧结时都必须特别注意。可加入高压水雾化的 Fe-21%Si 的球形微粉，添加润滑剂进行压制成形与真空烧结。合金的磁性能与硅含量及烧结温度有关。

D 铁素体不锈钢

铁素体不锈钢主要用于要求工作温度高、耐蚀性好的直流磁性零部件。耐蚀性是以牺牲一些磁性能为代价的，这是由于耐腐蚀性较好的铁素体不锈钢含有较多的 Cr。大多数不锈钢都采用水雾化生产，而注射成形用粉末使用气雾化生产。由于含铬的铁粉比较硬，压缩性受到影响，所以压坯密度较低，由此又影响材料的磁性能。对此往往采用较高的烧结温度与适当地延长保温时间。

　　E　50Fe-50Ni 合金

　　该合金具有高的磁导率、高的饱和磁感和低的矫顽力，是优异的软磁材料，多用于要求磁感对磁化场快速响应的一些磁性材料，但价格较贵。为了得到良好的磁性能，需要在 1260℃ 以上的高温烧结，至少保温 1h。此外，该类合金对热处理工艺十分敏感，需要进行适当的退火处理。

5.7.2.2　压粉磁芯

　　压粉磁芯由软磁合金粉末与作为绝缘体的黏结相组成，是一种软磁复合材料。一般用于 kHz~MHz 范围的高频交流器件。压粉磁芯的磁感应尽量高，磁导率也应尽量高，在高频下的损耗应尽量小。用于压粉磁芯的软磁粉末颗粒应尽量地细，且每个颗粒都要绝缘。通常是粉末颗粒由绝缘剂包覆后进行压制成形，以较高的压力压制成高密度的磁芯，但不能破坏绝缘涂层。

　　压粉磁芯所使用的铁粉类型会影响其磁性能。还原铁粉的起始磁导率高于雾化铁粉，比雾化铁粉更容易发生变形，并平行于磁通方向延长，能够使磁导率得到改善。

5.7.3　铁氧体

　　铁氧体一般是指以氧化铁和其他铁族或稀土氧化物为主要成分的复合磁性氧化物，大多采用粉末冶金工艺来制造。一般的工艺流程如图 5-3 所示。

5.7.3.1　铁氧体软磁材料

　　软磁铁氧体是以 Fe_2O_3 为主，加上 MnO、MgO、CuO、NiO 等组成的复合氧化物，其化学式为 $MO \cdot Fe_2O_3$。特点是电阻率高、饱和磁化强度低、居里点低、磁导率高，其中起始磁导率及其稳定性是重要的指标。

　　原料采用所需金属离子的氧化物，例如锰锌铁氧体的原料选用 Fe_2O_3、MnO 和 ZnO。原料的纯度与化学活性对铁氧体的性能影响很大。

　　为了使铁氧体材料在烧结时能够完全固相反应，要求原料很细且混合均匀。因此原料需要球磨，一般采用两次球磨。

　　成形一般采用模压成形，有利于连续生产。对于复杂形状的产品，也可以采用热压铸或粉浆浇注成形。

　　烧结是制备铁氧体材料的关键。烧结温度、保温时间、升温与降温速度、烧结气氛等都会对材料的性能产生影响。烧结温度一般为 1000~1300℃，保温 2h。可以使用隧道窑、钟罩

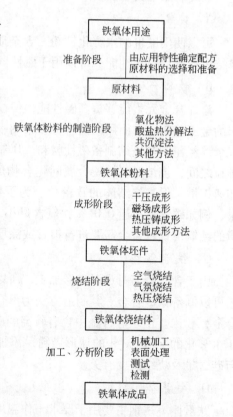

图 5-3　铁氧体的生产工艺流程

炉或真空炉，有的材料需要在不同气氛下烧结。

典型的软磁铁氧体有 Mn-Zn 铁氧体、Ni-Zn 铁氧体、Li-Zn 铁氧体等。

5.7.3.2 铁氧体硬磁材料

铁氧体硬磁材料的化学分子式为 $MO \cdot nFe_2O_3$，M 代表 Ba、Sr、Co、Pb、Ca。所以铁氧体硬磁材料有钡铁氧体、锶铁氧体、钴铁氧体、钙铁氧体，前两种的应用较多。

铁氧体硬磁材料的制备方法与铁氧体软磁材料基本相同。

影响磁性能的主要因素有：

（1）粉末粒度对铁氧体硬磁材料的影响很大，粉末粒度小于形成单畴颗粒的临界尺寸时，才能得到高的矫顽力。

（2）制造各向异性铁氧体硬磁材料需要将磁粉在磁场中成形。一般是磁场方向与加压方向平行。

（3）湿法成形便于粉末克服颗粒之间的摩擦力，沿磁场方向平行排列。

（4）提高烧结温度与延长保温时间可提高磁体密度，从而提高磁性能，但是需要注意晶粒长大。

（5）加入少量的 SiO_2、Al_2O_3 等助溶剂，能够提高烧结体的密度与性能。

（6）提高原料的纯度也能够提高磁体的性能，但成本也增加。

铁氧体硬磁材料与金属永磁材料相比具有以下优点：电阻率高，矫顽力高，价格便宜，密度小。缺点是：磁性能较低，剩磁温度系数差，性能较脆，不易加工。

5.8 粉末冶金电触头材料

电触头是各种电力设备、自动化仪表和控制装置中使用的一种关键金属元件，通过其接通或分断，达到保护电器，传递、承受和控制电流的目的。

5.8.1 电触头材料的基本性能与分类

电触头材料一般需要考虑以下性能：

（1）导电导热性能。希望有尽可能高的导电导热性能。

（2）抗电弧烧损性。这是影响电触头使用性能与寿命的重要特性。特别是大电容量电器的电触头，每当分断或接通时，都要承担很大的电弧烧损作用。

（3）耐电压强度。一般希望电触头材料的耐电压强度越高越好，即在相距一定距离的两个电触头之间发生击穿的电压越高越好。

（4）熔焊性。在接通电路时，两个电触头由于接触而发生的焊接现象，希望电触头材料的熔焊性越低越好。

（5）力学性能，主要是抗拉强度与硬度。不仅影响电触头材料的耐磨损性，而且还会影响其使用寿命。

（6）抗氧化与耐腐蚀性。氧化与腐蚀会引起电触头材料接触电阻增大和表面破坏，所以要求有好的抗氧化与耐腐蚀性。

（7）加工性能。加工性能是电触头材料重要的工艺性能。

电触头材料按照材料的类型可以分为：

（1）单体金属。纯铜、纯银、纯钨等。

（2）合金材料。通过合金的方式，能够改善单体金属的缺点，主要有银合金、铜合金、贵金属合金等。

（3）金属复合材料。通过将性能间十分悬殊的金属与金属或金属与金属化合物构成复合型的电触头材料，来满足多项性能的要求。

按照主要基体成分可以分为：

（1）贵金属系电触头材料。由铂族元素（钌、铑、钯、锇、铱、铂）和金、银等金属组成的合金，化学稳定、抗氧化性能好，接触电阻稳定，但是资源稀少，价格贵。

（2）银系电触头材料。导热、导电性能很好，易加工。

（3）铜系电触头材料。导热、导电性能也很好，且价格比银系便宜，资源丰富。

（4）钨系电触头材料。熔点高、硬度高、强度大、耐电压强度高、抗电弧烧损性好。

（5）钼系电触头材料。性能与钨系电触头材料接近，但密度比钨系电触头材料小得多，替代钨系电触头材料，有减轻重量的优势。

（6）石墨系电触头材料。突出的优点是有较好的润滑性能和抗熔焊性。

按照使用情况及条件可以分为：

（1）弱电用电触头材料。用于通过电流为毫安级、使用电压也很低的情况。特点是尺寸小、操作频繁，要求十分可靠，接触电阻小且稳定。主要由贵金属构成。

（2）低电压电触头材料。使用电压从几伏到几百伏。特点是使用电压仍不高，操作也很频繁，要求寿命较长，面大而广，使用条件变化多。目前主要是银基电触头材料。

（3）中电压电触头材料。使用电压从几千伏到几万伏。主要用于城乡电网、电气化铁路及大型工业企业的电源控制。要求承受的电压高，耐电压强度高，抗电弧烧损性好。主要是高熔点金属或其化合物与银、铜组成的复合材料。

（4）高电压电触头材料。使用电压超过十万伏。使用电压很高，电流也很大，但开断操作的次数不多。要求材料具有高的耐电压强度与抗电弧烧损能力。

（5）真空电触头材料。在高真空介质中使用的电触头材料。主要有真空熔炼的铜合金、铬铜复合材料等。

（6）滑动型电触头材料。通过运动情况下的滑动接触来传递电流，也称为电刷材料。

5.8.2　银基电触头材料

银是导电性最好的金属，最早作为电触头材料而使用，但电烧损严重，容易变形，容易引起黏结与熔焊。

银铜合金在保持高导电性的同时明显提高了材料的硬度。银基复合材料在提高材料的强度、硬度的同时，可以获得比银基合金更好的导电性能。

银基复合材料可以分为以下几类：

（1）以纯金属作为弥散第二相的银基复合材料。有 Ag-Ni、Ag-Fe、Ag-W、Ag-Mo 等。

（2）以氧化物作为弥散第二相的银基复合材料。这些氧化物有 CdO、SiO_2、ZnO 等，添加这些氧化物能够提高材料的硬度与强度以及抗熔焊性能。其中 Ag-CdO 系是综合性能最好、使用最广泛的品种。

（3）以石墨作为弥散第二相的银基复合材料。添加石墨除了能够提高硬度与强度外，还能够降低摩擦系数并作为滑动电触头使用，同时具有极好的抗熔焊性能。

5.8.2.1 Ag-Ni、Ag-Fe 电触头材料

镍与铁相对于银，熔点较高，而且有不像铜那样固溶于银，所以对银的强化作用比铜大。其中镍的抗氧化性能较好。镍与银的组合能够保证材料的抗氧化性能，所以 Ag-Ni 电触头材料的用途较广。

由于铁不耐氧化，所以 Ag-Fe 电触头材料的使用受到限制，但是 Ag-Fe 电触头材料的抗熔焊性能与抗磨损性能优于 Ag-Ni，且铁的价格便宜，所以可在使用性能要求不高的情况下取代 Ag-Ni 电触头材料。

Ag-Ni、Ag-Fe 电触头材料一般都采用最常规的压制-烧结-复压粉末冶金工艺制备，有时也采用压制-烧结-挤压的生产工艺。

5.8.2.2 Ag-W、Ag-Mo 电触头材料

此类材料是指银含量较多的材料，也是采用最常规的压制-烧结-复压粉末冶金工艺制备。由于银含量较多，所以具有高的导电性能，而且能够通过加工而制成各种形状。但是由于所含钨、钼的量尚不足以形成骨架，所以与以钨为基的 W-Ag 电触头材料相比，其抗电弧烧损性及抗机械磨损性仍显得不足。主要应用于低电压、具有轻的或中等载荷的电气设备中。

5.8.2.3 银-氧化物电触头材料

A　Ag-CdO 电触头材料

Ag-CdO 电触头材料是银-氧化物电触头材料中最重要的材料，也是银基触头材料的重要品种。具有作为触头材料优异的性能：强度与硬度显著提高、抗熔焊性与灭弧性能良好、抗电弧烧损性能好、接触电阻稳定、加工塑性优异。

Ag-CdO 电触头材料的优异性能是由于在电弧作用的温度下，$800 \sim 1000\,℃$ 时，所含的 CdO 开始挥发，大量吸收电弧所产生的热量，从而减少烧损，同时有利于灭弧和防止熔焊。Ag-CdO 电触头材料几乎可以适用于所有的低压电器。

Ag-CdO 电触头材料的制备方法主要有：

（1）压制-烧结-复压法。这是最基本的方法，缺点是密度较低，难以获得弥散均匀的 CdO 质点。

（2）压制-烧结-挤压法。采用较大的压缩比，有利于提高密度与性能。

（3）内氧化法。先制成 Ag-Cd 合金，在 $800 \sim 900\,℃$ 下氧化，能够形成弥散均匀的 CdO 质点。内氧化时 CdO 质点的状况取决于氧化时的温度与氧分压，低的温度与高的氧分压有利于获得细小的质点。

（4）预氧化-压制-烧结-挤压法。既有内氧化的优点，又能发挥挤压操作的好处。

Ag-CdO 电触头材料虽然有很多优点，但是由于镉的离子与蒸气都有毒，所以从保护环境与人体健康的角度，该类材料是不利的，发达国家或地区（例如欧洲）已经开始禁用。所以，开发新的触头材料取代 Ag-CdO 电触头材料，已经是必然的趋势。

B　Ag-SnO₂ 电触头材料

Ag-SnO_2 电触头材料是为了避免镉的毒性而开发的一类重要的银-氧化物电触头材料。

　　Ag-SnO₂ 电触头材料与 Ag-CdO 电触头材料一样可以用粉末冶金或内氧化法生产。当氧化锡含量大于 4% 时，必须加入少量的铟（In），而铟十分稀缺，价格较高。另外，内氧化的 Ag-SnO₂ 脆性很高。通常是采用压制-烧结-复压或压制-烧结-挤压法制造。

　　C　Ag-ZnO 电触头材料

　　Ag-ZnO 电触头材料主要用于电流小于 200A 的一些低压断路器中。该类材料也具有较大的脆性，难以进一步加工，所以实际上也采用压制-烧结-复压或压制-烧结-挤压法制造。

5.8.2.4　银-石墨电触头材料

　　银-石墨电触头材料的最大特点是具有极好的抗熔焊性，作为断路器的静触头使用。

　　银-石墨电触头材料导电、导热性好，接触电阻低，抗熔焊性能好。但是，二元系的银-石墨材料硬度低、强度小，机械磨损与电弧烧损严重。由此开发了含石墨的三元银基电触头材料。

思 考 题

5-1　孔隙对粉末冶金材料性能有哪些影响？

5-2　铁基结构件提高密度的方法有哪些？为什么使用预合金粉？

5-3　什么是自润滑轴承？其特点是什么？它是如何制造的？

5-4　粉末冶金摩擦材料的基本组成有哪些？其制造过程和应用是什么？

5-5　不锈钢粉末成形与普通铁基零件粉末成形有何区别？

5-6　粉末冶金高速钢的优点是什么？

5-7　有哪些方法获得粉末冶金用钛粉？粉末冶金钛合金的特点是什么？

5-8　粉末冶金高温合金的特点是什么？其制造方法和主要应用是什么？

5-9　粉末多孔材料的用途有哪些？其制造方法有哪几种？

5-10　什么是硬质合金？其特点和应用有哪些？其制造工艺是什么？

5-11　金刚石工具的特点是什么？其制造工艺大致是什么？

5-12　烧结 NdFeB 磁体的制造工艺是什么？需要注意的因素有哪些？

参 考 文 献

［1］韩凤麟. 粉末冶金手册［M］. 北京：冶金工业出版社，2012.

［2］陈文革，王发展. 粉末冶金工艺及材料［M］. 北京：冶金工业出版社，2011.

［3］周作平，申小平. 粉末冶金机械零件实用技术［M］. 北京：化学工业出版社，2006.

［4］曲在纲. 粉末冶金摩擦材料［M］. 北京：冶金工业出版社，2005.

［5］张义文，上官永恒. 粉末高温合金的研究与发展［J］. 粉末冶金工业，2004，14（6）：30～43.

［6］蔡一湘，李达人. 粉末冶金钛合金的应用现状［J］. 中国材料进展，2010，29（5）：30～39.

［7］奚正平，汤慧萍. 烧结金属多孔材料［M］. 北京：冶金工业出版社，2009.

［8］刘咏，羊建高. 硬质合金制作工艺技术及应用［M］. 长沙：中南大学出版社，2011.

［9］孙毓超. 金刚石工具制造理论与实践［M］. 郑州：郑州大学出版社，2005.

［10］周寿增，董清飞，高学绪. 烧结钕铁硼稀土永磁材料与技术［M］. 北京：冶金工业出版社，2011.

6　粉末冶金零件设计

━┿━

[本章重点]

　　本章讲述粉末冶金工艺设计的一般考虑，并给出其选择准则。基于对零件形状、尺寸和精度的分析，给出粉末冶金设计的要点、准则、流程和注意事项。最后给出两个实例加以说明。

━┿━

　　用粉末冶金技术制造的材料或制品，大体上可分为以下五类：（1）粉末冶金机械零件；（2）铁氧体磁性材料；（3）硬质合金材料与制品；（4）难熔金属或高熔点金属材料与制品；（5）精细陶瓷材料与制品。粉末冶金机械零件，包括烧结金属自润滑轴承、烧结金属结构零件及烧结金属摩擦材料与制品等，是当前粉末冶金工业的主导性产品。

　　早期的粉末冶金机械零件形状简单且力学性能较低，主要是含油轴承与垫圈之类的制品。20世纪60年代以来，粉末冶金工业的生产技术和产品质量取得了长足进步。优质粉末原料使产品性能和尺寸精度得以提高，促进了承重载荷关键零件的开发；先进压机系统和烧结炉系统投入生产应用，为高效率成形多台面、高精度、复杂形状零件和提高产品性能及其一致性，提供了基本保证。先进粉末生产技术，如粉末锻造作为一种可使机械零件达到全致密从而获得高性能的粉末冶金生产工艺，增加了粉末冶金机械零件的品种，扩展了其应用领域；等静压技术的发展促进了各种类型异形零件（如管状、带螺纹、带凹槽等零件）及多孔性金属过滤器的开发；金属注射成形工艺作为一种近终形和终形成形技术，促进了高精度、高性能和形状复杂零件的开发，明显增加了粉末冶金零件的品种，扩大了其应用领域。

　　表6-1为粉末冶金零件的分类、材料特性及应用实例，可看出粉末冶金工业应用范围非常宽广，并有着极其广阔的发展前景。2005年，全世界粉末冶金零件的总产量约70多万吨，其中北美约占50%。汽车工业的发展推动了现代粉末冶金技术的进步，汽车制造业现已成为粉末冶金工业的最大用户。2005年欧洲生产的粉末冶金结构零件80%用于汽车制造，在日本为90%，在北美为75%。中国（大陆）2005年粉末冶金零件销售量为65064t，其中汽车市场所占份额为30.6%。从20世纪30年代开始，伴随着汽车制造业的发展，粉末冶金零件生产已从烧结金属含油轴承逐步发展到精密金属零件成形。

表6-1　粉末冶金零件的分类、材料特性及应用实例

类别	种别	材料及特性	应用实例
机械零件	结构零件	各种受力件（包括齿轮）：由铁、钢、铜合金、铝合金等制造	汽车、机床、纺织机械、农机、仪表、缝纫机、复印机、电动工具等

类别	种别	材料及特性	应用实例
机械零件	滑动轴承	(1) 烧结金属含油轴承：铁基与铜基多孔性轴承（孔隙度为15%～25%），孔隙中填充润滑油； (2) 钢背烧结合金轴承：第一层为钢背，第二层为烧结铜铅合金； (3) DU、DX 轴承等	汽车、飞机、铁路车辆、机床、内燃机、纺织机械、缝纫机、冶金机械、录音机、录像机、微电机、汽车和内燃机中的曲轴轴瓦、连杆轴瓦等
	摩擦零件	离合器片或刹车带等：由钢背与铁基或铜基粉末组合制成	汽车、飞机、坦克、工程机械、机床及动力机械上的摩擦组件
	过滤元件及其他多孔性材料	(1) 过滤元件：由球形青铜、镍、铁、不锈钢及其他金属粉末制造，孔隙均匀分布，多为杯状、圆锥状、圆筒状及棒状制品； (2) 汗冷材料：由镍、镍铬合金、不锈钢及其他耐腐蚀材料制造，孔隙度达50%，为棒材、带材、筒状制品； (3) 纤维金属制品：由细金属纤维制造，孔隙度高达80%	汽车、飞机、内燃机、化工、机床等，用于过滤各种气体与液体，用作射流元件中的多孔性金属滤波器，飞行器中用作多孔性汗冷元件吸声板，特殊用途的过滤元件
电器零件与材料	电触头	由难熔金属（W、Mo 等）与银、铜等制成的假合金	点焊机、滚焊机、各种火花仪器与开关设备用的触头
	集电零件	(1) 金属-石墨电刷：由银与石墨、铜（或铜合金）与石墨制成的假合金； (2) 烧结合金滑板：用粉末冶金法制造的铁基与铜基合金滑板	各种发电机、电动机等用的集电电刷；电机车、无轨电车的集电滑板
	真空材料	铁、各种难熔金属（W、Mo 等）及其合金	真空器件的封接材料
	灯泡与电子管用材料	W、Mo 及其合金与 Ta、Nb、Re 等制造的线材、棒材、板材	灯泡与电子管等
磁性零件	软磁零件	纯铁、铁铜磷钼合金、铁硅合金、铁镍合金、铁铝合金材料与制品	无线电设备、仪器、仪表等
	硬磁零件	铝镍铁合金、钼镍钴铁合金、钐钴合金、钕铁硼合金等的制品	
	磁介质零件	由软磁材料与电介质组合物制成的制品，如 Al-Si-Fe 粉芯等	
工具材料与制品	硬质合金	(1) 钨-钴类合金：以碳化钨为基体，以钴为黏结剂的合金； (2) 钨-钛-钴合金：以碳化钨、碳化钛为硬质相，以钴为黏结相的合金	刀具、凿岩工具、量具、耐磨零件； 金属加工，用于加工高硬度的钢及其他金属
	合金工具钢	高速钢等	切削工具、模具等
	金刚石-金属工具	碳化钨-镍-金刚石粉或铜合金-金刚石粉的组合物	研磨工具、切割砂轮、凿岩钻头等

类别	种别	材　料　及　特　性	应　用　实　例
耐热零件	非金属难熔化合物基合金	以碳化硅、碳化硼、氮化硅、氮化硼等为基体的合金	高温下工作的各种零件、磨具、磨料
	难熔金属化合物基合金	过渡族金属（W、Mo、Ta、Nb、Ti 等）的碳化物、硼化物、硅化物、氮化物，它们彼此间的化合物以及它们与各种金属的化合物	高温下工作的涡轮机中的各种零件，切削工具
	弥散强化合金	$Al-Al_2O_3$、$Cu-Al_2O_3$、$Nb-Al_2O_3$、$Ni-Cr$、ThO、$Ag-Al_2O_3$ 等，具有良好的高温特性	用于较高温度的耐热零件，如用 $Al-Al_2O_3$ 制作的内燃机活塞
原子能反应堆材料	核燃料材料	将 U 及其化合物 UAl_2、UAl_3、UAl_4、UBe_{13}、UC、UC_2、UO_3 等分散于基体金属 Al、Be、Fe、Mg、Mo 等中的弥散型燃料	原子能反应堆的燃料
	减速和反射壁材料	热中子减速能量大且吸收断面小的物质，如 Be、BeO、Be_2O 等	原子能反应堆
	结构材料	热中子吸收断面小的金属与合金，如 Al、Be、Mg、Zr、$Al-Al_2O_3$、Mo、Mo 合金、Ni 基合金、Ni-Cr 合金、Co 基合金、TiC 基金属陶瓷等	
	控制与屏蔽材料	热中子吸收断面大、强度高、质量小和耐蚀性好的金属与合金，如 B、B_4C	

　　尽管粉末冶金零件的类别、材料、特性及应用千差万别，但其生产过程大同小异。图6-1 示出了典型的粉末冶金零件生产过程。把基本原料粉末和合金元素粉末以及压制用固体润滑剂，如硬脂酸锌、硬脂酸等，装于混料机中混合均匀。将混合好的粉末定量地装于压模中，在粉末成形压机上压制成形，制成生坯，即未烧结的零件压坯。压制过程可以在室温下进行，也可以在一定温度下进行（温压或热压）。然后将生坯装于烧结炉中，在保护气氛下或真空中，用低于主要组分熔点的温度进行加热，也就是烧结，以使粉末颗粒相互焊接在一起，从而赋予烧结的零件压坯以足够高的力学强度，以满足零件的各项技术要求。因此，也将烧结的零件压坯称为烧结金属零件。有时，添加量较少的其他组分（如铜）在烧结温度下会熔化，出现少量液相，这个过程称为液相烧结。当然，液相的数量不能过多，以免烧结的零件压坯产生坍塌变形而不能保持其形状。热压又称为加压烧结，因为在高温下完成热压后，有时不再需要进行烧结工序。在许多场合下，烧结的零件还需要进行复压-复烧、精整、整形、锻造、熔渗以及镀覆、水蒸气处理、去毛刺、切削加工、热处理和浸油等后续处理或加工。

　　粉末冶金工艺是一种近终形或最终形成形工艺，一般和大批量生产相关，生产速率可达每小时几百件到上千件。当然，粉末冶金工艺也能经济地生产批量较小的零件。若能将模具扩大到用于成形一种以上的零件，例如厚度不同或具有不同尺寸孔的零件时，都能增

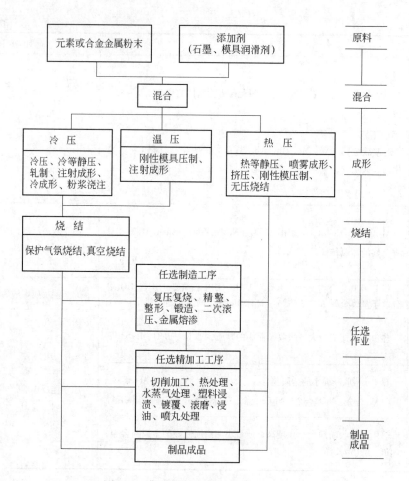

图 6-1 典型的粉末冶金零件生产过程

强粉末冶金小批量生产的经济合理性。

　　用粉末冶金工艺制造零件与一般采用的铸、锻-切削加工法相比，在零件结构上当然要受到一些限制。因此，熟悉粉末冶金生产工艺与正确的粉末冶金零件设计，对于充分利用粉末冶金技术的特点，经济地制造粉末冶金零件是十分重要且必要的。有时对零件设计稍加修改，就能大大改善粉末冶金零件的工艺性和经济性。

　　粉末冶金零件设计必须体现粉末冶金工艺的优势，即节材、节能，不需要或只需要极少量的切削加工。与其他制造该零件的竞争工艺相比，粉末冶金零件具有生产过程短、生产成本较低及使用性能好的优势。

6.1 零件设计的基本条件

6.1.1 粉末冶金工艺设计的一般考虑

　　在制备粉末冶金零件时，往往有多种工艺方案可供利用，适当地改变工艺方案可使材料性能发生重大变化。具体选择何种工艺方案在很大程度上取决于以下 6 个限制性因素，这也是在进行粉末冶金工艺设计之初就需要考虑的关键因素。

6.1.1.1 尺寸

鉴于生产工艺的物理特性与工业生产设备的实际限制，产品的尺寸都有一定的临界界限。

对于采用常规压制-烧结工艺生产的粉末冶金零件，粉末混合料是在硬质模具中于垂直方向压制成形的，成形零件的大小与形状都受到了可用压机的压制能力、粉末的压缩性及零件压坯所需密度水平的限制。对于大部分常规粉末冶金零件，这些限制是：零件横截面的最大压制面积为 $16100mm^2$，零件厚度（或高度）约为 75mm，质量为 2.2kg。但是，也用常规设备生产过直径大到 200mm 及重 14.5kg 的零件。用常规粉末冶金工艺，甚至生产过直径 380mm、厚度 6mm 的薄零件。

表 6-2 所示为日本 2002 年用常规压制-烧结工艺生产的粉末冶金零件的标志性数据。

表 6-2 2002 年日本用一次压制-一次烧结工艺生产的粉末冶金零件的标志性数据

项　目	数　值	零件名称
外径最大尺寸	ϕ284mm	纺织机用环件
最小高度	1mm	刀片隔片
最大高度	91mm	K.V.G（气门导管）
最小壁厚（径向）	0.95mm	喷嘴
壁薄度（环状）	（外径尺寸-内径尺寸）÷外径尺寸＝（215－205）÷215＝0.047　其中，内径 ϕ205mm、外径 ϕ215mm、齿根厚度 4.5mm	ABS 传感器环
最小切缝宽度	1.1mm	叶片泵转子
最深模成形的沟	9.5mm	旋转式压缩机用框架
最小模数	0.1mm（内齿轮：基准节圆直径 ϕ5.40mm，齿顶圆直径 ϕ5.494mm，齿数 54，齿宽 0.95mm）	齿轮
最大模数	7.41	油泵齿轮
最大螺旋角	36°	螺旋齿轮
最小导程	96.1mm（模数 1.0mm、齿数 16、全长 35.5mm、螺旋角 31.54°）	螺旋齿轮
L（长度）/D（直径）（横向压制件）	26.9（$L=86mm$、$D=32mm$）	锤销
L（长度）/D（直径）（加压方向）	5.24（$L=55mm$、$D=10.5mm$）	气门导管
最多成形孔数	218（ϕ2.5mm，最大壁厚 1.0mm）	绞肉机刀具
最大质量（一般烧结）	4.7kg	纺织机用环件
最大质量（组合零件烧结）	18.870kg（6 个零件组合烧结）	阳极辄流圈铁芯
最大加压面积（非自动成形件）	144cm^2	阳极辄流圈铁芯
最小加压面积	0.06cm^2	喷嘴
最高密度：铁基（一次压制--一次烧结）	7.5g/cm^3	铁粉芯、油泵转子

项　　目	数　　值	零件名称
抗拉强度（一次压制-一次烧结）	1170MPa，密度7.1g/cm³	锁芯
抗拉强度（复压-复烧）	1560MPa，密度7.5g/cm³	电动工具零件
抗拉强度（热处理）	1400MPa，密度7.3g/cm³	齿轮
伸长率	26%	法兰盘
构成零件全部为烧结件的制品最大零件数	19件	行星齿轮托架

对于一些特殊的粉末冶金工艺，例如金属注射成形（MIM），产品大都很小，而对于热等静压（HIP），其产品大小并没有严格限制。

6.1.1.2　形状复杂程度

粉末冶金是一种能生产复杂形状零件的柔性工艺。在粉末冶金工艺中，所制造零件的复杂程度取决于粉末成形的方法。由于粉末成形必须用模具，因此，在大多数情况下，模具制造的难易程度和成形坯从模具中脱出的能力决定了粉末冶金工艺可生产复杂形状零件的能力。

用粉末冶金工艺最容易制作的形状是在压制方向尺寸相同者，如凸轮、齿轮等。在压制方向有通孔的零件，孔都是用芯棒成形的。一般来说，制作圆孔最经济，因为它们可用圆芯棒直接成形，而制作其他形状的孔就必须增加模具的制作费用。

6.1.1.3　尺寸公差

所有近终形或最终形制造工艺所必须具备的特点是要能控制产品的尺寸公差。在粉末冶金工艺中，粉末特性、压制参数、烧结温度、烧结时间和烧结气氛等诸多生产工艺参数都影响着零件的尺寸公差。烧结的致密化程度与烧结体收缩的均匀性也对大部分粉末冶金零件的尺寸公差有重大影响。因此在粉末冶金工艺中如何控制产品的尺寸公差将是一个非常复杂的问题。和热等静压零件相比，采用常规的压制-烧结工艺制备的粉末冶金零件烧结时的尺寸变化量很小，其尺寸公差一般都是最精密的。而热等静压零件由于收缩较大，公差范围最宽。

常规压制过程中，若模具中的装粉量过多，则成形压力将高于标准装粉量时的压力。这种较高的压力将导致模冲的弹性挠曲与阴模的径向胀大大于正常值，致使零件压坯的尺寸略大于标准值。反之，当模具中装粉量少于标准值时，零件压坯的尺寸就会稍小一点。现代压机已采用编程来控制装粉靴的动作，以减小模具装粉量的变化。压制压力相同时，模冲的纵向弹性挠曲比阴模的弹性胀大要大，因此在压制方向的尺寸公差比在垂直压制方向（即径向）的尺寸公差要大。鉴于硬质合金的弹性挠曲比工具钢要小，因此采用硬质合金制作阴模与模冲时，可减小在压制方向和垂直压制方向的尺寸公差。

压制后，将零件压坯装于可控气氛烧结炉中进行烧结。鉴于烧结时的尺寸变化和压坯密度相关，同时零件各处的密度也可能不一样，因此零件的尺寸变化也不相同。尺寸公差的控制取决于烧结的温度、时间及气氛和烧结期间发生的冶金变化。若烧结时固相扩散是主要烧结机理，则材料密度变化很小，尺寸变化也极小，此时尺寸公差易于控制。烧结时尺寸变化小于0.3%的大部分铁基零件都是用固相烧结生产的。相反，若采用液相烧结法，则尺寸变化增大，零件尺寸难以控制。如烧结硬质合金，其尺寸变化一般为18%~26%，公差的控制范围为±0.25mm。

用精整可改善零件的尺寸公差。精整是将烧结零件装于精整模具中进行复压，此时零件密度没有太大变化。精整的主要目的是校正烧结时产生的扭曲变形。有时，也将精整叫做整形（coining）。实际上，整形是指赋予零件表面以轮廓形状，例如冲压出硬币端面的图案花纹。

6.1.1.4 材料系统

几乎每一种材料与合金系统都可以以粉末状应用。对于一些金属材料，粉末冶金工艺是工业上唯一可行的生产工艺，如烧结硬质合金、钨-铜复合材料及难熔金属（钨、钼、钽等）。

粉末颗粒的形状、大小及纯度在粉末冶金工艺的应用中都是重要因素。对于某些粉末成形工艺或工序，粉末颗粒必须为球形，表面要平滑，而对于其他工艺，更多需要的是较不规则的粉末颗粒形状。例如，对于压制-烧结工艺，需要粉末颗粒具有不规则的形状与适当的粒度分布，以得到适当的生坯强度与烧结特性；金属注射成形工艺中使用的粉末最好是球形的（气雾化粉末），而且需要粉末粒度细小，以保证适当的流变性和能在塑性黏结剂中分布均匀及烧结特性优异；而热等静压则一般需要使用杂质量少、颗粒充填性好的球形粉末。

6.1.1.5 性能

粉末冶金产品的密度、原料粉末及生产工艺条件都直接影响着其物理-力学性能，而产品的物理-力学性能又决定了其功能特性。

粉末冶金材料密度低于理论密度时，其性能降低。依据制作零件使用的铁粉牌号，相对密度为90%的烧结铁零件，即材料密度比普通铁零件低10%者，其抗拉强度值一般为普通Armco铁的77%~87%，韧性与冲击功也远低于普通Armco铁。要想将烧结铁零件的抗拉强度、韧性与冲击功增高到接近普通Armco铁的水平，必须使烧结铁零件材料密度达到更高的相对密度。

就钢而言，应注意添加有合金元素的烧结钢和碳素钢（即由铁与碳制成的铁基烧结材料），它们的强度与硬度都是随着合金元素含量的增加而增高，但韧性与冲击功则随着合金元素含量的增加而降低。因此，铁基粉末冶金结构零件材料的韧性与冲击功随着材料密度的降低和合金元素含量的增高而减小。

在粉末冶金结构零件生产中，往往采用复压-复烧来提高零件的材料密度。复压与精整相似，复压时施加较高的压力仅仅是为了增高零件材料的整体密度。二次烧结是指复压后再次进行烧结，通过二次烧结可消除冷作硬化的影响。经过复压-复烧的结构零件，由于材料密度的提高，其强度与韧性也获得提高。

用复压-复烧工艺生产的结构钢零件，其材料密度可高达7.5g/cm³，即达到一般铁密度的95%。若对结构钢零件的密度要求不高于7.1g/cm³时，可选用比较简便和经济的一次压制—一次烧结工艺。现在，采用温压-烧结工艺，可将结构钢零件的材料密度增高到7.3g/cm³左右。对于这类结构零件，其材料的力学性能主要取决于密度，和用来达到规定的密度水平的生产工艺无关。

6.1.1.6　数量与价格

零件的生产数量决定了粉末冶金工艺的经济可行性。一般来说，零件生产批量越大，价格就会越低。对于常规的压制-烧结工艺，产量至少为 1000～10000 件，以抵偿模具费用；而对于热等静压工艺，一般都是小批量生产，产量有时甚至低到 1～10 件都是可行的。

用不同工艺生产的粉末冶金零件的价格也不同。以 1997 年铁基粉末冶金零件在美国的市场价格为例，采用常规的压制-烧结工艺，零件价格为 5.39～5.94 美元/kg；增加精整后，价格提高到 6.38～7.04 美元/kg；采用熔渗铜提高零件密度后，价格达到 7.70～7.81 美元/kg；采用复压-复烧工艺，价格为 8.80～9.02 美元/kg；采用金属注射成形技术和粉末锻造，零件价格分别达到 9.90～15.4 美元/kg 和 11.0～12.1 美元/kg；而如果复压-复烧后再热等静压，铁基粉末冶金零件价格则高达 13.2～15.4 美元/kg。一般情况下，较小的零件价格要贵一些，而较大的零件便宜些。

6.1.2　粉末冶金生产工艺的比较与选择准则

6.1.2.1　粉末冶金生产工艺的比较

粉末冶金生产工艺大体上可分为两类：常规压制-烧结工艺和全密实工艺。前者是将金属粉末或混合粉末装在压模内，通过压机将其成形，然后将压坯装于烧结炉中进行烧结。显然，压模的设计和压机的能力就成为影响压坯尺寸和形状的重要因素。全密实工艺是指使生产的产品密度尽量接近理论密度的工艺。这类工艺与常规压制-烧结工艺的主要区别在于，后者的主要目的不是制取完全密实的粉末冶金制品或材料。全密实工艺有粉末锻造（P/F）、金属注射成形（MIM）、热等静压（HIP）、轧制、热压及挤压。

对粉末冶金成形工艺的有效应用需要对它们的主要设计特点进行全面比较，常规模压成形、粉末锻造、金属注射成形、热等静压、热压各自的特点如下：

（1）常规模压成形的特点是：

1）适用的工程材料范围最宽，包括铁、钢、黄铜、青铜、铜及铝；应用范围最大，从低强度到高强度零件都在应用。

2）主要应用于中等或大批量生产零件，一般批量大于 5000 件；典型市场有汽车、电动工具、运动设施、日用器具、办公机械，以及农业与园艺机械，如拖拉机、割草机等。

3）零件尺寸中等或偏小，通常单件产品质量小于 2.3kg，例如齿轮、凸轮、链轮、杆件及压力盘。

4）密度范围最大，包括从高孔隙度过滤器、含油轴承到高性能结构零件。

5）残留的孔隙度导致材料的物理-力学性能有一定的局限性，力学性能约达到熔铸材料的 80%～95%。

6）零件可以保持优异的尺寸公差，可达到 ±0.001mm/mm。

7）产品价格最有竞争力，约 1.1～11 美元/kg。

和常规冷压相比，温压可提高粉末冶金零件的生坯密度与生坯强度。温压与高温烧结相结合时，其生产的产品和用二次压制-二次烧结工艺制造的相同，但价格比后者低。以铁基粉末冶金零件为例，温压-一次烧结和复压-复烧均可使其密度达到 $7.2 \sim 7.6g/cm^3$，但温压-一次烧结比复压-复烧的零件价格可低 $19\% \sim 23\%$ 左右。和冷压相比，温压压坯的生坯强度要高得多，因此，可于生坯状态下进行切削加工。

(2) 粉末锻造（P/F）的特点是：

1）当前实际上只用于生产低合金钢零件，但有可能用于现在热锻的所有工程材料。

2）产品只用于大批量生产的零件，一般情况下批量大于 10000 件。

3）零件尺寸中等或偏小，通常单件产品质量小于 2.3kg，例如汽车发动机连杆与变速器的零件，以及电动工具零件。

4）产品残留孔隙度小，力学性能与铸锻钢相当。

5）尺寸公差一般为 $\pm0.015mm/mm$。

6）在全密实工艺中，对于中、大型零件，在价格上最有竞争力，单价约 $2.2 \sim 11$ 美元/kg。

粉末锻造材料中已不存在微小孔隙，因此，粉末锻造材料的韧性、冲击功及疲劳强度都比传统粉末冶金材料高得多。预成形坯的材料重量很接近于成品零件的重量，粉末锻造零件实际上没有飞边，并具有精密的尺寸公差。

(3) 金属注射成形（MIM）的特点是：

1）材料大部分是现有的标准工程合金和几种特殊合金，因此材料的范围有局限性。

2）适合于中等或大批量生产零件，一般批量大于 5000 件。

3）零件尺寸很小，单重一般小于 0.2kg。

4）零件形状的复杂程度范围最大，其中包括大的高径比。

5）由于黏结剂在 MIM 注射料中含量高达 40%（体积分数）左右，因此，脱除黏结剂烧结时，零件的尺寸收缩大（直线性收缩大到 20%），所以其尺寸公差没有常规的模压工艺精密，有时需要矫正或整形。

6）由于零件材料密度较高（大于 96% 理论密度），因此比常规的压制-烧结制品的物理-力学性能好，与类似合金的精铸件相当。

7）原料粉末昂贵，模具制造费用高，单价达到 $2.2 \sim 22$ 美元/kg。

金属注射成形用的原料粉末，其粒度比常规压制-烧结工艺用的粉末要细得多，一般粒度为 $10 \sim 20\mu m$，并且一般为球形粉末；而常规压制-烧结工艺用的原料粉末粒度为 $50 \sim 150\mu m$。

(4) 热等静压（HIP）的特点是：

1）涉及的材料范围包括不锈钢、工具钢、高温合金、钛等。

2）最适用于小批量或中等产量的产品，产量在 $1 \sim 1000$ 件都是合适的。

3）零件尺寸范围最宽，单件产品质量可以小到 23kg，也可以大到 2300kg。

4）热等静压零件由于收缩较大，公差范围最宽，可达到 $\pm0.020mm/mm$。

5）热等静压材料的物理-力学性能等同或高于相应的铸、锻材料。

6）热等静压工艺生产费用高，一般只用于昂贵的材料。

7）相对于需要大量切削加工的铸、锻产品，具有一定的竞争力。

8）热等静压不是一般的"最终形"成形工艺，热等静压后仍需要精切削加工。

热等静压的工作温度范围一般是从加工铝合金粉末时的 480℃ 到加工钨粉时的 1700℃

左右。热等静压中最常使用的介质是氩气，而压力范围大体上为 20～300MPa，平均压力为 100MPa。

（5）热压的特点是：

1）用热压可制造许多高质量制品，如硬质合金、铜粉、铁粉和铜合金粉压坯等。

2）需热模装料，生产速率低。

3）压坯易焊连在金属模壁上，模具易磨损。

4）需要保护气氛。

作为最古老的粉末冶金热固结法，欧洲与美国从 20 世纪 20 年代末就用热压生产圆柱形的硬质合金拉伸模。但对于钢、黄铜及其他普通金属，热压在经济上却是不可行的。

现在，单轴向热压仍在用于制造圆柱形的硬质合金模、轧辊、耐磨零件，以及铍制品与氮化硅制品。但即使在这些生产领域，单轴向热压也正逐渐被热等静压所取代。用热等静压工艺可避免因粉末压坯与模具相互作用而产生的一些问题，且加压较均匀，因此制品的显微组织与性能都较均匀。

除上述粉末冶金成形工艺外，粉末挤压与轧制在工业上都应用不多，仅用于生产复合材料、钛及核材料等特种材料。

6.1.2.2　粉末冶金生产工艺的选择准则

粉末冶金和其他成形工艺相比，在下列情况下是有利的：

（1）中等或大批量生产同一零件。

（2）不需要或只需要极少量切削加工，材料利用率可高达 97%，节能、省材。

（3）可利用各种合金系材料。

（4）对于自润滑或过滤等用途，可提供具有可控孔隙度的材料或制品。

（5）可以制取用其他任何工艺无法制造的复合材料。

（6）零件表面粗糙度较好。

（7）零件尺寸的制造公差较小和具有再现性。

粉末冶金工艺的主要不足之处在于：

（1）压坯脱模和其他相关因素往往限制了可生产零件的形状。

（2）压制成形模具昂贵，生产批量往往要大于某个下限才具有一定的经济性，这个下限和零件形状的复杂程度相关，常规模压介于 5000～10000 个零件。

（3）大型零件的压制成形需用压制力很大的压机，而大型压机的利用率很低。

在决定一个零件是否可用粉末冶金工艺生产时，首先要核查的关键因素在于零件的生产批量对模具与压制设备的投资是否合算；其次，要考虑采用的粉末冶金材料能否达到所要求的物理-力学性能，粉末冶金工艺能否满足对零件的功能与形状提出的技术要求；最后还要考虑经济成本，即粉末冶金和其他可采用的成形工艺相比，生产成本是不是最经济。

在上述技术、经济考核阶段，用烧结零件的标准试件进行功能试验以及对粉末冶金生产厂进行咨询都是非常重要且必要的，特别是当涉及到用于新用途的零件以及当通常的类似准则不适用的情况下。这是因为设计人员规定的所有技术要求不一定都必须达到，实际零件往往也不能满足设定的所有技术条件的要求。如果试验结果完全令人满意，此时虽然实际情况和原来的设计略有出入，零件试件没有完全达到原来设计的各项技术要求，但也可将技术条件修订后确定采用粉末冶金工艺。当然也可能发生相反的情况，即尽管全部技术条件都达到了，但粉末冶金零件却不适用。

当传统粉末冶金工艺可满足零件的设计要求时，当然不需要采用其他粉末冶金工艺。零件形状在很大程度上密切影响着制造工艺的选择。对于适于在刚性模具中压制成形和从其中脱出的零件，当然选择传统粉末冶金工艺最合适。若零件的形状很复杂，用传统粉末冶金工艺难以成形，特别是产量大的小型零件，一般趋向于选择金属注射成形工艺。注射成形零件一般重 1~200g，但也生产过重达 1kg 的零件。注射成形用的主要设备（注射成形机）比大型粉末冶金压机价格便宜，模具寿命至少为 30 万件。对于要求材料力学性能高的精密零件，往往选用粉末锻造工艺，如滚动轴承座圈、连杆与齿环。

6.2 零件形状与尺寸精度设计

为便于零件设计、模具设计及压机选择，将用一般粉末压机能够成形的压坯形状，大体上进行了分类，其中，Ⅰ型包括圆筒状、圆柱状、板状等最简单的形状；Ⅱ型是端部带外凸缘或内凸缘的压坯；上、下端面都有两个台面的压坯属于Ⅲ型；Ⅳ型是下面有三个台面的压坯；Ⅴ型则是上部有两个台面、下部有三个台面的压坯，如表6-3所示。

表 6-3　零件压坯基本形状分类

类型	可动模冲数		基 本 形 状	
	上模冲	下模冲		
Ⅰ	1	1		
Ⅱ	1	2		
Ⅲ	2	2		
Ⅳ	1	3		
Ⅴ	2	3		

6.2.1 形状设计

由于常规粉末冶金制品是由金属粉末单轴向压缩成形的，所以在设计压坯形状时，除了在技术上要满足零件的使用要求以外，还要考虑制品形状是否适于压制成形和脱模。在设计零件形状时，必须尽可能考虑到：

（1）压制成形后，压坯要能从模具中脱出。一般来说，压制成形都是沿压坯的轴向进行的。粉末冶金制品中径向（横向）的孔、槽、螺纹和倒锥，通常是不能压制成形的，需要在烧结后用切削加工来完成。设计压坯时，必须将其修改成能脱模的形状，如表6-4所示。

表6-4　受压坯脱模限制的零件形状实例

原设计	粉末冶金设计	备　注
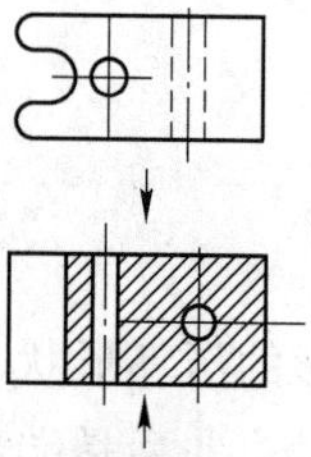	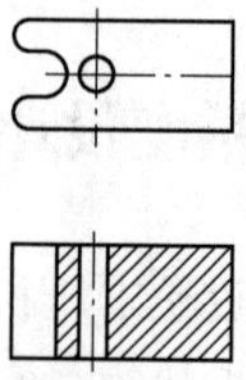	与加压方向垂直的孔成形后无法脱模，须靠烧结后的切削加工完成
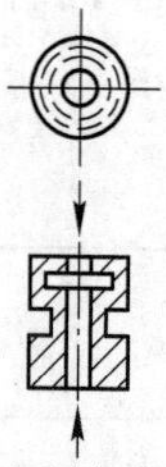	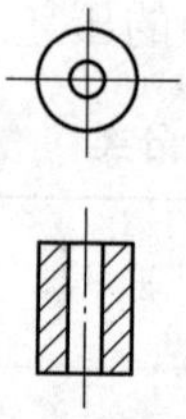	与加压方向垂直的沟槽成形后无法脱模，应靠随后的切削加工完成
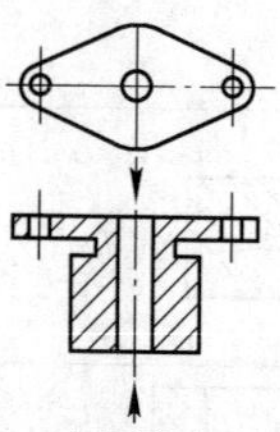	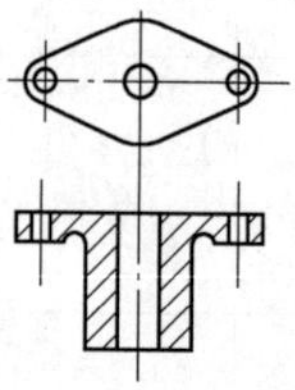	与压制方向垂直的退刀槽应改为与压制方向平行
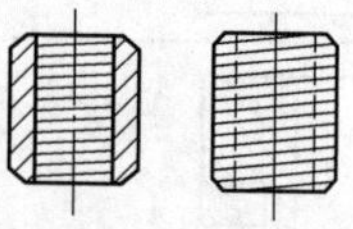	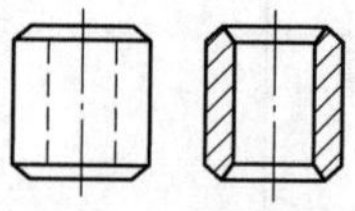	螺纹无法脱模，须成形烧结后用切削加工完成
		倒锥形压坯无法脱模

（2）压制成形时，模具中各处装粉的均匀性，特别是成形零件的薄壁、尖角部分。在把粉末装在压模型腔的过程中，有时型腔的细窄部分会装粉不足。粉末的粒度、粉末流动性和压模设计都对装粉的均匀性有一定影响，具有薄壁、窄键、尖端部分的零件均可能发生装粉不均匀的情况。另外，除零件形状外，型腔深度也在很大程度上影响着装粉的均匀性。装粉不均匀时，模冲将会因受力不均而破断。表 6-5 所示为受装粉均匀性限制的零件形状实例。

表 6-5 受装粉均匀性限制的零件形状实例

原 设 计	粉 末 冶 金 设 计	备 注
1mm 以下	1mm 以上 a 1mm 以上 b	小孔的外侧壁厚过薄，使粉末难以充填，必须修改成壁厚大于 1mm 以上
A A A—A	A $R0.3$mm 以上 A A—A 1mm 以上	棱角部应以 $R0.3$mm 以上的圆弧过渡，而且壁厚应大于 1mm，以利于粉末充填
	A A $R0.3$mm 以上 1mm 以上 A—A	花键齿部壁厚应大于 1mm，齿根部应以 $R0.3$mm 以上圆弧过渡，以利于粉末充填

原 设 计	粉末冶金设计	备　　注
	*R*0.3mm 以上 *R* a 1mm 以上 b	尖角部分应以 *R*0.3mm 以上圆弧过渡，或将其端部取平，以利于粉末充填
	*R*0.3mm 以上	直角部分应以 *R*0.3mm 以上圆弧过渡，以利于粉末充填
尖角	*r* > 0.25mm	把转角做成 *r* > 0.25mm 的圆角，便于粉末充填和流动，且压制时可避免应力集中和开裂
加压方向	1mm 以上 1mm 以上 *R* a 1mm 以上 1mm 以上 b	斜面端部应采用取平设计，以利于粉末充填端部并防止模冲与阴模刚性接触造成损坏

（3）压模的强固性限制。烧结结构零件成形压力一般需要达到 600MPa 左右，因此，压模的强固性就受到一定的限制。模冲窄薄、尖端太尖时，其强度和寿命都将受到考验。根据芯棒强度，长度短、孔径小于 2mm 的粉末冶金零件和长度稍长、孔径小于 3mm 的零件成形都比较困难。表6-6 所示为受压模强固性限制的零件形状实例。

（4）零件成形坯的密度均匀性。在压制方向有台肩的零件易出现成形坯密度不均匀的情况。为了使压坯的密度均匀，要尽量在压制时少成形几个台面，烧结后，再用切削加工出其余台面。图6-7 所示为受密度不均限制的零件形状实例。

表 6-6 受压模强固性限制的零件形状实例

原 设 计	粉末冶金设计	备 注
		为了使压模易于制作与安装，孔的形状最好为圆形，以降低成本
		埋头孔（孔端面）要带 5°左右的拔梢
		避免出现尖刃，应设计成1mm以上的平刃
		细窄部分要尽量设计成宽大的曲线
		含油轴承的壁厚不得小于0.5mm，以提高压模强度
		成形球形时，应带有高度大于1mm的圆柱面，以防止上、下模冲接触损坏
		应避免两圆相切，要修改成图 a、b、c 所示的设计，有利于模冲加工，并提高模具强度

原 设 计	粉末冶金设计	备 注
	 1.5mm 以上 a 60° R b	在带轮毂齿轮的场合，齿根圆与轮毂外径一致时，压模无法制作。应改为图 a 所示设计：轮毂直径与齿根圆之差单面大于 1.5mm，或改为图 b 所示设计：带台阶处齿轮端面带约 60°角
30° 加压方向	0.2mm 45°～60° a 45°～60° 0.2mm R b	倒角应设计成 45°以上，或同时以圆弧过渡，并有 0.2mm 的平台
	A R0.3mm 以上 1mm 以上 A A—A	对细深的切槽，槽宽须大于 1mm，槽底部及端面要有 R0.3mm 以上的圆弧过渡，以使压模变得强固
	R0.3mm 以上 R0.3mm 以上	箭头示之角处呈锐角时，压模易破坏，故要做成 R0.3mm 以上的圆角

表 6-7 受密度不均限制的零件形状实例

原 设 计	粉末冶金设计	备 注
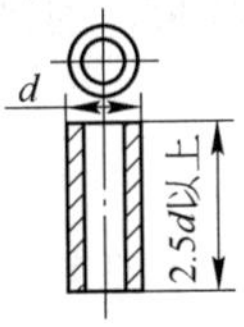	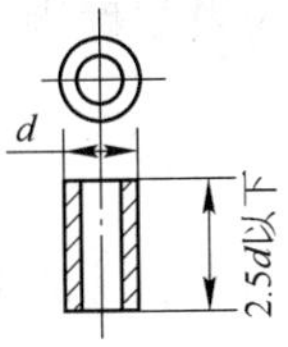	高度与直径比大于2.5，工件中部易出现低密度区
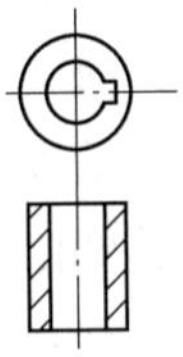	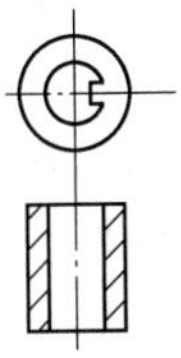	键槽应设计成套筒中带键的形状
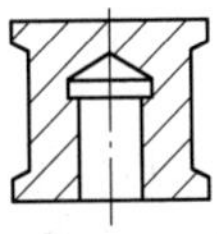	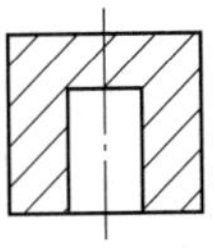	对于具有复杂形状的孔的零件，最好成形、烧结为简单形状后再切削加工
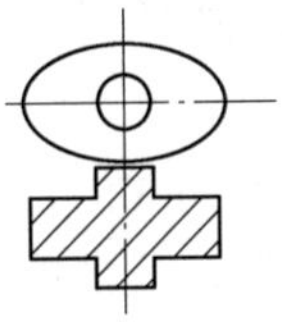	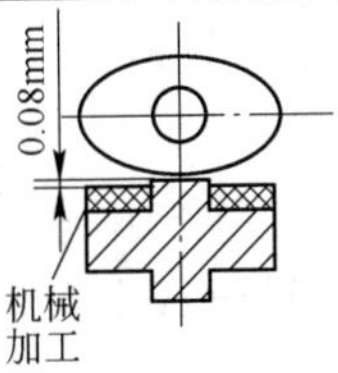	上部的突起部，最好成形为如图所示之形状后切削加工
	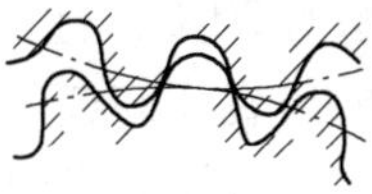	齿轮的齿顶与齿根的齿形可进行修正，以增高齿的强度和降低噪声
	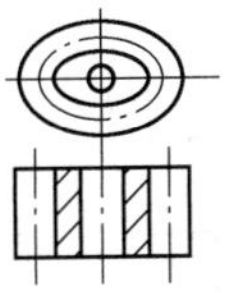	非圆形齿轮和圆形齿轮一样制作
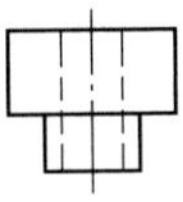	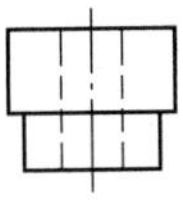	应尽量避免断面急剧变化，因为这将引起零件密度变化，从而在烧结时尺寸变化不定，容易产生缺陷
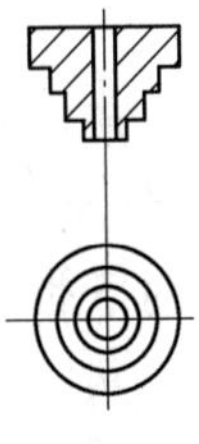	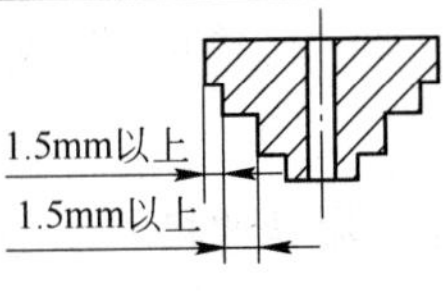 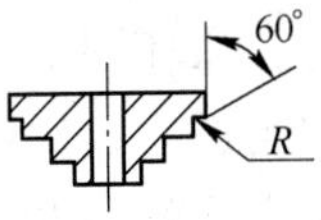	图a：多台阶部分可烧结后由机械加工完成，相邻的各台阶的壁厚差不应小于1.5mm； 图b：在由阴模成形台阶的场合，应将该台阶设计成带60°斜面的形状

6.2.2　对一些特殊形状设计的说明

表6-4~表6-7用零件形状实例对压坯形状设计的限制性因素进行了说明，但随着成形技术的发展，有些情况会发生变动。

6.2.2.1　壁厚

整个压坯的尺寸与形状决定了压坯的最小壁厚。对于长度很长的压坯，壁厚不应小于1.5mm。另外，压坯的长度与壁厚之比也是很关键的，目前壁厚仅0.3mm、长度为1.0mm的烧结零件已经大量生产，但当压坯的长度与壁厚之比为8∶1或更大时，必须采取特殊措施使装粉均匀。这时密度差异实际上是不可避免的。而且压制薄壁、长压坯的模具十分易坏，寿命很短。再者，壁厚不同会导致成形坯扭曲、内应力、孔洞、开裂及凹陷，还可能导致收缩不均匀，影响尺寸与公差。因此，零件坯各处的壁厚应尽量均匀一致，在壁厚变化处，应采取逐渐过渡的设计。

6.2.2.2　孔

压坯中孔的最大直径受到壁厚的限制，最小直径则取决于孔的深度。孔的直径不应小于其深度的20%，一般孔的最小直径为2mm。当压坯的高度与直径之比大时，成形孔的芯棒可能弯曲或脱模时被拉长。并且由于侧向力或切向力大，芯棒在精整时还可能会断裂。

侧向孔或不平行于压制方向的孔都无法压制成形，须采用后续切削加工完成。而对于压坯中平行于压制方向的通孔，不论其形状如何，都易于成形。但对于盲孔，成形时应尽量避免其底部面向凸缘，否则要用较复杂的粉末移送成形法。若盲孔深度不大于压坯总高度的25%，盲孔的投影面积不大于压坯总投影面积的20%，且最小拔梢为10°~12°时，则可用带凸起构型的模冲，在凸缘一端（若无凸缘时，在压坯任一端均可）成形出浅的盲孔。对于压坯中的下部盲孔，可用一活动芯棒或第二个下模冲成形。

同样，在金属注射成形工艺中，孔的方向最好平行于模具开启的方向并垂直于分型面。最好采用通孔而不用盲孔，因为成形通孔的型芯可支撑在两端，而成形盲孔必须使用悬臂型芯。内部的连通孔则需使用专用工具，否则在除去毛边时可能会产生问题。另外，内部的连通孔应相互垂直，可能的话，应将一个孔做成 D 形的，以便于型芯密封，如图6-2所示。

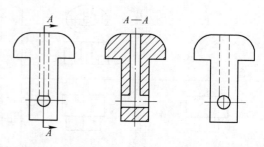

图6-2　金属注射成形零件中的交叉孔

6.2.2.3　倒圆与倒角

由于倒圆与倒角可减小形状交叉处的应力，可消除导致模具磨蚀的尖角，所以对产品功能是有益的。

当烧结零件功能要求尖棱边或窄小半径圆角时，压坯图上应特别注明。对于带有要求不严格的角或棱边的压坯，一般尽量采用大半径圆角过渡，以延长模具寿命。实际上在阴模壁与模冲面连接处无法成形真正的半径，因为这需要将模冲边减薄到零。常用的方法是增加一个微小平台,如图6-3所示,否则只有进行切削加工。

如仅为防止产生毛边,压坯边缘采用倒角比圆角好。一般采用30°~45°角,并且终端需有一个不小于0.25mm宽的平台,以避免模冲边缘过于尖薄。应避免角度大于45°。然而,要使模具具有足够高的强度并最大限度地减小模冲倒角凸出部的破断倾向,最经济的做法是取对径向不大于30°的倒角。当倒角的径向角度必须大于30°时,也可选择在复压时成形出斜角。

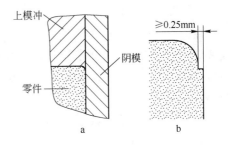

图6-3 压坯的倒圆设计
a—不适用;b—适用(边缘处加一平台)

6.2.2.4 凸台与凸缘

对于斜度足够大并且高度不大于压坯总高度15%的单一凸台,可用具有相应凹形面的模冲成形。虽然用这种方法成形的压坯凸台部分与其余部分之间密度差较大,但模具最简单,模具与零件费用最低,轴向公差也最小。在注射成形工艺中,凸台可用于成形连接头,对于带盲孔或通孔的凸台,其直径应为孔的2倍,凸台壁厚不得超过邻接表面。

对于较小的凸缘,可用带台阴模成形,如图6-4所示。此时,为便于脱模,防止压坯碎裂,压坯形状设计应注意下列几点:(1)凸缘须有拔梢;(2)凸缘底边要做成圆角;(3)凸缘与压坯主体连接处要做成圆角。

6.2.2.5 拔梢与斜度

压坯侧壁通直者一般不需要拔梢。当压坯侧壁有拔梢时,生产速度应减低,以避免装粉时粉末楔入阴模或芯棒的拔梢与下模冲之间。另外,在拔梢部分通常需有一小段表面平行于压制方向,以防止上模冲进入阴模壁或芯棒的拔梢部分,如图6-4所示。

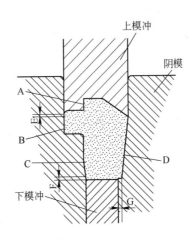

图6-4 带凸台的压坯形状设计
A—成形零件台阶面的模冲中的台阶,至少需有12°的拔梢,以便于脱模;
B—非支撑凸缘,做成2°~3°拔梢以便于脱模;C,D—当采用底部压制时最适宜的拔梢为15°;
E—为防止上、下模冲在压制时对撞,需有一长0.25~0.50mm的平行表面;F,G—由于压制完成时模冲与阴模位置的变动,阴模内腔的斜面状可能会使粉末塞在模冲与阴模或芯棒之间的锐角中,可在阴模上做出一长度为0.20~0.25mm、平行于压制方向的小平面F或一高度为0.25~0.50mm的小的径向台G

6.2.2.6　沟槽

在低密度或中等密度压坯的任一端面都可用带凸起的模冲直接压制出沟槽，但半圆形或弧形沟的最大深度不得超过压坯总高度的30%；另外，若矩形沟槽平行于压制方向的表面有不大于12°的拔梢且所有角与棱边都做成圆角时，则矩形沟槽的最大深度不得超过压坯总高度的20%。

6.2.2.7　字母、数字标志

可以在垂直压制方向的表面上同时压制成形凸出或凹入的标记、滚花、零件号之类的形状细节。当压坯需进行复压时，也可留待复压时再将这些标志压制到零件上。

6.2.3　利用组合成形法简化压坯的复杂形状

组合成形法适用于某些难以压制成形的形状复杂的压坯，以及对其各部分性能或材质要求不同的烧结件。先将烧结件分解为几部分压制，然后再采用组合成形法将几部分压坯结合起来，做成整体零件。

如表6-8所示，常见的组合成形法有：烧结收缩过盈法、过盈压入法、液相扩散法、烧结浸渗法和烧结钎焊法。

（1）烧结收缩过盈法是利用不同成分的两部分压坯在烧结时收缩（或膨胀）量的不同，靠收缩过盈连成整体，常用的方法是调节铜含量或磷含量。

（2）过盈压入法是在有一定过盈量（几微米到几十微米）的情况下，靠压入的方法把烧结后的几部分压坯组合在一起。

（3）液相扩散法是利用烧结时压坯组织中出现的少量液相，在压坯结合面上产生液相扩散，使几部分压坯结合在一起。

（4）烧结浸渗法是将几部分压坯叠放在一起烧结，并且浸渗铜。由于铜适当过量，在两个压坯的接触面上形成薄铜层，冷却后将两者连接成整体。

（5）烧结钎焊法是指在烧结过程中熔化的焊粉（镍-铜-锰合金粉末）通过压坯与导向套之间的缝隙（宽0.01～0.10mm）流入，与铁固溶后，熔点提高，重新凝固而将几部分压坯黏结成整体。

上述几种组合烧结法相比，各自的优缺点如表6-9所示。

表6-8　组合成形法成形零件实例

组合成形方法	零件实例	简要工艺
烧结收缩过盈法	$\phi50$　$\phi10$　A　6　3　17.5　7　B　$\phi16$　$\phi22$ 复印机送纸机构用齿轮	材质：A为Fe-3Cu-0.6C，6.9g/cm³； 　　　B为Fe-1.5Cu-0.6C，6.9g/cm³。 工艺：将A、B两部分分别压制成形后，组合在一起，于1130℃烧结30min，因两者膨胀量的不同，界面接触压力增大，促进界面固相扩散而结合成整体

组合成形方法	零件实例	简要工艺
过盈压入法	 汽车立体声装置用凸轮	材质：A、B、C 均为 Fe-2Cu-0.5C，6.6g/cm³；D 为不锈钢。 工艺：把 A、B、C 三部分工件分别压制成形，进行烧结并蒸气处理之后，控制过盈量在 8～15μm 的情况下，将 D 压入 A、B、C 中
液相扩散法	 汽车用凸轮轴	材质：A 为 Fe-5Cr-1Mo-2Cu-0.5P-2.5C，7.6g/cm³；B 为碳素钢钢管。 工艺：把 A 在 940℃ 以下预烧后，将轴 B 压入凸轮 A。两者间 V 形沟间隙小于 0.3mm。在 1110℃ 烧结 30min，烧结时 A 出现液相，同时产生收缩，两者形成牢固的结合
烧结浸渗法	 油压马达侧板	材质（烧结前）：A 为 Fe-3Cu-0.7C，6.7g/cm³；B、C 为 Fe-1.5Cu-1.0C，6.7g/cm³。 工艺：将 A、B、C 三部分分别压制成形后，组合成一体进行烧结，烧结时铜熔渗进内部孔隙，将三者结合成整体（在满足气密性要求的情况下，要正确设计好铜的熔渗量）
烧结钎焊法	 汽车用叶片泵侧板	材质：A、B、C 为 Fe-2Cu-0.8C，6.6g/cm³；B 的下层为焊料部分。 工艺：将 A、B、C 三部分压坯组合后，在 1130℃ 烧结 30min。由于在界面上已做出沟槽，焊料熔融后分别进入 A/B 及 A/C 界面，将各部分结合成一体，确保了结合强度与工件本身的强度相同

表 6-9　几种组合烧结法的优缺点对比

组合烧结法	尺寸精度	密封性	成 本
烧结收缩过盈法	高	差	低
过盈压入法	差	中	低
液相扩散法	差	中	中
烧结浸渗法	中	中	高
烧结钎焊法	高	高	中

6.2.4 压坯尺寸限制

对于采用常规压制–烧结工艺生产的粉末冶金零件，为得到令人满意的材料密度和力学性能，零件都是在给定的压力下压制成形的，压坯的最大高度尺寸受到压机允许的模具最大装粉高度的限制。主要原料粉末的种类、配比、混料方式及装粉方法都在不同程度上影响着模具的装粉高度。大多数压制成形的粉末冶金零件高度为 0.8～150mm，实用的高度极限约为 75mm。压坯的径向最大尺寸取决于压机的压制能力和装粉靴的大小，一般用压制–烧结工艺生产的粉末冶金零件投影面积为 3.23～16100mm²。

如果压机的压制能力为 P_{max}，则成形压坯的最大投影面积 S_{max} 为：

$$S_{max} = \frac{P_{max}}{p} \qquad (6-1)$$

式 6-1 中 p 为压坯成形需用的单位压制压力。一般来说，铁基粉末冶金压坯的单位成形压力约为 400～700MPa。

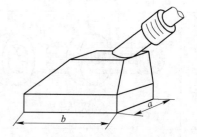

此外，压坯的径向尺寸还受到装粉靴大小的限制。要保证装粉质量，压坯径向尺寸至少要比装粉靴单侧的尺寸小 20mm 以上。粉末成形压机用标准装粉靴如图 6-5 所示，其尺寸如表 6-10 所示。

图 6-5　粉末成形压机用装粉靴

表 6-10　粉末成形压机用标准装粉靴尺寸

成形压机的压制能力/kN	可用的装粉靴尺寸/mm	
	a	b
150	70	80
400	100	110
1000	140	150
2000	180	200
5000	240	240

6.2.5 粉末冶金零件的尺寸公差

一般来说，粉末冶金工艺虽可制成尺寸精度非常高的压坯，但由于在烧结过程中会产生收缩或胀大，粉末冶金零件的尺寸精度将有所降低。当粉末冶金零件的尺寸精度不能满足技术要求时，就必须增加精整、切削加工、磨削加工等后续加工工序。因此，确定零件的尺寸精度时，要掌握好每道工序容许的尺寸精度，尽量减少加工工序的道数，以降低零件的生产成本。

一般而言，粉末冶金零件的公差取决于对压制方向的取向、尺寸大小、零件形状的复杂程度、材料种类、工艺变量及后续加工。

6.2.5.1 对压制方向的取向

压坯径向尺寸（垂直于压制的方向）主要受控于模具尺寸，而压机行程和对模腔装粉的精度决定了压坯的轴向尺寸（平行于压制的方向）。鉴于压制压力相同时，模冲的纵向弹性挠曲比阴模的弹性胀大要大，因此在轴向的尺寸公差比在径向的尺寸公差大。这可用模冲的弹性挠曲对阴模的弹性胀大之比的简单力学关系来说明，即：

$$\frac{\Delta_{模冲}}{\Delta_{阴模}} = \frac{3L}{D} \tag{6-2}$$

式中　$\Delta_{模冲}$——模冲的纵向弹性挠曲；

　　　　$\Delta_{阴模}$——阴模的弹性胀大；

　　　　L——模冲总长度（在这里假定侧向压力是轴向压制压力的 1/2）；

　　　　D——阴模型腔的平均径向尺寸。

一般来说，模冲长度 L 远大于阴模的径向尺寸 D，由式 6-2 可知，长度方向的尺寸公差比垂直方向大。采用硬质合金制作阴模与模冲时，可减小在这两个方向的尺寸公差，这是因为硬质合金的弹性挠曲比工具钢的小。

根据 JIS B0411 标准，对于尺寸范围不大于 315mm 的粉末冶金零件，精密级零件的径向容许差为 ±0.05 ~ 0.2mm，轴向容许差为 ±0.1 ~ 0.3mm；中级零件的径向容许差为 ±0.1 ~ 0.5mm，轴向容许差为 ±0.2 ~ 0.8mm；粗级零件的径向容许差为 ±0.2 ~ 1.2mm，轴向容许差为 ±0.6 ~ 1.8mm。

6.2.5.2 零件大小

粉末冶金零件的尺寸精度、径向跳动及平行度皆和径向尺寸密切相关。径向尺寸越大，尺寸公差、径向跳动及平行度的偏差就越大，即尺寸公差和零件径向尺寸大小成正比。对于尺寸范围不大于 50mm 的粉末冶金零件，烧结后的长度公差一般为 ±0.13mm，内、外径公差为 ±0.05mm，端面平行度为 0.075mm；而对于尺寸范围达到 100mm 的粉末冶金零件，烧结后长度公差则达到 ±0.19mm，内、外径公差达到 ±0.1mm，端面平行度达到 0.13mm。

6.2.5.3 零件形状复杂程度

粉末冶金零件形状越复杂，成形模具与压机作业也就越复杂。多动作模具零件与压机零件的相对运动都影响粉末冶金零件的尺寸精度与径向圆跳动。径向圆跳动是用来检测轴偏差的，除了模具精度外，模具活动零件间的运转间隙及成形压机的工况对之都有影响。对于带毂或有多个毂的零件，要使用若干个同心模具零件，起始的径向跳动公差要大于单一台面的零件。此外，零件压坯的径向圆跳动还受到模型的一致性和均匀性装粉能力的影响。

鉴于烧结时的尺寸变化和压坯密度相关，而形状复杂和横断面不均一的零件密度分布可能更不均匀，因此会比形状与横断面单一的零件更难以保持其尺寸精度和平面度。平面度是指被测表面对理想平面的变动量，它是零件厚度与表面面积的函数。对于尺寸范围不大于 50mm 的粉末冶金零件，烧结后的端面平面度一般为 0.1mm；而对于尺寸范围达到 100mm 的粉末冶金零件，烧结后的端面平面度可以达到 0.13mm。

6.2.5.4 粉末配方

粉末冶金零件材料的化学成分不同时，其尺寸精度、径向圆跳动等亦有所不同。比如粉末冶金 Fe-C 合金零件的内、外径的尺寸精度和径向圆跳动都比粉末冶金 Fe-Cu-C 合金零件略好一些。表 6-11 列出了几种常用粉末冶金合金材料的典型径向尺寸公差。

表 6-11　小型粉末冶金零件（尺寸范围不大于 12.7mm）的标准径向尺寸公差

材　料	烧结态/mm	精整态/mm	材　料	烧结态/mm	精整态/mm
铜	±0.089	±0.013	镍合金钢	±0.038	±0.025
铜合金钢	±0.038	±0.025	铝	±0.051	±0.013
铁/不锈钢	±0.025	±0.013			

注：轴向公差为±0.102mm。

6.2.5.5　模具磨损

模具的磨损也影响粉末冶金零件的尺寸精度、径向圆跳动及平行度。模具磨损后，零件的外部尺寸（如外径）增大，内部尺寸（如内径）减小。模具磨损程度的影响因素包括：材料配方、零件密度、模具材料及生产零件的数量。

6.2.5.6　热处理

热处理时，粉末冶金零件的尺寸会发生变化。通常，薄的零件在烧结或热处理时比厚的零件更趋向于变形。另外，密度低的零件热处理时，由于热处理的气氛气体渗透得深且快，尺寸变化较大。对于粉末冶金 Fe-C 合金和 Fe-Cu-C 合金制造的零件，烧结后进行淬火处理时，外径、内径及高度的尺寸精度，以及径向圆跳动、平行度都比处理前有所降低，但表面粗糙度大体上和烧结态相同。

6.2.5.7　整形与精整

整形与精整可改进粉末冶金零件的外径、内径及高度的尺寸精度、径向圆跳动、平行度与表面粗糙度，以及粉末冶金齿轮的精度。比如上述尺寸范围不大于 50mm 的粉末冶金零件，精整后长度公差可降低到±0.1mm，内、外径公差降低到±0.025mm，端面平面度降低到 0.05mm，端面平行度降低到 0.05mm；对于尺寸范围达到 100mm 的粉末冶金零件，精整后长度公差则可达到±0.125mm，内、外径公差可达到±0.05mm，端面平面度可达到 0.1mm，端面平行度可达到 0.1mm。

设计粉末冶金零件时，为了提高与维持其尺寸精度，必须仔细研究粉末冶金零件的技术条件。虽然，用多副高精度模对粉末冶金零件进行精整或整形，或用后续切削加工等也能制造出尺寸精度相当高的粉末冶金零件，但费用巨大，有损于粉末冶金零件的经济性，造成了生产成本的浪费。因此，设计粉末冶金机械零件时，切忌盲目追求不必要的过高的尺寸精度，应以能满足零件的功能要求为准。

6.3　粉末冶金零件设计流程

在设计粉末冶金结构零件时应最大限度地体现粉末冶金工艺的优点，即少、无切削，节材、节能，并适于大批量生产。

6.3.1　粉末冶金零件设计要点

设计粉末冶金零件时，在充分发挥粉末冶金技术的价格优势的基础上，供需双方要对零件的材料选择、工艺设计、形状设计及尺寸精度等方面进行充分协商。

（1）材料选择与工艺设计：在 6.1.1 节中提到，粉末颗粒的形状、大小及纯度在粉末冶金工艺的应用中都是重要因素。因此，在进行粉末冶金零件设计时，应根据所需要的力学性能、耐磨性、耐蚀性等技术、功能要求，来选择原料粉末的种类与组成、成形零件的材料密度、压坯的烧结条件及后续处理等。虽然，以高合金粉末为原料，采用高密度固结工艺与特殊烧结条件，或采用渗碳、淬火等热处理，可使粉末冶金零件材料的物理-力学性能获得提高，但零件的生产成本也相应地增高。因此，在设计粉末冶金零件材料时，不必追求不必要的、过高的材料特性，以免造成生产成本的浪费。

（2）形状设计：粉末冶金是一种能生产复杂形状零件的柔性工艺。鉴于粉末成形必须用模具，因此，在大多数情况下，模具制造的难易程度和成形坯从模具中脱出的能力，就决定了可生产零件形状的复杂程度。对于采用单轴向压制成形的常规粉末冶金制品，形状上更受到种种限制，如6.2.1节中所述。设计粉末冶金零件时，必须注意克服这些限制。

采用6.2.3节中所述的组合成形法，能在某种程度上克服零件形状上的某些限制。有些零件（例如汽车发动机中的齿形带轮、变速器中的同步器齿毂等）的形状用切削加工和其他方法不能或很难制造，但却适于用粉末冶金法成形。这类零件最充分地体现了粉末冶金技术的特点。

（3）尺寸精度。在粉末冶金工艺中，控制产品的尺寸精度是一个很复杂的问题。零件的尺寸精度决定于如粉末特性、压制参数及烧结温度、烧结时间和烧结气氛等生产工艺参数。

要用粉末冶金法生产某机械零件时，机械制造厂和粉末冶金厂必须就零件的材料、形状、尺寸精度、价格等充分交换意见。机械制造厂提出的技术、经济要求和粉末冶金生产厂的生产、技术条件经常发生矛盾，双方必须共同从价值工程和技术上积极地研究对策。

6.3.2 粉末冶金零件设计准则

6.3.2.1 常规模压结构零件设计准则

采用常规模压成形时，粉末冶金零件形状所受到的种种限制，如6.2.1节中所述，包括：压坯脱模的限制、装粉均匀性的限制、模具强固性的限制以及零件成形坯密度均匀性的限制。

A 后续加工

工业上考虑用粉末冶金工艺生产结构零件时，由于经济方面原因，首先选择的当然是不需要后续加工的，用压制-烧结可直接制成最终形状的零件。可是，随着粉末冶金结构零件应用范围的扩大，现在越来越多的粉末冶金结构零件在烧结后需要补充后续加工。

a 复压或精整

复压，顾名思义，就是对烧结后的零件再次进行压制或成形，借加大压力，增加零件材料密度。复压可对整个零件或零件的局部形状（例如齿轮的齿部）进行压制或成形。通过复压，增加零件的材料密度，从而可提高零件材料的物理-力学性能。精整是利用二次压制成形改进粉末冶金零件的尺寸公差，比如烧结金属含油轴承。

b 浸渍与熔渗

浸渍是用非金属物质（如油、石蜡或树脂）填充烧结件的连通开孔孔隙的方法。浸油可将润滑油储存于粉末冶金零件材料内的孔隙中，由于零件（如含油轴承）在使用时发热，润滑油会渗出到零件表面进行润滑，减小磨损。浸树脂可封闭粉末冶金零件材料中的孔隙，以利于压力密封、改进切削性或防止有害的镀覆用化学药品侵入材料内部，避免产生内部腐蚀。

熔渗又称为浸渗，指的是往固相骨架的孔隙中渗入熔化的第二种金属或合金熔体，是充填常规粉末冶金零件的残留孔隙的另一种方法。例如用铜熔渗烧结钢或烧结铁结构零件，不仅可封闭残留孔隙，而且更主要的是可提高结构零件材料的抗拉强度、硬度、韧性、疲劳强度及冲击性能或形成特种复合材料结构。也可以仅对结构零件的某一部分熔渗铜，即将铜粉、铜粉压坯或铜线段置于结构零件压坯的熔渗部位，在烧结时铜熔化后借毛细作用渗入相应部位，这种方法称为局部熔渗。通过熔渗铜还能将几个零件组合成一个形状复杂的结构零件，如6.2.3节中所述。熔渗铜时，被熔渗的零件压坯的尺寸可能发生变化，通常是胀大。这些尺寸变化可能不均一，较难控制。

c 热处理

在粉末冶金工艺中，热处理应采用气体或非腐蚀性液体介质，例如使用淬火油而不用水或熔融盐，这是由于模压的粉末冶金零件中存有残留孔隙的缘故。另外，由于残留的孔隙可使气体介质（例如渗碳气体）穿过，当试图在铁基粉末冶金材料中形成渗碳层时，必须考虑采取特殊措施。零件表面（或整个零件）的密度要足够高（例如不小于 $7.2g/cm^3$），以防止渗碳性气体穿透孔隙的网络。对于进行表面渗碳处理的零件，也可用熔渗铜来进行密封。对于铁基粉末冶金零件，热处理对于改进材料密度在 $7.0g/cm^3$ 以上的零件的力学性能最为有效。

水蒸气处理是一种低温热处理方式，也叫做水蒸气氧化，特别适用于粉末冶金工艺制作的多孔性的铁基粉末冶金零件。它是将零件在水蒸气中，于550℃下处理1~2h，可于间歇式加压炉内或连续式网带炉内进行。这时，水蒸气不仅与零件外表面发生反应，而且由于水蒸气可穿透孔隙，还会与和外表面连通的孔隙的内表面发生反应，将 Fe 转变成一种黏附的、保护性的、蓝灰色铁氧化物（Fe_3O_4）。依据工艺条件，氧化物层深度可能为0.51~1.27mm。水蒸气处理赋予烧结钢零件一定的耐蚀性，同时改变了零件材料的性能，提高了材料的密度、硬度、耐磨性及抗压屈服强度，但这种氧化物的形成同时会降低抗拉强度与韧性约20%~30%。零件材料的孔隙度越高，形成的铁氧化物的数量就越多，零件材料的密度与硬度提高得就越多。目前，水蒸气处理广泛用于烧结钢结构零件，如减振器的活塞等。

d 精加工

粉末冶金零件不像普通钢材那么容易切削加工，主要原因在于粉末冶金零件材料中的众多微小孔隙造成断续切削作用，致使刀具寿命较短，切削加工零件的表面粗糙度较差。诸如切削加工、镀覆、去毛刺、连接等精加工作业，都必须考虑残留孔隙的影响。用含浸树脂（密封孔隙）和通过在原料粉末混合粉中添加易切削助剂（如 MnS、Pb、六方 BN）可改善切削性。

倘若粉末冶金零件的材料密度低到足以使镀覆或精加工用的药品存留于其材料孔隙中，在表面精加工时也将需要进行含浸树脂处理。否则，这些药品液体穿透开孔孔隙网络时，可能会使粉末冶金零件材料产生内部腐蚀。

B 材料选择

选定常规模压成形工艺并设计好零件形状后，应根据所需要的力学性能、耐磨性、耐蚀性等技术、功能要求，来选择原料粉末的种类与组成，在这方面，ISO5755：2001《烧结金属材料规范》和 MPIF 标准 35《粉末冶金结构零件材料标准》都提供了相关的材料性能数据。实际使用过程中，往往不止一种材料可满足零件的使用性能要求。因此，必须综合考虑各个工艺条件，力求在满足所需的技术、功能要求的基础上获得最低的零件经济成本。

设计好成形零件的材料密度后，就可以初步选择所需要的压机大小、压坯的烧结条件及后续处理等。例如，是需要常规烧结工艺还是"高温烧结"工艺、是否需要用复压-复烧工艺、需要哪些后续处理以及材料密度对这些后续处理工艺有什么影响。用传统的一次压制—一次烧结工艺作为基准线，高温烧结可能需要额外增加费用 10% ~ 20%，复压-复烧工艺可能需要额外增加的费用高达 40%，如表 6-12 所示。也就是说，选择的材料与密度水平会直接影响生产工艺的周期以及和生产工艺相关的生产成本。要保证所设计的产品的生产成本最具有可行性，必须审慎地考察和选择粉末冶金零件的材料和密度水平。

表 6-12　几种粉末冶金工艺生产的铁基零件密度及成本比较

成形工艺	密度/g·cm^{-3}	成本系数	工 艺 特 点
传统一次压制 - 一次烧结	< 7.1	1.0	工序少，成本低，精度高，但制品密度低
温压一次压制 - 一次烧结	7.1 ~ 7.5	1.3	制品密度较高，工序少，成本较低，精度高，生坯力学性能高
熔渗铜	7.0 ~ 全致密	1.4	制品密度高，但工序较多，组织不均一，性能相对较差
复压-复烧	7.2 ~ 7.6	1.5	制品密度较高，但工序较多，不适合复杂零件
粉末锻造	> 7.6	2.0	制品密度高，但成本高，工序多，精度低，不适合复杂零件

6.3.2.2　自润滑轴承设计准则

自润滑轴承是应用最广的粉末冶金多孔材料之一，是模压成形工艺生产的典型粉末冶金零件。鉴于其具有独特的自润滑特征，除上面阐述的常规模压结构零件设计准则之外，还有一些额外的设计要点需要注意。

对于自润滑含油轴承，粉末冶金法是一种最重要的、也是唯一实用的制备方法。自润滑轴承是最早用粉末冶金法制造的具有可控孔隙度的产品，其生产工序是：选择粉末、混合、压制、烧结、精整，之后还要进行真空浸油，用润滑油充满轴承材料内相互连通的孔隙网络。润滑油的选择取决于轴承的工作温度、载荷、工作速度和零件间的配合间隙。自润滑含油轴承的设计和最佳合金的选择主要决定于轴的旋转速度和轴承的负载。其他设计因素还包括了轴承的工况（起动、停止和连续运转）、轴表面的粗糙度，以及负载不均匀的状况。

美国 MPIF 标准 35《粉末冶金自润滑轴承材料标准》（1998 年版）对这些设计问题进行了系统说明，包括：推荐的负载与轴的旋转速度的关系、推荐的压配合、运转间隙及尺寸公差、可能降低容许负载的环境因素等。

选择烧结金属含油轴承合金时，需要考虑其与润滑油的化学相容性、散热所需的热导率、保持结构完整性和承受安装压配合力所需的力学性能，以及对轴材料的抗咬合性和对轴材料的磨耗特性。

最初和现在仍广泛用于自润滑轴承的材料是 90Cu-10Sn 青铜，其中有时添加石墨或铅；纯铁的或添加有石墨或铜粉的铁基轴承，通常比铜基轴承强度高，但因为它们较易于黏附（特别是缺少润滑油时），所以被认为性能差；第三种轴承材料是铁-青铜，即在青铜粉中掺加有铁粉制成的一类轴承材料，也称之为低青铜材料。

对于青铜轴承，通常是采用还原或雾化铜粉、雾化锡粉和天然石墨粉的混合粉。铜粉粒度分布通常是 $-100\mu m$，其中 $-44\mu m$ 的占 $40\% \sim 70\%$，锡粉一般小于 $44\mu m$。为避免在烧结时锡粉团粒熔化造成缺陷，充分混合也非常重要。对于铁基轴承，还原铁粉和雾化铁粉都可以用。粉末混合料在自动压机上用 $138 \sim 413MPa$ 的压力进行压制。

为了保证尺寸公差符合要求，所有自润滑轴承在烧结后都要用精整模具进行精整。一般轴承的外径与内径的公差皆为 $\pm 0.01mm$。

自润滑轴承的规范中有关于化学成分、最小含油量或连通孔隙度及强度的数据：

（1）轴承区的连通孔隙度不得小于 10%（体积分数），以使轴承区具有足够高的含油能力。

（2）为了避免堵塞开孔孔隙，对轴承区，不得进行熔渗铜。

（3）对轴承表面进行切削加工时，不得将开孔孔隙封闭或堵塞。

6.3.2.3　粉末锻造设计准则

粉末锻造是将预成形坯装在闭合模具中热锻成最终形状，而预成形坯是用压制-烧结工艺生产的形状和零件成品外形相似的粉末冶金件，其密度一般为 $80\% \sim 85\%$ 理论密度。粉末锻造用预成形坯的设计是粉末锻造零件设计的关键所在，预成形坯设计是一个复杂的迭代过程。当前都用计算机模拟软件程序进行设计，以减少设计时间与开发费用。

粉末锻造的设计准则包括：

（1）为便于模具中拐角附近金属流动和完全充满零件形状各个形貌特征，以及减小模具的磨耗与破损，锻件内部拐角处的半径要尽量大。

（2）锻件上外部拐角处的半径也可减小模具中的应力集中，因此锻件外部拐角处半径至少应为 1mm。倘若需要尖锐拐角，应附加一个 1mm 的凸台。

（3）用上模冲成形的表面要有脱模梢度，而由阴模与芯棒成形的表面，脱模梢度可以为零。

（4）一般轴向（锻造方向）公差为 $0.25 \sim 0.5mm$，取决于预成形坯中的金属质量变动；径向公差为 $0.003 \sim 0.005mm/mm$，取决于充填型腔时的金属流动。

（5）锻件形状应满足将其放置于模具中时，侧向力处于平衡状态，比如对垂直面对称的形状——连杆，对轴线对称的形状——齿轮。

（6）预成形坯的偏心率与密度决定了锻件的偏心率，通常锻件的偏心率约比预成形坯大一倍；倘若预成形坯的密度不均匀，则在密度较高的一侧模冲将受到较高的侧向力，从而模冲会向密度较低的一侧挠曲，这种挠曲将使内径对外径略微产生偏心。

（7）凹入的角度（凹槽）不能锻造成形，必须切削加工成形。

6.3.2.4 金属注射成形设计准则

金属注射成形工艺的设计准则是:

(1) 形状与特征:注射成形可以生产用常规压制不能生产的形状复杂的小型零件。为便于制造模型,所有零件形状特征上的梢度应相同,通常梢度为 $0.5° \sim 2°$,以利于压坯脱模与顶出。同时形状越复杂的或多型芯的零件,其形状特征的梢度应越接近梢度的上限。由于壁厚不同会导致零件产生扭曲、内应力、孔洞、裂纹及凹陷,以及烧结时收缩不均匀、尺寸变化增大及公差范围变宽,零件各处的壁厚应尽量均匀一致,最好位于 $1.25 \sim 6.35mm$ 范围之内。

进行加热脱出黏结剂与烧结时,一般须将注射成形的零件坯置于平板或支架上。为了将烧结时的变形减小到最低限度,零件的几何形状特征最好能使零件不用另行支撑就可安全放置,长间距、悬臂或易损坏支撑处都需要用专用夹具或定位器具支撑。烧结后也可能需要矫直。

(2) 浇口、分型线及顶杆设计:注射料通过浇口注入模型型腔,可能在零件上留下明显痕迹。浇口的位置应使注射料流向型芯或型腔壁。在壁厚不同处,浇口应使注射料从较厚截面流向较薄的截面。一般说来,浇口都位于分型线上。

注射成形的模型必须能开启,在注射成形的零件坯上可看出分型线。模型分型线的位置是零件形状取向的关键,为便于零件出模,零件坯全部形状的排列取向都应尽量垂直于分型线平面;若零件的形状特征不便于这样取向时,就需要增加诸如边拉手等模型零件。

注射成形的零件必须用顶杆从模型中顶出,要有足够数量的顶杆将零件从型芯中脱出,以免成形的零件坯毁坏或变形。通常,将顶杆的位置设计在需要最大顶出力的形状特征附近,如型芯孔。鉴于顶杆会在零件坯上留下永久变形的痕迹,应使其支撑在凹入的形状特征处或以后切削掉的表面上或无用区域,例如流道。

(3) 材料选择:美国 MPIF 标准 35《金属注射成形零件材料标准》(2000 年版)提出了几种注射成形工程合金(低合金钢与不锈钢)的物理与力学性能标准。除此之外,当前在工业上应用的材料系统还包括了软磁合金、黄铜、青铜、硬质合金、纯镍、电子合金(Invar、Kovar)及钨-铜复合材料等。用注射成形生产铁基结构零件时,常常选用粒度很细(平均约为 $5\mu m$)的羰基铁粉作为主要原材料,因为它在烧结过程中容易收缩,但羰基铁粉的价格比还原铁粉或水雾化铁粉高若干倍。另外,最好采用振实密度高的粉末生产注射成形零件,从而使金属粉末在其与黏结剂的混合物中所占的比例尽量高,以减少被脱除的黏结剂的数量。

烧结后,注射成形零件中的残留孔隙度很小,并且互不连通。密度通常不低于96% 理论密度,因此,力学性能优于常规的模压粉末冶金零件。

6.3.3 粉末冶金零件设计流程

设计粉末冶金零件时,供需双方必须首先充分掌握所设计零件的功能、使用条件及粉末冶金零件的特点。图 6-6 是粉末冶金零件的设计流程图。

6.3.3.1 咨询及交易

供需双方首先从研讨必要的情报开始。需方要提供零件的图纸与技术条件(包括载荷

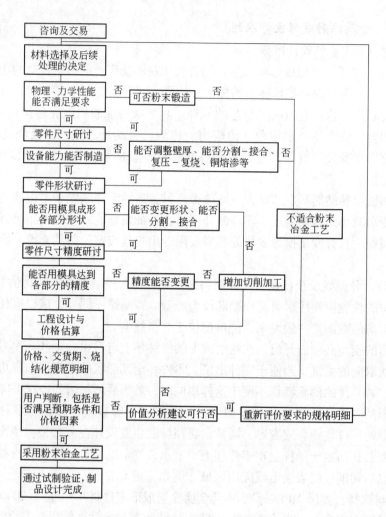

图 6-6　粉末冶金零件设计流程图

大小、对偶件、组装方法等）或实物，征询粉末冶金生产厂能否生产及价格等，这个过程称之为"咨询"。粉末冶金生产厂收到需方提供的零件图、技术条件或实物后，首先必须仔细研究零件图、规格明细、需要量、期望价格、交货期等；然后研究零件的用途、功能、使用条件、检验方法、包装条件等。依据研究的结果，答复需方可否采用粉末冶金工艺生产、可否接受订货。

需要注意的是，粉末冶金厂若仅只依据零件图进行研究时，往往只注意了能否原封不动地制造出图纸上规定的零件（包括形状、尺寸精度及材质等），而忽略了如何有效地利用粉末冶金工艺的优势，此时作出的结论不一定恰当。通过对零件的功能、使用条件等全面详细研究后，有的零件虽然乍一看好像无法用粉末冶金法制造，但采用粉末冶金工艺却可满足需方的需求重点，这时也可采用粉末冶金工艺来制作此零件。

6.3.3.2　设计研讨

根据需方的咨询要求，粉末冶金生产厂可依据本厂的生产、技术条件进行设计研讨，研讨的内容包括：材质研讨、零件形状尺寸研讨、零件精度研讨和价格估算。某些情况下，可提出对材质质量修改建议或关于试制试验的方案。

A　材质研讨

根据需方所要求的零件物理-力学特性，包括硬度、强度、耐磨性、耐蚀性、气密性、磁性（或非磁性）等，来选择材料的组成、最终密度、后续处理等。如果只进行烧结达不到所要求的力学特性时，必须增加淬火等后续处理，或采用熔渗铜、复压-复烧工艺之类的高密度固结技术。若强度与韧度达不到要求时，则可研究能否采用粉末锻造技术生产。若采用粉末锻造仍不能满足用户提出的零件物理-力学特性要求，就有必要考虑是否采用新材质或新工艺了。

B　零件形状和尺寸研讨

a　零件尺寸研讨

根据研讨材质时选定的零件密度计算所需的单位面积成形压力，进而根据粉末冶金零件的尺寸计算出所需之总压制压力。之后，粉末冶金厂可根据现有的粉末成形压机的吨位来研究设备能力是否适合压制成形。当零件成形需要的总压制力大于现有粉末成形压机的能力时，有以下几种解决途径：

（1）为减小成形加压面积，可将功能上与强度上不必要的零件部分去掉或者调整零件壁厚。

（2）可将零件分解成几部分分别成形，然后再用烧结收缩过盈法、过盈压入法、液相扩散法、烧结浸渗法和烧结钎焊法等各种组合方法将它们连接起来。当然采用的分割方法不得有碍零件的强度、尺寸精度和功能使用等。

（3）可采用熔渗铜技术或成形-预烧结-复压-复烧的工艺来提高材料密度，从而改进粉末冶金零件材料的物理-力学性能，以此可降低单次成形时零件的单位面积压力。但此时粉末冶金零件价格低廉的优越性将会减弱或消失，因为加工费、模具费、材料费等将随之增高。

b　零件形状研讨

若需方提出的零件形状不能用模具成形，或用模具成形的形状不合适时，供需双方要商讨能否变更零件形状、能否将零件分解成几部分分别成形，然后再用各种组合方法将它们连接起来，重新组成整体零件。粉末冶金厂要提出可压制成形同时又能满足零件功能要求的最合适的形状设计方案。

若零件功能和其最佳形状之间无法折衷时，就只能先保证其功能，然后通过后续切削加工出最佳形状。这时零件价格随之增高，应尽量避免。

c　零件尺寸精度研讨

零件形状确定之后，就要研究能否用模具达到零件各部分的尺寸精度。若模具不能达到零件各部分的尺寸精度要求，供需双方要商讨能否变更精度。

最好用模具压制成形来保证零件各项精度，此时零件可在烧结状态下使用，充分利用了粉末冶金工艺的经济性。如果模具压制成形不能达到零件各部分的尺寸精度要求，可进行精整。若精整仍达不到零件精度要求时，就要增加切削加工。但是这时零件的价格随之增高。所以不要盲目追求过高的不必要的尺寸精度，以免造成生产成本的浪费。

C　其他

除以上技术标准外，若需方还规定了零件专用检验方法、包装方法等，粉末冶金厂应一并予以研讨。

D　设计验证

上述技术条件设计完成后，粉末冶金厂要对零件进行价格估算。供需双方就零件的价格、交货期等进行商讨并达成共识，之后就可确定制备该零件的粉末冶金生产工艺参数。

然后还要通过样品的试验来验证粉末冶金零件的设计是否正确。零件试样大多是由烧结金属毛坯用切削加工制成的，有时也用压制成形的、在实际生产条件下试制的零件试样。将零件试样安装在实际使用的环境中进行评价，并将试制试样的评价结果反馈给设计人员。有必要的话，设计人员要对零件设计进行一定的修改。最终由粉末冶金生产厂提出零件图，得到需方确认后，零件设计才算完成。

6.3.4　粉末冶金零件设计注意事项

粉末冶金结构零件的主要优点是，适于大批量生产，节材、省能，少、无切削加工，也就是生产成本低廉。在设计粉末冶金结构零件时应最大限度地体现这些特点。因此，供需双方的设计人员应在充分理解粉末冶金零件的特点和所设计零件的用途、功能、使用条件等的基础上进行粉末冶金零件的设计。

另外，要尽量在需方设计机器设备的初期阶段，供需双方进行接触，共同研讨粉末冶金零件的设计，以免因所设计的粉末冶金零件的机器设备已完全定型，而使粉末冶金零件的设计受到很大限制，致使所设计的粉末冶金零件和用其他制造方法相比，经济效益不大。

总之，粉末冶金零件的设计要在充分利用粉末冶金技术经济性的前提下进行。

6.4　粉末冶金零件设计实例

6.4.1　汽车离合器用被动棘轮设计

汽车离合器用被动棘轮如图 6-7 所示，产品结构上一端带棘齿（45 齿），且属内台阶结构，另一端带有较深的（高 3.7）内锥齿（90 齿）；零件性能要求采用粉末冶金材料（牌号：MPIF FN-0400），烧结后碳含量不大于 0.8%；密度不小于 7.05g/cm^3，同时 90 齿型面沿节距（径）垂直方向 1mm 深的齿部区域密度不小于7.15g/cm^3；产品硬度要求努普硬度为 608～910。

某粉末冶金生产厂对该零件的设计步骤如下：

（1）产品分析：首先从结构上看，运用普通

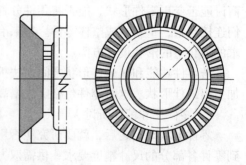

图 6-7　汽车离合器用被动棘轮

的钢模冷压成形或者温压成形，都会导致密度分布不均匀，棘齿齿部（特别是齿顶）密度较低，同时 90 锥齿形面沿节距（径）垂直方向 1mm 深的齿部区域密度（7.15g/cm^3）也难以保证。但是棘齿和锥齿面恰恰是产品的工作面，同时要求具有一定的强度即耐冲击性和良好的耐磨性。因此本产品的开发，除选取合理材料外，能否使产品密度均匀，甚至工

作面密度高于平均密度成为该产品开发的关键所在。

（2）材料选择及后续处理：依据产品所提牌号要求、使用性能要求，确定材料配方为 Fe-Ni-Mo-Cu-C。Cu、Ni 元素能强化铁素体，同时 Ni 可以降低钢的临界转变温度，从而提高材料的淬透性。Mo 有利于细化晶粒，淬火后得到耐磨性好的针状马氏体。

采用复压-复烧工艺改善密度分布问题，并在烧结后淬火以获得较高的硬度和耐磨性。

（3）产品形状设计：合理改变齿形角度以改善上述密度分布不均问题。在设计成形模齿形角度时要合理预留复压量。设计棘齿时，成形模齿形角度调整为 38.8° 和 0.83°；设计锥齿时，由于 90°锥齿细小（最大高度 0.15），复压时容易错齿，因此成形模设计时锥齿只设计成锥台，锥齿通过复压得出，同时这种方式也可提高齿部密度；另外，考虑到复压时不只提高锥齿部密度而是整个产品密度，对锥齿实施锥面复压的同时，沿高度设计了 6%～8% 的复压量。

（4）产品试制：通过工艺试验，预烧结温度定为 850～930℃，此时预烧毛坯既有一定强度，同时复压效果也较理想，复压后尺寸稳定，密度达到设计要求；烧结温度定为 1120～1140℃，烧结时间 45～60min；淬火温度为 850～890℃，保温时间 20min，淬火后产品硬度达到设计要求。

6.4.2 电动工具用夹持器设计

电动工具用夹持器属于高密度、高强度、高精度的复杂结构零件，产品简图如图6-8所示。A 部有 2.60mm 深的台阶，有 4 个小孔。性能要求：水蒸气处理后硬度为 HRB80 以上；产品的 A 部必须承受扭矩 5N·m 以上，连续 200 次以上不能出现断裂，密度不小于 7.1g/cm³。

某粉末冶金厂对该零件的设计步骤如下：

（1）产品分析：从结构上看，该产品运用上二下二的成形方式比较合适，但是必然存在模具复杂制造困难的问题，而且模具易损坏，造成制造成本提高，很难批量化生产。如果采用简单的上一下一结构，可能会造成

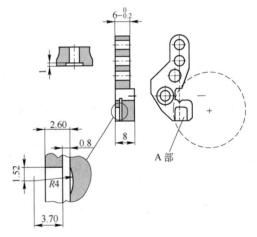

图 6-8 电动工具用夹持器

产品密度分布不均匀，压坯可能出现裂纹等内在缺陷，产品的力学性能很难达到图纸要求。另外，产品 A 部有 0.8mm 宽的横向槽，必须进行机械加工。

（2）材料选择及后续处理：根据产品的力学性能要求，确定材料配方为 Fe-Cu-Ni-C。合金元素 Cu、Ni 能强化铁素体，使产品的强度大幅度提高。

如果产品采用正常的高温烧结后，产品的硬度将在 HRB75 以上，加工如此深的横向槽，将造成刀具寿命急剧缩短，加工成本会非常高。如果在一定温度下预烧后即进行机械加工，刀具寿命将得以大幅度提高。

烧结后产品进行喷丸处理以对产品的表面进行光整加工，除去表面的锐边、毛刺。进行水蒸气处理以提高产品的抗氧化和耐腐蚀能力。

（3）模具设计：采用上一下一的压制方式，在阴模上制作逃粉槽以解决上述密度不均匀（特别是 A 部）的问题，使产品在成形过程中将 A 部多余的粉料排出。从而使产品成形过程中各段的装粉量基本均衡一致，压坯的密度分布比较均匀。

（4）产品试制：通过工艺试验，预烧结温度定为 700～750℃，此时预烧毛坯具有一定的强度，加工过程不会出现破裂、掉边等缺陷，非常适合机械加工，而且刀具寿命得以大幅度提高。烧结温度定为 1120～1130℃，烧结时间 45～60min，烧结后产品的硬度达到 HRB75 以上，抗拉强度达到 500MPa 以上，产品的 A 部在承受 5N·m 扭矩条件下，连续 300 次没有发生断裂；水蒸气处理温度为 600～650℃，经过水蒸气处理的产品，表面形成 0.5mm 以上的 Fe_3O_4 膜，使产品具有较强的抗氧化和耐腐蚀能力，并且产品的硬度达到 HRB85 以上。

思 考 题

6-1　粉末冶金工艺设计开始需要考虑的关键因素有哪些？

6-2　在设计压坯形状时需要考虑的因素有哪些？

6-3　常用的组合成形法有哪些？

6-4　粉末冶金工艺设计的要点是什么？

6-5　粉末冶金工艺设计的流程是什么？

参 考 文 献

［1］ Powder Metallurgy Design Manual［S］. 3rd Edition，MPIF，1998.

［2］ Material Standards for P/M Structural Parts［S］. Standard 35 2003 edition，MPIF，2003.

［3］ Material Standards for Metal Injection Molded Parts［S］. Standard 35 2000 edition，MPIF，2000.

［4］ Material Standards for P/M Self-lubricating Bearings［S］. Standard 35 1998 edition，MPIF，1998.

［5］ 韩凤麟. 粉末冶金手册［M］. 北京：化学工业出版社，2006.

［6］ 韩凤麟. 中国模具工程大典，第 6 卷，粉末冶金零件模具设计［M］. 北京：电子工业出版社，2007.

［7］ 韩凤麟. 粉末冶金基础教程——基本原理与应用［M］. 广东：华南理工大学出版社，2005.

［8］ 郭正军，孙正军，张晓东. 被动棘轮复压复烧工艺探究［J］. 粉末冶金工业，2004，14（4）：21～23.

［9］ 曹刚，刘宏伟. 夹持器制造工艺探究［C］. 2005 全国粉末冶金学术及应用技术会议论文集，2005，10：208～210.

7 企业管理与质量管理

·+·—·+·—·+·—·+·—·+·—·+·—·+·—·+·—·+·—·+·—·+·—·+·—·+·—·+·—·+·—·+·—·+·—·+·

[本章重点]

本章介绍了粉末冶金企业管理和质量管理的基本知识。在企业管理中，阐述了企业管理内容、企业生产管理、成本核算及控制和营销特点。在质量管理中，阐述了质量定义、质量的形成及全面质量管理、质量成本及质量管理体系。

·+·—·+·—·+·—·+·—·+·—·+·—·+·—·+·—·+·—·+·—·+·—·+·—·+·—·+·—·+·—·+·—·+·—·+·

7.1 企 业 管 理

7.1.1 企业管理内容

管理是决策、计划、组织、指导、实施和控制的过程。管理的目的是提高效率和效益。管理的核心是人。管理的真谛是聚合企业的各类资源，充分运用管理的功能，以最优的投入获得最佳的回报，以实现企业既定目标。

企业管理简单讲就是对企业的生产经营活动进行组织、计划、指挥、监督和调节等一系列职能的总称。

企业管理的具体内容包括：

（1）计划管理：通过预测、规划、预算、决策等手段，把企业的经济活动有效地围绕总目标的要求组织起来。计划管理体现了目标管理。

（2）组织管理：建立组织结构，规定职务或职位，明确责权关系，以使组织中的成员互相协作配合、共同劳动，有效实现组织目标。

（3）物资管理：对企业所需的各种生产资料进行有计划的组织采购、供应、保管、节约使用和综合利用等。

（4）质量管理：对企业的生产成果进行监督、考查和检验。

（5）成本管理：围绕企业所有费用的发生和产品成本的形成进行成本预测、成本计划、成本控制、成本核算、成本分析、成本考核等。

（6）财务管理：对企业的财务活动包括固定资金、流动资金、专用基金、盈利等的形成、分配和使用进行管理。

（7）劳动人事管理：对企业经济活动中各个环节和各个方面的劳动和人事进行全面计划、统一组织、系统控制、灵活调节。

（8）营销管理：企业对产品的定价、促销和分销的管理。

（9）团队管理：指在一个组织中，依成员工作性质、能力组成各种部门，参与组织各项决定和解决问题等事务，以提高组织生产力和达成组织目标。

（10）企业文化管理：指企业文化的梳理、凝练、深植、提升，在企业文化的引领下，匹配公司战略、人力资源、生产、经营、营销等等管理条线、管理模块。

企业为完成基本任务而必须进行的活动主要包括以下三个环节：资源筹措、生产制造和产品销售。其中，第一、三两个环节的工作与外界有着广泛的联系，称为经营活动；而第二个环节的工作主要是在企业内部进行的，称为生产活动。下面着重介绍企业生产管理。

7.1.2　企业生产管理

7.1.2.1　生产过程组织

A　生产过程

所谓生产过程是指从投料开始，经过一系列的加工，直至成品生产出来的全部过程。工业企业的生产一般是分许多部分进行的，根据各部分在生产过程中的作用不同，可划分为以下三个部分：

基本生产过程：即指对构成产品实体的劳动对象直接进行工艺加工的过程。基本生产过程是企业的主要生产活动，例如制粉企业生产还原铁粉的过程，零件企业生产机械结构零件的过程等，即是基本生产过程。

辅助生产过程：即指为保证基本生产过程的正常进行而从事的各种辅助性生产活动的过程，如为基本生产过程提供动力、工具和维修工作等。

生产服务过程：即指为保证生产活动顺利进行而提供的各种服务性工作，如供应工作、运输工作、后勤工作等等。

B　合理组织生产过程的基本要求

合理组织生产过程的基本要求包括：

生产过程的连续性：即指产品或零部件在生产过程各个环节上的运动，自始至终处于连续状态，不发生或少发生不必要的中断、停顿和等待等现象。

生产过程的比例性：即指生产过程的各个阶段，各道工序之间，在生产能力上总保持必要的比例关系。

生产过程的节奏性：即指产品在生产过程的各个阶段，从投料到成品完工入库，都能保持有节奏均衡地进行。

生产过程的适应性：即指生产过程的组织形式要灵活，能及时满足变化了的市场需要。

C　生产类型

生产类型即指用来表明工作的专业化程度的标准，一般可划分为三类：

大量生产：是经常固定地完成一两道工序，因而专业程度很高，如制粉企业生产的还原铁粉、雾化铁粉大都属于大量生产类型。

成批生产：是成批轮换地完成若干道不同的工序，如制品企业生产的各类零件基本属于成批生产类型。

单件生产：是经常变换地完成很不固定的工序，如模具制造企业生产的零部件即属于单件生产类型。

7.1.2.2 生产技术准备

生产技术准备工作的任务是：以最快的速度、最少的费用开发出适销对路的产品；做好企业产品、技术和生产方式新旧交替的准备工作，实现有条不紊地转变；提高企业的生产技术水平和经济效益。

生产技术准备工作的三个阶段：开发研究阶段；设计试制阶段；生产准备阶段。

7.1.2.3 生产计划和控制

A　生产计划

生产计划是按职能制定的计划和管理计划的组合，从整体看具有整合性。

生产计划的构成包括职能类计划和管理计划，其中职能类计划包括材料计划、零部件计划、顺序计划、外购订货计划、库存计划、用工计划；管理计划包括日程计划、质量计划、成本计划。

生产计划的执行：组织生产计划执行的基本要求是保证全面地、均衡地完成计划，为此需要做好以下几项工作：把计划指标层层分解落实；严格实行考核制度；实行绩效奖惩；加强控制。

B　生产控制

a　现场控制

现场控制，亦称过程控制，是指企业生产经营过程开始以后，对活动中的人和事进行指导和监督。

b　生产控制的基本要求

生产控制的基本要求包括：适时控制、适度控制、客观控制和弹性控制。

c　生产控制的功能

生产控制的功能包括：进度管理，就是要严格地按照生产进度计划要求，掌握作业标准与工序能力的平衡；余力管理，指计划期内一定生产工序的生产能力同该期已经承担的负荷的差数；实物管理，即对物质材料，在制品和成品时，明确其任意时间点的所在位置和数量的管理；信息管理。

d　看板管理

看板管理的基本原理是：看板管理是日本丰田公司创造的具有独特风格的生产控制的新方法。所谓"看板"就是记载有多道工序生产的查件号、零件名称以及运送时间、地点、运送容器等内容的卡片或其他形式的信息载体。

看板形式：工序看板，是指一个工厂内在工序之间使用的看板；协作看板，是用于工厂固定的协作单位向工厂送货的看板。

看板的运行：看板的运行规则包括不合格品不能挂看板，不能流入后工序；后工序凭看板向前工序取货，实物必须带有看板；前工序只生产后工序制造的数量，超过看板规定的零部件不生产；生产工人开始用前工序取来的零件后，应及时摘下看板；不见看板不取货，不见看板不运输；要注意发挥看板微调计划的作用。

看板管理的作用：严格控制生产进度；及时了解和发现生产中的问题；严格实物管理；保持信息流畅。

看板的运输条件：以均衡化的流水生产为基础；有稳定的产品质量；必须具有较高的

企业管理水平。

7.1.2.4　生产要素管理

这里主要介绍劳动定额和劳动组织。

A　劳动定额

劳动定额是指在一定的生产技术组织条件下，生产一定数量的产品所规定消耗的时间，或在一定时间内所规定生产的合格产品的数量。

B　劳动定额的表现形式

工时定额：是指完成单位合格产品所必须消耗的工时数额，用时间来表示。

产量定额：是指在单位时间内完成的合格产品数量，用产量来表示。

C　劳动定额的时间构成

工时消耗是指工人在一个工作班内从事生产及各项活动的时间消耗。工时消耗分类是将劳动者在整个工作班内所消耗的各项时间，按其性质、特点及范围，划分为不同的时间类别。工时消耗按其性质和特点，可以分为定额时间和非定额时间两大部分。

定额时间是指工人为完成规定的生产任务（或工作）所必要的时间消耗，它包括：作业时间、照管工作地时间、休息和自然需要时间、准备和结束时间。作业时间是指直接用于完成生产任务，实现工艺过程所消耗的时间。作业时间按其作用不同又可分为基本时间和辅助时间。基本时间是指直接执行基本工艺过程，用于改变劳动对象的形状尺寸、性质、外表、重量、组合、位置等所消耗的时间；辅助时间是指为保证基本工艺过程的实现而进行的各种辅助性操作所消耗的时间。照管工作地时间是指工人用于照管工作地，使工作地经常保持正常的工作状态所消耗的时间。休息和自然需要时间是指工人在工作中规定的休息和生理需要消耗的时间。准备和结束时间是指工作班内工人为生产一批产品或完成某项工作、事务进行准备和事后结束工作所消耗的时间。

非定额时间是指在工作时间内，因停工或执行非生产性工作而损失的时间。它包括非生产时间、非工人造成的损失时间和工人造成的损失时间。非生产时间是指工人在工作班内从事本身生产任务的处理工作或不必要的工作所消耗的时间。非工人造成的损失时间是指由于企业组织管理工作不善或生产技术上的问题以及企业外部条件的影响，生产活动发生了中断而损失的时间。工人造成的损失时间是指工人不遵守劳动纪律所损失的时间。

D　劳动组织

劳动组织的主要内容有：做好劳动分工协作和职能配备；确定先进合理的定员和人员构成；完善劳动协作的组织形式；组织好设备管理；合理安排工作时间和工作轮班；进行工作地的合理组织。

E　劳动分工

一般按以下方式进行：

按技术的性质和内容分工，包括按工艺阶段分工，按准备阶段工作和执行阶段工作分工，按基本工作和辅助工作分工，按技术等级高低分工；

按工作量大小和工作范围进行分工；

按一人承担一项工作进行分工。

F 劳动协作及其组织形式

工作组的组织：工作组亦称作业组，是企业劳动组织的一种形式，它是在劳动分工的基础上把为完成某项工作而相互协作的有关工人组织在一起的劳动集体。

工作轮班的组织：合理规定轮班和轮休，轮班是指工人定期调换班次劳动；注意各班人员配备；加强组织管理；建立严格的交接班制度；注意工人的身心健康。

7.1.2.5 现场综合管理

A 全员设备维修制

全员设备维修制又叫全员生产维修。全员设备维修制的基本特点是"三全"，即全效率、全系统和全员参加。设备维修制方式包括日常维修、事后维修、预防维修、生产维修、预知维修、维修预防等。要划分重点设备，对重点设备实行预防修理。对设备维修作目标管理。

B 设备综合管理

实行设备全过程管理。对设备的工程技术、经济和组织管理三方面进行综合管理。实行设备全员管理。

C 现场环境保持

（1）整理：是指将现场的东西分为需要与不需要两类，并且将后者移出现场或处理掉，建立起需要品的上限数量。

（2）整顿：是指将物品依使用类别分类，以最少的找寻时间及工作量，来安置这些东西。

（3）清扫：是指把工作环境打扫干净，包含机器、工具以及地面、墙壁及其他工作场所。

（4）清洁：是指员工要正式穿戴工作服、安全眼镜、手套、工作鞋，以保持个人的清洁，以及维持一个干净、健康的工作环境。

（5）教养：是指职工的举止、态度和作风，养成良好的工作习惯和生活习惯。

7.1.2.6 物资管理

A 物资管理的内容

物资管理的内容包括：制定合理先进的物资消耗定额；确定正常的物资储备定额；编制物资采购计划；搞好仓库管理和物资节约工作；建立和健全各项规章制度。

B 物资消耗定额

物资消耗定额是指在一定的生产技术组织条件下，制造单位产品或完成单位劳务所必须消耗的物资数量的标准。

C 制定物资消耗定额的主要方法

经验估算法：经验估算法是根据技术人员和生产工人的实际经验，并参考有关技术文件以及企业生产技术条件等因素制定物资消耗定额的方法。

统计分析法：统计分析法是根据物资消耗统计资料，结合对节约物资的各种经验的研究，并考虑到计划期内生产、技术、组织条件变化等因素制定物资消耗定额的方法。

技术分析法：技术分析法是以技术图纸和工艺卡片等主要的技术文件为依据，并以相应的技术措施为基础，通过科学分析和技术计算，确定最经济合理的物资消耗定额的方法。

D　物资储备定额

物资储备定额的作用是：确定物资定货量、采购量的依据；编制供应计划、正确组织企业物资供应的基础；掌握和监督企业物资库存动态，使库存经常保持合理水平的依据；核定企业储备资金和定额的依据；作为确定仓库面积、容积、装卸设备能力和人力的依据。

E　物资储备定额的制定方法

经常储备定额的制定方法如下：

某种物资经常储备定额=平均每日需要量×合理储备天数

平均每日需要量=计划期物资需要量/计划期天数

合理储备天数=平均供应间隔天数+验收入库天数+使用前准备天数

平均供应间隔天数=∑（每次入库量×每次进货间隔天数）/∑每次入库量

季节储备定额的制定方法如下：

某种物资的季节储备定额=平均每日需要量×季节性储备天数

最高储备量=经常储备量+保险储备量

最低储备量=保险储备量

平均储备量=经常储备量/2+保险储备量

保险储备定额的制定方法如下：

某种物资的季节保险储备定额=保险储备天数×平均每日需要量

F　物资需要量的计算

主要原料需要量的计算方法如下：

某种主要原料的需要量=（计划产量+技术上不可避免的废品数量）×工艺消耗定额-计划回用废品数量

辅助材料需要量的计算方法如下：

某种辅助材料的需要量=（计划产量+废品量）×某种辅助材料的消耗定额

或：某种辅助材料的需要量=上年实际消耗量/上年产值×计划年度产值×（1-可能降低的百分比）

燃料需要量的计算方法如下：

实际品种的燃料需要量=计划产量×（标准燃料消耗定额/发热量换算系数）

G　库存控制

补充库存储备的方法有以下两种：

定量法：这种方法是当物资储备下降到某一规定数量时，由仓库立即发出订货要求，物资供应部门及时组织订货，以保证消耗掉的经常储备得以再次建立。

订购数量=平均每日需要量×订购时间+保险储备量

定期法：按下式计算：

订购量=平均每日需要量×（订购天数+供应间隔天数）+保险储备定额-实际库存量-已订未到数量

7.1.3 成本核算及控制

成本的影响因素很多，例如不同地域之间的劳动力成本，以及不同粉末冶金工艺之间的成本差异。影响单个零件成本的关键因素包括：材料、零件质量、粉末的类型和可获得性、混合料的制备、批量的大小、成形周期、模腔数目、壁厚和脱脂时间、烧结承烧板的要求、烧结温度和时间、工艺气氛、烧结批量的大小、可选的自动化方式或用户定制方式、精加工工序、热处理要求、连接、装配、抛光、检验、整理和包装、后续加工或检验操作所用的夹具、产出率、库存、半成品费用、运输和交货方式、设备折旧、资本设备的年限、租金、租约或抵押费用利率、许可证或版税费用、销售手续费或佣金、信誉、劳动力费用和雇员津贴、税收等。

成本计算的目的可以分为三类：第一类是在概念化阶段，其目的可以简化为评估潜在的设计方案或设计工艺，另外可以作为指示性的定价；第二类是在报价阶段，这时需要准备详细要求，进行详细计算，并据此进行报价；第三类是在生产阶段，生产一旦已经开始，成本计算是必需的，用以评估不同生产工序、原材料或批量大小之间的差异。图 7-1 以注射成形为例给出了一个零件成本分析的流程图，这表明很多因素都会影响成本的计算过程，其中包括单位小时的设备费用、折旧率、劳动力费用和对可变成本有影响的其他因素。

粉末冶金机械零件的总成本是由固定成本和可变成本组成的。固定成本包括非机器设备固定成本与机器固定成本，其中非机器设备固定成本是由厂房、办公室、办公设备等的耐用年限和残值金额算出的每一天的折旧金额；机器固定成本是根据机器设备的耐用年限计算出每一天的分摊金额，不同设备的折旧年限不同，例如压机 10 年，烧结炉 8 年。

可变成本由原料粉末成本费用、模具费用、检测与质量管理费用、直接劳务费用、辅助生产费用、业内费用等组成。

（1）原辅料费用：包括铁粉和合金粉等原料粉末、润滑剂、保护气体、包装材料等实际使用的各种原辅料。

（2）模具费用：生产零件时，除需要成形模具外，还可能需要精整模具以及为生产该零件特制的量具、夹具等。

（3）检验与质量管理费用：在粉末冶金零件生产中，检验与质量管理是降低总生产成本的重要措施。检验包括进厂原辅料、压坯、烧结件等的抽样检验。

（4）直接劳务费用：粉末冶金零件生产的直接劳务费用包括混料、拆装模具、成形、摆放压坯、装炉、出炉、精整、后处理、包装以及生产准备的全部劳务费用，以及加班费用。

（5）辅助生产费用：此项费用包括能源费用（电费、水费、煤气费等）、设备维修费等。

（6）业内费用：此项费用是与生产该批零件有直接关系，且可明确认定的费用，例如设计费、规划费、营销费等。

成本估算方法大致有三种：第一种就是粉末成本的倍数，这是一个经验数，最好是在设计周期的早期使用。这个数值的精确度通常只能是在±50% 以内。对于注射成形零件，以往数据表明粉末成本占零件整个制造成本的30% 左右。对于小零件，粉末成本占零件成

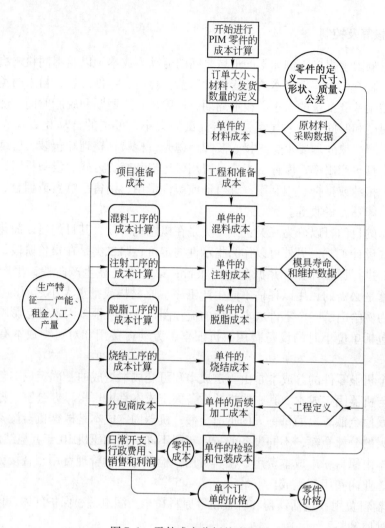

图 7-1　零件成本分析的流程图

本的比例降低；而大零件则高些。考虑到管理成本和利润，需要注意的是零件的价格大概比成本要高出 35%。这个估算是很粗略的，不能看出成本的细节，但是可以用来对成本进行第一次的估算。

　　在第二种成本估算方法中，已经认识到一些特征是决定生产成本的。通常，80% ~ 90% 的生产成本来源于一些加工难点或者后续处理。因此，采用上面得到的成本估算数，识别关键特征及其成本，对于复杂程度大些的零件将增加这些成本，而对于复杂程度小些的零件，则扣除这些费用。为了计算这些成本的变化，需要考虑的因素取决于特定的地点及其费用（租金、劳动力、公共设施、保险和其他费用）。在这一层次的成本估算中，其他因素的影响也可能会很明显。例如，注射成形中的厚壁零件会降低工序的进行速度，增加了注射、脱脂和烧结的成本。粗略地讲，这些附加的成本与壁厚的平方成正比。如果零件的平均壁厚是 10mm，那么截面厚为 20mm，同样质量的零件的成本会更高，因为工艺周期会变长；而壁厚为 5mm 零件的加工成本则会低些。这往往会有 10% ~ 20% 的成本修正量。同样，此时也需要考虑成本较高的后续精加工处理。通常，这些对于成本估算数的修正减小了估算误差，降低了出现报价太低的风险，保证估算的精确度在25%。这类成本修正绝大部分来源于后续加工和零件复杂性的增加而带来的成本变化。

第三是最精确的成本估算方法，是形成整个生产过程一个表单，包括详细的所有采购成本、劳动力费用、机器使用因素以及其他生产中涉及的项目。有些项目随地域变化有差异，有些项目对费用的分摊有差异。例如，在一些企业中该费用包括了租金，一些关于管理费用的比例分摊是基于时间的，或者仅仅就是销售额的一个百分比。这样详细的报价可以精确到5%。即使成本计算可以精确到如此程度，但是报价还是因地而异的。一个原因就是降低报价过低的风险，避免所有项目中出现损失。另一个原因是场地费用、技术和劳动力成本、电费、设备折旧方案、采购数量、差旅费和信誉度等特定因素也导致了报价之间存在本质上的差异。例如，在某个零件的报价中，模具成本存在3倍的波动，模具交付期存在2倍的变化，单个零件价格存在3倍的差异。

在成本分析中，下列因素对成本产生决定性影响：

（1）零件的质量和粉末成本；

（2）模具成本和模腔数目；

（3）工艺产率；

（4）零件的最大和最小尺寸；

（5）产量；

（6）烧结后精加工工序。

成本估算步骤大体由三步组成：第一步是计算与制造零件所需要的材料相关的费用；第二步是与运营环境相关的费用；第三步与单个零件的操作相关，将每个步骤的费用分摊到单个零件上。

（1）材料成本：第一步是选择材料，最好的实施方式是联系供应商获得最新的报价或自己掌握最新的行情。

（2）运营方面的特性：影响零件生产成本的一个主要因素来自于运营环境。在原材料成本之外，许多因素影响着生产成本，包括利率、租金、雇员津贴、折旧，以及与资产收益率相关的金融政策。这些影响着各个工序，如注射成形的混料、注射、脱脂和烧结的成本。例如，假设租金率和设备折旧时间已知，这样单个工序的成本就可以由场所、动力、劳动力和资产成本来确定。对于每个工序而言，可计算出每个小时的使用费用。辅助设备和工序可以采用类似的方法计算成本。

假设知道了设备的占用面积、单位面积的租金率以及每年的平均使用小时数，设施租赁所分摊的成本同样可以计算。

再就是使用、维护和劳动力方面的成本分摊。这些成本的计算是基于电、气体、压缩空气等资源的平均小时费用。

如果材料是磨损性的，维护费用会高。最后根据自动化程度的不同，每个工序劳动力的成本会有所不同。随着自动化程度的提高，通常劳动力成本会下降，但是设备折旧费用会增加。因此可能导致在劳动力成本低、自动化水平低的地区制造成本最低。因此，每个工序的运转都有一个小时成本，这可以根据生产的历史数据计算。每个费用都涉及很多因素，不是一个单纯的数值。比如，一个小型的连续烧结炉的运行成本约为100元/h，但是一个6倍高产能的连续炉的运行成本仅为400元/h。这种效应导致使用大型设备的倾向，但是如果没有足够的产品使设备满负荷运转，运行成本将会猛增。

上面内容的基本要点是每个工序，如混料、注射、脱脂、烧结、检验和包装，都有一个计算得到的小时成本。在某些情况下，这样的计算是为了保证得到预定的投资回报，但是大部分计算是基于单个工序的小时成本费用。较低的劳动力成本、租金和设备成本十分重要，因为粉末成本通常仅占了制造成本的 1/3，占零件销售价格的 15%~20%。

（3）单个零件成本：成本模型完全是一个会计制度，包括一个单位时间成本、需要的原材料成本和任何合同规定的二次加工成本（如热处理）。现在关注具体零件以及它的产量和生产效率。高生产量的项目需要多台机器和多副模具，通常会增加单个零件的价格，而中等产量往往是较低成本的。单个零件的成本等于单位时间的运行成本除以单位时间的零件生产量。

（4）附加成本：在材料采购和工序成本之上，还有一些其他因素会影响零件的最终价格。这在很大程度上和日常开支——采购、销售、营销、会计、管理和其他必须支付的商业费用相关，这些成本只是非直接地与某个零件相关。此外，一次性（偶生）费用通常与夹具、检验工具、操作装置和定制的生产设备等相关。最后，为了将来在新设备和雇员方面进行投入，利润是必须要考虑的。预期利润率高也会放大产品价格。

成本核算的基本点是假设企业运行相当的忙，成本被分摊到单位时间上。零件材料的质量决定了原材料粉末的成本，但是折旧部分资产设备、劳动力费用和其他一些不能直接看到的因素决定了生产成本的绝大部分。每个公司都有一个计算表单，将各个操作的相关数据填在其中，这样的计算可以为了解哪些因素影响着成本提供信息。

7.1.4　营销特点

当一用户需要粉末冶金制品生产厂为之生产所需要的粉末冶金零件时，需将零件的图纸与规格明细，有时还需要将铸锻-切削加工等方法制造的零件实物样品，提供给粉末冶金制品生产厂研究能否生产。

粉末冶金生产厂研究了用户提供的零件图纸与规格明细，以及零件实物后，要答复用户可否承接。同时为了生产首先要详细研究图纸、规格明细、所需数量、交货期等用户所要求的各种事项，必要时可向用户提出关于设计、质量或试制、试验等方面的意见。根据需要，除对直径、半径、长度等要注明容许差、同轴度、真圆度、垂直度、圆柱度、平行度等外，还应注明配合等级、齿轮等级、表面精加工时的表面粗糙度等。机械结构零件都不是单个使用的，例如粉末冶金齿轮是用键或用过盈配合固定在轴上，也可采用组合法与其他零件一起制成一个部件。因此，在图面上对"对偶件"也必须予以注意。

由于原料粉末、压机选择、模具设计等都是以零件图为基础的，所以希望零件图上能提供所需要的全面信息。与需要生产的粉末冶金零件相关的资料还包括：

（1）用途：用在何处，工作环境，如温度、湿度、腐蚀性等如何。

（2）功能：如滑动、冲击、荷载、振动、摇动等。

（3）组装方法：活动配合（压入、转动）、销止动、黏结。

（4）数量：一台机器中有几件、预计数量（订货件数）。

（5）交货期：从接受订货开始到交货的时间。

（6）特别注意点：外观、可否含油、颜色、标记、包装等。

根据上述要求，决定采用哪种材料。可是诸如受冲击、不能使用油等，往往和一般的观念不同。因此选用哪一种规格的材质，涉及到模具设计，需要由专门的技术人员来判断。但在选择所需材料之前，必须充分了解规格明细的条件。

在掌握零件图和规格明细等信息之后，还需要开展以下工作：

（1）确认。除零件图与规格明细、检查、测定的内容外，还要相互确认试制试验的内容、时间及其他事项。这是因为在开始进行昂贵的模具设计时，双方对于商定的内容不得有误解之处。

（2）检查测定。有各种各样的检查方法，但使用的测量仪器主要有：千分尺、千分表、塞规、硬度计，以及材料试验机、表面粗糙度测量仪、转矩扳手等，甚至是三坐标测量仪。关于这些检测仪器的使用、测量精度，特别是测量的可靠度也都很重要。

关于测定数值的处理、试件件数、测定的点数、平均值、最大值、最小值等的意义双方都必须商定和很好地理解。

鉴于机械零件每一品种的件数多，都采取抽样检查。在这种场合，一批是多少件以及以多少件作为基数来划分批量，买方和生产厂方都必须清清楚楚。根据一批件数的多少，抽样检查的方式也是各式各样的。

另外，买方进货检查采用独特夹具时，供货方事先必须知道其具体方法、规格明细等，务求测试水平一致。

（3）估价。估价必须以零件图、规格明细及数量为依据，参照过去的实例、试制试验、交货期、从包装到发货等事项来确定，并不仅只是将费用相加计算出来的。这是粉末冶金制品生产厂自己的事。

另外，希望需方能够提供期望的价格。在这种场合下，产需双方对零件图与规格明细要反复磋商，才能作出估价。在很多场合下，报价都是有期限的。

不仅要商量好价格，还必须交换承认的零件图与确认的规格明细。规格明细可记在承认的零件图上，也可作成双方确认的备忘录。

（4）交货到收款。接受订货的同时，还必须决定单价、总价、货款支付期限与方法。一般模具费单独处理，这时关于现有模具的归属、寿命预测、破损时的处置等双方应很好地商定。

交货期：粉末冶金零件的交货期日趋缩短。因此，粉末冶金制品生产厂必须根据本厂的生产能力、设备忙闲、工程管理、交货地点与方法等细节周详考虑。在分期交货计划中，还必须将休假日等计算进去。

货款回收：以全数交付零件作为交货完毕是理所当然的。但是，对于被认定的通过检查的时间、搬运到工厂的时间等"交货完毕"时间都必须清清楚楚。关于这些情况和收购部门的确认都是很重要的。

货款支付方法应在订货时就已决定，但在发给需方的货物质量上出现问题，或在粉末冶金制品生产厂的生产过程中发生了问题等不能按期交货的情况下，会发生支付部分货款、全额延期支付等各种各样的问题。这时，往往会发生数量上的分歧，因此，必须很好地确认交货时的收货、合格与不合格的内容。

（5）纠纷、索赔及其处理。在零件交货上，经产需双方详细商量与确认，有时还会存在一些问题。关于这些问题与其对策叙述如下。

生产方面的问题：原料配合不当、各道生产工序发生问题，造成产品质量不好；零件数量不够数及交货延误；模具设计或制造上的错误，在压制成形时虽已发现，但因需进行改正和重新制作，不免会延误交货期。关于这些问题要及时向需方说明，商定处理的对策。

检验方面的问题：例如因检验人员变动，测定方法虽然相同，但得到的数据不一样；对表面粗糙度的解释不同；或将表示的普通公差认为是上限值；对于缺陷的程度看法不一致等，不胜枚举。关于这些问题，供需双方检验人员之间要很快地具体地商定一致意见，限度样品、夹具等，并且要相互确认。

索赔：这是在需方检验之后发生的，这时通过供需双方协商，若同意需方意见，虽不是全部产品，也需要将有问题的产品退货。

对于退货，或经全数检验后，将合格品再次交货，或全部重新制作，或将该合同撤销，在这几种方法中只能选择一种。但是，必须将退货的理由弄清楚，再商定处理办法。

若造成索赔的缺陷不严重时，可将合格品挑出，进行交货。但这时必须将再次交货的件数弄清楚，否则在货款支付时会发生问题。不仅质量，交货期延误也会造成索赔。

总之，发生索赔时，要及时、确切地掌握内容，迅速采取对策，这时和需方协商是很重要的。需方自身的计划由于发生索赔事件有时也会无法执行。因此，发生索赔事件后，粉末冶金制品生产厂应主动、及时和需方联系，商定处理办法，以免需方产生不信任感；粉末冶金制品生产厂随时掌握处理情况的演变，和需方密切联系是十分必要的；对于粉末冶金制品生产厂来说，索赔事件对于技术的确立，品质的提高，生产、销售的适当管理都是可贵的经验。就这种意义而言，是一份宝贵的资料。

7.2　质量管理

7.2.1　质量

7.2.1.1　质量的概念

质量是产品、体系或过程的一组固有特性满足顾客和其他相关方面要求的能力或特性。它是基于产品用户的适用性。特性可以是固有的或赋予的。"固有的"就是指某事或某物中本来就有的，尤其是那种永久的特性。"赋予的"是完成产品后因不同的要求而对产品所增加的特性，如产品的价格、供货时间和运输要求等。

上面关于质量的概念中包含了以下的含义：

质量的内涵：质量的内涵由一组固有特性组成，并且这些固有特性是以满足顾客及其他相关方所要求的能力加以表征。顾客可以是产品购买者、下道工序、产品最终使用者等，是广义的。质量具有经济性、广义性、实效性和相对性。

质量的经济性：由于要求汇集了价值的表现，价廉物美实际上是反映人们的价值取向，物有所值，就表明质量有经济性的表征。虽然顾客和组织关注质量的角度不同，但对经济性的考虑是一样的。高质量意味着最少的投入，获得最大效益的产品。

质量的广义性：在质量管理体系所涉及的范畴内，组织的相关方对组织的产品、过程或体系都可能提出要求。而产品、过程和体系又都具有固有特性，因此，质量不仅指产品质量，也可指过程和体系的质量。

质量的时效性：由于组织的顾客和其他相关方对组织和产品、过程和体系的需求和期望是不断变化的，例如原先被顾客认为质量好的产品会因为顾客要求的提高而不再受到顾客的欢迎，因此，组织应不断地调整对质量的要求。

质量的相对性：组织的顾客和其他相关方可能对同一产品的功能提出不同的需求；也可能对同一产品的同一功能提出不同的需求。需求不同，质量要求也就不同，只有满足需求的产品才会被认为是质量好的产品。

质量的优劣是满足要求程度的一种体现，需要在同一等级基础上做比较，不能与等级混淆。等级是指对功能用途相同但质量要求不同的产品、过程或体系所做的分类或分级。

质量概念的分解（图7-2）：

（1）产品的设计质量：计划赋予产品质量水平的高低，以产品规格表示。

（2）产品的制造质量：生产制造过程中每个具体产品符合产品规格的程度。

（3）产品销售服务质量：使用中的产品符合预告提出的销售份额及维护服务等的程度。

7.2.1.2 质量管理的内容

质量管理是：确定质量方针、目标和职责，并在质量体系中通过诸如质量计划、质量控制、质量保证和质量改进等手段来实施的全部管理职能的所有活动。质量管理是企业围绕使产品质量满足不断更新的质量要求而开展的策划、组织、计划、实施、检查和监督审核等所有管理活动的总和，是企业管理的一个中心环节。它的职能是负责确定并实施质量方针、目标和职能。一个企业要以质量求生存，以品种求发展，积极参与到国际竞争中去，就必须制订正确的质量方针和适宜的质量目

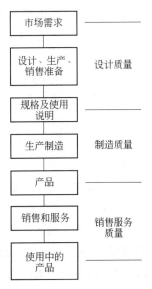

图7-2 质量概念的分解

标。而要保证方针、目标的实现，就必须建立健全质量体系，并使之有效运行。建立质量体系工作的重点是质量职能的展开和落实。总体上，质量管理工作应包括质量方针和目标的确定、质量计划的制订以及为满足用户对质量提出的越来越严格的要求所必须开展的一系列质量控制、质量保证和质量改进活动。

A 质量方针和质量目标

质量方针是指由组织的最高管理者正式发布的该组织总的质量宗旨和质量方向。质量方针是企业经营总方针的组成部分，是企业管理者对质量的指导思想和承诺。企业最高管理者应确定质量方针并形成文件。质量方针的基本要求应包括供方的组织目标和顾客的期望与需求，也是供方质量行为的准则。质量方针是企业的质量政策，是企业全体职工必须遵守的准则和行动纲领，是企业长期或较长时期内质量活动的指导原则，它反映了企业领导的质量意识和决策。质量计划、质量控制、质量保证和质量改进是质量管理的四大支柱。

质量目标是组织在质量方面所追求的目的，是组织质量方针的具体体现，目标既要先

进，又要可行，便于实施和检查。质量目标和职责逐级分解，各级管理者都对目标的实现负责。质量管理的实施涉及企业的所有成员，每个成员都要参与到质量管理活动之中，这是现代质量管理的一个重要特征。

B   质量计划

质量计划是质量管理的一部分，致力于制定质量目标并规定必要的运行过程和相关资源以实现质量目标。质量策划的幕后关键是制订质量目标并设法使其实现。质量目标在质量方面所追求的目的，其通常依据组织的质量方针制定。并且通常对组织的相关职能和层次分别规定质量目标。

C   质量控制

质量控制是质量管理的一部分，致力于满足质量要求。作为质量管理的一部分，质量控制适用于对组织任何质量的控制，不仅仅限于生产领域，还适用于产品的设计、生产原料的采购、服务的提供、市场营销、人力资源的配置，涉及组织内几乎所有活动。

质量控制的目的是保证质量，满足要求。为此，要解决要求（标准）是什么、如何实现（过程）、需要对哪些进行控制等问题。质量控制是一个设定标准（根据质量要求）、测量结果、判定是否达到了预期要求，对质量问题采取措施进行补救并防止再发生的过程，质量控制不是检验。总之，质量控制是一个确保生产出来的产品满足要求的过程。

D   质量保证

质量保证是质量管理的一部分，致力于提供质量要求会得到满足的信任。质量保证定义的关键词是"信任"，对达到预期质量要求的能力提供足够的信任。这种信任是在订货前建立起来的，如果顾客对供方没有这种信任则不会与之订货。质量保证不是买到不合格产品以后保修、保换、保退。保证质量、满足要求是质量保证的基础和前提，质量管理体系的建立和运行是提供信任的重要手段。因为质量管理体系将所有影响质量的因素，包括技术、管理和人员方面的，都采取了有效的方法进行控制，因而具有减少、消除、特别是预防不合格的机制。组织规定的质量要求，包括产品的、过程的和体系的要求，必须完全反映顾客的需求，才能给顾客以足够的信任。因此，质量保证要求，即顾客对供方的质量体系要求往往需要证实，以使顾客具有足够的信任。证实的方法可包括：供方的合格声明；提供形成文件的基本证据（如质量手册、第三方的形式检验报告）；提供由其他顾客认定的证据；顾客亲自审核；由第三方进行审核；提供经国家认可的认证机构出具的认证证据（如质量体系认证证书或名录）。质量保证是在有两方的情况下才存在的，由一方向另一方提供信任。由于两方的具体情况不同，质量保证分为内部和外部两种，内部质量保证是组织向自己的管理者提供信任；外部质量保证是组织向顾客或其他方提供信任。

E   质量改进

质量改进是质量管理的一部分，致力于增强满足质量要求的能力。作为质量管理的一部分，质量改进的目的在于增强组织满足质量要求的能力，由于要求可以是任何方面的，因此，质量改进的对象也可能会涉及组织的质量管理体系、过程和产品，可能会涉及组织的方方面面。同时，由于各方面的要求不同，为确保有效性、效率或可追溯性，组织应注意识别需要改进的项目和关键质量要求，考虑改进所需的过程，以增强组织体系或过程实现产品并使其满足要求的能力。

7.2.2　质量的形成及全面质量管理

7.2.2.1　质量的形成

产品的质量有个产生、形成和实现的过程，通常用图 7-3 所示的质量螺旋曲线表示。在质量螺旋曲线所描述的产品质量产生、形成和实现的螺旋式上升过程中，包括了一系列循序进行的工作或活动，即市场研究、开发研制、制定工艺、采购、生产、检验、销售以及售后服务等环节。这些环节一环扣一环、相互制约、相互依存、相互促进、不断循环、周而复始。每经过一次循环，就意味着产品质量的一次提高。不断循环，产品质量也就不断提高。螺旋式上升过程中各项工作或活动的总和被称之为质量职能，它们对于保证和提高产品质量是必不可少的，必须落实到具体的部门和相关的人。从产品质量形成过程看，质量管理要贯穿于设计、制

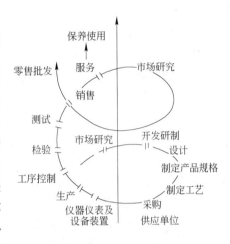

图 7-3　质量螺旋曲线

造、销售、服务等产品全生命周期。从管理的角度看，要搞好质量管理，必须抓住计划、控制和改进这三个主要环节，即质量计划、质量控制和质量改进。

7.2.2.2　全面质量管理

全面质量管理是以质量管理为中心，以全员参与为基础，旨在通过让顾客和所有相关方受益而达到长期成功的一种管理途径。目前举世瞩目的 ISO9000 族质量管理标准、美国波多里奇奖、欧洲质量奖、日本戴明奖等各种质量奖及卓越经营模式、六西格玛管理模式等，都是以全面质量管理的理论和方法为基础的。

全面质量管理的基本观点是：用户至上，预防为主。具有如下基本特征：

全面的质量管理，全面是指质的含义是全面的，不仅包括产品和服务的质量，还包括产品质量赖以形成的工作质量；全过程的质量管理，全过程是指产品的质量策划、形成和实现过程；全员的质量管理；全方法的质量管理，质量管理方法的多样化。

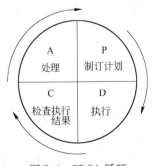

图 7-4　PDCA 循环

要搞好质量管理，除了需有一个正确的指导思想外，还必须有一定的工作程序和管理方法，PDCA 循环就是质量管理活动所应遵守的科学工作程序，是全面质量管理的基本工作方法。PDCA 循环中的 P 表示计划（plan），D 表示执行（do），C 表示检查（check），A 表示处理（action）。它反映了质量改进和完成各项工作必须经过的四个阶段。这四个阶段不断循环下去，周而复始，使质量不断改进。图 7-4 是 PDCA 循环示意图。

（1）计划制订阶段——P 阶段：这一阶段的总体任务是确定质量目标，制订质量计划，拟定实施措施。具体分为四个步骤：第一，对质量现状进行分析，找出存在的质量问题；第二，分析造成产品质量问题的各种原因和影响因素；第

三，从各种原因中找出影响质量的主要原因；最后，针对影响质量问题的主要原因制订对策，拟定相应的管理和技术组织措施，提出执行计划。

（2）计划执行阶段——D阶段：按照预定的质量计划、目标和措施及其分工去实际执行。

（3）执行结果检查阶段——C阶段：对实际执行情况进行检查，寻找和发现计划执行过程中的问题。

（4）处理阶段——A阶段：对存在的问题进行深入的剖析，确定其原因，并采取措施。此外，在该阶段还要不断总结经验教训，以巩固取得的成绩，防止发生的问题再次发生。

PDCA循环的特点一是大环套小环，互相衔接，互相促进；二是如同爬楼梯，螺旋式上升，如图7-5所示。通过PDCA循环，企业各环节、各方面的工作相互结合、相互促进，形成一个有机的整体。通过企业的质量管理体系构成一个大的PDCA循环，各部门、各环节又都有小的PDCA循环，依次又有更小的PDCA循环，从而形成一个大环套小环的综合质量管理体系。经过一个PDCA循环，使一些质量问题得到解决，质量水平因此得到提高，从而跨上更高一级台阶，而下一次循环将是在该次质量已经提高的基础上进行，如此循环，使产品质量持续改进、不断提高。

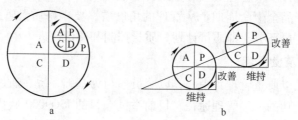

图7-5　PDCA循环特点示意图
a—大环套小环；b—不断上升的循环

7.2.3　质量成本

质量的经济性是指质量与成本和收益相关的特性。质量从两个方面影响工业公司的经济：一是影响成本，二是影响收益。这就是说，质量影响一个公司成本总额的大小和收益总额的高低。从经济性角度考察质量，既不是质量越低越好，也不是质量越高越好，而是质量成本最低时质量水平为最佳。

质量成本的概念可表述为：为保证和提高（包括开发）质量所花费的全部费用，以及因质量保证和提高（包括开发）而带来的直接经济损失。具体包括预防成本、鉴定成本、故障处理成本、质量提高成本和外部质量保障成本。传统的内外故障成本是质量成本的重要研究对象，但不直接构成质量成本的内容。

具体表现在：（1）设计产品质量高得不切合实际，而对用户来讲往往并无多大益处，造成大量产品功能"过剩"；（2）追求100%的产品都符合设计的质量规格要求，无节制地提高工序能力，结果是得不偿失。如果设计的质量规格本身就过高，那么要使所有的产品都达到这种规格要求，其生产成本之高将是惊人的。以往的质量管理就有"至善论"的倾向，有时是自觉的，多数是不自觉的。其主要原因，就是缺乏对质量经济性的研究。实际上，质量是使用户满意的质量，用户满意或适用性，本身就包括对产品售价的要求。这就是说：质量一定要考虑经济性和成本。如不考虑，就会使国内外市场形成产品不足或过剩，而给用户带来不方便，也给企业经营造成一定的困难。当然，质量经济性并不意味着企业一味地追求"价廉"。例如，为了价格便宜使用低级材料生产，价格可能是便宜了，但由于质量太差，用户还是不会满意的。

质量成本预测一般指企业根据当前的技术经济条件和采取一定的质量管理措施之后，规划一定时期内为保证产品达到必要的质量标准而需要支付的最佳质量成本水平和计划目标。开展质量成本预测工作，其目的主要是编制计划和提出控制的目标。质量成本预测的方法主要有两种：一是经验判断法，即组织企业中的质管技术人员、财会人员就手头掌握的质量方面资料进行综合分析，做出较为客观的判断。二是数学计算分析法，即利用企业良好的管理基础所积累的资料，找出趋近最佳的质量成本数据，运用数学模型等方法展开预测。质量成本计划的制定应与企业的总体经营计划、质量计划和产品成本计划相协调，其内容主要包括：总质量成本计划、主要产品的单位产品质量成本计划、质量成本构成比例计划、质量费用计划、质量改进措施计划等。

质量成本核算是质量成本控制的重要环节。质量成本核算必须从企业实际出发，并结合全面质量管理和质量会计管理的要求。质量成本核算的组织形式一般有两种：一是一级质量成本核算组织形式。在这种形式下，由企业会计部门集中进行全企业的质量费用的收集、分配、归集和计算工作，不分车间和各职能部门计算质量成本。此形式适合于规模较小、品种单一的小型企业。二是两级质量成本核算的组织形式。在这种形式下，质量成本的核算分厂部和车间、各职能部门、各责任中心两级进行，各车间、职能部门、责任中心设置专职或兼职的核算员，负责责任范围内的质量成本的明细核算，再由厂部进行汇总核算。此形式一般适用于规模较大的大中型企业。为了进行有效的考核，一般要建立从厂部到班组直至责任人的考核指标体系，并和经济责任制、"质量否决权"、"成本否决权"等结合起来，制定相应的考核奖惩办法，严格执行，强化管理，定期进行奖惩，鼓励先进，保证质量成本管理的实施和质量成本控制目标的实现。

7.2.4　质量管理体系

质量管理体系是企业内部建立的、为保证产品质量或质量目标所必需的、系统的质量活动。它根据企业特点选用若干体系要素加以组合，加强从设计研制、生产、检验、销售到使用全过程的质量管理活动，并予以制度化、标准化，成为企业内部质量工作的要求和活动程序。

在现代企业管理中，质量管理体系最新版本的标准是ISO9001：2008，是企业普遍采用的质量管理体系。但要说明的是，ISO9001并不是唯一的质量管理体系，除ISO9001之外，还有TS16949汽车配件质量管理体系和ISO13485医疗器械质量管理体系。

质量管理体系的基本原则是在总结质量管理实践经验，并吸纳了国际上最受尊敬的一批质量管理专家的意见的基础上，用高度概括、易于理解的语言所表达的质量管理的最基本、最通用的一般性规律，成为质量管理的理论基础，是有效地实施质量管理工作必须遵循的原则。具体内容包括以下几点：

（1）以顾客为关注焦点：组织依赖于顾客，因此组织应该理解顾客当前的和未来的需求，从而满足顾客要求并超越其期望。

（2）领导作用：领导者将本组织的宗旨、方向和内部环境统一起来，并创造使员工能够充分参与实现组织目标的环境。质量问题80%与管理有关，20%与员工有关。

（3）全员参与：各级员工是组织的生存和发展之本，只有他们的充分参与，才能使其给组织带来最佳效益。岗位职责包括了全员（从总经理到基层员工）。

（4）过程方法：将相关的资源和活动作为过程进行管理，可以更高效地取得预期结果。

（5）管理的系统方法：针对设定的目标，识别、理解并管理一个由相互关联的过程所组成的体系，有助于提高组织的有效性和效率。

（6）持续改进：是组织的一个永恒发展的目标，PDCA循环。

（7）基于事实的决策方法：针对数据和信息的逻辑分析或判断是有效决策的基础。用数据和事实说话。

（8）互利的供方关系：通过互利的关系，增强组织及其供方创造价值的能力。

思 考 题

7-1　企业管理的内容包括哪些？

7-2　企业生产管理的内容有哪些？

7-3　合理组织生产过程的基本要求是什么？

7-4　成本计算的目的有哪几类？

7-5　成本计算方法有哪几种？

7-6　企业营销特点是什么？

7-7　什么是质量？什么是质量管理？

7-8　质量的形成过程是什么？

7-9　什么是全面质量管理？其基本特征是什么？

7-10　什么是质量成本？具体包括哪些内容？

参 考 文 献

[1] 张华诚. 粉末冶金实用工艺学 [M]. 北京：冶金工业出版社，2004.

[2] German R M，宋久鹏. 粉末冶金注射成形 [M]. 北京：机械工业出版社，2011.

[3] 邓焱. 企业管理概论 [M]. 北京：科学出版社，2011.

[4] 孙静. 质量管理学 [M]. 北京：高等教育出版社，2011.